高等院校计算机应用系列教材

计算机网络故障诊断与排除

（第 4 版）

黎连业　罗　昶　王　萍　黎长骏　潘朝阳　编著

清華大学出版社

北　京

内 容 简 介

本书详细介绍了计算机网络故障诊断与排除方面的知识。全书由 11 章组成，内容包括网络故障和网络诊断测试工具、物理层故障诊断与排除、数据链路层故障诊断与排除、网络层故障诊断与排除、以太网络故障诊断与排除、广域网络故障诊断与排除、TCP/IP 故障诊断与排除、服务器故障诊断与排除、其他业务故障诊断与排除、网络故障管理和数据备份以及无线网络故障诊断与排除。

本书取材新颖，内容丰富，叙述由浅入深，重点突出，概念清晰易懂，是一本实用性很强的图书。

本书原为中科院计算所培训中心计算机网络故障诊断与故障排除课程指定教材，可作为高等学校计算机网络相关课程的教材，也可作为网络管理人员、信息系统管理人员、工程技术人员的参考书。

图书在版编目(CIP)数据

计算机网络故障诊断与排除 / 黎连业等编著. 4 版. -- 北京 : 清华大学出版社, 2025. 4. -- (高等院校计算机应用系列教材). -- ISBN 978-7-302-68251-6

Ⅰ. TP393.07

中国国家版本馆 CIP 数据核字第 2025C5Z247 号

责任编辑： 刘金喜
封面设计： 高娟妮
版式设计： 思创景点
责任校对： 成凤进
责任印制： 丛怀宇

出版发行： 清华大学出版社
网　址：https://www.tup.com.cn，https://www.wqxuetang.com
地　址：北京清华大学学研大厦 A 座　　邮　编：100084
社 总 机：010-83470000　　邮　购：010-62786544
投稿与读者服务：010-62776969，c-service@tup.tsinghua.edu.cn
质 量 反 馈：010-62772015，zhiliang@tup.tsinghua.edu.cn
课 件 下 载：http://www.tup.com.cn，010-62794504

印 装 者：北京鑫海金澳胶印有限公司
经　销：全国新华书店
开　本：185mm×260mm　　印　张：24.75　　字　数：682 千字
版　次：2007 年 4 月第 1 版　　2025 年 4 月第 4 版　　印　次：2025 年 4 月第 1 次印刷
定　价：79.00 元

产品编号：087041-01

前　言

本书基于计算机网络故障诊断与排除，围绕着“故障”展开知识介绍，以网络故障的诊断与测试为主线，对物理层故障、数据链路层故障、网络层故障、以太网络故障、广域网络故障、TCP/IP故障、服务器故障、网络故障管理和数据备份、无线网络故障等进行了详细的讨论。本书取材新颖，内容丰富，反映了网络故障诊断与故障排除所涉及的知识，是作者多年来积累的网络管理经验和教学经验的总结。

全书由 11 章组成，它们是：

第 1 章——网络故障和网络诊断测试工具；第 2 章——物理层故障诊断与排除；第 3 章——数据链路层故障诊断与排除；第 4 章——网络层故障诊断与排除；第 5 章——以太网络故障诊断与排除；第 6 章——广域网络故障诊断与排除；第 7 章——TCP/IP 故障诊断与排除；第 8 章——服务器故障诊断与排除；第 9 章——其他业务故障诊断与排除；第 10 章——网络故障管理和数据备份；第 11 章——无线网络故障诊断与排除。

本书是在第 3 版的基础上编写的，本版改动较大，改动重点放在新技术上，新技术部分除了介绍基本知识，还融入了对实际应用中所产生的问题的一些实践和体会。对第 3 版中还在使用的传统的知识作了保留或修改，对数据存储内容进行了重写。本书取消的内容在 PPT 中予以保留，原因是许多单位以前是用磁带作为存储介质的，现在逐步改用磁盘阵列，在这一转换过程中，还需要这方面的知识；服务器部分增加了新内容，目的是国内的中小型网络将会转向国内产品。对即将淘汰的技术只做简要介绍。

本版修订工作由黎连业、王萍执笔。书中增加了许多新知识，需要读者跟上新知识、新技术迭代的步伐。

本书各章均有配套习题，以供读者巩固、复习所学知识。本书 PPT 教学课件可通过扫描右侧二维码下载。

教学资源

本书可作为高等学校计算机相关专业的教材，也可以作为计算机相关培训教材。本书也适合网络管理人员、信息系统管理人员、工程技术人员阅读和参考。

由于水平有限，书中难免有不当之处，敬请读者批评指正。

服务邮箱：476371891@qq.com。

作　者

2024 年 7 月

目　录

第 1 章

网络故障和网络诊断测试工具

本章重点介绍以下内容：

- 网络故障概述；
- 网络管理系统基础知识；
- 常用的网络故障测试命令；
- 网络故障管理系统；
- 网络故障诊断；
- 网络故障管理；
- 网络故障的定位；
- 网络诊断工具；
- 网络测试工具。

1.1 网络故障概述

在信息化社会里，各企事业单位对网络的依赖程度越来越高，网络随时都可能发生故障，影响正常工作。所以，必须掌握相应的技术及时排除故障。有些单位如电信、电子商务公司、游戏运营商等使用的网络一旦发生故障，若不能及时排除，会产生很大的损失。这些单位一般会安装网络故障管理软件，通过软件来管理和排除网络的故障。从网络故障本身来说，经常会遇到的故障有：

- 物理层故障；
- 数据链路层故障；
- 网络层故障；
- 以太网络故障；
- 广域网络故障；

- TCP/IP 故障；
- 服务器故障；
- 其他业务故障；
- 无线网络故障等。

那么，网络发生故障的原因是什么呢？根据有关资料的统计，网络发生故障的具体分布为：

- 应用层占 3%；
- 表示层占 7%；
- 会话层占 8%；
- 传输层占 10%；
- 网络层占 12%；
- 数据链路层占 25%；
- 物理层占 35%。

引起网络故障的原因还有以下几种：

(1) 逻辑故障

逻辑故障中最常见的情况有两类：一类是配置错误，指由于网络设备的配置错误而导致的网络异常或故障。配置错误可能是路由器端口参数设定有误，或路由器的路由配置错误，以至于路由循环找不到远端地址，或者是路由掩码设置错误等。另一类是一些重要进程或端口被关闭，主要是系统或路由器的负载过高。

(2) 配置故障

配置错误也是导致故障发生的重要原因之一。配置故障主要表现在不能实现网络所提供的各种服务，如不能接入 Internet，不能访问某种代理服务器等。配置故障通常表现为以下几种情况：

- 网络链路测试正常，却无法连接到网络；
- 只能与某些计算机通信，而不能与全部计算机通信；
- 计算机只能访问内部网络中的服务器，但无法接入 Internet，这可能是路由器配置错误，也可能是交换机配置错误；
- 计算机无法登录至域控制器；
- 计算机无法访问任何其他设备。

(3) 网络故障

网络故障的原因是多方面的，一般分为物理故障和逻辑故障。物理故障又称硬件故障，包括线路、线缆、连接器件、端口、网卡、网桥、集线器、交换机或路由器的模块出现的故障。

(4) 协议故障

计算机和网络设备之间的通信是靠协议来实现的，协议在网络中扮演着非常重要的角色。协议故障通常表现为以下几种情况：

- 计算机无法登录至服务器；
- 计算机在网上邻居中既看不到自己，也看不到其他计算机或查找不到其他计算机；
- 计算机在网上邻居中能看到自己和其他计算机，但无法在局域网络中浏览 Web、收发 E-mail；
- 计算机无法通过局域网接入 Internet；
- 与网络中其他计算机的名称重复，或者与其他计算机使用的 IP 地址相同。

(5) DDoS 攻击

DDoS 即分布式阻断服务(Distributed Denial of Service)，黑客可以利用 DDoS 使很多计算机在

同一时间遭受攻击，引起网络故障，导致很多大型网站出现无法操作的情况。

(6) 网络管理员差错

网络管理员差错占整个网络故障的5%以上，主要发生在网络层和传输层，是由于安装设置没有完全遵守操作指南，或者网络管理员对某个处理过程没有给予足够的重视造成的。

(7) 海量存储问题

数据处理故障的最主要原因是硬盘问题。据有关报道，大约有超过 26%的系统失效都归结到海量存储的介质故障上。

(8) 计算机硬件故障

大约有 25%的故障是由计算机硬件引起的，如显示器、键盘、鼠标、CPU、RAM、硬盘驱动器、网卡、交换机和路由器等。

(9) 软件问题

软件引起的故障也不少见，表现为：

- 软件有缺陷，造成系统故障；
- 网络操作系统缺陷，造成系统失效。

(10) 网络使用者发生的差错

网络使用者没有遵守网络赋予的权限。例如：

- 越权访问系统和服务；
- 侵入其他系统；
- 操作其他用户的数据资料；
- 共享账号；
- 非法复制。

既然有网络故障产生，就有网络管理。

网络故障管理一般包括 5 项：

- 对网络进行监测，提前预知故障；
- 发生故障后，找到故障发生的位置；
- 解决故障；
- 记录故障产生的原因，找到解决方法；
- 故障分析预测。

1.2　网络管理系统基础知识

网络管理人员是通过网络管理系统来对网络故障进行监测，进而排除故障的，因此了解网络管理系统就显得非常重要。

1.2.1　网络管理系统的分类

随着技术的不断进步，网络管理系统的发展经历了四代。

- 第一代网络管理系统是最常用的命令行方式，它结合一些简单的网络监测工具，要求管理人员精通网络的原理，了解不同厂商的网络设备的配置方法和管理命令。
- 第二代网络管理系统有了图形化界面，管理人员无须过多了解设备的配置方法，就能图形化地对多台设备同时进行配置和监控，提高了工作效率。

- 第三代网络管理系统采用B/S架构，将网络和管理进行有机结合，具有“自动配置”和“自动调整”功能，可实现远程管理，实现起来也非常容易。对网管人员来说，只要把用户情况、设备情况以及用户与网络资源之间的分配关系输入网络管理系统，系统就能自动建立图形化的人员与网络的配置关系，并自动鉴别用户身份，分配用户所需的资源。
- 第四代网络管理系统通过网络管理组件系统集成平台实现对全网络所有设备进行有效管理；对远程的网络设备或设施进行具体的操作、查询和分析，进行实时的网络运行监测；使用统一的方法在一个异构网络中管理多个厂商生产的计算机硬件和软件资源。第四代网络管理系统是目前各厂商研究的重点。

网络管理系统没有完全统一的分类标准，总的来说可以从三个角度来分类。

1. 根据管理对象分类

根据网络管理对象可将网络管理系统分为两大类，即网元(网络设备)管理系统和通用网络管理系统。

网元管理系统只管理单独的网元(如交换机、路由器、服务器等)，通用网络管理软件的管理目标则是整个网络。

(1) 网元管理系统

网元管理系统一般由设备厂商提供，各厂商采用专有的MIB管理库，以实现对厂商设备本身的管理，包括可以显示厂商设备图形化管理界面的面板，如华为网络公司的Quidview、安奈特公司的AT—View Plus、思科公司的Cisco View等。

(2) 通用网络管理系统

通用网络管理系统主要用于掌握全网的状况，如国内游龙科技的SiteView、网强信息技术公司的网强网管、惠普公司的HP Open View、CA公司的Unicenter、IBM公司的Tivoli NetView、安奈特公司的AT-SNMPc等。这些第三方网管平台支持对所有SNMP设备的发现和监控，可集成厂商设备的私有MIB库，实现对全网设备的统一识别和管理，从而打破了需要采用多台网管工作站分别安装不同的系统进行分别管理的局限性，有利于简化管理和降低成本。

2. 根据管理范畴分类

根据网络管理的范畴，网络管理系统可分为对交换机、路由器等主干网络进行管理；对接入设备的内部PC、服务器进行管理；对用户的使用进行管理；对网络系统软硬件信息进行管理等。

3. 根据管理功能分类

国际标准化组织将网络管理系统定义为五大功能：故障管理、配置管理、性能管理、安全管理、计费管理。根据功能的不同，网络管理软件产品又可细分为五类：网络故障管理软件、网络配置管理软件、网络性能管理软件、网络服务/安全管理软件及网络计费管理软件。

(1) 故障管理

故障管理是在网络出现故障时，网络运行管理系统能够迅速查找并及时排除故障，从而保障网络的安全运行。故障管理主要是为了发现和排除故障，通过对设备、软硬件和节点的监控、分析，来实现对故障的诊断、定位和处理。

故障管理包括故障检测、故障隔离和故障纠正三方面的内容。其中，故障检测可以通过主动探测或被动接收获取网络上的各种事件信息，对发生故障的事件进行记录、跟踪，同时故障检测负责对故障日志进行维护和检查；故障隔离是指通过检测所获取的信息，分析发生故障的原因，执行诊断测试，定位故障发生的位置；故障纠正指通过之前的分析、定位结果，结合故障发生的原因，对故障进行纠正和修复。

(2) 配置管理

配置管理指通过配置网络提供网络服务，其主要负责建立网络、展开业务和维护配置数据。配置管理集成了一个通信网络所必需的相关功能，包括辨别、定义、控制和监视等，并通过相关配置来实现网络性能的最优化。

配置管理主要包括自动获取配置信息、配置一致性检查和用户操作记录等功能。其中，自动获取配置信息支持网络管理人员通过相关技术手段来实现网络配置信息的自动获取功能。而网络的配置信息可以分为三类：

- 网络管理协议标准的 MIB 中定义的配置信息，包括 SNMP 和 CMIP 协议；
- 维护设备运行的重要配置信息，但这些信息不在网络管理协议标准中定义；
- 辅助信息，这些信息主要用于对网络进行管理。

配置一致性检查是为了防止由不同人员对网络进行配置所出现的不一致问题，而在网络配置中，对网络运行影响最大的主要是路由器端口配置和路由信息配置，因此，配置一致性检查也主要是对路由器端口配置和路由信息配置的检查。

用户操作记录能够对用户进行的每一步配置操作进行记录，并生成记录文件，以供网络管理人员随时查看，从而保证网络运行的安全性。

(3) 性能管理

性能管理通过对系统资源的运行状况以及通信效率等系统性能进行评估，以维护良好的网络服务质量和较高的网络运行效率。性能管理的功能主要包括性能监控、阈值控制、性能分析和性能管理。

- 性能监控。性能监控可以由用户定义监控对象及其属性。监控对象包括网络线路和路由器；监控对象的属性则包括网络流量、网络延迟、丢包率、内存余量、CPU利用率以及温度。对于每个监控对象需要定时采集性能数据，并且自动生成性能报告。
- 阈值控制。阈值控制可以对监控对象的每一条属性分别设置阈值，同时也可以根据不同的时间段和各自的性能指标来进行阈值设置。阈值控制就是通过对阈值进行设置实现相应的阈值管理和报警机制。
- 性能分析。性能分析是对所记录的历史记录进行统计、分析和整理，计算出性能指标，并对相应的性能状况作出判断，为网络规划提供建议和参考。而性能分析的结果则可能会触发某个诊断测试过程或重新配置网络，以维持网络的性能。
- 性能管理。性能管理通过对实时数据进行采集，对流量、负载等性能进行实时分析，实现对当前网络状况信息进行收集和分析。

(4) 安全管理

网络的安全性是网络管理中最为重要的部分。安全管理的任务是：

- 控制对网络资源的访问；
- 防止网络信息遭到恶意攻击和修改；
- 保护敏感信息不被泄漏；
- 防止非法获取。

安全管理主要包括授权机制、访问控制、加密管理和系统日志分析等功能。其中，授权机制通过身份验证等方式保护网络资源不被未授权的用户访问，避免入侵者非法获取。访问控制通过用户分组管理可以限定不同用户组中用户的权限，对用户的操作和访问进行控制，保证用户不能越权访问网络资源。加密管理用于数据的存储和传输时的加密与完整性，通过在 Web 浏览器和网络管理服务器之间采用安全套接层(SSL)传输协议，对管理信息加密传输并保证其完整性；同时，网络内部所存储的数据等信息也都是经过加密的，从而保证数据的安全性。系统日志分析可以记录用户的所有操作，使用户对网络访问的操作以及网络管理人员对网络的修改均有据可查，从而有助于故障的跟踪和恢复，保障网络的安全运行。

(5) 计费管理

计费管理对公共商业网络是极为重要的一项功能，它通过对网络的使用情况进行统计和记录，来实现对网络资源的控制和操作代价的估算，并根据各用户对网络资源的使用情况进行计费。网络管理人员还可以对用户可以使用的最大资源和费用进行限定，从而避免用户占用过多的网络资源，以保证网络的性能，提高网络效率。

计费管理主要包括计费数据采集、数据管理与维护、数据分析与费用计算和数据查询等功能。数据分析与费用计算是通过采集到的用户对资源的使用信息，对用户的网络使用状况进行分析，并结合用户的相关信息进行费用计算。数据查询可以向网络管理人员和用户提供数据查询功能，网络管理人员可以查询出所有用户对网络资源的使用情况和费用记录，用户可以查询自己的网络使用记录以及账单，核对费用。

现在大多数网络管理软件都是以上功能的集合，单一功能的网络管理软件已不存在。

1.2.2 新兴技术和新行业对网络管理系统的新要求

现在的新兴技术和新行业与过去相比有很大不同，出现的新兴技术和新行业有云计算、大数据、移动通信网络、智能移动支付技术、物联网、智能电网、社交平台、电商等。这些新技术提高了网络管理流程的复杂性，网络管理人员需要全面、深入了解网络性能，提高对网络混合环境的认知能力，更科学地进行网络管理；需要使用更新的综合管理系统，能够支持智能化的操作模式、灵活匹配复杂的业务需要和资源监控，实现全方位立体化监控和排除网络故障。

网络故障的检测、发现和纠正不是容易的事情，大型数据中心和云网络让网络故障管理更具挑战性。

1. 云计算网络管理和排除网络故障的新要求

为加强云计算服务网络安全管理，维护国家网络安全，国家就党政部门云计算服务网络安全管理提出了相关管理意见，要求提供云计算服务的服务商遵守以下要求：安全管理责任不变；数据归属关系不变；安全管理标准不变；敏感信息不出境；合理确定采用云计算服务的数据和业务范围；对数据的敏感程度、业务的重要性进行分类；对于涉及国家秘密、工作秘密的业务，不得采用社会化云计算服务。对于包含大量敏感信息和公民隐私信息、直接影响党政机关运转和公众生活工作的关键业务，应在确保安全的前提下再考虑向云计算平台迁移；对于保护等级四级以上的信息系统，以及一旦出现问题可能造成重大经济损失，甚至危害国家安全的业务不宜采用社会化云计算服务。

当前的云计算技术与过去相比有很大不同，网络技术人员比较感兴趣或比较在意的地方有：

(1) 广域网线路和设置问题，不仅仅是指网络带宽。

(2) 与位置无关的计算。

(3) 规模和可靠性预期要增强。

(4) 故障点增多。

(5) 灾难恢复计划和风险评估需要重新制定。

(6) 云服务提供同步的重要性。

(7) 配置管理服务升级和迁移要有一致性，避免新服务对于业务产生冲击。

(8) 云服务带来的监测方面的挑战。随着云服务的普及，它对网络的影响仍然是 IT 决策者重点关注的领域。外部公共云流量最为普遍，约占网络流量总量的 45%，对网络性能的监测和管理将会是一项挑战，不能仅使用现有解决方案来监督云网络，需要为云服务获取一些新的监控和故障排除工具。依赖大量解决方案的网络团队不太可能检测到网络问题，而且更有可能每年遭受更多的网络服务中断。

(9) 最新的研究趋势和工具。

(10) 网络性能。网络性能取决于连接用户到应用的网络的类型和容量。很多拓扑结构和设计(其中包括虚拟化服务器、多个虚拟局域网和覆盖网络)让云故障检测和网络故障管理变得更加复杂，一个租户的应用出现性能问题可能会影响另一个租户的问题，虽然看起来没有什么关联，但它们可能是同一来源。每个租户的应用可能在相同超载或配置错误的服务器上执行，或者两个租户的覆盖网络通过相同超载或故障链接来路由。

(11) 海量的服务器、网络组件和链接出现故障。尽管硬件极为可靠，每个组件有多年平均无故障时间，但对于数千个独立的设备来说，依旧会有硬件故障发生。

(12) 配置错误。该问题可由网络故障管理系统进行跟踪。大型云计算系统通常包括来自不同供应商的组件，甚至来自同一供应商的相同组件也可能运行着不同的软件版本，服务器和网络设备不断添加、升级或取代。在这种环境中，任何变更都可能导致错误的出现，同时，对一个组件的改变还可能影响到其他组件。

(13) 链路故障。该故障会在链路两端的交换机上生成硬件故障提示，并且每次故障产生和恢复时都会发出新报告。第 2 层和第 3 层网络协议路由会改变，在备用路由流量水平接近最大数值时链路流量监控也会变化。同时，性能监控器会报告相应问题。

(14) 从云计算安全方面来考虑网络管理工作，如攻击保护、固件管理、备份、数据安全、性能优化等项目，防止外来入侵者对云计算中心发起恶意攻击，进入到云计算中心内部窃取或者破坏重要的数据。

(15) 网络操作系统平台。网络管理系统的运行都要求相应的网络操作系统平台的支持，目前用于网络管理的网络操作系统平台有三个：UNIX、Windows 和 Linux。通常大型网络中采用 UNIX 操作系统，而在一般的中小型网络系统中，采用的大都是 Windows 网络操作系统平台或 Linux，如 Windows Server 2022 系列。

(16) 云计算作为未来网络经济社会重要的基础设施，能否自主可控？它涉及国家安全，这就决定了凡是涉及国家安全的重要领域的云计算服务，比如金融、电信、能源、交通等重点领域都需要迅速查找到故障并能够及时排除故障，从而保障网络的安全运行。

2. 大数据中心网络管理和排除网络故障的新要求

(1) 大数据概述

大数据近几年来蓬勃发展，其应用已经十分广泛，尤其以企业为主，企业成为大数据应用的主体。它不仅是企业趋势，也是一个改变了人类生活的技术创新。

大数据对行业用户的重要性也日益突出。掌握数据资产，进行智能化决策，已成为企业脱颖而出的关键。

大数据是建设智慧城市的内核，智慧城市是大数据的源头。从市场角度看，大数据改变经济社会管理方式，可以提高企业经营决策水平和效率，推动创新，给企业、行业领域带来价值，促进行业融合发展。在技术和业务的促进下，跨领域、跨系统、跨地域的数据共享成为可能，大数据支持着机构业务决策和管理决策的精准性与科学性，社会整体层面的业务协同效率提高。推动产业转型升级。

① 大数据特征

- 容量：指数据的大小决定所考虑的数据的价值和潜在的信息。
- 种类：指数据类型的多样性。
- 速度：指获得数据的速度。
- 可变性：妨碍了处理和有效管理数据的过程。
- 真实性：指数据的质量。
- 复杂性：数据量巨大，来源多渠道。
- 价值：合理运用大数据，以低成本创造高价值。

② 大数据的数据结构

大数据的数据结构分为结构化、半结构化和非结构化数据。非结构化数据越来越成为数据的主要部分。IDC 的调查报告显示，企业中 80%的数据都是非结构化数据，这些数据每年都按指数增长 60%。大数据在以云计算为代表的技术支持下，把原本很难收集和使用的数据利用起来了。通过各行各业的不断创新，大数据会逐步为人类创造更多的价值。

③ 大数据的层面

大数据的第一层面是理论。理论是认知的必经途径，也是被广泛认同和传播的基线。我们可以根据大数据的定义理解行业对大数据的整体描绘和定性；根据大数据价值来深入解析大数据的意义所在，洞悉大数据的发展趋势；从大数据隐私的视角审视人和数据之间的长久博弈。

大数据的第二层面是技术。技术是大数据价值体现的手段和前进的基石。云计算、分布式处理技术、存储技术和感知技术是大数据从采集、处理、存储到形成结果的整个过程。

大数据的第三层面是实践。实践是大数据的最终价值体现。我们可以根据互联网大数据、政府大数据、企业大数据和个人大数据四个方面来展望大数据的美好前景。

④ 大数据的核心点

大数据的核心点是：采集各行业的大数据，然后进行数据处理，最终作出决策并提出解决方案。

⑤ 大数据给我们带来了什么

大数据已经存在于我们生活中的方方面面。我们的消费记录，每天经过的路线，和亲朋好友们说过的话，我们看过的东西，生活中几乎所有的东西都记录在案。生活在网络时代我们已经没有秘密。

比如，我们刚刚在网上查找了一些东西，网页广告上就会弹出相关方面的广告，接着“抖音”就为我们推荐相关的视频。更有甚者，我们可能只是在和朋友的交流中提到想买什么东西，之后打开“淘宝”就突然发现淘宝的首页推荐里就出现了我们之前提到过的东西。这些都是大数据的功劳。

大数据为我们的生活带来了便利，同样也带来了诸如隐私泄露之类的弊端，如何利用好大数据，是我们当前面临的问题。

⑥ 数据中心

云计算、互联网、物联网、大数据等现代信息技术已成为国民经济的重要支柱。数据中心是一切信息化的基础，可以说，没有数据中心就没有信息化的发展。

随着数据中心的建设规模不断扩大，新技术层出不穷，数据中心变得越来越复杂。数据中心往往是由很多规模庞大的集群系统组成的，规模非常大，面临的挑战和问题非常多，所以要做好大型数据中心网络管理和网络故障排除工作。只有对这个数据中心整体非常了解，才能有针对性地制定网络管理和故障排除方案，提升整个数据中心的运行效率，减少故障的发生。

(2) 大数据安全面临的挑战

① 大数据安全标准

大数据安全标准共分为五类：基础标准、平台和技术、数据安全、服务安全、行业标准。

② 大数据的安全体系

大数据的安全体系分为五个层次：周边安全(传统意义上提到的网络安全技术，如防火墙等)、数据安全(对数据的加密和解密，又可细分为存储加密和传输加密；还包括对数据的脱敏)、访问安全(认证和授权)、访问行为可见、错误处理和异常管理。

③ 大数据安全相比传统数据安全的特殊性

大数据安全虽仍继承传统数据安全保密性、完整性和可用性三个特性及云计算网络管理和排除网络故障的新要求，但也有其特殊性，主要表现在以下两方面。

● 个人隐私保护

以前数据是企业的资产，是在企业内部、局部的环境里使用，流动性不强，所以数据的个人隐私表现不突出。但是到了“互联网+”时代，数据无处不在，各种数据积累起来后形成了多元数据关联，不法分子和别有用心的人可通过多元数据关联分析导致个人隐私信息泄露。怎样有效保护个人隐私是大数据安全面临的一个重要问题。

● 跨境数据流动

当前，数据的流动很重要，数据的跨境流动是大数据的一个特殊属性。在法律制度、数据服务外包、打击网络犯罪方面，保护跨境数据的安全是很重要的。

④ 传统安全措施难以适配

大数据海量、多源、异构、动态的特征导致大数据系统存储结构复杂，需要提供开放性、分布式计算和高效精准的服务，这些特殊需求传统安全措施解决不了。

● 数据安全保护难度加大

大数据的应用环境不同，是开放的网络；系统的部署方式不同，是分布式的；数据的复杂度和用户访问方式也不同，这些都是面临的新问题。在数据应用的平台上数据安全保护的难度加大。

● 个人信息泄露风险加重

大数据关联分析易挖掘出更多的个人信息，易发生数据滥用、内部偷窃、网络攻击等安全事件，应从数据中心安全方面来考虑网络管理工作：攻击保护、固件管理、备份、数据安全、性能优化等，防止异常入侵者对数据中心发起恶意攻击。

大数据时代有的数据是假的，有的数据是真的，一定要去伪存真，从里面找到真正需要的数据。

● 数据所有者权益难以保障

现在大数据和“互联网+”经常会产生数据交换，在数据交换过程中怎样保证数据所有者的权益和数据所有者的隐私，是我们现在面临的挑战。在数据应用里所有者权益的保证，是数据治理中很关键的问题。

(3) 大数据应用面临的挑战

① 大数据网络管理系统是综合的网络管理系统，应能够支持智能化的操作模式、灵活匹配复杂的业务需要和资源监控，实现全方位立体化监控。

② 大数据计算速度快，采用非关系型数据库技术(NoSQL)和数据库集群技术(MPP NewSQL)快速处理非结构化以及半结构化的数据，以获取高价值信息，这与传统数据处理技术有着本质的区别。

③ 大数据技术要存储巨量数据，可用结构化数据存储、半结构化数据存储、非结构化数据存储。

④ 大数据项目所获取的数据往往携带大量的隐私信息，这些信息既有个人信息，也有政府机构、组织、公司的信息。当前业界各方隐私保护的意识都在增强，甚至很多国家把隐私保护提高到法律的高度加以规范。在这样的大背景下，大数据项目必须对数据安全和隐私保护给予足够重视，并通过技术手段和管理措施两方面加以保障。

大数据已渗透到各行各业，对经济发展、社会治理、国家管理、人民生活都产生着重大影响。如何有效解决大数据技术在发展和应用中存在的问题，使其发挥更大的价值，成为网络管理面临的关键问题。

大型数据中心的管理维护是通过托管、外包方式向企业提供大型主机的管理维护，以达到专业化管理和降低运行成本的目的。

⑤ 大数据领域涌现出大量新的技术。

- 大数据接入：包括实时数据接入、文件数据接入、消息记录数据接入、文字数据接入、图片数据接入、视频数据接入。
- 大数据存储：包括结构化数据存储、半结构化数据存储、非结构化数据存储。
- 大数据分析与挖掘：包括离线分析、准实时分析、实时分析、图片识别、语音识别、机器学习。
- 大数据共享：包括数据接入、数据清洗、转换、脱敏、脱密、数据资产管理、数据导出。

3. 移动通信网络的基础知识

2019 年 6 月，工信部正式向中国电信、中国移动、中国联通、中国广电发放 5G(第五代移动通信网络)商用牌照，中国正式进入 5G 商用元年。

(1) 5G 发展的动力

5G 发展的动力来自于人们对移动数据日益增长的需求。当前移动数据的需求呈爆炸式增长，原有移动通信网络(4G，第四代移动通信网络)难以满足未来需求。随着移动互联网的发展，越来越多的设备接入到移动网络中，新的服务和应用层出不穷。移动数据流量的暴涨将给网络带来严峻的挑战，第四代移动通信网络的容量难以支持千倍流量的增长。要提升网络容量，必须高效利用网络资源，针对业务和用户的个性化应用进行智能优化。为了解决上述问题，满足日益增长的移动流量需求，需要发展新一代 5G 移动通信网络。

(2) 5G 基本概念

5G 是数字蜂窝网络，在这种网络中：

① 供应商覆盖的服务区域被划分为许多称为蜂窝的小地理区域。

② 表示声音和图像的模拟信号在手机中被数字化，由模数转换器转换，以比特流传输。

③ 蜂窝中的所有无线设备通过无线电波与蜂窝中的本地天线和低功率自动收发器(发射机和接收机)进行通信。

④ 收发器从公共频率池分配频道，这些频道在地理上分离的蜂窝中可以重复使用。

⑤ 本地天线通过高带宽光纤或无线回程连接与电话网络和互联网连接。与现有的手机一样，当用户从一个蜂窝穿越到另一个蜂窝时，他们的移动设备将自动切换到新蜂窝中的天线。

(3) 5G 主要优势

① 数据传输速率远远高于以前的蜂窝网络，峰值速率达到 Gb/s 的标准，最高可达 10Gb/s，比当前的有线互联网要快，比先前的 4G LTE 蜂窝网络快 100 倍，能够满足高清视频、虚拟现实等大数据量传输。

② 较低的网络延迟(更快的响应时间)，空中接口时延水平在 1ms(毫秒)左右，而 4G 为 30~70ms。由于数据传输更快，能够满足自动驾驶、远程医疗等实时应用。

③ 5G 网络不仅仅为手机提供服务，而且还将成为一般性的家庭和办公网络提供商，极大地改善人们的日常生活和工作方式，流量密度和连接数密度大幅度提高。超大网络容量，提供千亿设备的连接能力，满足物联网通信。

④ 系统协同化、智能化水平提升，可进行多用户、多点、多天线，协同组网，以及网络间灵活地自动调整。

(4) 5G 的关键技术

① 超密集异构网络

5G 网络正朝着网络多元化、宽带化、综合化、智能化的方向发展，超密集异构网络减小了小区半径，增加了低功率节点数量。密集部署的网络拉近了终端与节点间的距离，使得网络的功率和频谱效率大幅度提高，同时也扩大了网络覆盖范围，扩展了系统容量，并且增强了业务在不同接入技术和各覆盖层次间的灵活性。

② 自组织网络

传统移动通信网络中，主要依靠人工方式完成网络部署及运维，既耗费大量人力资源又增加了运行成本，而且网络优化也不理想。在 5G 网络中自组织网络具有以下功能：

- 网络部署阶段的自规划和自配合。
- 网络维护阶段的自优化和自愈合。

③ 内容分发网络

在 5G 中具有面向大规模用户的音频、视频、图像等业务，5G 分发业务内容降低了用户获取信息的时延。

④ D2D 通信

D2D(device to device，设备到设备)通信是一种基于蜂窝系统的近距离数据直接传输技术，能够提升系统性能、增强用户体验、减轻基站压力、提高频谱利用率。D2D 会话的数据直接在终端之间进行传输，不需要通过基站转发；而相关的控制信令，如会话的建立、维持、无线资源分配以及计费、鉴权、识别、移动性管理等仍由蜂窝网络负责。

⑤ M2M 通信

M2M(machine to machine，机器到机器)作为物联网最常见的应用形式，在智能电网、安全监测、城市信息化、环境监测等领域实现了商业化应用。M2M 主要是指机器与机器、人与机器以及移动网络与机器之间的通信，它涵盖了所有实现人、机器、系统之间通信的技术；从狭义上说，M2M 仅仅指机器与机器之间的通信。

⑥ 信息中心网络

在5G 中信息中心网络是实时媒体流、网页服务、多媒体通信等片段信息的总集合。信息中心网络的功能主要是信息的分发、查找和传递，不再是维护目标主机的可连通性。信息中心网络的信息传递流程是一种基于发布订阅方式的流程。

(5) 5G 的应用领域

5G 网络具有高速率和稳定性，其应用领域主要有：物联网、车联网、自动驾驶、智慧城市、智慧教育、无人机网络、医疗诊断和外科手术、智能电网等。

4. 智能移动支付基础知识

移动支付是指使用普通手机完成支付或者确认支付，而不是用现金、银行卡或者支票支付。移动支付将互联网、终端设备、金融机构有效地联合起来，形成了一种新型的支付体系。移动支付不仅能够进行货币支付，还可以缴纳电话费、燃气费、水电费等生活费用。移动支付把人们带进无现金时代，它不仅是一种趋势，更将成为一种方式。

(1) 移动支付的方式

移动支付的方式有短信支付、扫码支付、指纹支付、声波支付等。

(2) 移动支付的特征

移动支付属于电子支付方式的一种，因而具有电子支付的特征，但因其与移动通信技术、无线射频技术、互联网技术相互融合，故又具有自己的特征。

① 时空限制小

移动支付打破了传统支付时空的限制，使用户可以随时随地进行支付活动。移动支付以手机支付为主，用户可以不受时间和空间的限制随时随地进行支付活动。

② 及时性

不受时间和地点的限制，信息获取更为及时，用户可随时对账户进行查询、转账或进行购物消费。

③ 定制化

基于先进的移动通信技术和简易的手机操作界面，用户可定制自己的消费方，付费方式可通过多种途径实现，如直接转入银行、用户电话账单或者实时在专用预付账户上借记，交易更加简单方便。

④ 集成性

以手机为载体，通过与终端读写器近距离识别进行的信息交互，运营商可以将移动通信卡、公交卡、地铁卡、银行卡等各类信息整合到以手机为平台的载体中进行集成管理，搭建与之配套的网络体系，从而为用户提供十分方便的支付以及身份认证渠道。

⑤ 方便管理

用户可以随时随地通过手机进行各种支付活动，并对个人账户进行查询、转账、缴费、充值等功能的管理，也可随时了解自己的消费信息。这对用户的生活提供了极大的便利，也更方便用户对个人账户的管理。

⑥ 综合度较高

移动支付有较高的综合度，其为用户提供了多种不同类型服务。例如：用户可以通过手机缴纳家里的水费、电费、燃气费；可以通过手机进行个人账户管理；还可以通过手机进行网上购物等各类支付活动。这体现了移动支付有较高的综合度。

(3) 移动支付的优点

对于消费者来说，可以在实体店直接扫描二维码，轻松付款；无需携带现金，无需找零，无需刷卡签字，很大程度上节约了时间，并且可以避免假币问题带来的麻烦。加之这些第三方支付平台经常会在网上做一些“满减”“抢红包”的活动，不仅给予我们优惠，更给我们带来了很多乐趣；移动支付可以轻松实现生活缴费、购买车票、手机充值等，真正做到足不出户也能办理各种业务。

(4) 移动支付存在的问题

① 移动支付在应用过程中存在的隐患

由于移动支付发展较快，安全保障体系还未健全，支付交易的收付款双方都存在一定的风险，移动支付更易被不法分子利用。在应用过程中，如果收款二维码被恶意掉包，付款二维码被恶意读取，就会造成他人财产损失。不良商家盗刷、重复刷，也会导致资金损失。

② 手机被盗风险

由于移动支付是在手机上完成的，手机丢失或被窃，会对手机上的资金造成风险。

③ 手机本身未加密

手机本身未采用加密等安全措施，不法分子通过钓鱼网站或木马程序窃取用户信息，并对移动支付功能进行非法复制，从而造成用户重要信息的泄露。

④ 手机电池续航能力

由于手机的电池续航能力有限，所以如果一个消费者手机突然没电，就没办法进行消费。

⑤ 移动支付的技术风险

在移动支付的发展过程中，有些支付创新为了实现用户的友好性及支付交易的快捷性，而忽略了交易验证的严谨性，特别是支付交易中的身份确认往往存在支付风险。是否严格执行有关规则，是否对每一个过程都进行严格的测试和反复验证，都事关重要。消费者应每扫码一次均与商家确认，以降低风险。

⑥ 网络安全问题

网络安全问题尚未妥善解决，易受到木马、黑客的攻击，手机支付类病毒、手机系统漏洞等均给手机用户支付安全造成威胁。

⑦ 资金寄存风险

移动支付中第三方支付平台是非金融机构，与银行、证券、保险等金融机构相比资金寄存能力存在差距，资金寄存具有一定的风险。如果有一家平台经营不善，会导致用户的资金不能保全，资金寄存风险升高。

1.3　常用的网络故障测试命令

常用的网络故障测试命令有 ipconfig、ping、tracert、netstat 和 nslookup 等。下面简要说明它们的基本用法。

1. ipconfig 命令

使用 ipconfig 命令可以查看 IP 配置，或配合使用/all 参数查看网络配置情况。ipconfig 命令采用 Windows 窗口的形式来显示 IP 协议的具体配置信息。如果 ipconfig 命令后面不跟任何参数直接运行，程序将会在窗口中显示网络适配器的物理地址、主机的 IP 地址、子网掩码以及默认网关等。还可以通过此程序查看主机的相关信息，如主机名、DNS 服务器、节点类型等。其中网络适配器的物理地址在检测网络错误时非常有用。在命令提示符下输入 ipconfig/? 可获得 ipconfig 的使用帮助，输入 ipconfig/all 可获得 IP 配置的所有属性。

ipconfig 命令语法格式：

```
ipconfig [- " "] [ ? ] [all] [release] [renew] [flushdns] [displaydns] [registerdns]
[showclassid] setclassid]
```

命令参数介绍：

- - " "：不带任何参数选项，则为每个已经配置的接口显示 IP 地址、子网掩码和默认网关值；
- ?：进行参数查询；
- all：显示本机 TCP/IP 配置的详细信息；
- release：DHCP 客户端手工释放 IP 地址；
- renew：DHCP 客户端向服务器进行手工刷新请求；
- flushdns：清除本地 DNS 缓存内容；
- displaydns：显示本地 DNS 内容；

- registerdns：DNS 客户端向服务器进行手工注册；
- showclassid：显示网络适配器的 DHCP 类别信息；
- setclassid：设置网络适配器的 DHCP 类别。

在“开始”菜单中单击“程序”→“运行”命令，输入 CMD 进入 DOS 命令行窗口。在 DOS 命令行窗口中输入 ipconfig /all，会显示出如图 1-1 所示画面。

```
C:\Documents and Settings\Administrator>ipconfig/all

Windows 2000 IP Configuration

        Host Name . . . . . . . . . . . . : zhangjj
        Primary DNS Suffix  . . . . . . . :
        Node Type . . . . . . . . . . . . : Hybrid
        IP Routing Enabled. . . . . . . . : Yes
        WINS Proxy Enabled. . . . . . . . : No

Ethernet adapter internet连接:

        Connection-specific DNS Suffix  . :
        Description . . . . . . . . . . . : CNC Enternet P.P.P.o.E
        Physical Address. . . . . . . . . : 44-45-53-54-77-77
        DHCP Enabled. . . . . . . . . . . : Yes
        Autoconfiguration Enabled . . . . : Yes
        IP Address. . . . . . . . . . . . : 221.219.16.50
        Subnet Mask . . . . . . . . . . . : 255.255.255.0
        Default Gateway . . . . . . . . . : 221.219.16.50
        DHCP Server . . . . . . . . . . . : 1.1.1.1
        DNS Servers . . . . . . . . . . . : 202.106.46.151
                                            202.106.0.20
        Lease Obtained. . . . . . . . . . : 2005年12月5日 9:47:59
        Lease Expires . . . . . . . . . . : 2038年1月19日 11:14:07
```

图 1-1　输入 ipconfig/all 命令弹出的画面

在图 1-1 中显示出了本机 TCP/IP 配置情况。如果显示出的 IP 地址不在网络的网段中，本机则无法与其他计算机通信；如果网关、DNS 配置有误，则本机不能访问外网计算机，也不能上网。

可以使用/release 和/renew 参数重新从 DHCP 服务器上获取 IP 地址。

2. ping 命令

ping 命令主要是用来检查路由是否能够到达某站点。由于该命令的包长较小，所以在网上传递的速度非常快，可以快速检测要连接的站点是否可达。如果执行 ping 不成功，则可以预测故障出现在以下几个方面：

- 网线未连通；
- 网络适配器配置不正确；
- IP 地址不可用等。

如果执行 ping 命令成功而网络仍无法使用，问题很可能出在网络系统的软件配置方面。ping 成功只能保证当前主机与目的主机间存在一条连通的物理路径。

在 DOS 命令窗口中输入 ping/?，可以看到 ping 的各个参数如下：

```
C:\Documents and Settings\Administrator>ping/?
Usage: ping  [-t] [-a] [-n count] [-l size] [-f] [-i TTL] [-v TOS]
             [-r count] [-s count] [[-j host-list] | [-k host-list]]
             [-w timeout] destination-list
Options:
     -t                 Ping the specified host until stopped
                        To see statistics and continue - type Control-Br
                        To stop - type Control-C
     -a                 Resolve addresses to hostnames
     -n count           Number of echo requests to send
     -l size            Send buffer size
```

```
      -f                        Set Don't Fragment flag in packet
      -i TTL                    Time To Live
      -v TOS                    Type Of Service
      -r count                  Record route for count hops
      -s count                  Timestamp for count hops
      -j host-list              Loose source route along host-list
      -k host-list              Strict source route along host-list
      -w timeout                Timeout in milliseconds to wait for each reply
```

1) ping 命令参数介绍

- -t

ping 指定的主机，直到中断。

- -a

以 IP 地址格式来显示目标主机的网络地址，将地址解析为计算机名。

```
C:\Documents and Settings\Administrator>ping -a 159.254.188.86
Pinging lily [159.254.188.86] with 32 bytes of data:
```

通过运行 ping -a 159.254.188.86 可以知道 IP 为 159.254.188.86 的计算机名是 lily。

- -n count

发送 count 指定的 echo 数据包数，默认值为 4。

- -l size

发送包含有size 指定的数据量的 echo 数据包。默认值为 32 字节，最大值是 65 527 字节。

- -f

在数据包中发送“不要分段”标志，数据包就不会被路由上的网关分段。

- -i TTL

将“生存时间”字段设置为 TTL 指定的值。

- -v TOS

将“服务类型”字段设置为 TOS 指定的值。

- -r count

在“记录路由”字段中记录传出和返回数据包的路由。count 可以指定最少 1 台，最多 9 台计算机。

- -s count

记录 count 所指定的跃点数的时间戳。

- -j host-list

利用 host-list 指定的计算机列表路由数据包。连续计算机可以被中间网关分隔(路由稀疏源)，IP 允许的最大数量为 9。

- -k host-list

利用 host-list 指定的计算机列表路由数据包。连续计算机不能被中间网关分隔(路由严格源)，IP 允许的最大数量为 9。

- -w timeout

指定超时间隔，单位为毫秒。

2) 使用 ping 命令测试故障的步骤

现在有一台计算机不能访问 Internet 上的 Web 服务器，可以使用 ping 命令找出故障的位置。操作步骤如下：

- ping 159.0.0.1

如果 ping 不通，则说明本机 TCP/IP 协议没有安装好。

- ping 本机的 IP 地址

如果 ping 不通，则说明网卡没有装好，或网卡驱动有问题。

- ping 本网段的其他设备 IP 地址

如果 ping 不通，则说明连接本机的线路有问题，或者交换机的端口有问题，也有可能是交换机本身出了问题。

- ping 本网段的网关

如果 ping 不通，则无法上网，因为没有设备能把数据包转发出去。原因可能是路由器没有配置好或代理服务器出了问题。

- ping DNS 服务器

如果 ping 不通，则说明 DNS 服务器出了问题，或本机的 DNS 服务器设置不正确。

3. tracert 命令

tracert 命令用来检验数据包是通过什么路径到达目的地的。通过执行 tracert 命令，可以清楚地看到数据传送的路径，判定数据包到达目的主机所经过的路径，显示数据包经过的中继节点清单和到达时间。当 ping 一个较远的主机出现错误时，用 tracert 命令可以方便地查出数据包是在哪里出错的。如果信息包连一个路由器也不能穿越，则有可能是计算机的网关设置错了。那么，可以用 ipconfig 命令来查看。

tracert 命令语法格式：

```
tracert [-d] [-h maximum_hops] [-j host_list] [-w timeout]
```

其中主要参数有：

- -d　不解析目标主机的名称；
- -h maximum_hops　指定搜索到目标地址的最大跳跃数；
- -j host_list　按照主机列表中的地址释放源路由；
- -w timeout　指定超时时间间隔，程序默认的时间单位是毫秒。

4. winipcfg 命令

winipcfg 命令的功能与 ipconfig 基本相同，只是 winipcfg 在操作上更加方便，同时能够以 Windows 的图形界面方式显示。当需要查看任何一台机器上 TCP/IP 协议的配置情况时，选择“开始”→“运行”，在出现的对话框中输入 winipcfg，即可出现测试结果。

winipcfg 命令语法格式：

```
winipcfg [/?] [/all]…
```

其中主要参数有：

- /?　显示该命令的帮助信息；
- /all　显示所有的有关 IP 地址的配置信息；
- /batch [file]　将命令结果写入指定文件；
- /renew_ all　重试所有网络适配器；
- /release_all　释放所有网络适配器；
- /renew N　复位网络适配器 N；
- /release N　释放网络适配器 N。

5. netstat 命令

利用 netstat 命令可以显示有关统计信息和当前 TCP/IP 网络连接的情况，用户或网络管理人员可以得到非常详尽的统计结果。当网络中没有安装特殊的网管软件，但要详细地了解网络的整个使用状况时，netstat 命令是非常有用的。

netstat 命令的语法格式：

```
netstat [-e] [-s] [-n] [-a]
```

其中主要参数有：

- -a　显示所有与该主机建立连接的端口信息。
- -n　以数字格式显示地址和端口信息。
- -e　显示以太网的统计信息，该参数一般与 s 参数共同使用。显示的内容中，Discards 表示不能处理被废弃的信息包数，Errors 表示坏掉的信息包数。这些数值较大时，很可能是集线器、电缆和网卡等硬件发生了故障。另外，网络太拥挤也可能导致这些数值增大。
- -s　显示每个协议的统计情况。如果想要统计当前局域网中的详细信息，可通过输入 netstat-e-s 查看。

6. nslookup 命令

nslookup 命令一般是用来确认 DNS 服务器动作的。nslookup 有多个选择功能，在命令行输入"nslookup <主机名>"并执行，即可显示出目标服务器的主机名和对应的 IP 地址，称为正向解析。若失败了，可能是执行 nslookup 命令的计算机的 DNS 设置错了，也有可能是所查询的 DNS 服务器停止或工作异常。还有一种情况，虽然返回了应答，但在和该服务器通信时就失败。这多数是目标服务器停止工作，但也有可能是 DNS 服务器保存了错误的信息。在 DNS 服务器出现问题时，有时可能只能进行正向解析，无法进行逆向解析。此时，只需执行 nslookup 命令，看是否输出目标主机名即可。

nslookup 命令语法格式：

```
nslookup [-SubCommand ...] [{ComputerToFind| [-Server]}]
```

使用方法：

在 DOS 命令行下输入 nslookup，按 Enter 键，此时标识符变为">"，然后输入指定网站的域名，再按 Enter 键就可以显示该域名相对应的 IP 地址。

7. arp 命令

arp 命令可以显示和设置 Internet 到以太网的地址转换表内容。这个表一般由 ARP 维护。当仅使用一个主机名作为参数时，arp 命令显示这个主机的当前 ARP 表条目内容。如果这个主机不在当前 ARP 表中，那么 arp 就会显示一条说明信息。

arp 命令语法格式：

```
arp [-a] [-d host] [-s host address] [-f file]
```

其中主要参数有：

- -a　列出当前 ARP 表中的所有条目。
- -d host　从 ARP 表中删除某个主机的对应条目。
- -s host address　使用以太网地址在 ARP 表中为指定的[temp][pub][trail]主机创建一个条目。如果包含关键字[temp]，创建的条目就是临时的；否则这个条目就是永久的。使用[pub]关键字表示这个 ARP 条目将被公布。使用[trail]关键字表示将使用报尾封装。
- -f file　读一个给定名字的文件，根据文件中的主机名创建 ARP 表的条目。

1.4 网络故障管理系统

使用 ping 的方法只能针对小型网络，在一些大型网络中一般使用网络故障管理软件。一个网络的故障管理系统不但能反映网络平常运行时的故障情况，更应该能在发生重大网络故障时，快速准确地报告、定位和排除故障。

网络故障管理系统包括：

- Navis NFM 故障管理系统；
- Netcool 故障管理系统。

Navis NFM(Network Fault Management)网络故障管理系统是朗讯科技网络运行系列软件中最著名的产品，其功能强大，能够提供实时故障监测和相关处理，快速定位故障，关联故障，并可提供多厂家、多技术和多业务区的集中管理。另外，“现成的方案”可以快速进行工程实施，并提供本地化的客户和技术支持。

Navis NFM 核心功能包括：

- 告警信息采集、浏览、过滤、分类等；
- 支持信息压缩，可根据信息发生的次数、数值、时间和分组进行压缩；
- 告警门限设置和级别升级(Critical、Major、Minor、Other、Cleared)；
- 自动的告警通知和告警处理功能(寻呼、发送电子邮件、生成工单、网元重新启动等)；
- 多种颜色的故障信息显示和图形化的网络地图显示；
- 支持开放的接口和 API(ASCII、SNMP v1～v3、CORBA、X.25、TL1)；
- 远端登录到网元和网元管理系统。

NFM 可以根据用户的级别，实现分权和分级管理。系统管理员可以为不同的用户设置不同的权限，只定义该用户关心的网元的故障信息的浏览、查找、操作和远程登录等功能。每个用户用自己的账户登录系统后，只能看到权限之内的信息，以及执行被允许的各种操作。同时，NFM 还备有用户使用记录，从而实现对人员使用情况的管理，加强对整个系统的安全保障。

NFM 提供强大的告警抑制功能，可以对非告警类报告提供过滤；根据各种门限进行告警抑制；告警恢复后，NFM 可以自动清除原告警，并将其转入已清除告警中；对告警进行域内、域间的相关性处理等，从而大幅度地减少告警的数量，并有效减少分析故障根源所花费的时间。

用户还可以将客户信息和服务相关数据集成到 Navis NFM 数据库，NFM 可实时地显示与故障相关的客户和服务数据信息，产生针对特定客户和服务的故障报告，并在故障影响客户之前对其进行评估。

1.5 网络故障诊断

为了更好地发挥计算机网络的作用，更好地利用已有的网络资源，就必须做好网络故障修复工作。一般的网络故障修复对网络管理员来说相当简单，但是专业的、深层次的网络故障只有经过专业训练，并借助专业软件和工具才能诊断，并最终排除。

网络故障诊断是从故障现象出发，以网络诊断工具为手段获取诊断信息，确定网络故障点，查找问题的根源，排除故障，恢复网络的正常运行。

网络故障通常有以下几种可能：

- 物理层中的物理设备相互连接失败或者硬件和线路本身问题；
- 数据链路层的网络设备的接口配置问题；
- 网络层网络协议配置或操作错误；
- 传输层的设备性能或通信拥塞问题；
- 网络应用程序错误。

诊断网络故障的过程应该沿着 OSI 七层模型从物理层开始向上进行。首先检查物理层，然后检查数据链路层，以此类推，确定故障点。

1.5.1　故障诊断步骤

故障诊断应该实现三方面的目的：

- 确定网络的故障点，排除故障，恢复网络的正常运行；
- 发现网络中故障点的原因，改善优化网络的性能；
- 观察网络的运行状况，及时预测网络通信质量。

故障诊断的步骤如下：

(1) 确定故障的具体现象，分析造成这种故障现象的原因。例如，主机不响应客户请求服务。可能的故障原因是主机配置问题、接口卡故障或路由器配置命令丢失等。

(2) 收集需要的用于帮助分析故障原因的信息。从网络管理系统、协议分析跟踪、路由器诊断命令的输出报告或软件说明书中收集有用的信息。

(3) 根据收集到的信息分析可能的故障原因，排除其他故障原因。例如，根据某些资料可以排除硬件故障，把注意力放在软件原因上。

(4) 根据最后的可能故障原因，建立一个诊断计划。开始仅用一个最可能的故障原因进行诊断活动，这样容易恢复到故障的原始状态。如果一次同时考虑多个故障原因，返回故障原始状态就困难多了。

(5) 执行诊断计划，认真做好每一步的测试和观察，每改变一个参数都要确认其结果。分析结果，确定问题是否解决，如果没有解决，继续下去，直到故障现象消失。

1.5.2　故障排除过程

在动手排除故障之前，在记事本上将故障现象认真仔细地记录下来，观察和记录时一定要注意细节，因为有时正是一些特别小的细节使整个问题变得明朗化。

1. 识别收集故障现象

作为管理员，在排除故障之前，必须确切地知道网络上到底出了什么问题。知道出了什么问题并能够及时识别，是成功排除故障最重要的步骤。为了与故障现象进行对比，必须知道系统在正常情况下是怎样工作的，反之，则不易对问题和故障进行定位。

识别收集故障现象时，应该向操作者询问以下几个问题：

- 当被记录的故障现象发生时，正在运行什么进程(即操作者正在对计算机进行什么操作)？
- 这个进程以前运行过吗？
- 以前这个进程的运行是否成功？
- 这个进程最后一次成功运行是什么时候？从那时起哪些发生了改变？

带着这些疑问了解并分析问题才能对症下药来排除故障。

2. 对故障现象详细描述

当处理由操作员报告的问题时，对故障现象的详细描述显得尤为重要。如果仅凭他们的一面之词，有时很难下结论，这时就需要网络管理员亲自操作出错的程序，并注意出错信息。例如，在使用 Web 浏览时，无论输入哪个网址都返回“该页无法显示”之类的信息。使用 ping 命令时，无论 ping 哪个 IP 地址都显示超时连接信息等。诸如此类的出错信息会为缩小问题范围提供许多有价值的信息。因此在排除故障前，可按以下步骤执行：

(1) 收集有关故障现象的信息。

(2) 对问题和故障现象进行详细的描述。

(3) 注意细节。

(4) 把所有的问题都记录下来。

(5) 不要匆忙下结论。

3. 对计算机设备本身的运行状况进行检查

作为网络管理员，应对计算机设备本身的运行状况进行检查。

(1) 检查操作系统的运行、网络协议、网络地址的设置、网络接口设备驱动程序和设备收发网络数据包的情况。

(2) 检查网络接口设备与网络接入设备的连接情况。

(3) 检查服务器到网络接口设备的连接状况。

(4) 检查网络连接设备运行状况。

(5) 检查网络主干设备流量状况。

(6) 检查端口数据流量的大小，检查重发包、错包和丢包的比例，检查设备上数据包发生碰撞的比例，检查流量情况的日志文件内容，注意拥塞控制的报警阈值设置。

4. 列举可能导致错误的原因

作为网络管理员，则应考虑导致无法查看信息的原因有哪些，如网卡硬件故障、网络连接故障、网络设备(Hub)故障、TCP/IP 协议设置不当等。这里需要注意的是：不要急于下结论，可以根据出错的可能性把这些原因按优先级别进行排序，一个个先后排除。

5. 缩小搜索范围

对所有列出的可能导致错误的原因逐一进行测试，而且不要根据一次测试就断定某一区域的网络运行正常或不正常。另外，也不要在自己认为已经确定了的第一个错误上停下来，应直到测试完为止。

除了测试之外，网络管理员还要注意，千万不要忘记去查看网卡、Hub、Modem、路由器面板上的 LED 指示灯，通常情况下：

- 绿灯表示连接正常；
- 红灯表示连接故障；
- 不亮表示无连接或线路不通；
- 长亮表示广播风暴；
- 指示灯有规律地闪烁才是网络正常运行的标志。

同时不要忘记记录所有观察、测试的手段和结果。

6. 隔离错误

经过一番检查后，基本知道了故障的部位。对于计算机的错误，可以开始检查：

- 网卡是否安装好；
- TCP/IP 协议是否安装并设置正确；
- Web 浏览器的连接设置是否得当等一切与已知故障现象有关的内容。

处理完问题后，作为网络管理员，还必须搞清楚故障是如何发生的，是什么原因导致了故障的发生，以后如何避免类似故障的发生，并拟定相应的对策，采取必要的措施，制定严格的规章制度。

1.5.3　故障原因

虽然故障原因多种多样，但总的来讲不外乎硬件问题和软件问题。说得再确切一些，这些问题就是网络连通性问题、配置文件和选项问题和网络协议问题。

1. 网络连通性

网络连通性是故障发生后首先应当考虑的原因。连通性的问题通常涉及网卡、跳线、信息插座、网线、Hub、交换机、Modem 等设备和通信介质。其中，任何一个设备的损坏，都会导致网络连接的中断。连通性通常可以采用软件和硬件工具进行测试验证。如某一台计算机不能浏览网页时，网络管理员应当考虑以下情况：

- 网络连通吗？
- 看得到网上邻居吗？
- 可以收发电子邮件吗？
- ping 得到网络内的其他计算机吗？

只要其中一项回答为“是”，就可以断定本机到 Hub 的连通性没有问题。当然，即使都回答“否”，也不能表明连通性肯定有问题，也可能是其他问题，如计算机的网络协议的配置出现问题也会导致上述现象的发生。当然，还要查看网卡和 Hub、交换机接口上的指示灯是否正常。

如果排除了由于计算机网络协议配置不当而导致故障的可能，接下来要做的事情就复杂了。查看网卡、Hub 和交换机的指示灯是否正常，测试网线是否畅通。

2. 配置文件和选项

服务器、计算机都有配置选项，配置文件和配置选项设置不当，同样会导致网络故障。如服务器权限的设置不当，会导致资源无法共享；计算机网卡配置不当，会导致无法连接。当网络内所有的服务都无法实现时，应当检查 Hub、交换机。

3. 使用诊断工具

ping 无疑是网络中使用最频繁的小工具，它主要用于确定网络的连通性问题。ping 程序使用 ICMP(网际消息控制协议)简单地发送一个网络数据包并请求应答，接收到请求的目的主机再次使用 ICMP 发回相同的数据，于是 ping 便可对每个包的发送和接收时间进行报告，并报告无影响包的百分比。这在确定网络是否正确连接，以及网络连接的状况(包丢失率)时十分有用。ping 是 Windows 操作系统集成的 TCP/IP 应用程序之一，可以在“开始”→“运行”中直接执行。

- ping 主机名；
- ping IP 地址；
- ping 本地计算机名(即执行操作的计算机)。
  - ◇ 如 ping lily 或 ping 本地 IP 地址；
  - ◇ 如 ping 172.0.0.1(任何一台计算机都会将 172.0.0.1 视为自己的 IP 地址)。

使用 ping 命令后常见的出错信息通常分为以下 4 种。

(1) Unknown host(不知名主机)

这种出错信息的意思是，该远程主机的名字不能被命名服务器转换成 IP 地址。故障原因可能是命名服务器有故障，或者其名字不正确，或者网络管理员的系统与远程主机之间的通信线路故障。这种情况下屏幕将会提示：

```
C:\windows>ping www.163.net
Unknown host www.163.net
C:\windows>
```

(2) Network unreachable(网络不能到达)

这是本地系统没有到达远程系统的路由，可检查路由器的配置，如果没有路由，可添加。

(3) No answer(无响应)

即远程系统没有响应。这种故障说明本地系统有一条到达中心主机的路由，但却接收不到它发给该中心主机的任何分组报文。故障原因可能是中心主机没有工作，本地或中心主机网络配置不正确，本地或中心的路由器没有工作，通信线路有故障或中心主机存在路由选择问题。

(4) Timed out(超时)

即台站与中心的连接超时，数据包全丢。故障原因可能是到路由器的连接问题或路由器不能通过，也可能是中心主机已经关机或死机。此时，屏幕提示：

```
C:\windows>ping 10.11.1.1
Ping 10.11.1.1with 32 bytes of data:
Request timed out.
Request timed out
Request timed out
Request timed out
Ping statistics for 10.11.1.1:
Packets: sent=4,received=0,lost=4(100% lost),
Approximate round trip in milli-seconds:
Minimum=0ms,Maximum=0ms,Average=0ms
C:\windows
```

4. 使用硬件工具网络测试仪

使用网络测试仪测试网线。

1.5.4 网络故障的内容和故障排除的步骤

网络故障的内容如图 1-2 所示。

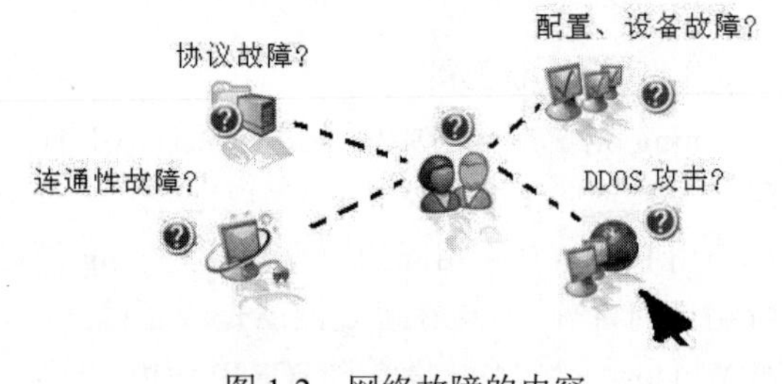

图 1-2 网络故障的内容

网络故障的排除是计算机专业人员面临的最困难的任务之一。问题往往出现在工作过程中，或者在工作任务有期限要求的时候，要快速修复出现的问题，困难就会很大。

网络发生故障后，首先要诊断是协议故障，连通性故障，配置、设备故障，还是 DDOS 攻击。找到问题的来源，然后进行故障排除。

网络故障排除的过程大致可分为 5 个步骤。

(1) 定义问题

这一步非常重要，却经常被人们忽视。如果对整个问题没有进行全面的了解，就有可能将大量的时间花在对症状的研究上，而不是对问题的原因进行探讨。这个阶段所需的工具仅仅是纸、笔和良好的接受能力。

听取客户或者网络用户的意见是最好的信息来源。记住，尽管您可能知道网络是如何工作的，并且可以发现故障的技术原因，但那些每天都使用网络的人在问题出现之前或者之后都在网络上工作，并且可能会回想起导致故障的事件。通过从他们的意见中提取信息，可以从纷繁复杂的各种可能的故障原因中理出头绪。列出故障发生的时间顺序将有助于了解问题。您可以建立一张表格系统地向用户提出以下问题(具体问题由具体情况而定)：

- 您是在何时注意到问题或者错误的？
- 计算机最近是否进行了移动？
- 最近是否在软件或者硬件上有所更改？
- 工作是否发生了变化？是否有某些东西砸在计算机上面？咖啡或者苏打水是否曾经洒在键盘上？
- 问题发生的确切时间是什么时候？是在启动的过程中还是午餐后？仅仅在星期一的商务活动中还是在发送电子邮件之后？
- 您可以使问题或者错误再现吗？如果可以，怎样产生错误？
- 问题或者错误的症状怎样？
- 描述计算机的任何变化(如噪声、屏幕更改和磁盘工作情况等)。

用户(甚至那些没有技术背景的人)在收集信息的过程中都非常有帮助，只要您有效地对他们提出一些问题。例如，可以问他们当网络出现何种表现时让他们感觉到出现了问题。用户的观察可能会构成解决网络问题的基础。这些问题包括：

- “网络真慢”；
- “我不能连接到服务器”；
- “我曾经连到服务器，但是后来又掉线了”；
- “我的一个应用程序不能运行”；
- “我不能打印”。

继续提问，就可以逐步缩小范围。

(2) 找出原因

这一步是隔离问题。首先排除明显的问题，然后再排除复杂的、隐晦的问题，目标是将重点缩小在一个或者两个分类之内。

要确保您亲眼见到故障。如果可能的话，让某些人演示发生错误的情况。如果是操作人员引起的问题，那么很重要的一点是观察问题是如何发生的，以及问题造成的后果。

最难以隔离的问题是间歇性发生的问题，并且，它们似乎从来不在您在场的时候发生。解决这类问题的唯一办法是重新创建产生问题的环境。有时，使用排除法是最好的方式，这个过程需要时间和耐心，用户也应该对问题出现之前和期间的所作所为进行记录。同时告知用户在计算机出现问题的时候不要对它进行任何操作，并且及时通知您，这种方式可以保证“现场”不被破坏。

尽管收集的信息为隔离问题提供了基础，但管理员也应该参考记录的基准信息，并与当前的网络操作进行比较。在与创建基准条件相同的环境下重新进行测试，然后比较两个结果，两者之间的任何变化都可能指示出问题的原因。

信息的收集包括对网络进行扫描，以及寻找问题的明显原因。快速扫描包括对网络的历史记录进行查询，以确定问题以前是否发生过，如果发生过，则查找是否存在记录在案的解决办法。

(3) 计划修复

在缩小研究范围之后，就可以开始下一过程：排除。

根据目前已经掌握的情况制订隔离问题的方法。首先尝试使用最显而易见的或者最简单的方法来排除，然后再采用更复杂和麻烦的方法。必须对过程中的每个步骤，以及每个操作和该操作的结果都进行记录。

在制订好计划后，必须严格遵循计划的步骤。如果第一个计划没有成功(非常有可能)，则应在先前计划的基础上重新制订一个计划。一定要对前一个计划中所做的任何假设进行参考、重新检查和重新评估。

确定问题后，修复缺陷，或者替换有缺陷的部件。如果问题与软件有关，则一定要对前后的变化进行记录。

(4) 证实结果

在修复之后，如果没有证实结果如何，就不能说已经成功完成了任务。应该确保问题不复存在，请用户对问题的解决进行测试和验证。同时应确保修复没有带来新的问题。

(5) 对输出进行记录

最后，对问题和修复进行记录。记录故障排除过程非常有益。没有任何东西可以取代您排除故障的经验，并且每个新问题都为您提供了一个丰富经验的机会。在您的技术资料库中保留了一个修复过程的备份。这样，当问题(或类似的问题)再次出现的时候就非常有用了。对排除故障的过程进行记录是建立、保持和共享经验的一种方式。

要记住，您所做的任何更改都可能会影响基准条件，这时最好对网络的基准进行更新，以备未来出现问题时使用。

如果对网络统计数字和症状进行初步了解之后，还不能找出问题所在，则排除故障的下一步就是把整个网络分为较小的部分，以帮助隔离问题所在。

1.6 网络故障管理

故障管理是网络管理中最基本的内容之一，网络故障管理的目的在于防止类似故障的再次发生，确保网络系统的高稳定性。网络故障管理是相当重要的。

在网络出现故障时，一般情况下，网络管理员应报警。网络管理员应执行一些诊断测试来辨别故障原因，及时发现故障部位，做好对所有节点动作状态的监控、故障记录的追踪与检查，对网络系统进行测试。

网络发生故障可能会对社会或生产带来很大的影响。但在发生故障时，往往不能具体确定故障所在的准确位置，而需要相关技术的支持。因此，需要有一个故障管理系统，科学地管理网络发生的所有故障，并记录每个故障的相关信息，最后确定并排除故障，保证网络能提供连续可靠的服务。网络故障管理包括故障检测、隔离、纠正、分析故障原因、网络故障报告和设置优先顺序。

1. 故障检测

故障检测时按照顺序列出可能的原因，第一条是最有可能的原因，最后一条是最不可能的原因。然后逐条测试，看看是哪条原因造成的问题。例如，如果怀疑计算机中的网卡是造成问题的原因，就用一个能够正常工作的网卡来替换它进行测试。故障检测要做到：

- 收集故障检测报告并做出响应；
- 分析故障发生的情况，制订排错方案；
- 使用各种故障诊断工具，执行诊断测试；
- 确认故障的类型及性质。

2. 隔离

启用备用线路或设备，进行故障隔离。

3. 纠正

- 跟踪、辨认故障；
- 进行故障追踪定位；
- 根据故障分析结果，制定并实施解决方案。

4. 分析故障原因

根据网络系统故障的类型及发作频度，分析故障产生的原因和故障性质，预测将来网络故障的发作趋势，建立故障报警数据库，通过对历史故障报警资料的统计分析，寻找网络故障发生的规律，建立故障预防体系，制定并实施解决方案。

5. 网络故障报告

- 通过各种途径报告网络故障；
- 网络故障自动报警，使用自动通知的手段，包括寻呼机、手机、电子邮件等方法；
- 根据网络故障的危害程度将报警指示分级管理，系统根据故障级别做出不同反应。

6. 设置优先顺序

解决网络故障问题的一个基本要素是设置优先顺序。每个人都希望自己的计算机被最早修好，所以设置优先顺序并不容易。尽管最简单的方法是根据先到先服务的原则，但这并不总是可行的，因为某些问题与其他问题相比可能更重要。所以，第一步是根据问题的重要性设置优先顺序。

1.7　网络故障的定位

网络是一个动态系统，若干离散的部件在一起工作就形成一个功能整体。其功能图如图 1-3 所示。

故障定位是在部件基础上进行的 3 个步骤，如图 1-4 所示。

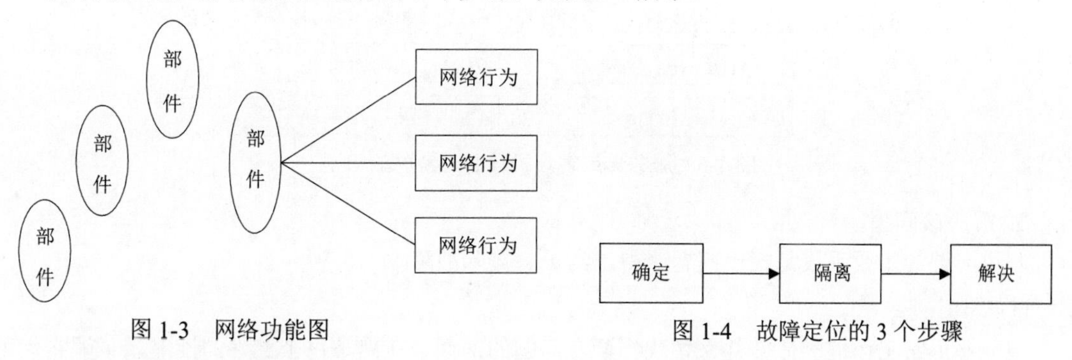

图 1-3　网络功能图

图 1-4　故障定位的 3 个步骤

1. 确定该问题的实际性质

主要考虑以下几个方面。

- 应用程序引起的故障问题；
- 服务器和客户机之间不能通信引起的问题；
- 服务器自身崩溃产生的问题；
- 服务器屏幕上的黑屏或一条信息。

确定问题性质的过程如图 1-5 所示。

针对图 1-5，做出如下考虑：

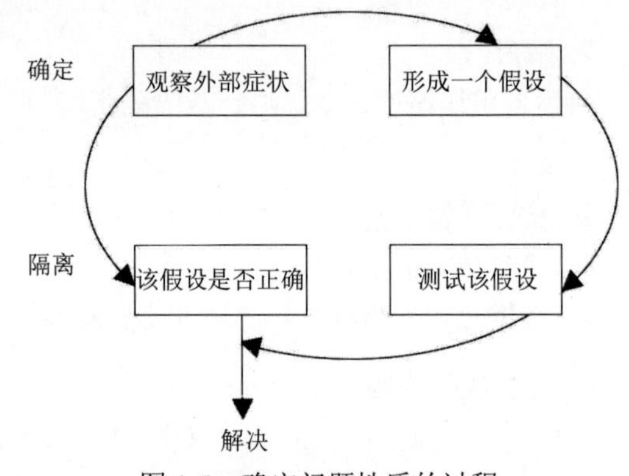

图 1-5　确定问题性质的过程

- 服务器或某客户机可能只是简单挂起，或者没有留下任何问题线索而不能运行。
- 如果还有客户机在运行，对这些客户机做记录。
- 如果该问题仅限于一台客户机或与相同硬件相连的一组客户机，首先怀疑这个硬件。
- 如果该问题影响所有的运行某个程序的客户机，那么该程序可能是引起问题的原因。
- 如果没有一个客户机能够访问该服务器，则可能是该服务器中的 LAN 信道(网络操作系统、LAN 驱动程序、网络接口卡、电缆系统、路由器等)出了问题。
- 自该网络上次正常工作以来，是否发生了什么改变。
- 如果服务器不能再运行，重新启动并且看问题是否再次出现。
- 以相同方式重复出现的问题更容易确定问题所在。
- 试图用另一个应用程序或不运行任何应用程序时重现该问题，能够帮助确定该问题是否与一个特定的应用程序有关。

一旦已经注意到能够观察到的一切现象，就可以对观察到的症状凭借经验进行猜测。

2. 隔离引起该问题的原因

服务器或某客户机可能简单挂起，或者没有留下任何问题线索而不能运行。考虑的问题如图 1-6 所示。

遵循图 1-6 所述确定可能的问题根源后，执行涉及这种可能的原因的各种测试。这样做，应当能够总结出其假设是否正确。

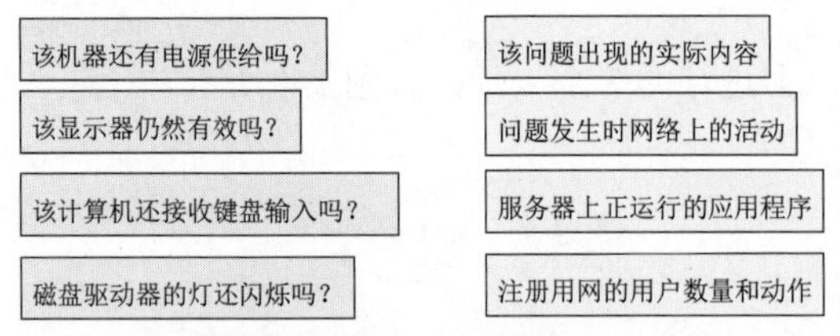

图 1-6　服务器或客户机挂起时考虑的问题

3. 解决该问题

解决问题的主要手段是找出问题、得出结论、排除故障。

(1) 找出问题

用能够正常工作的类似部件来替代怀疑有问题的部件。在熟悉每个部件的性能，了解它们可能会引起的问题后，使用这个方法比较有效。

- 如果怀疑是硬件问题，去除这个值得怀疑的硬件并用一个相同的硬件来代替，看看是否有所改变。
- 如果只是增加了新的硬件，则先替换该硬件。局域网络的一个优点是通常在 LAN 上的另一台客户机中有可供使用的类似网络硬件。许多有经验的人都会有备用设备，这样就不必从运行的机器上拆卸了。

(2) 得出结论

- 进行每个试验，必须确定该假定是否正确。如果正确地执行了其他步骤，这个步骤通常最为直接。
- 如果问题依然如故，则可判断该假定是不正确的。
- 如果该问题已经消除，则表明已经找到了问题的根源。
- 一种最为麻烦的情况是，当改变某一部件后，该问题依然存在但外在表现形式却不同。
- 对可能不熟悉其测试结果的问题，必须扩展或修订关于该问题的方法，这样能够更好地将观察到的结果与其症状联系在一起。
- 如果测试的结果没有得出结论，必须更为详细地关注该症状并且形成另一个假设。在大多数情况下需要在重新检查该症状之前，改变该问题的环境。例如，可能要从网络上去除一个节点，然后再次查看此症状。

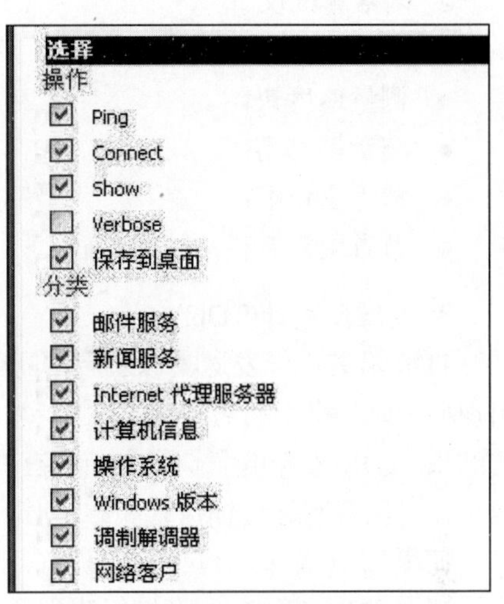

图 1-7　网络故障定位涉及的内容

网络故障定位就是在给定的系统中检测、隔离和修理故障的过程。网络故障定位是一项综合性的技术，涉及网络的方方面面，如图 1-7 所示。

1.8　网络诊断工具

排除网络故障通常需要硬件和软件的辅助。为了更有效地排除故障，应该知道有哪些工具有助于解决网络问题。

1.8.1　硬件工具

以前硬件工具非常昂贵，而且难以操作。但现在的硬件工具比较便宜，而且也更加容易使用。这些工具对于了解性能趋势和问题是非常有帮助的。

1. 数字电压表

数字电压表(电压欧姆表)是多用途的电子测量工具。它被认为是计算机或电子专业人员的标准设备，它所能揭示的信息远远超出电阻两端的电压。使用电压表可以确定：

- 电缆是否连接(是否有断路)；
- 电缆是否可以运载网络通信量；
- 同一电缆的两个部分是否暴露和接触(因而造成短路)；
- 电缆的暴露部分是否触及了另一个导体，如金属表面。

网络管理员要检查网络设备的电源。大多数电子设备使用120V的交流电工作，但并不是所有的电源输出都满足这个要求。在较早的设备安装中，尤其是在大型的工业环境中，系统负荷会导致电压降低，有时电压会降为 102V。长时间在低电压下工作可能会导致电子设备出现问题，低电压通常会导致间断性的错误。可能出现的另一个极端是，过高的电压导致设备遭到破坏。在新建筑物中，不正确的电路走线有可能造成实际的电压输出高达 220V。

因此，在新的地点或新的建筑物中，必须在连接电子设备之前对输出电压进行检查，以确保它们在可以接受的范围内。

2. 网络测试仪

网络测试仪具有如下优点：

- 测量速度快；
- 测量精度高；
- 故障定位准；
- 节省用户查找故障的时间。

3. 时域反射计(TDR)

TDR 沿着电缆发送类似于声纳的脉冲，以确定电缆中是否存在断点、短路或者缺陷。当电缆出现问题时，将影响到网络的性能。如果 TDR 发现了问题，就会对问题进行分析，并显示出分析的结果。TDR 沿着电缆长度方向的有效作用距离通常有数英尺。TDR 在安装网络时使用得比较频繁，在对现有网络进行检查和维护时，也经常用到该工具。

使用 TDR 需要经过专门的训练，因此并不是每个维护部门都有这种设备。但是，网络管理员应该知道 TDR 的功能，在网络出现介质问题时，可以用它来发现缺陷。

4. 高级电缆检测器

高级电缆检测器在数据链路层、网络层，甚至在物理层工作，这已经超越了 OSI 参考模型的物理层次。它也可以显示有关物理电缆的状态信息。

5. 其他硬件工具

(1) 交叉电缆：绕过网络，直接对计算机的通信能力进行隔离和测试。

(2) 硬件回送设备：这是一个串口连接器，利用它，您不必将计算机的串口连接到另一台计算机或外设，就可以对计算机的通信能力进行测试。在利用回送的情况下，数据被传送到一条线路，然后再作为接收数据返回。如果传送的数据没有返回，那么硬件回送就会检测出硬件中存在的问题。

(3) 音调发生器和音调定位器：音调发生器是所有领域中技术人员使用的标准设备，它用来将直流的或者连续的音调信号施加到电缆导体上。音调发生器被加到有疑问的电缆一端，匹配的音调定位器放置在电缆的另一端来测试电缆是否正常。

这些工具可以用来测试导线的连续性和线的极性，也可以用来跟踪双绞线、单个导体和铜轴电缆。

(4) 示波器：示波器是一种以时间为单位测量信号电压值的电子装置，它在一个显示器上显示结果。当与 TDR 一起使用的时候，示波器可以显示：

- 短路；
- 电缆中突然的弯曲和卷曲；
- 开路(电缆中的断路)；
- 衰减(信号的损失)等。

1.8.2 软件工具

软件工具用来监视趋势和确定网络性能问题。

1. 网络监视器

网络监视器是一种软件工具，其作用是对部分或者整个网络的通信量进行跟踪。它检查数据包并收集有关数据包类型、错误以及每台计算机传入和传出的数据包通信量等信息。

网络监视器对于建立部分网络基准非常有用。在建立了基准之后，用户将可以排除通信量故障和监视网络的使用情况，进而确定是否需要对其进行升级。例如，假定在安装新网络之后，用户了解到网络通信量使用了其全部能力的 40%，在一年后再次检查数据通信量时，用户注意到现在使用了全部能力的 80%。如果能一直监视，就可以对通信量的增加情况进行预测，并估计应该在何时升级网络，以避免出现故障。

2. 协议分析器

协议分析器也称为网络分析器，它通过采用数据包捕获、解码和传输数据的方法实时地分析网络通信量。管理大型网络的网络管理员在很大程度上依赖于协议分析器。

协议分析器通过查看数据包的内部来确定问题。它也可以根据网络通信量生成数据统计，从而帮助我们了解网络的总体情况。其中包括：

- 软件；
- 文件服务器；
- 工作站；
- 网卡。

协议分析器有内置的 TDR。

协议分析器可以分析和检测网络问题，其中包括：

- 有故障的网络部件；
- 配置或连接错误；
- LAN 瓶颈；
- 通信量的波动；
- 协议问题；
- 可能引起冲突的应用程序；
- 异常的服务器通信量。

协议分析器可以识别范围广泛的网络行为。它可以：

- 确定活动频繁的计算机。
- 确定发送错误数据包的计算机。如果某台计算机大量的通信量使得网络的速率降低，那么该计算机应该能够被移到网络中的其他网段。如果计算机正在产生错误的数据包，则应该将该计算机从网络中除去，并对它进行修复。
- 查看和筛选某些数据包类型。这对于通信量的路由非常有帮助。协议分析器可以确定何种类型的通信量可以通过网络中一个给定的网络分段。
- 跟踪网络性能以了解其趋势。了解这些趋势将帮助管理员更好地规划和配置网络。
- 通过生成测试数据包并对结果进行跟踪来检查部件、连接和线缆。
- 通过设置产生警告的参数来确定问题发生的条件。

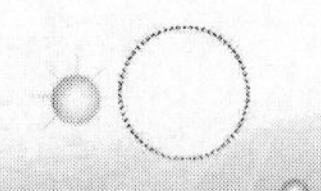

下面是用来对网络交互活动进行监视的最常用工具。

(1) 网络通用 Sniffer

Sniffer 是 Network General 分析器家族产品的一部分，它可以对来自 14 种协议的帧进行解码和截取，这些协议包括 AppleTalk、Windows NT、Netware、SNA、TCP/IP、VINES 和 X.25。Sniffer 可以用 3 种方式测量网络的通信量，相应的单位分别为每秒千字节、每秒帧和可用带宽的百分比。Sniffer 可以收集 LAN 通信量的统计数字，测试一些诸如信标的错误，并将这些信息在 LAN 的配置文件中给出，还可以通过捕获计算机间的帧来确定是否存在瓶颈，并将结果显示出来。

(2) Novell 的 LANalyzer

LANalyzer 软件的功能和 Sniffer 的功能十分类似，但它只能在 Netware LAN 上使用。

1.9 网络测试工具

1.9.1 网络管理和监控工具

网络管理和监控工具主要包括以下几个。

(1) 性能监视器

目前大多数的网络操作系统都包括一个监视实用程序，这个监视实用程序可以帮助管理员对网络的服务器性能进行监视，可以查看实时或记录的操作。其对象包括：

- 处理器；
- 硬盘；
- 内存；
- 网络利用状况；
- 整个网络。

这些监视器可以完成以下操作：

- 记录性能数据；
- 向网络管理员发出警告；
- 启动另一个程序，将系统性能调整到可接受的范围内。

当监视网络时，重要的是必须建立一个基准。只要改变了网络，记录的网络正常运行参数值就应该定期更新。基准信息可以帮助我们对网络性能的巨大变化和微小变化进行监视。

(2) 网络监视器

网络监视器是一个截取和分析网络通信信息的软件，它通过图像来形象地描述每条信息来自哪里，发往何处，在传输过程中经过了哪些节点等。

(3) 协议分析仪

协议分析仪用于检测新设计的网络，帮助我们分析通信行为、差错、利用率、效率以及广播和多播分组。

(4) HP OpenView

HP OpenView 能够在网络测试运行过程中提示某些问题的网络事件出现。

1.9.2　网络诊断工具

常用的网络诊断工具有 360 系统诊断工具、Windows 网络诊断工具、无线网络检测工具。

1. 360 系统诊断工具

360系统诊断工具是完全免费的、安全类上网辅助软件工具，它提供系统诊断功能，能够对系统的 190 多个可疑位置进行诊断，并生成诊断报告。

360 系统诊断工具在 360 安全卫士的“功能大全”里。打开 360 安全卫士，在左下角的功能大全中找到两个相关的功能，分别是宽带测速器、断网急救箱，单击想用的工具，运行就可以了。它可以测试长途网络速度，网页打开速度；还可以进行网络诊断，发现不能上网的问题出在哪里。

2. Windows 网络诊断工具

Windows 网络诊断工具可以测试网络连接并确定与网络相关的程序和服务当前是否工作正常。Windows 网络诊断工具有 WinMTR、Windows IE 浏览器诊断工具等。

(1) WinMTR

WinMTR 运行环境为 Windows XP/2003/Vista/7/10。

它需要结合 traceroute 进行网络诊断，内有 32 位与 64 位版本，请注意区分。

(2) Windows IE

Windows IE 浏览器自带的网络诊断工具附带在 IE 浏览器中，单击 IE 浏览器右上角的“工具”→“诊断连接问题”，即可启动该工具。

Windows IE 功能有：

- 检测操作系统，抓取正在运行的进程，监视注册表内容、随机启动项和网络连接状况等细节。
- 创建系统快照，划分危险级别。创建系统快照的同时，ESET SysInspector 扫描被记录的对象，划分危险级别。
- 用户可以从海量数据中，利用滚动条找到特殊颜色标记的危险对象以做进一步的检查。

3. 无线网络诊断工具

无线网络诊断有 5 个免费工具。

(1) CommView for WiFi

CommView for WiFi 是一个专门为 WiFi 网络设计的数据包嗅探器。此工具能够抓取数据包，然后在其中搜索特定的字符串、数据包类型等。每当探测到某种事先设定的流量时，CommView for WiFi 就会发出报警。

(2) 无线信号扫描工具 inSSIDer

inSSIDer 类似于以前的 Net Stumbler 应用软件，只是它更适用于现在的环境，并且它支持 Windows 操作系统。此工具被用来检测无线网络并报告它们的类型、最大传输速率和信道利用率。甚至还能以图形方式显示每个无线网络的幅值和信道利用率情况。

(3) 无线向导 Wireless Wizard

Wireless Wizard 是一款免费工具，用来帮助用户在无线网络连接中获得可能达到的最好性能。除了能提供无线网络相关的所有常用统计信息外，它还能进行一系列诊断测试，检查用户的无线网络运行情况如何。

(4) 无线密钥生成器 Wireless Key Generator

Wireless Key Generator 是一个比较简单的应用软件，用来帮助用户提高无线网络的安全性。它会提示用户指定无线网络中使用的安全类型和密钥强度，然后为用户生成一个随机的加密密码。

(5) 无线热点 WeFi

WeFi 能帮助用户在全球范围内查找无线热点。此工具的初始屏幕显示当前无线连接相关的统计信息。它还能显示一个可用热点的过滤视图，用户可以选择显示最想查看的热点或任何可用的 WiFi。WeFi 最好的功能就是 WiFi 地图，此功能可向用户显示公共 WiFi 热点的位置。

1.9.3 网络诊断工具使用讲解

在 Windows 网络环境的实施和日常管理中，会经常使用一些诊断工具和实用程序来帮助解决网络常见的一些问题。掌握和了解这些常用的工具对网络技术人员十分重要。下面以 Windows 2000 网络操作系统为例进行讲解。

1. Windows 报告工具

选择“开始”→“运行”，输入“Winrep.exe”，启动 Windows 报告工具。它搜集计算机的有关信息，用户可以根据这些信息诊断和排除各种计算机故障。

2. 文件检查器

文件检查器在 Windows 2000 中只能应用于命令解释模式下。可以通过在命令行模式下输入“SFC”启动文件检查器，其作用是扫描所有受保护的系统文件并用正确的文件进行替换。

3. 脚本调试器

上网浏览网页时，经常会遇到一些脚本运行错误的提示，为了防止产生错误，一般是停止执行脚本。有了脚本调试器，就可以对错误进行调试和排除。脚本调试器可以测试一个脚本文件的运行情况，调试脚本文件中的错误。脚本调试器并非 Windows 2000 默认安装的。选择“控制面板”→“添加/删除程序”→“添加/删除 Windows 组件”→“脚本调试器”，然后单击“下一步”按钮就可以安装脚本调试器。选择“开始”→“程序”→“附件”→Microsoft script debugger 可以打开脚本调试器。

4. DirectX 诊断工具

选择“开始”→“运行”，输入“Dxdiag.exe”可以打开 DirectX 诊断工具。此工具用于向用户提供系统中 DirectX 应用程序编程接口(API)组件和驱动程序的信息，也能够测试声音和图形输出、Microsoft DirectPlay 组件，还可以禁用某些硬件加速功能，使系统运行得更加稳定。利用此工具可以诊断硬件存在的问题，提供解决的办法，并可以更改系统设置，使硬件运行在最佳的状态。

5. Windows 2000 故障恢复控制台

Windows 2000 故障恢复控制台是命令行控制台，可以从 Windows 2000 安装程序启动。使用故障恢复控制台，无须从硬盘启动 Windows 2000 就可以执行许多任务，可以启动和停止服务，格式化驱动器，在本地驱动器上读写数据(包括被格式化为 NTFS 的驱动器)，执行许多其他管理任务。如果需要通过从软盘或 CD-ROM 复制一个文件到硬盘来修复系统，或者需要对一个阻止计算机正常启动的服务进行重新配置，故障恢复控制台特别有用。

1.9.4 网络仿真和仿真工具

网络仿真也称为网络模拟，是一种网络研究工具，既可以取代真实的应用环境得出可靠的运行结果和数据，也可以模仿一个系统过程中的某些行为和特征。它以随机过程和统计、优化为基础，通过对不同环境和工作负荷的分析比较，来优化系统的性能。

网络仿真就是在不建立实际网络的情况下使用数学模型分析网络行为的过程，从而获取特定的网络特性参数的技术。

随着网络的应用、网络新技术的不断出现和数据网络的日趋复杂，网络仿真的应用也越来越广泛，网络仿真已成为研究、规划、设计网络不可缺少的工具，无论是构建新网络，还是升级改造现有网络，都需要对网络的可靠性和有效性进行客观的评估，从而降低网络建设的投资风险，提高网络的性能。

目前在计算机网络仿真软件中，主流网络仿真软件有 OPNET、NS2、NS3、Matlab、CASSAP、SPW 等，这为网络研究人员提供了很好的网络仿真平台。

1. OPNET 网络仿真工具

OPNET 网络仿真工具主要面向网络设计专业人士，帮助客户进行网络结构、设备和应用的设计、建设、分析和管理。能够满足大型复杂网络的仿真需要。

(1) OPNET 网络仿真工具的特点

OPNET 网络仿真工具有如下特点：

① 提供三层建模机制，最底层为 Process 模型，以状态机来描述协议；中层为 Node 模型，由相应的协议模型构成，反映设备特性；上层为网络模型。三层模型和实际的网络、设备、协议层次完全对应，全面反映了网络的相关特性。

② 提供一个基本模型库，包括路由器、交换机、服务器、客户机、ATM 设备、DSL 设备、ISDN 设备等。OPNET 对不同的企业用户提供附加的专用模型库，附加的专用模型库需另外付费。

③ 采用离散事件驱动的模拟机理。

④ 采用混合建模机制，把基于包的分析方法和基于统计的数学建模方法结合起来，可得到非常详细的模拟结果。

⑤ 具有丰富的统计量收集和分析功能。它可以直接收集常用的各个网络层次的性能统计参数，能够方便地编制和输出仿真报告。

⑥ 提供了和网管系统、流量监测系统的接口，能够方便地利用现有的拓扑和流量数据建立仿真模型，同时还可对仿真结果进行验证。

⑦ 在软件功能方面，做得比较完备，可以对分组的到达时间分布、分组长度分布、网络节点类型和链路类型等进行很详细的设置，而且可以通过不同厂家提供的网络设备和应用场景来设计自己的仿真环境，用户也可以方便地选择库中已有的网络拓扑结构。

⑧ 易操作易用，使用比较少的操作就可以得到比较详尽和真实的仿真结果。

⑨ OPNET 是商业软件，界面非常好。

(2) OPNET 的缺点

① 价格高。

② 学习的门槛很高，通过专门培训而达到较为熟练的程度至少需一个多月的时间。

③ 仿真网络规模和流量很大时，仿真的效率会降低。

④ 提供的模型库有限，专用模型库需另外付费。

2. NS2 网络仿真工具

NS2 是一种面向对象的网络仿真器，可以用于仿真各种不同的 IP 网。NS2 网络仿真工具是一种针对网络技术的源代码公开的、免费的工具，最初是针对基于 UNIX 系统下的网络设计和仿真而进行的，它所包含的模块非常丰富，几乎涉及了网络技术的所有方面，成为学术界广泛使用的网络模拟软件。NS2 作为辅助教学的工具，也被广泛应用在了网络技术的教学方面。

(1) NS2 网络仿真工具的特点

① 源代码公开。

② 可扩展性强。

③ 速度和效率优势明显。

④ NS2 是自由软件，免费，这是与 OPNET 相比最大的优势，因此它的普及度较高。

(2) NS2 的缺点

① NS2 界面不如 OPNET。

② NS2 内容庞杂，不容易上手。

③ 由于不是同一公司开发的，格式上不是很统一。

3. NS3 网络仿真工具

NS3 是一款面向网络系统的离散事件网络仿真软件，主要用于研究与教学。NS3 作为源代码公开的免费软件，经 GNU GPLv2 认证许可，可被大众研究、改进与使用，它将逐步取代目前广泛应用的 NS2 网络模拟软件。

NS3 是用 C++和 Python 语言编写的，可作为源代码发布并适用于以下系统：Linux、UNIX variants、OSX，以及 Windows 平台上运行的 Cygwin 或 MinGW 等。

NS3 并不是 NS2 的扩展，而是一个全新的模拟器。虽然两者都是用 C++编写的，但是 NS3 并不支持 NS2 的 API，而是一个全新的模拟器。NS2 的一些模块已经被移植到了 NS3 上。在 NS3 的开发过程时，NS3 项目组会继续维护 NS2，同时也会研究从 NS2 到 NS3 的过渡和整合机制。

(1) NS3 模型

NS3 的基本模型共分为五层：应用层(application layer)、传输层(transport layer)、网络层(network layer)、链路层(link layer)、物理层(physical layer)。

(2) NS3 中的构件模型

① 节点(node)

NS3 节点是一个网络模拟器，而非一个专门的因特网模拟器。NS3 中的基本计算设备被抽象为节点，节点由用 C++编写的 Node 类来描述，Node 类提供了用于管理计算设备的各种方法。可以将节点设想为一台可以添加各种功能的计算机。

② 信道(channel)

通常我们把网络中数据流流过的媒介称为信道。在 NS3 中用 C++编写的 Channel 类来描述。

③ 网络设备

在 NS3 中网络设备这一抽象概念相当于硬件设备和软件驱动的总和。在 NS3 仿真环境中，网络设备安装在节点上，使得节点通过信道和其他节点通信。网络设备由用 C++编写的 NetDevice 类来描述。

④ 应用程序

在 NS3 中没有真正的操作系统的概念，更没有特权级别或者系统调用的概念，需要被仿真的用户程序被抽象为应用，用 Application 类来描述。

(3) 有关 NS3 详细资料的获取

用户可以从以下几个网站获取：

① http://www.nsnam.org，提供 NS3 系统的基本信息。

② http://www.nsnam.org/ns-3-dev/documentation/，该页面主要包括以下主要资料。

- 初步介绍 NS3 的相关知识，以及下载及安装方法，简单用法。
- 更深一步讲解 NS3 的相关知识以及 NS3 的编码风格。
- 主要介绍 NS3 的相关模块。用户可以选择自己实际需要的模块进行学习，不需要全部阅读。

③ http://www.nsnam.org/doxygen/index.html，该页面上提供了 NS3 系统架构的更为详细的信息。在编写自己的模块时，查询类的成员函数、类的属性等，要经常用到这个链接。

④ http://www.nsnam.org/wiki，可以作为 NS3 主站点的补充。

⑤ NS3 的源码可以在 http://code.nsnam.org 找到。读者也可以在名为 ns3-dev 的源码仓库中找到当前的 NS3 开发树，以及 NS3 的之前发行版本和最新测试版本的代码。

4. MATLAB 网络仿真工具

MATLAB 网络仿真工具用于数值计算和图形处理的科学计算系统环境。MATLAB 是英文 Matrix Laboratory(矩阵实验室)的缩写。在 MATLAB 环境下，用户可以集成地进行程序设计、数值计算、图形绘制、输入输出、文件管理等各项操作。

MATLAB 提供了一个人机交互的数学系统环境，该系统的基本数据结构是矩阵，在生成矩阵对象时，不要求作明确的维数说明。与利用 C 语言或 FORTRAN 语言做数值计算的程序设计相比，利用 MATLAB 可以节省大量的编程时间。

(1) MTALAB 的五个主要组成部分

① MATALB 语言体系

MATLAB 是高层次的矩阵/数组语言，具有条件控制、函数调用、数据结构、输入输出、面向对象等程序语言特性。利用它既可以进行小规模编程，完成算法设计和算法实验的基本任务，也可以进行大规模编程，开发复杂的应用程序。

② MATLAB 工作环境

这是对 MATLAB 提供给用户使用的管理功能的总称，包括管理工作空间中的变量输入输出的方式和方法，以及开发、调试、管理文件的各种工具。

③ 图形图像系统

这是 MATLAB 图形系统的基础，包括完成 2D 和 3D 数据图示、图像处理、动画生成、图形显示等功能的高级 MATLAB 命令，也包括用户对图形图像等对象进行特性控制的低级 MATLAB 命令，以及开发 GUI 应用程序的各种工具。

④ MATLAB 数学函数库

这是对 MATLAB 使用的各种数学算法的总称，包括各种初等函数的算法，也包括矩阵运算、矩阵分析等高层次数学算法。

⑤ MATLAB 应用程序接口(API)

这是 MATLAB 为用户提供的一个函数库，使得用户能够在 MATLAB 环境中使用 C 程序或 FORTRAN 程序，包括从 MATLAB 中调用程序(动态链接)，读写 MAT 文件的功能。

在国际学术界，MATLAB 已经被确认为准确、可靠的科学计算标准软件。

(2) MATLAB 的缺点

① MATLAB 和其他高级程序相比，程序的执行速度较慢。由于 MATLAB 的程序不用编译等预处理，也不生成可执行文件，程序为解释执行，所以速度较慢。

② MATLAB 不能实现端口操作和实时控制，但结合 C++ Builder 的运用，实现优势互补就可以克服这一缺点。

5. CASSAP 网络仿真工具

CASSAP 网络仿真工具主要应用于数字信号处理和网络通信领域，它可以在概念、体系结构、算法三个层次上实现仿真。CASSAP 采用了数据流驱动仿真器，它比基于时钟周期的仿真器速度提高了 8～16 倍。CASSAP 提供了 1000 多个高层模块，并可对其中所需模块自动生成行为级或 RTL 级 VHDL，也可生成各种风格的 DSP 代码，供 DSP 处理器做软件实现。CASSAP 可广泛应用于数字传输系统，如通信、图像、多媒体等，并提供了针对 GSM、CDMA、DECT 等标准的专用开发平台。

6. SPW 网络仿真工具

SPW 网络仿真工具提供面向电子系统的模块化设计、仿真及实施环境，是进行算法开发、滤波器设计、C 代码生成、硬/软件结构联合设计和硬件综合的理想环境。SPW 的一个显著特点是它提供了 HDS 接口和 MATLAB 接口。SPW 通常应用于无线和有线载波通信、多媒体和网络设计与分析等领域。

习题

1. 从网络故障本身来说，经常会遇到的故障有哪些？
2. 简述网络发生故障的具体分布。
3. 网络发生故障的原因有哪几种？
4. 网络故障管理一般包括哪五项？
5. 根据网络管理系统的发展历史简述网络管理系统的分代。
6. 简述网络管理系统的分类方法。
7. 简述新兴技术、新行业对网络管理系统的新要求。
8. 简述第五代无线移动通信网络的基本概念。
9. 常用的网络故障测试命令有哪些？
10. 网络故障诊断应该实现哪三方面的目的？
11. 简述故障诊断的步骤。
12. 简述故障排除过程。
13. 网络故障排除的过程大致可分为哪 5 个步骤？
14. 故障检测要做到哪些？
15. 简述网络故障报告的内容。
16. 简述在部件基础上进行故障定位的 3 个步骤。
17. 网络诊断硬件工具有哪些？
18. 网络诊断软件工具有哪些？
19. 网络管理和监控工具主要包括哪几个？

第2章

物理层故障诊断与排除

本章重点介绍以下内容：

- 物理层概述；
- 物理层主要问题；
- 双绞线故障诊断与排除；
- 同轴电缆故障诊断与排除；
- 光缆故障诊断与排除；
- 中继器故障诊断与排除；
- 集线器故障诊断与排除；
- 调制解调器故障诊断与排除；
- V.35 DTE/DCE 电缆故障诊断与排除；
- 设备兼容性故障诊断与排除；
- 物理层故障排除实例。

2.1 物理层概述

物理层是 OSI 分层结构体系中最基础的一层，它建立在通信媒体的基础上，实现系统和通信媒体的物理接口，为数据链路实体之间进行透明传输提供服务，为建立、保持和拆除计算机与网络之间的物理连接提供服务。

物理层在 OSI 参考模型(OSI/RM)中的位置如图 2-1 所示。

物理层的故障主要表现在设备的物理连接方式是否恰当，连接电缆是否正确，Modem、CSU/DSU 等设备的配置和操作是否正确。

确定路由器端口物理连接是否完好的最佳方法是使用 show interface 命令，检查每个端口的状态，解释屏幕输出信息，查看端口状态、协议建立状态和 EIA 状态。

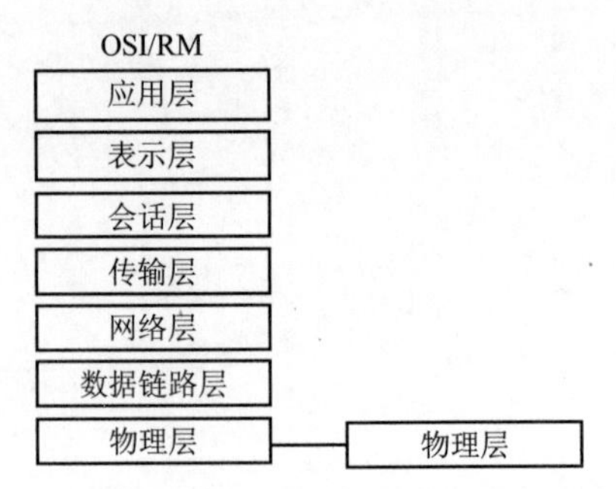

图 2-1　物理层在 OSI 参考模型(OSI/RM)中的位置

1. 物理层的主要作用

物理层用于实现相邻节点之间比特数据流的透明传送，尽可能屏蔽具体传输介质和物理设备的差异，利用物理传输介质为数据链路层提供物理连接(物理信道)，为数据链路层提供比特流服务。

物理层是所有网络的基础，用户主要关心的问题有：

- 用多少伏特电压表示 1，用多少伏特电压表示 0，一个比特持续多少微秒；
- 是单工、半双工还是全双工；
- 如何建立和完成最初的连接，通信后如何终止连接；
- 网络接插件有多少针和各针的用途；
- 信道的最大带宽；
- 传输介质(例如，是有导线的还是无导线的)；
- 传输方式是基带传输还是频带传输，或者二者均可；
- 多路复用技术，如 FDM、TDM 和 WDM(Wave-length Division Multiplexing，波分多路复用)等。

2. 物理层的主要功能

- 物理连接的建立、维持和拆除；
- 实体之间信息按比特传输；
- 实现四大特性(机械特性、电气特性、功能特性、规程特性)的匹配。

3. 物理层标准

物理层标准的主要任务就是规定 DCE 设备和 DTE 设备的接口，包括接口的机械特性、电气特性、功能特性和规程特性。

DTE 是数据终端设备，DCE 是数据电路端接设备。DCE 的作用就是在 DTE 和传输线路之间提供信号变换和编码的功能，并且负责建立、保持和释放数据链路的连接。DTE 通过 DCE 与通信传输线路相连，是美国电子工业协会(EIA)制定的著名物理层标准。

- 物理或机械特性：规定了 DTE 和 DCE 之间的连接器形式，包括连接器形状、几何尺寸、引线数目和排列方式等。
- 电气特性：规定了 DTE 和 DCE 之间多条信号线的连接方式、发送器和接收器的电气参数，以及其他有关电路的特征。电气特性决定了传送速率和传输距离。
- 功能特性：对接口各信号线的功能给出了确切的定义，说明某些连线上出现的某一电平的电压表示的意义。
- 规程特性：规定了 DTE 和 DCE 之间各接口信号线实现数据传输的操作过程(顺序)。

EIA RS-232C/V.24 接口标准是物理层标准之一。其中，RS 是 Recommended Standard 的缩写，

即推荐标准。RS-232C 接口标准与国际电报电话咨询委员会(CCITT)的 V.24 标准兼容，是一种非常实用的异步串行通信接口。

RS-232C 建议使用 25 针的 D 型连接器 DB-25，但是在计算机的 RS-232C 串行端口上，大多使用 9 针连接器 DB-9。

2.2　物理层主要问题

1. 物理层网络故障的现象

物理层网络故障的主要现象是：硬件故障、线路故障、逻辑故障。

(1) 硬件(物理)故障

网络设备物理本身的硬件故障，一般为设备硬件损坏、接口损坏、插头松动、线路受到严重电磁干扰等情况。

(2) 线路故障

连接网络的物理线路故障一般为：网线或者光纤线路本身物理损坏，网线或者光纤线路接口损坏。线缆的工作速率、工作方式等问题也会导致物理层故障。

(3) 逻辑故障

逻辑故障一般为配置错误，是指由网络设备的配置导致的网络异常或故障。

2. 物理层产生网络故障的主要问题

物理层产生网络故障主要存在三大问题。

(1) 信号衰减

信号衰减限制了信号的传输距离，信号衰减还常常会伴随着信号的变形。

解决方法：常采用信号放大和整形的方法来解决信号衰减及其变形问题。

(2) 噪声干扰

噪声可能导致信号传输错误，即接收端难以从混杂了较大噪声的信号中提取出正确的数据。

解决方法：减少噪声的措施，如抵消与屏蔽噪声、良好的端接和接地技术等。

(3) 常见物理组件的问题

- RJ-45 插座问题；
- RJ-45 头问题；
- DB-25 到 DB-9 的转换器问题。

解决方法：按标准规范的要求进行端接。

3. 物理层网络故障诊断与排除的主要内容

物理层网络故障诊断与排除的主要内容是：双绞线、同轴电缆、光缆、中继器、集线器、调制解调器、V.35 DTE/DCE 电缆、设备兼容性故障。

2.3　双绞线故障诊断与排除

双绞线故障可能产生的问题有近端串扰未通过、衰减未通过、接线图未通过、长度未通过。现分别介绍如下。

2.3.1 近端串扰未通过

近端串扰未通过的原因可能有：

- 近端连接点有问题；
- 远端连接点短路；
- 串对；
- 外部噪声；
- 链路线缆和接插件性能问题或不是同一类产品；
- 线缆的端接质量问题。

2.3.2 衰减未通过

衰减未通过的原因可能有：

- 线路长度过长；
- 环境或器件温度过高；
- 连接点问题；
- 链路线缆和接插件性能问题或不是同一类产品；
- 线缆的端接质量问题。

2.3.3 接线图未通过

接线图未通过的原因可能有：

- 线路两端的接头有断路、短路、交叉、破裂开路；
- 跨接错误(某些网络需要发送端和接收端跨接，当为这些网络构筑测试链路时，由于设备线路的跨接，测试接线图会出现交叉)。

接线图正常如图 2-2 所示。

接线图开路如图 2-3 所示。

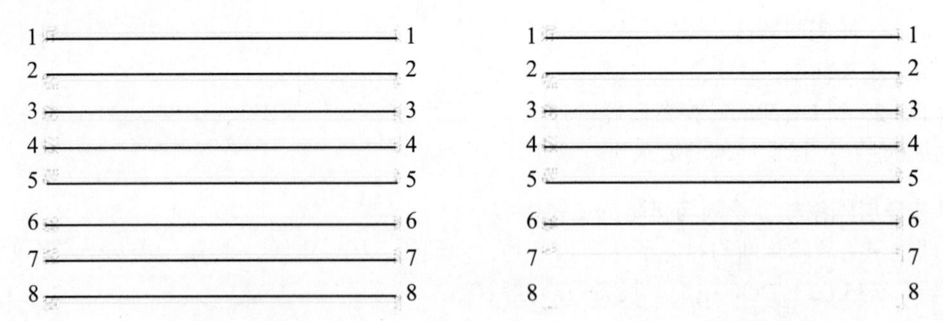

图 2-2 接线图正常　　图 2-3 接线图开路

接线图交叉如图 2-4 所示。

接线图跨接错误如图 2-5 所示。

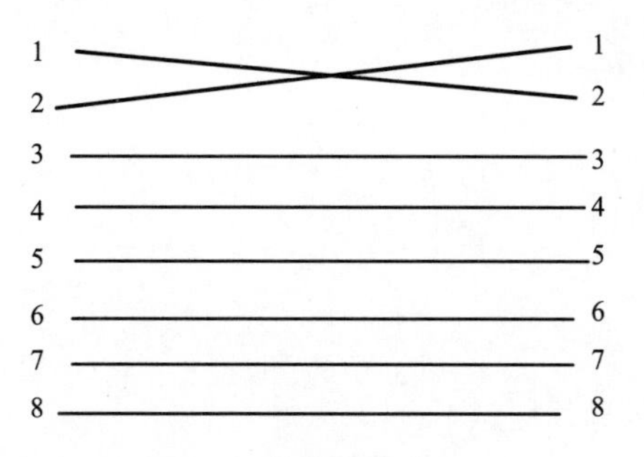

图 2-4　接线图交叉

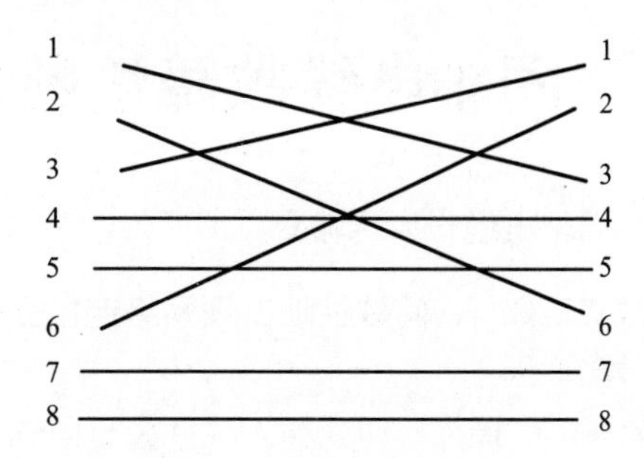

图 2-5　接线图跨接错误

接线图短路如图 2-6 所示。

接线图断路如图 2-7 所示。

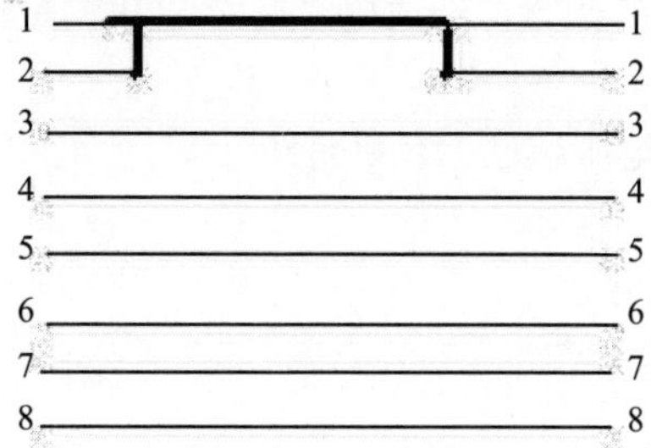

图 2-6　接线图短路

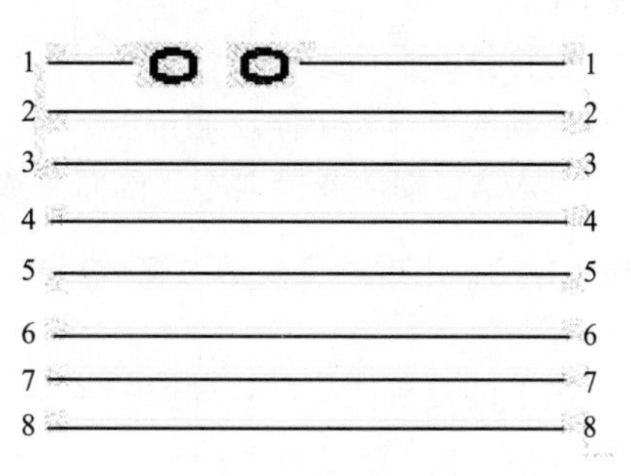

图 2-7　接线图断路

2.3.4　长度未通过

线路长度未通过的原因可能有：

- NVP 设置不正确，可用已知的好线确定并重新校准 NVP；
- 实际长度过长；
- 开路或短路；
- 设备连线和跨接线的总长度过长。

2.3.5　铜导线接头的故障

故障现象 1：RJ-45 导线接头的故障

故障原因：

- 双绞线的头没顶到 RJ-45 接头顶端；
- 双绞线未按照标准脚位压入接头；
- 接头规格不符或者内部的绞线断了；
- 镀金层的厚度太薄(RJ-45 仿冒)。

故障现象 2：RJ-45 导线接头符合规范，但网络无连接

故障原因：

- RJ-45 接头的金属片未刺入双绞线中，需再对 RJ-45 接头重新压按一次；
- 双绞线接触不良，需再对 RJ-45 接头重新压按一次；
- 使用剥线工具时切断了双绞线(双绞线内铜导线已断，但皮未断)。

2.4 同轴电缆故障诊断与排除

用同轴电缆作为传输介质的网络，常见的故障如下。

故障现象 1：间歇性地出现网络连接丢失

故障原因：

- BNC 接头松动或插入式针头与同轴电缆的内导体接触不良；
- 终端电阻的电阻值超过了容限的范围。

故障现象 2：整个网络完全失效

故障原因：

- 电缆打结、损坏或安装插入式针头时钻孔过深等因素，造成电缆短路(这里的短路是指同轴电缆的内、外导体连通)；
- 由于 MAU 损坏或接地不正确而导致网络上的电压超过了客观允许范围。

故障现象 3：出现冲突次数过多的现象

故障原因：

- 电缆上的反射信号过强导致的冲突，解决的方法是检查终端电阻是否丢失、损坏或不合格；
- 电缆段上的 MAU 过多；
- 电缆段存在多个接地点；
- 电缆过长。

故障现象 4：间歇性或经常性出现冲突和碎片

故障原因：

- 电磁场干扰。检查周围是否有光电复印机、寻呼机、手机、电梯、微波炉或 X 射线等设备。

故障现象 5：在安装了新电缆段后失去网络连接或间歇性地出现连接中断

故障原因：

- 新安装的电缆衰减过大，接头或接插板的阻抗不同；
- 新安装的电缆阻抗超出了范围，或安装的电缆类型不正确；应检查新安装的电缆的阻抗和线缆相关的技术指标。

故障现象 6：过度冲突

故障原因：

- 违反了同轴电缆作为传输介质的以太网 5-4-3 规则，即同轴电缆作为传输介质的 LAN 最多有 5 个分段；任何两个站点间不能超过 4 个中继器；只有 3 个网段可以连接工作站。

故障现象 7：严重噪声干扰

故障原因：

- 同轴电缆作为传输介质的网络电缆太靠近某个电气设备，如电机；
- 同轴电缆走向与电源电缆并行。

2.5　光纤故障诊断与排除

用光纤作为传输介质的主干网络，常见的故障如下。

故障现象 1：光纤头(尾纤)是符合规范的，但网络无连接

故障原因：

- 光纤弯曲的曲率半径过小而引起光线折断，光纤弯曲的曲率半径应是光缆直径的 15～20 倍；
- 购买的光缆有质量问题，可能是运输过程中的碰撞导致光纤折断，这就要求购买光缆时要进行现场测试。测试方法是将光纤两端分别剥去，在一端点燃打火机，在另一端用肉眼观察光纤有没有亮点，如果有，则说明它是好的，否则光纤已折断。

故障现象 2：无连接或出现间歇性的连接故障

故障原因：

- 熔接头不合格；
- 光纤链路端接光纤连接器过多，引起链路衰减过大；
- 连接器污染，有灰尘、指纹或湿气。

光纤熔接头要规范操作，不要让灰尘落到光纤头上；整个链路衰减值要符合要求。

故障现象 3：光纤布线后与网络中心点无连接

故障原因：

- 配线盒内安装不正确；
- 配线盒处跳线接端不正确(要交叉跳线)；
- 光纤不合格，导致衰减过大；
- 光纤头污染(如灰尘、指纹、湿气)；
- 发射功率不足；
- 电缆过长引起的衰减。

故障现象 4：光纤收发器无连接

故障原因：

(1) 光纤收发器或光模块的指示灯是否已亮。

- 如收发器的光纤口(FX)指示灯不亮，请确定光纤链路是否交叉连接。光纤跳线一头是平行方式连接；另一头是交叉方式连接。
- 如 A 收发器的光纤口指示灯亮，B 收发器的光纤口指示灯不亮，则故障在 A 收发器端。一种可能是 A 收发器光纤发送口已坏，导致 B 收发器的光纤口接收不到光信号；另一种可能是 A 收发器光纤发送口的这条光纤链路有问题(光纤或光纤跳线可能断了)。

(2) 光纤、光纤跳线是否已断。

- 光纤通断检测：用手电对着光纤接头或耦合器的一头照光，在另一头看是否有可见光，如有可见光，则表明光纤没有断。
- 光纤连线通断检测：用激光手电、太阳光等对着光纤跳线的一头照光，在另一头看是否有可见光，如有可见光，则表明光纤跳线没有断。

2.6 中继器故障诊断与排除

2.6.1 中继器概述

中继器是连接网络线路的一种装置，常用于两个网络节点之间物理信号的双向转发工作。中继器是最简单的网络互联设备，主要完成物理层的功能，负责在两个节点的物理层上按位传递信息，完成信号的复制、整形和放大功能，以此来延长网络的长度。它在 OSI 参考模型(OSI/RM)中的位置如图 2-8 所示。

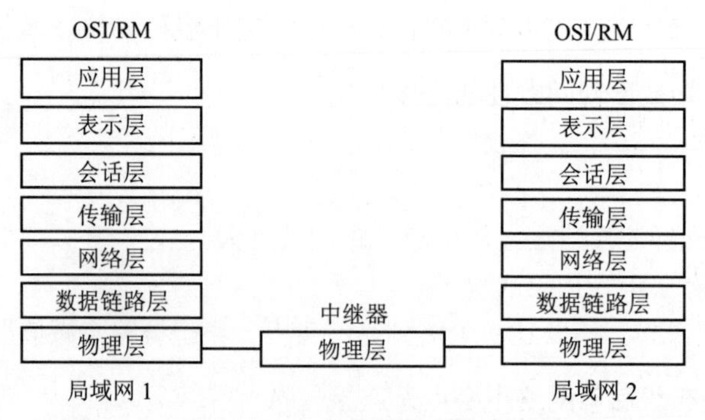

图 2-8 中继器在 OSI 参考模型(OSI/RM)中的位置

由于存在损耗，在线路上传输的信号功率会逐渐衰减，衰减到一定程度时将造成信号失真，导致接收错误。中继器就是为解决这一问题而设计的。它完成物理线路的连接，对衰减的信号进行放大，保持与原数据相同。

一般情况下，中继器两端连接的是相同的媒体，但有的中继器也可以完成不同媒体的转接工作。从理论上讲，中继器的使用是无限的，网络也因此可以无限延长。事实上这是不可能的，因为网络标准都对信号的延迟范围作了具体的规定，中继器只能在此规定范围内进行有效的工作，否则会引起网络故障。以太网络标准中就约定了一个以太网上只允许出现 5 个网段，最多使用 4 个中继器，而且其中只有 3 个网段可以挂接计算机终端。

2.6.2 故障诊断与排除

中继器常见的故障如下。

故障现象 1：中继器不能工作

故障原因：

- 检查是否接通电源，原因可能是没有接通电源；
- 检查指示灯是否亮，若有电但指示灯不亮，则中继器已损坏；
- 若有电，且指示灯正常，则检查线路接口是否安装牢固，避免接触不良。

故障现象 2：定位冲突域

中继器在检测到某个端口发生冲突后就立即生成阻塞比特并发送到其他所有端口，影响网络的正常工作。检查出有冲突的端口，修复该端口。

故障现象 3：超时传输锁定机制

由于无自动隔离功能而导致 MAU 处于超时传输锁定状态，MAU 的超时传输锁定机制是中继器故障中一个非常重要的故障现象，它每隔 0.01ms(帧间距)发送 5ms 时长的阻塞比特，影响网络正常工作。

2.7　集线器故障诊断与排除

2.7.1　集线器概述

集线器是中继器的一种形式，区别在于集线器能够提供多端口服务，也称为多口中继器。集线器在 OSI/RM 中的位置如图 2-9 所示。

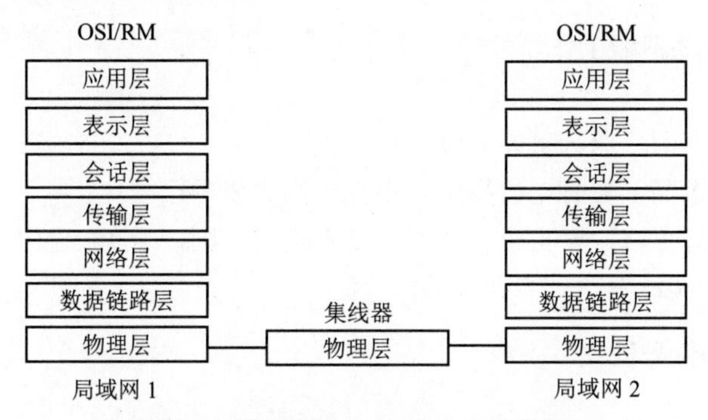

图 2-9　集线器在 OSI/RM 中的位置

集线器产品发展较快，局域网集线器通常分为 5 种不同的类型，它对 LAN 交换机技术的发展产生直接影响。

1. 简单中继器网段集线器

在硬件平台中，第一类集线器是一种简单中继器 LAN 网段，例如叠加式以太网集线器或令牌环网多站访问部件(MAU)。某些厂商试图在可管理集线器和不可管理集线器之间划分界限，以便进行硬件分类。这里忽略了网络硬件本身的核心特性，即它实现什么功能，而不是如何简易地配置。

2. 多网段集线器

多网段集线器是从单中继器网段集线器直接派生而来的，采用集线器背板，这种集线器带有多个中继网段。多网段集线器通常是有多个接口卡槽位的机箱系统。然而，一些非模块化叠加式集线器也支持多个中继网段。多网段集线器的主要技术优点是可以将用户的信息流量分载，网段之间的信息流量一般要求独立的网桥或路由器。

3. 端口交换式集线器

端口交换式集线器是在多网段集线器基础上将用户端口和背板网段之间的连接过程自动化，并通过增加端口交换矩阵(PSM)来实现的。PSM 提供一种自动工具，用于将任何外来用户端口连接到集线器背板上的任何中继网段上。这一技术的关键是“矩阵”，矩阵交换机是一种电缆交换机，它不能自动操作，要求用户介入。它不能代替网桥或路由器，并不提供不同 LAN 网段之间的连接性。其主要优点就是实现移动、增加和修改的自动化。

4. 网络互联集线器

端口交换式集线器注重端口交换，而网络互联集线器在背板的多个网段之间提供一些类型的集成连接。这可以通过一台综合网桥、路由器或 LAN 交换机来完成。目前，这类集线器通常都采用机箱形式。

5. 交换式集线器

目前，集线器和交换机之间的界限已变得越来越模糊。交换式集线器有一个核心交换式背板，采用一个纯粹的交换系统代替传统的共享介质中继网段。此类产品已经上市，并且混合的(中继/交换)集线器很可能在以后几年控制这一市场。应该指出，集线器和交换机之间的特性几乎没有区别。

2.7.2 故障诊断与排除

集线器是在中继器的基础上研发的，有人称其为多口中继器。集线器常见的故障如下。

故障现象 1：集线器不能工作

故障原因：

- 检查是否接通电源，原因可能是没有接通电源；
- 检查指示灯是否亮，若有电但指示灯不亮，则集线器已损坏；
- 若有电且指示灯正常，则检查线路接口是否安装牢固，避免接触不良。

针对上述现象，对集线器进行专业检修。

故障现象 2：数据信号丢失

故障原因：

- 数据信号丢失一般是帧间距过短造成的；
- 帧间距过短主要是由于某些接口在冲突发生后，立即传送数据而没有遵守 9.6μs 间距规则；
- 数据包碎片有时会产生帧间距过短。

针对上述现象，对集线器进行专业检修。

故障现象 3：发生干扰信号

故障原因：

发生干扰信号一般是集线器的接地问题，如果接地的集线器和接地终端电阻之间经由电缆形成一个电流环路，且两地存在电压差，就会产生干扰电流，进而发生干扰信号，导致冲突率上升，甚至网络中断。

针对上述现象，对集线器重新接地。

故障现象 4：网络效率低，冲突也就频繁发生

故障原因：

传输路径上集线器过多，集线器最多不能超过 4 个；集线器与集线器、集线器与其他设备之间连接距离超过 90 米。增大了信息传输的延时，造成网络效率低下，冲突也就频繁发生。

针对上述现象，减少传输线路上的集线器个数，其他设备之间连接距离不超过 90 米。

故障现象 5：在“网上邻居”或“资源管理器”中只能找到本机

故障原因：

网络通信错误，一般是网线断路；集线器可能有问题或者网卡的接触不良。

故障现象 6：COL 指示灯长亮或不断闪烁

故障原因：

局域网中计算机通过集线器访问服务器，发现所有客户端计算机无法与服务器进行连接，客户机之间 Ping 也时断时续。检查集线器发现 COL 指示灯长亮或不断闪烁。

- COL 灯不停闪烁，表明冲突发生;
- COL 灯长亮则表示有大量冲突发生。导致冲突大量发生的原因可能是集线器故障。

针对上述现象，对集线器进行专业检修，更换集线器，网络恢复正常。

2.8　调制解调器故障诊断与排除

2.8.1　调制解调器概述

调制解调器是计算机网络中的一个非常重要的设备。它是一种计算机硬件，能把计算机产生出来的信息翻译成可沿普通电话线传送的模拟信号。而这些模拟信号又可由线路另一端的另一调制解调器接收，并译成接收计算机可懂的语言。调制解调器在 OSI/RM 中的位置如图 2-10 所示。本节着重介绍调制解调器能做什么，如何选择适合的调制解调器，以及怎样将它安装在计算机上。

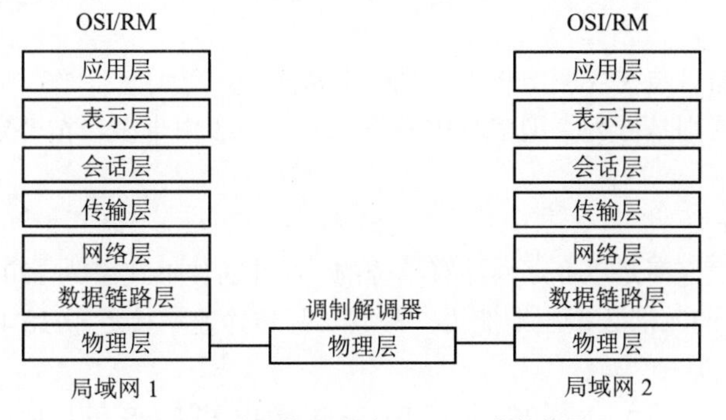

图 2-10　调制解调器在 OSI/RM 中的位置

2.8.2　调制解调器的用途与分类

1. 调制解调器的用途

调制解调器的英文单词为 Modem，它来自于英文术语 Modulator/Demodulator(调制器/解调器)，是一种翻译器。它将计算机输出的原始数字信号变换成适应模拟信道的信号，我们把这个实现调制的设备称为调制器。从已调制信号恢复为数字信号的过程称为解调，相应的设备叫做解调器。调制器与解调器合起来称为调制解调器。

在计算机网络中，往往需要将城市中的不同区域甚至在不同城市、不同国家的数据设备连接起来，使它们能相互传输数据。在这些远程连接中，不同数据设备的空间距离有数千米甚至几千千米，一般用户很难为它们铺设专用的通信媒体，于是人们把眼光放在了早已遍布全球各个角落的电话网上。电话网除可用作电话通信外，还可用来开放数据传输业务。由于公司电话网最初是为适应电话通信的要求而设计的，因此它采用的是频分多路载波系统实现多个电话电路复用的模拟传输方式。每个话路的有效频带宽度为 0.3～3.4kHz，但数据终端是 1 和 0 组合的数字信号，其频带宽度远大于一个话路的带宽。为了使这种 1 和 0 数字信号能在上述的模拟信道上传送，需要把 1 和 0 数字信号变换为模拟信号的形式，在通信的另一端做相反方向的变换以便于数据终端的接收。这种功能的转换，就需要通过调制解调器来完成。

2. 调制解调器的分类

为了适应各种不同信道、不同速率的要求，有多种不同类型的调制解调器。调制解调器的分类方法也不尽相同，有按调制解调器是安装在计算机内部还是外部将它分为内部调制解调器和外部调制解调器的，也有按其功能、外形、传输速率、使用线路、操作模式、数据检错和压缩方法等进行分类的。

(1) 按功能分类

就功能而言，调制解调器可分为通用调制解调器和具有传真功能的调制解调器。速度从最初的 110bps 发展到 3840bps 甚至更高，而后者配上扫描仪之后，不但可以完全取代传真机，还可由计算机直接传出/传入，即不必使用纸张。

(2) 按外形分类

就外形而言，调制解调器可分为外置式、内插式、袖珍型和机架型 4 种。

外置式调制解调器使用 RS-232 接口与计算机连接，安装简单方便，各种功能指示灯齐全，极适合初学者使用。

内插式调制解调器看起来像块网卡或多功能卡，因没有外壳而价格低廉，但需占用计算机母板上的一个扩充插槽。

袖珍型调制解调器可装在衣服口袋中，携带非常方便。

机架型调制解调器则是专为大型信息中心设计的，一般由十多台按一定格式连接在一起，装在一个机架上以便操纵。

(3) 按传输速率分类

调制解调器的传输速率是以 bps 为计算单位的，标准的传输速率为 1200、2400、9600、14 400 等。一般配备 V.42bis 的 4 倍数据压缩能力，故其实际传输速率接近于 38 400bps。

(4) 按使用线路分类

调制解调器按电话线路可分为 PSTN、LEASED LINE 和 DDS 等几种。PSTN(公用电话网)即一般家庭和办公室所使用的电话线；LEASED LINE 则是一般所说的电话专线，它不计通话次数，不能拨号，只算月租费；DDS 是数字数据网，只能传送数据而不能传送声音信号。

(5) 按操作模式分类

调制解调器的操作模式有同步和异步两种。一般微机使用的都是异步方式，这也是绝大多数用户使用的方式。

同步方式则使用在通信线路一端是大型主机，另一端是小型微机的情况下，此时小型微机被当成终端使用。

(6) 按数据检错和压缩方法分类

调制解调器可以以数据检错的方法保证收到的数据正确无误，同时通过对数据进行压缩提高有效传输速率，其中最常用的是 MNP5 和 V.42bis。

MNP5 在 V.42bis 标准公布之前被广泛地应用于调制解调器，包含了 MNP1～MNP4 的检错协议和 MNP5 的压缩协议。MNP5 具有双倍的压缩效率。

V.42bis 是 CCITT 于 1989 年公布的 4 倍压缩效率的数据压缩标准，可将 2400bps 的调制解调器的有效传输速率提高到 9600bps。

2.8.3　调制解调器在联网中的功能与方式

1. 调制解调器在联网中的功能

调制/解调只是调制解调器的基本功能，它的主要功能还包括建立连接的能力，在发送设备、接收设备和终端设备之间建立同步交换与控制，改变音频信道的能力，以及维修测试等功能。

(1) 数据传输功能

在数据通信系统中，数据传输是实现数据通信的基础。数据传输的方式可分为并行传输与串行传输。

- 并行传输：在并行传输中，一个字符的所有各个位都是同时发送的，也就是说每一位均使用单独的信道，所有位同时从发送端发出，并且同时抵达接收端。数据的并行传输实际上指的是一个字符的所有位都是并行发送的，而各个字符之间是串行传输的，即一个字符跟在另一个字符后面串行地传输。
- 串行传输：串行传输是最常用的通信方法，它的字符以串行方式在一条信道上传输，且每个字符中的各个位都是一个接一个地在通信线路中发送，再在接收端把这些传来的位流组装成字符。串行传输存在两个与接收端有关的同步问题，即位同步和字符同步。

(2) 建立连接功能

建立调制解调器之间的连接，可以用人工拨号或通过自动呼叫设备来启动。在接收端，“回答”同样可由人工完成，也可用自动回答设备来完成。在调制解调器中若使用自动呼叫应答设备，就可以进行无人值守的通信。

- 自动应答方式：在一台调制解调器中，有自动应答器和自动呼叫器，自动应答器的主要作用是接收电话振铃信号，产生并发送单音。其工作过程是：终端设备及其相连的调制解调器从交换线路上接收呼叫信号，检测到振铃信号后，把调制解调器接入线路，并发出一种应答信号，由主叫设备接收，经过这种一问一答的联络过程以后，便可进行数据的传输。这种功能对以计算机为中心构成的终端—计算机系统特别有用，因为终端用户可直接拨入，自动连接到计算机，而无须操作员干预。
- 自动呼叫方式：自动呼叫器也叫自动拨号器，它的功能比自动应答器的多，要完成与终端和交换网两方面的接续。自动呼叫器中必须存储需要自动呼叫的电话号码。每次对呼叫的号码和顺序、呼叫成功或失败做出的处理(例如，再呼叫或改号呼叫)等，都要事先编好程序，并存放在自动呼叫器的存储电路中。呼叫时，首先通过有关接口线完成自动呼叫器与交换网的接续，然后转入逐位拨号，拨号结束后，主叫等待被叫的应答。自动呼叫和自动应答设备的标准在 V.25 建议中有详细规定。

(3) 同步与异步传输功能

调制解调器的工作方式必须和与它相连的终端设备的工作方式相一致，这是一条基本准则。有的调制解调器可以接收异步信号，对这些信号的定时没有严格的规定，而高速调制解调器都是同步工作方式。当采用同步工作方式时，时钟设置是关键问题，它必须与 RS-232C 接口电路引线中的 15、17、24 三个信号相配合。因此，在同步传输时只能有一个时钟源。

同步信号的时钟是从终端、计算机或调制解调器中获取的。

- 由调制解调器提供时钟：由调制解调器提供的时钟称为内部时钟(INT)。
- 由计算机或终端提供时钟：这种方法先要 RS-232C 提供 24 和 17 引线，计算机能用外部时钟。

另外，调制解调器也存在着串行操作和并行操作，在并行操作时，构成数据字符的全部信息位是在若干个并行的频率划分的多路信道上传输。通常情况下，可以简化与终端的接口，因为它不必像一般串行传输那样需要进行并行—串行转换。但是，并行操作的调制解调器更加专用化，一般只限于低速运行。

(4) AT命令功能

AT命令是Hayes标准AT命令集的简称，这种命令将现有的通信标准(例如Bell等标准、RS-232C接口技术规格、美国信息交换标准ASCII数据格式、电话线连接要求等)翻译成一种命令控制的格式。Hayes AT命令集标准已成为从个人计算机将命令送到调制解调器的标准方法。它通过一台计算机或终端，利用命令来操作调制解调器。这些命令是逻辑的(例如，D命令用于拨号，T命令用于音频)，并易于使用。每一条命令串都以字符AT开头，最后以一个回车符来执行它们。然而每条命令的两个AT字符，必须以大写字母或小写字母(AT或at)方式输入，但一定不能以一个大写字母A和一个小写字母t来组合，这样的输入方式调制解调器无法辨认。

(5) 诊断功能

在通信过程中快速找出故障的原因，并确定其在通信中的位置，是十分重要的。所以，调制解调器的诊断功能是非常有用的。

- 环路方式

根据CCITT建议中的V.54所规定的诊断测试回路，用户就能对调制解调器和线路进行测试，还能够对远端的调制解调器进行必要的检查。方法如下：把电路的发送线信号返回到接收线上，从而使调制解调器接收到它正在发送的数据。把接收到的数据与发送的数据进行比较后，便可确定该调制解调器的性能。这一工作可以在两个接口处进行，即终端与调制解调器之间的数据接口(也称数字环路)和调制解调器与线路之间的接口(也称模拟环路)。

- 其他测试功能

通常调制解调器还有其他的自测试功能，如信号质量和线路电平显示，以及数据位差错检测。它们分别用于测定线路的质量与已发送数据位中的差错数目。这些测试常常是很有用的，即便它们并不是最基本的功能。用户可根据实际使用情况决定是否选择带此功能的调制解调器。对于较高速率的调制解调器和网络本身来说，其诊断功能的价值都是比较大的。

(6) 后备功能

后备功能就是当调制解调器用于专线电路而专线电路出现故障时，能够切换到公司电话网上工作，即临时用拨号线路作后备，以保证数据传输的连续性。有时从专线切换到公用电话网的拨号线上后，线路质量难以维持原有的工作速率。因此，调制解调器必须能工作于较广泛的速率范围内。

(7) 差错率

差错率就是传送一个给定的数据码组时，出现差错的数目。差错率与线路质量和调制解调器的性能有关。在传输过程中，码组差错率(误组率)比位差错率(误码率)更为重要，若某个码组出现差错，则必须重发。当误组率很高时，将会出现接收不到数据信息的情况。由于每次传送的码组都含有差错，所以必须重发。

2. 调制解调器在联网中的方式

(1) 话(频)带调制解调器的通信方式

- 单工方式：两地之间只能按一个指定方向单向传输数据，即一端固定为数据发送端，另一端为接收端。
- 半双工方式：两地之间可以在两个方向双向传输数据，但二者不能同时进行，即每一端既可以发送数据也可以接收数据，但在发送数据时不能接收数据，在接收数据时不能发送数据。
- 全双工方式：两地之间可以在两个方向上同时传输数据，即每一端在发送数据的同时，可以接收对方发送过来的数据。这种调制解调器是使用最广泛的调制解调器。

(2) 调制解调器的通信线路

两台调制解调器之间的通信线路可以用 2 线制，也可以用 4 线制。在数据传输中，发送调制解调器和接收调制解调器之间用一对线路连接起来进行数据传输的方式叫做 2 线制，收发信号同在这两根线上完成。如果采用两对线则叫做 4 线制，4 线制实际上是并行的两对线路，收发信号分别在某一对线上完成。

(3) 调制解调器的连线模式

调制解调器的连线模式有 4 种，即信赖模式、常态模式、直接模式及自动信赖模式。

- 信赖模式(Reliable Mode)：信赖模式就是调制解调器间的信息传送是可信赖的，即调制解调器至少有使用 MNP4 或 V.42 的侦错修正功能，使调制解调器所收到的信息一定是正确的。如果要建立信赖模式连线，必须是双方的调制解调器都提供信赖。
- 常态模式(Normal Mode)：当使用常态模式时，就没有提供侦错修正的功能。但信息经过调制解调器内缓冲器传输控制的处理。所以，可将 DTE 速率设得比 DCE 速率大。
- 直接模式(Direct Mode)：在直接模式下，任何信息由计算机系统直接送到本地调制解调器，再送到远端调制解调器，中间都没有经过缓冲器、侦错修正和压缩的处理。所以，此时的 DTE 速率和 DCE 速率一定要一样。
- 自动信赖模式(Auto-Reliable Mode)：自动信赖模式是一种连线的模式名称。如果事先不知道远端调制解调器设定的是哪种模式，可以用自动信赖模式与对方连线。自动信赖模式调制解调器在与远端调制解调器连线之后，会送出一种 MNP 或 V.42 规范的确认码，对方若有 V.42 MNP 功能，就会回送规范确认码，这样双方就可建立 V.42 或 MNP 的连线。

(4) 调制方式

把具有低通(声频和视频)频谱的基带信号进行频谱搬移叫做调制。在调制技术中至少涉及两个量，一个是含有需要传输信息的基带信号，也就是调制信号；另一个是高频载波，高频载波的某些参量随调制信号的变化而变化。高频载波通常采用正弦信号，数据通信系统中也选择正弦波作为载波。正弦波可以通过幅度、频率、相位三个参量随基带信号变化携带信息。数字基带信号也称为键控信号，因此数字调制系统中有振幅键控(ASK)、移频键控(FSK)和移相键控(PSK)三种调制方式。

- 调幅(AM)：这种调制方式是按照所传送的数据信号，改变基本“载频”波形的幅度，从而把数字信号变换为模拟信号。该载频通常是一种适合在电话系统中传输的恒定频率的信号。因为数字信息仅由两种状态 0 和 1 组成，所以需要两种幅度，规定 1 的幅度比 0 的幅度高一些。这种调制方式也称为“振幅键控”。
- 调频(FM)：在这种调制方式中，用两种交替的频率代表 0 和 1，按照数据的变化，信号的频率从一个值变到另一个值。这种调制方式也称为“移频键控”。
- 调相(PM)：在这种调制方式中，如同用频率或幅度的变化能携带信息一样，一种载频信号相位的变化也能携带信息。这种技术也称为“移相键控”。
- 混合调制：这种调制方式让每一个信号码携带一位以上的信息，从而获得较高的传输速率，它是上述三种调制技术的组合。例如，正交调幅就是调幅与调频技术的结合。在这种技术中，波特与位/秒的数值不同。

调幅技术是最便宜的调制方式，但抗干扰性能比其他方式差。调相技术的抗干扰性能比调幅与调频都好，但它是一种精细而复杂的技术。

经过调制以后的信号称为已调信号，根据已调信号结构的形式，数字调制又可分为线性调制和非线性调制。线性调制是一种线性变换过程，已调信号可以表示为基带信号线性函数和载波振荡频率的乘积。根据频谱分析，已调信号的频谱结构和基带频谱结构完全相同，只不过将原基带信号的频率搬移到较高的频率位置。在线性调制系统中可运用叠加原理，对双边带、正交双边带、单边带和残余边带的振幅键控进行线性调制。在非线性调制中，已调信号通常不能简单地表示为基带信号的线性函数和载波振荡频率的乘积，而必须用非线性函数表示。已调信号的频谱结构也与基带信号的频谱结构不同，除将基带信号的频谱向较高的频率位置上搬移外，还产生新的频率成分，并改变原来频谱中各频率分量之间的相对关系。移频键控、移相键控均属于非线性调制。

(5) 传输速率

数据传输的速率通常用每秒传输的位来衡量。例如，2400、4800 位/秒表示每秒传输的二进制数的个数分别为 2400 和 4800，位/秒通常写为 bps 或者 b/s。除了以位/秒作为数据传输速率的单位外，还可以采用波特(BAUD)这个单位。

一般来说，与调制解调器有关的速率包括：

- 调制解调器之间的传输速率(DEC Speed)；
- 数据终端设备与调制解调器之间的传输速率(DTE Speed)；
- 调制解调器本身的串口速率(Serial Port Speed)；

一般所说的“2400 的调制解调器”或“9600 的调制解调器”，其中的“2400”或“9600”指的就是两个调制解调器在线路上传输数据时的传输速率。

一般而言，较高速的调制解调器应该包含有低速调制解调器的规格和功能，它可以自动降速来和低速的调制解调器建立连线。例如，2400bps 的调制解调器和 14 400bps 的调制解调器互连时，14 400bps 的调制解调器的速率将会降为 2400bps，以便双方建立连线关系。

- 计算机系统与调制解调器的传输速率

因为计算机系统是一种 DTE，所以计算机系统经由 RS-232 数据连接与调制解调器相连时所达到的传输速率就称为“DTE 速率”。这个 DTE 速率是利用通信软件对计算机系统直接设定的。例如，在使用 TELIX、PROCOMM 或者其他通信软件时，会有一个画面功能来提示设定传输速率，这时设定的速率不是 DCE 的速率，而是 DTE 的传输速率。DTE 的传输速率有时可以和 DCE 的传输速率不一样。例如，使用14 400bps 的调制解调器时，调制解调器传输速率最高为 14 400bps，但 DTE 的传输速率可以设为 57 600bps。这就是说，虽然调制解调器与调制解调器间的速率是 14 400bps，但计算机到调制解调器间的速率可为 57 600bps。

- 调制解调器串口速率

串口速率是指调制解调器的 RS-232 接口在传输数据时的数据吞吐速率。因为调制解调器的 RS-232 接口是连接到计算机系统的 RS-232 接口上的。所以，一般情况下，上面所提到的 DTE 速率就等于这里所提到的串口速率。但有时也会因产品设定的问题而使这两种速率不同。当它们不同时，就无法正常地传送信息。

串口速率是如何设定的呢？调制解调器一开机，调制解调器就会读取存在 NVRAM(一种长期记忆 IC)内的所有数值，来设定调制解调器的速率。该 NVRAM 的数值包括了串口速率和其他的设定。另外，调制解调器也读取“拨动开关(DIP SWITCH)”的设定值。而拨动开关也有 DTE 速率的定义，其中有一个拨动开关用来定义是以 NVRAM 为准还是以拨动开关为准。

例如，不知道调制解调器的 NVRAM 的设定速率是多少，而拨动开关设定串口速率为 19 200bps，在通信软件的操作下，若设定速率为 9600bps(DTE)，那会是怎样的情形？

① 如果未对调制解调器下达 AT 指令，就通过电话线和对方连线，那会因为调制解调器的串口速率和计算机系统的 DTE 速率不匹配，而使得发送接收的资料都不对。

② 如果对调制解调器下达了AT指令，调制解调器会根据指令判断系统的DTE速率是9600bps，

进而将调制解调器的串口速率改为和 DTE 的速率一样。

综上所述，可以不管调制解调器内拨动开关或 VNRAM 的串口速率的设定，只要下达 AT 指令，调制解调器的串口速率就和事先利用通信软件所设定的速率一样。

2.8.4　故障诊断与排除

调制解调器常见的故障如下。

故障现象 1：调制解调器正常，但不工作

故障原因：

- 安装不正确，再按操作说明书的要求进行安装；
- 线路的速率没有选择正确；
- 异步拨号方式与同步拨号方式弄反了。

故障现象 2：调制解调器只能呼出，不能呼入

故障原因：

安装操作时应配置为 Modem inout，即允许呼入和呼出。

故障现象 3：调制解调器不能工作

故障原因：

除了故障现象 1 的原因外，也可能是调制解调器质量有问题，如果是这样，则应返回厂家检修。

故障现象 4：调制解调器经常掉线

故障原因：

- 电话线路质量不好；
- 如果数据终端就绪信号(DTR)无效持续的时间超过 Modem 默认设置值，就会引起掉线；
- 如果电话具有“呼叫等待”这一程控电话新功能，每当有电话打进来，调制解调器就会受到干扰而断开；
- 调制解调器本身的质量以及不同调制解调器间的兼容性问题也是引起调制解调器掉线的一个普遍存在的原因。

故障现象 5：调制解调器无拨号音，始终连不上网，调制解调器上指示灯也不闪

故障原因：

- 电话线路是否占线；
- 接调制解调器的服务器的连接(含连线、接头)是否正常；
- 电话线路是否正常，有无杂音干扰；
- 拨号网络配置是否正确；
- 调制解调器的配置设置是否正确，检查拨号音的音频或脉冲方式是否正常。

故障现象 6：Modem 无法拨号或连接

故障原因：

- 没有正确安装调制解调器，通信功能将无法正常工作；
- 检验现有的通信参数设置是否正确；
- 检验调制解调器的配置。

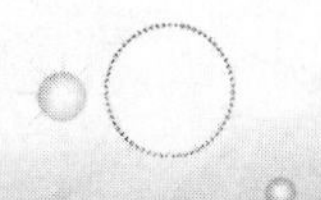

在“控制面板”中，双击“调制解调器”图标。验证调制解调器的制造商和型号，运行“安装新调制解调器”向导检测调制解调器并确认当前配置是否正确。如果调制解调器未出现在已安装的调制解调器列表中，单击“添加”，然后选择合适的调制解调器。如果制造商和类型不正确，并且在列表中没有设备制造商及类型，试着用“通用调制解调器”中的“与 Hayes 兼容”选项，设置为调制解调器支持的最大波特率，并单击“确定”。在排除冲突列表中删除所有的调制解调器条目。

- 检查调制解调器是否处于可以使用状态。

在“控制面板”中双击“系统”图标，然后单击“设备管理”标签，在列表中选择调制解调器并单击“属性”，确认是否选中“设备已存在，请使用”。

- 检查端口的正确性。

在“控制面板”中双击“调制解调器”图标，选择调制解调器，然后单击“属性”，在“通用”标签上，检验列出的端口是否正确。如果不正确，选择正确的端口，然后单击“确定”。

- 确认串口的 I/O 地址和 IRQ 设置是否正确。

在“控制面板”中双击“系统”图标，单击“设备管理”标签，再单击“端口”，选取一个端口，然后单击“属性”，单击“资源”标签显示该端口的当前资源设置，请参阅调制解调器的手册以找到正确的设置。在“资源”对话框中，检查“冲突设备列表”以查看调制解调器使用的资源是否与其他设备发生冲突，如果调制解调器与其他设备发生冲突，单击“更改设置”，然后单击未产生资源冲突的配置。

- 检验端口设置。

在“控制面板”上双击“调制解调器”图标，单击调制解调器，然后单击“属性”，在出现的菜单中单击“连接”标签以便检查当前端口设置，如波特率、数据位、停止位和校验。

- 检验调制解调器波特率。

在“控制面板”中双击“调制解调器”，选择一种调制解调器，然后单击“属性”，单击“通用”标签，然后将波特率设置为正确速率。

故障现象 7：计算机屏幕上出现“错误 678”或“错误 650”的提示信息

故障原因：

- 一般是所拨叫的服务器线路较忙、占线，暂时无法接通，可等一会后继续重拨。
- 可能与 TCP/IP 有关。

解决方法为：重新安装。

安装的方法为：选择“控制面板”→“网络”，删除所有有关 TCP/IP 的选项。重新启动计算机，然后选择“网络”→“添加”→“协议”，把“TCP/IP 协议”添加上。

- 线路本身的问题。

判断方法：是否有分机、并机等影响线路质量的设备。换一根好的线路，以判断是否是线路问题。如是线路问题，最好先解决线路问题，这样可以更好地发挥 Modem 的功能。

- 进户电话线的主线尽量短地接到 Modem 上。
- 静电。如机箱带静电，电源的接地可能不好。
- Modem 本身的问题，表现同上。解决方法为重写固件或进行维修。

故障现象 8：计算机屏幕上出现“错误 680”的提示信息，没有拨号音

故障原因：

- 检测调制解调器是否正确连到电话线，Modem 的 Line 接口未接电话线。
- 检测调制解调器工作是否正常，是否开启。

- 检查电话线路是否正常，是否正确接入调制解调器，接头有无松动。
- Modem 的拨号音不标准。
- 有干扰线路的设备，如分机、并机、子母机等。

解决方法：

- 查看电话线是否正确连接到 Modem 的 Line 接口上，如果未安装则接好。
- 选择“拨号网络”→“我的连接”→“属性”→“设置”→“连接”，取消“拨号之前等候拨号音”。
- 去掉干扰线路的设备，尽量把入室电话线的主线以尽量短的方式直接接入 Modem，然后再从 Modem 转接出去。如果以这种方式仍然不行，建议换一条电话线来检测，判定是否是 Modem 的原因。

故障现象 9：计算机屏幕上出现“The Modem is being used by another Dial-up Networking connection or another program、Disconnect the other connection or close the program，and then try again”的提示信息

故障原因：

- 检查是否有另一个程序在使用调制解调器；
- 检查调制解调器与端口是否有冲突。

故障现象 10：计算机屏幕上出现“The computer is not receiving a response from the Modem. Check that the Modem is plugged in，and if necessary，turn the Modem off ，and then turn it back on”的提示信息

故障原因：

- 检查调制解调器的电源是否打开；
- 检查与调制解调器连接的线缆是否正确地连接。

故障现象 11：计算机屏幕上出现“Modem is not responding”的提示信息

表示调制解调器没有应答。

故障原因：

- 检查调制解调器的电源是否打开；
- 检查与调制解调器连接的线缆是否正确连接；
- 调制解调器是否损坏。

故障现象 12：计算机屏幕上出现“NO CARRIER”的提示信息

表示无载波信号，这多为非正常关闭调制解调器应用程序或电话线路故障。

故障原因：

- 检查与调制解调器连接的线缆是否正确地连接；
- 检查调制解调器的电源是否打开。

故障现象 13：计算机屏幕上出现“No dialtone”的提示信息

表示无拨号声音。

故障原因：

检查电话线与调制解调器是否正确连接。

故障现象 14：计算机屏幕上出现“Disconnected”的提示信息

表示终止连接。

故障原因：

- 若该提示是在拨号时出现，检查调制解调器的电源是否打开；
- 若该提示是使用过程中出现，检查电话线是否在被人使用。

故障现象 15：计算机屏幕上出现“ERROR”的提示信息

故障原因：

- 调制解调器电源是否打开；
- 正在执行的命令是否正确。

故障现象 16：能正常上网，但总是时断时续

故障原因：

- 电话线路问题，线路质量差；
- 调制解调器工作不正常，影响上网的稳定性。

故障现象 17：用拨号上网时，听不见拨号音，无法进行拨号

故障原因：

- 检查调制解调器工作是否正常；
- 电源是否打开；
- 电缆线是否接好；
- 电话线路是否正常。

故障现象 18：计算机屏幕上出现“拨号网络无法处理在‘服务器类型’设置中指定的兼容网络协议”的提示信息

故障原因：

- 检查网络设置是否正确；
- 调制解调器是否正常；
- 是否感染了宏病毒。

故障现象 19：电话拨号故障

故障原因：

- 调制解调器与电话线是否已正确连接；
- 调制解调器的设置是否与串行口发生了冲突。

故障现象 20：调制解调器反复拨号却无法接通

故障原因：

- 确保使用的是模拟电话线，不得使用数字线路；
- 检查所有线缆和连接；
- 确认电话线连在 RJ-11 接口而不是 RJ-45 接口，如图 2-11 所示；
- 确认电话线直接连接到墙上的电话接口；
- 确认有强力的拨号音；

图 2-11　RJ-11 接口和 RJ-45 接口

注意：

无拨号音的错误信息一般是软件不能处理某个拨号音，硬件错误较少见。由于存在不同的拨号音质量，而导致系统报告侦测不到拨号音。禁用侦测拨号音功能，使调制解调器检测不到拨号音错误发生。

- 重新安装调制解调器设备；
- 确认系统安装了最新的设备驱动程序；
- 确认没有其他软件访问 COM 口(如传真软件、同步软件、通信软件、需要 COM 口的外接指点设备)；
- 确认安装了最新的 BIOS 和 Embedded Controller 文件。

故障现象 21：两个调制解调器之间的点对点连接通信故障

故障原因：

① Modem 没有任何反应。

- 检查电源是否开启；
- 检查 COM 端口、IRQ 设置是否正确，有无与其他周边设备冲突；
- Modem 处于不正常状态，可重新开启 Modem 电源；
- 检查 TR 灯是否亮着，RS-232 接口及线路是否正常。

② Modem 通电后自检。

CD、OH 灯亮可能是设置了专线模式，只需调回出厂设置，具体操作命令为 AT&F& W&W1；

③ Modem 拨号后无法接通。

- 忙线中；
- 对方 Modem 未开或有状况。

④ Modem 连线成功却无法传、收资料。

- 线路品质不良；
- 双方通信参数设定不一致。

⑤ Modem 不能自动应答。

- 核实 S0 寄存器是否为 1；
- 检查串行电缆。

故障现象 22：调制解调器不能连通

故障原因：

- 检查各个连线是否连接正确(如电源、COM 端口、电话 Line 端口是否与 Phone 端口接反)。
- 听电话有无拨号音，如有，则检查网络配置中是否有 Microsoft 网络客户\拨号网络适配器(Microsoft)\TCP/IP 协议(Microsoft)。如无，需添加。
- 查看拨号网络中的拨号程序是否正确，如检查所拨的 ISP 号码是否正确，是否匹配用户的电话性质(音频、脉冲，是否为内线或电话卡等)。

- 是否在上网的高峰期，ISP 可能出错或正忙，可以多试几次。

故障现象 23：调制解调器连线速率低

故障原因：

- 是否使用了与该调制解调器相匹配的驱动程序；
- 是否正确安装了调制解调器，并把串口速率调到 115 200bps；
- 是否设置了一些错误命令，可以在超级终端里用 AT&F&W&W1 命令来恢复出厂设置；
- 查看电话线路的质量，是否有太多的分支接头。

故障现象 24：调制解调器与网络连接的错误信息代码

- 600：操作挂起。

发生内部错误，重新启动计算机，以确保所有最近所做的配置更改都能生效。

- 601：检测到无效的端口。

发生内部错误，重新启动计算机，以确保所有最近所做的配置更改都能生效。

- 602：指定的端口已打开。

网络连接试图使用的 com 端口正在被其他活动的网络连接或其他的进程(例如：诸如传真程序之类的电话线路监视程序)使用。退出阻止使用 com 端口的应用程序。

- 603：呼叫方的缓冲区太小。

发生内部错误，重新启动计算机，以确保所有最近所做的配置更改都能生效。

- 604：指定了不正确的信息。

远程访问记事本文件和当前的“网络和拨号连接”配置可能不一致。如果更改了通信设备(例如：串行口或调制解调器)，请确保重新配置“网络和拨号连接”。

- 605：不能设置端口信息。

远程访问记事本文件和当前的“网络和拨号连接”配置可能不一致。如果更改了通信设备(例如：串行口或调制解调器)，请确保重新配置“网络和拨号连接”。如果错误仍然存在，请删除并重新创建“网络和拨号连接”。

- 606：指定的端口未连接。

发生内部错误，重新启动计算机，以确保所有最近所做的配置更改都能生效。

- 607：检测到无效事件。

发生内部错误，重新启动计算机，以确保所有最近所做的配置更改都能生效。

- 608：指定的设备不存在。

远程访问记事本文件和当前的“网络和拨号连接”配置可能不一致。如果更改了通信设备(例如：串行口或调制解调器)，请确保重新配置“网络和拨号连接”。如果错误仍然存在，请删除并重新创建“网络和拨号连接”。

- 609：指定的设备类型不存在。

远程访问记事本文件和当前的“网络和拨号连接”配置可能不一致，如果更改了通信设备(例如：串行口或调制解调器)，请确保重新配置“网络和拨号连接”。如果错误仍然存在，请删除并重新创建“网络和拨号连接”。

- 610：指定的缓冲区无效。

发生内部错误，重新启动计算机，以确保所有最近所做的配置更改都能生效。

- 611：指定的路由不可用。

网络配置可能不正确，重新启动计算机，以确保所有最近所做的配置更改都能生效。如果错误仍然存在，请参考 Windows 的错误日志，查找详细的警告或错误。

- 612：指定的路由未分配。

网络配置可能不正确，重新启动计算机，以确保所有最近所做的配置更改都能生效。当计算机运行在一个很低的资源情况下时，也会发生这种错误。如果错误仍然存在，请参考 Windows 错误日志，查找详细的警告或错误。

- 613：指定的压缩无效。

发生内部错误，重新启动计算机，以确保所有最近所做的配置更改都能生效。

- 614：没有足够的缓冲区可用。

发生内部错误，重新启动计算机，以确保所有最近所做的配置更改都能生效。如果错误仍然存在，请参考 Windows 错误日志，查找详细的警告或错误。

- 615：未找到指定的端口。

远程访问记事本文件和当前的“网络和拨号连接”配置可能不一致。如果更改了通信设备(例如：串行口或调制解调器)，请确保重新配置“网络和拨号连接”。如果错误仍然存在，请删除并重新创建“网络和拨号连接”。

- 616：异步请求挂起。

发生内部错误，重新启动计算机，以确保所有最近所做的配置更改都能生效。

- 617：调制解调器已经断开连接。

等待“网络和拨号连接”完成断开。

- 618：指定的端口未打开。

发生内部错误，重新启动计算机，以确保所有最近所做的配置更改都能生效。

- 619：指定的端口未连接。

重新启动计算机，以确保所有最近所做的配置更改都能生效。

- 620：无法确定端点。

网络配置可能不正确，重新启动计算机，以确保所有最近所做的配置更改都能生效。如果错误仍然存在，请参考 Windows 错误日志，查找详细的警告或错误。

- 621：系统无法打开电话簿。

“网络和拨号连接”使用位于%systemroot%\system32\ras 文件夹中的 rasphone.pbk 文件。请确保此文件位于该文件夹中，然后重新启动网络和拨号连接。

- 622：系统无法加载电话簿。

“网络和拨号连接”使用位于%systemroot%\system32\ras 文件夹中的 rasphone.pbk 文件。请确保此文件位于该文件夹中，然后重新启动网络和拨号连接。

- 623：系统无法找到此连接的电话簿项。

“网络和拨号连接”位于电话簿，但不能找到指定的连接项。该错误不应该发生，除非另一个应用程序正在使用“网络和拨号连接”，并且使用了不正确的连接项。

- 624：系统无法更新电话簿文件。

“网络和拨号连接”使用位于%systemroot%\system32\ras 文件夹中的 rasphone.pbk 文件。请确保磁盘未满，并且有更改文件的权限。

- 625：系统在电话簿中找到无效信息。

电话簿文件 rasphone.pbk 可能已经损坏，从%systemroot%\system32\ras 文件夹中删除该文件，然后重新启动“网络和拨号连接”，创建一个新文件。

- 626：无法加载字符串。

发生内部错误，重新启动计算机，以确保所有最近所做的配置更改都能生效。如果错误仍然存在，请参考 Windows 错误日志，查找详细的警告或错误。

- 627：无法找到关键字。

“网络和拨号连接”的配置文件之一可能含有无效信息，如果正使用 Windows 不支持的调制解调器，则应安装使用支持的调制解调器。

- 628：连接被关闭。

如果是拨号连接，请重拨。如果持续得到该消息，请减小调制解调器的初始速度，并关闭调制解调器的高级特性。如果问题仍然存在，请与系统管理员联系。如果是虚拟专用网络(VPN)连接，访问可能因远程访问策略或其他身份验证问题而被拒绝。请向系统管理员咨询。

- 629：连接被远程计算机关闭。

连接因下列某一原因断开：

◇ 无法恢复的电话线路错误；

◇ 噪声线路；

◇ 被系统管理员断开；

◇ 不能以选定的速度与远程访问服务器上的调制解调器正确地进行协商。

如果重拨错误仍然存在，请把连接的调制解调器的速率降低，然后试着重拨。可尝试连接其他的服务器以确定此问题是否与正在呼叫的特定远程访问服务器有关。同样，也可尝试通过另一个电话线连接到原始服务器。

- 630：由于硬件故障，调制解调器断开连接。

连接因下列某一原因断开：

◇ 调制解调器(或其他的通信设备)发生了无法恢复的错误。

◇ 通信端口发生了无法恢复的错误。

◇ 调制解调器电缆没有插上。

要诊断并更正问题，请执行下列操作：

◇ 确保调制解调器已经通电，并且电缆可靠地连接。

◇ 确保调制解调器正常运行，可以通过控制面板进行指令测试。

- 631：用户断开了调制解调器连接。

计算机的某个操作断开了连接，重拨。

- 632：检测到不正确的结构大小。

发生内部错误，重新启动计算机，以确保所有最近所做的配置更改都能生效。如果错误仍然存在，请参考 Windows 错误日志，查找详细的警告或错误。

- 633：调制解调器正在使用或没有配置为“拨出”。

如果是拨号网络连接，网络连接试图使用的 com 端口正在被其他活动的网络连接或其他的进程(例如：诸如传真程序之类的电话线路监视程序)使用。退出阻止使用 com 端口的应用程序。

如果是虚拟专用网络(VPN)，则不能打开网络连接试图使用的 VPN 设备。如果问题仍然存在，请向系统管理员咨询。

- 634：您的计算机无法在远程网络上注册。

远程访问服务器不能在网络上注册你的计算机名称，这一般随着 NetBIOS 协议一起出现，但也可能随着 TCP/IP 或者 IPX 一起出现。通常，当地址已经在网络上使用时，会发生此错误。请与系统管理员联系。

- 635：出现未知错误。

发生内部错误，重新启动计算机，以确保所有最近所做的配置更改都能生效。

如果错误仍然存在，请参考 Windows 错误日志，查找详细的警告或错误。

- 636：连接到端口的设备不是所期望的设备。

用于连接的硬件配置和配置设置可能互相矛盾，如果更改通信设备(例如串行端口或调制解调器)，重新配置拨号连接。

- 637：检测到不能转换的字符串。

发生内部错误，重新启动计算机，以确保所有最近所做的配置更改都能生效。

- 638：请求超时。

发生内部错误，重新启动计算机，以确保所有最近所做的配置更改都能生效。

- 639：异步网络不可用。

NetBIOS 网络配置可能不正确。重新启动计算机，以确保所有最近所做的配置更改都能生效。

- 640：发生与 NetBIOS 有关的错误。

调制解调器不能以设置的速率协商连接，将调制解调器的初始速率设置为较低的值，然后重拨。也可以尝试禁用调制解调器压缩和软件压缩。如果还不能建立连接，请试着将 IPX/SPX、NetBIOS 协议添加到该连接。

- 641：服务器不能分配支持客户机所需的 NetBIOS 资源。

请系统管理员提高远程访问服务器的资源容量，或者停掉一些不重要的服务，如信使服务、网络 DDE。

- 642：计算机的某个 NetBIOS 名已经在远程网络上注册。

同名的另一计算机已经登录到远程网络，网络中的每一台计算机都必须以唯一的名称进行注册。验证下列项目：

◇ 与你的计算机同名的计算机不位于你正在连接的网络。

◇ 计算机没有物理地连接到正在试图连接的网络。

- 643：服务器端的网卡出现故障。

请将该错误报告给系统管理员。

- 644：无法接收网络弹出式消息。

连接到网络的另一台计算机正在使用你的计算机名，写给你的消息被发送到该计算机。如果要接收远程工作站的消息，则在下次拨入网络之前记着注销办公用计算机。该错误不影响 Outlook、Outlook Express、Exchange 发送的消息。

- 645：发生内部身份验证错误。

发生内部错误，重新启动计算机，以确保所有最近所做的配置更改都能生效。

- 646：此时间不允许该账户登录。

限制该账户在此时段访问网络。如果需要在一天的不同时间(而不是当前配置的时间)访问网络，请系统管理员更改设置。

- 647：此账户被禁用。

用户账号是禁用的。这可能是因为重复的登录失败尝试，或因为系统管理员因为安全原因而禁用了该账户。请系统管理员启用“本地用户和组”中的账户。

- 648：该账户的密码已过期。

如果通过“网络和拨号连接”进行连接，则系统会提示更改密码。如果使用 rasdial 进行连接，则可以通过如下操作更改密码：

◇ 按 Ctrl+Alt+Del。

◇ 单击“更改密码”，然后按照提示操作。

如果你是系统管理员，但是密码过期，自己不能更改密码，只能由另外的管理员来更改。

- 649：账户没有拨入的权限。

由于下列原因，导致账户没有拨入的权限：

◇ 在选定的域内拥有有效账户，但该账户没有访问远程网络的权限。请系统管理员启用用户账户的拨入权限，或者启用“路由和远程访问”中的拨入权限。

◇ 账户或者已经到期、被禁用，或者已被锁定，或者拨入访问已被锁定。

◇ 试图在所允许的服务器登录时间限制之外进行连接，或者试图在所允许的拨入访问的时间限制之外进行连接，或者应用到该账户的策略可能不允许拨入访问。

◇ 呼叫者的 ID 规则可能阻止了连接的进行，例如，需要从指定的号码拨入账户。

◇ 远程计算机可能只允许本地账户进行连接。

◇ 要求某个身份验证协议，而计算机不能对此协议进行协商，或者计算机正在试图使用未被远程计算机上的策略验证的协议。

◇ 如果在其他域内拥有拨入权限的账户，请执行下列操作以使用该域上的账户。

① 右键单击连接，然后单击“属性”。

② 在“选项”选项卡上，选中用于名称、密码、证书等的“提示符”以及 Windows 登录域复选框。

③ 在“安全措施”选项卡中，清除“自动使用我的 Windows 登录名和密码(及域，如果有的话)”复选框，然后单击“确定”。

④ 双击该连接，然后单击“拨号”。

⑤ 指定适当的用户名、密码和域。

- 650：远程访问服务器没有响应。

下列情况中的任一种都可能导致该错误：

◇ 没有运行远程访问服务器。与系统管理员联系，以确保该服务器正在运行。

◇ 线路噪声太大，或者调制解调器不能以选定速率与远程访问服务器的调制解调器正确地协商。

对于任一可能性，都应降低调制解调器的初始速率，然后重拨。

◇ 检查“硬件兼容列表”，以确保调制解调器已被列出。

◇ 可能需要更换调制解调器的串行电缆。

◇ 用于连接的身份验证设置可能不正确。应与系统管理员联系，以确保身份验证设置满足远程访问服务器的要求。

◇ 可能同时启用了远程访问服务器的软件压缩和调制解调器硬件压缩。通常，启用远程服务器软件压缩，禁用硬件压缩。

- 651：调制解调器(或其他设备)报告错误。

◇ 如果是拨号连接，并且正在使用所支持的外置调制解调器，关闭并重新启动调制解调器。关闭并重新启动“网络和拨号连接”，然后重拨。如果“网络和拨号连接”不支持现有调制解调器，则切换到支持的调制解调器。应确保正确地配置了远程访问的调制解调器。

◇ 如果是虚拟专用网络(VPN)连接，则可能已在连接配置中指定了不正确的 TCP/IP 地址，或者试图连接的服务器不可用。要确定该服务器是否可用，则向系统管理员咨询。

- 652：有一个来自调制解调器的无法识别的响应。

调制解调器(或其他设备)返回的消息未在用户一个或多个脚本文件(Pad.inf、Switch.inf 或

filename.scp)中列出。如果正在使用支持的外置调制解调器，请关闭并重新启动调制解调器，然后重拨。如果问题仍然存在，请尝试以较低的初始速率连接。

- 653：在设备.INF 文件中未找到调制解调器所请求的宏。
- 654：设备.INF 文件中的命令或响应引用了未定义的宏。
- 655：在设备.INF 文件中未找到<MESSAGE>宏。
- 656：在设备.INF 文件中的<DEFAULTOFF>宏包含未定义的宏。
- 657：无法打开设备.INF 文件。
- 658：在设备.INF 或媒体.INI 文件中的设备名太长。
- 659：媒体.INI 文件引用了未知的设备名。
- 660：设备.INF 文件不包含对命令的响应。
- 661：设备.INF 文件缺少命令。
- 662：试图设置设备.INF 文件中没有列出的宏。
- 663：媒体.INI 文件引用了未知的设备类型。
- 664：系统内存不足。关闭某些应用程序，然后重拨。
- 665：未正确配置调制解调器。如果另一连接正在使用此设备，则应挂断该连接。修改该连接以便使用其他设备。
- 666：调制解调器未正常工作。

调制解调器(或其他设备)由于下列原因之一而没有响应：

◇ 外置调制解调器已关闭。

◇ 调制解调器没有安全地连接到计算机上。应确保电缆安全地固定在调制解调器和计算机上。

◇ 串行电缆不符合“网络和拨号连接”所要求的规格。

◇ 调制解调器出现硬件问题。关闭调制解调器，20 秒后重新启动调制解调器。

- 667：系统不能读取媒体.INI 文件。
- 668：连接被终止。

◇ 重拨连接。如果持续接收到该消息，则应降低调制解调器的初始速率，并关闭调制解调器的高级功能。

◇ 如果手动拨号，则在单击“完成”之前应确保已连接上。如果在“网络和拨号连接”文件夹的“高级”菜单选中“接线员辅助拨号”，则是手动拨号。

- 669：媒体.INI 文件中的参数无效。
- 670：系统不能从媒体.INI 文件中读取部分名称。
- 671：系统不能从媒体.INI 文件中读取设备类型。
- 672：系统不能从媒体.INI 文件中读取设备名称。
- 673：系统不能从媒体.INI 文件中读取用法。
- 674：系统不能从媒体.INI 文件中读取最大的连接速率。
- 675：系统不能从媒体.INI 文件中读取最大的载波连接速率。
- 676：电话线忙。

重拨号码。在连接属性的“选项”中实现自动重拨。

如果是虚拟专用网络(VPN)连接，则检查目标服务器的主机名或 IP 地址，然后再次尝试连接。还要与系统管理员联系，以验证远程服务器是否正在运行。

- 677：由人工而不是调制解调器应答。

调制解调器或其他设备没有摘机。检查号码，再拨号。如果是虚拟专用网络(VPN)连接，则检查目标服务器的主机名或 IP 地址，然后再次尝试连接。

- 678：没有应答。

调制解调器或其他设备没有摘机。检查号码，再拨号。如果是虚拟专用网络(VPN)连接，则检查目标服务器的主机名或 IP 地址，然后再次尝试连接。还要确保电话线插在调制解调器的正确插槽中。

- 679：系统无法检测载波。

调制解调器或其他设备没有摘机。如果远程调制解调器没有摘机，则大多数调制解调器会返回该错误。检查号码，再拨号。如果是虚拟专用网络(VPN)连接，则检查目标服务器的主机名或 IP 地址，然后再次尝试连接。在连接属性的“选项”卡中可以实现自动重拨。

- 680：没有拨号音。

电话线可能没正确连接到调制解调器或已从调制解调器断开。电话号码访问外部线路需要前缀，例如 9，或者号码太长。

确保电话线插在调制解调器的正确插槽中。还要确保添加了连接到外线的所有特殊访问号码，例如前缀 9 后跟随一个逗号，如：9，555-0100。检查电话线是否有口吃音调，该音调表示语音邮件消息。

很多调制解调器拨号不能超过 34 位数字。遇到较长的号码时，这些调制解调器将其分为两个或更多的字符串，只拨入第一个字符串(不完整)。这发生在 Robotics 和 Multitech 的解调器中。该问题已知的唯一解决方法是使用另一品牌的调制解调器。

- 681：调制解调器报告一般错误。

“网络和拨号连接”的配置文件之一可能含有无效信息。

如果“网络和拨号连接”不支持您的调制解调器，则应切换到支持的调制解调器。

- 691：因为用户名或密码在此域上无效，所以访问被拒绝。

没有用所列出的域注册用户账户，密码过期，或者错误地输入了信息。如果未指定域，则远程访问服务器试图在自己为其成员的域中验证用户名和密码。请仔细重新输入用户名、密码和域。

如果不能肯定该信息，请向系统管理员咨询。

- 692：调制解调器出现硬件故障。

调制解调器(或其他设备)由于下列原因而没有响应：调制解调器关掉、出故障或没有可靠地连接到计算机上。要解决该问题，请执行下列操作：

① 重设调制解调器。详细信息，请查阅硬件文档。

② 如果正在使用外置调制解调器，请确保使用合适的串行电缆，并且电缆连接可靠。可能要尝试更换调制解调器电缆。

同样地，如果正在使用适配器将外置调制解调器连接到串行端口，则要确保适配器接线正确以用于调制解调器通信。例如，用于鼠标的 9 至 25 针适配器在串行网络连接中不能正确工作。

③ 测试串行端口或多端口适配器，如必要则更换。

④ 确保调制解调器的握手选项配置正确。请查阅硬件文档，以获取可用于当前调制解调器的不同握手选项的信息。

⑤ 如果“网络和拨号连接”不支持当前调制解调器，则切换到支持的调制解调器。

⑥ 验证其他应用程序(例如，“超级终端”)没有使用通信端口。如果正在使用此端口，随后启动“网络和拨号连接”可能导致该消息出现。

- 695：未启动状态机器。
- 696：已启动状态机器。
- 697：响应循环未完成。

- 699：调制解调器的响应导致缓冲区溢出。

发生内部错误。重新启动计算机，以确保所有最近所做的配置更改都能生效。

- 700：设备.INF 文件中的扩展命令太长。

脚本文件中的命令不能超过 256 个字符，将该命令分解成多个命令。

- 701：调制解调器使用了 COM 驱动程序不支持的连接速率。

调制解调器试图以串行端口不能解释的速率进行连接。请将初始速度重新设为最低的标准速度(bps)。

- 703：连接需要用户信息，但应用程序不允许用户交互。

正在试图连接到的服务器要求有用户交互。

rasdial 命令或用于试图拨号的应用程序不支持用户交互作用。如果可能，请尝试使用“网络和拨号连接”文件夹中现有的连接进行连接。

如果正在使用脚本进行连接，请试着使用配置为具有“终端”功能的拨号连接。

终端窗口可能启用所要求的用户交互。

- 704：回拨号码无效。

为客户指定的回拨号码无效。

- 705：身份验证状态无效。

发生内部错误。重新启动计算机，以确保所有最近所做的配置更改都能生效。

如果错误仍然存在，请参考 Windows 事件日志，查找详细的警告或错误。

- 707：出现与 X.25 协议有关的错误。

X.25 连接返回错误。请 X.25 提供商解释所给出的诊断信息。

- 708：账户过期。

请系统管理员重新激活您的账户。

- 709：更改域上的密码时发生错误，密码可能太短或者与以前使用的密码相匹配。

请试着再次更改密码。如果持续接收到该消息，请将其报告给系统管理员。

- 710：当与调制解调器通信时检测到序列溢出错误。

应降低调制解调器的初始速率，然后重拨。调制解调器或调制解调器电缆可能产生问题，请试着更换调制解调器电缆。

- 711：远程访问服务管理器无法启动。事件日志中提供了其他信息。

可能没有运行“远程访问连接管理器”服务。修改服务以自动启动。重新启动计算机，以保证所有最近所做的配置更改都能生效。如果错误仍然存在，请参考 Windows 事件日志，查找详细的警告或错误。详细信息，请访问 Microsoft Web 站点(http://www.microsoft.com/)的 PersonalSupportCenter。调制解调器或调制解调器电缆可能产生问题，请试着更换调制解调器电缆。

- 712：双路端口正在初始化。等几秒钟再重拨。

在配置为接收呼叫(双工连接)的连接时会出现该错误。

在服务器正初始化接收呼叫连接的同时拨出，也会发生该错误。“网络和拨号连接”几秒钟后将重拨。

- 713：没有活动的 ISDN 线路可用。

请确保 ISDN 线插入正确，并且终结电阻器安装正确(请参阅关于 ISDN 卡的文档)，然后重拨。如果还接收到该错误，请与 ISDN 供应商或 ISDN 电话公司的客户服务联系。

- 714：没有 ISDN 信道可用于拨号。

所有可用的 ISDN 信道都在忙。通常，以服务的 BRI(基本速率接口)等级提供的 ISDN 提供可在其上制作语音或数据呼叫的两个信道。如果这两个信道都在使用中，则“网络和拨号连接”将不能拨出。挂断一个信道，然后重拨。

- 715：由于电话线质量差，所以发生过多错误。

身份验证期间，电话线路发生了很多异步错误，重试。如果问题仍然存在，则应降低波特率并禁用所设置的调制解调器的所有功能。

- 716：远程访问服务 IP 配置不可用。

远程访问服务器上的 TCP/IP 配置有问题。例如，连接正在从服务器上请求不可用的 TCP/IP 地址。请与系统管理员联系，以检验服务器的 TCP/IP 设置。

- 717：在远程访问服务 IP 地址的静态池中没有 IP 地址可用。

设法使用不会导致远程网络冲突的 IP 地址。如果可能，请使用 DHCP 来避免地址冲突。

- 718：等待远程计算机有效响应的连接超时。

PPP 会话已启动，但由于远程计算机在适当的时间内没有响应而中断。这可能是由线路质量太差或服务器的问题导致的。

- 719：连接被远程计算机终止。

PPP 会话启动，但因远程计算机的请求而中断。服务器可能出现错误。

- 720：由于当前计算机与远程计算机的 PPP 控制协议不一致，所以连接尝试失败。

没有为该连接配置 PPP 网络控制协议，或者没有安装相应的网络协议。在产品升级过程中更改网络协议类型时，可能会出现该错误。

- 721：远程计算机没有响应。

试图使用 PPP 会话，但远程计算机没有响应。服务器(例如，Windows NT 3.51 或者更早期的远程访问服务器或者 SLIP 服务器)不支持 PPP 时将出现该错误。如果在服务器启动 PPP 前要求使用终端窗口登录，也可能出现该错误。如果使用终端窗口登录解决问题，可以使将来的连接进程自动进行。该错误同样表明当前计算机或远程服务器上有硬件错误。

- 722：从远程计算机接收到无效的数据，该数据将被忽略。

接收的 PPP 数据包不是有效格式。系统管理员可能需要将 PPP 事件记录到文件，以解决问题。

- 723：电话号码(包含前缀和后缀)太长。

电话号码的最大长度(包括前缀和后缀)是 128 个字符。

- 726：IPX 协议不能用于在多个调制解调器上同时向外拨号。使用 IPX 协议，只有一个连接可用于拨出。
- 728：系统找不到 IP 适配器。

TCP/IP 配置有问题。重新启动计算机，以保证最近所做的所有配置更改都生效。

- 729：除非安装 IP 协议，否则不能使用 SLIP。验证是否已安装了 TCP/IP。
- 731：未配置协议。

需要提供未配置的 PPP 控制协议的特定信息。要识别 PPP 协商问题，请系统管理员使用 Netsh.exe 实用程序启用 PPP 登录。

- 732：当前计算机和远程计算机的 PPP 控制协议无法一致。PPP 参数协商失败，这是因为本地计算机和远程计算机不能就一套公用参数集达成协议。请向系统管理员咨询，以验证诸如 TCP/IP、IPX 或 NetBEUI 的网络协议的配置。
- 733：当前计算机和远程计算机的 PPP 控制协议无法一致。服务器支持 PPP，但不支持连接用的网络协议。请系统管理员将连接配置为使用当前服务器所支持的网络协议。
- 734：PPP 连接控制协议被终止。

PPP 连接控制协议会话启动，但被远程计算机的请求中断。服务器可能出现错误，请向系统管理员咨询。

- 735：请求的地址被服务器拒绝。

将连接配置为请求特定的 IP 地址。不将服务器配置为允许客户请求特定的 IP 地址，或者特定的 IP 地址可以为其他客户所使用。如果可能，请使用 DHCP 以避免寻址冲突。

- 736：远程计算机终止了控制协议。

PPP 网络控制协议会话启动，但被远程计算机的请求中断。服务器可能出现错误，请向系统管理员咨询。

- 737：检测到环回。

在 PPP 会话中涉及的本地计算机和远程计算机是同一台计算机。这通常意味着连接中的设备(例如，调制解调器)正在回显字符。试着重设这些设备。对于其他供应商的服务器，这可能表明远程计算机在连接前试图使用电传打字机(TTY)登录。可在“安全措施”选项卡中为连接后的终端配置连接。

- 738：服务器没有指派地址。

服务器不能从已指派的地址池中将某一 IP 地址指派给用户。

请系统管理员将该连接配置为使用在远程网络上不会引起冲突的客户上的特定的 IP 地址。

- 739：远程服务器所需的身份验证协议不能使用存储的密码。重拨，明确地输入密码。建立到非 Microsoft 服务器的 PPP 连接时，会出现该错误。

用于与其他服务器进行交互操作的标准 PPP 身份验证协议，要求密码使用明文格式，但 Windows 出于安全考虑只存储加密格式。

- 740：检测到无效拨号规则。

为“网络和拨号连接”配置的 TAPI 设备初始化失败，或者没有正确安装。

重新启动计算机，以确保所有最近所做的配置更改都能生效。如果错误仍然存在，请参考事件日志，查找具体的警告或错误。

- 741：本地计算机不支持所需的数据加密类型。

在“安全措施”选项卡中选中“需要数据加密(如果没有就断开)”复选框，但用户的连接没有加密功能。

请清除该复选框以使用不加密的连接，或者向系统管理员咨询。如果密码超过 14 个字符，也会出现该错误。

在“安全措施”选项卡上选中了“需要数据加密(如果没有就断开)”复选框，在“验证我的身份为”选项中选择“需要有安全措施的密码”。使用少于 14 个字符的密码，清除“需要数据加密(如果没有就断开)”复选框，并在“验证我的身份为”选项中选择“允许没有安全措施的密码”。

- 742：远程计算机不支持所需的数据加密类型。

需要的加密等级在远程计算机上不可用。一台计算机正在使用 128 位加密技术，而另一台计算机使用 40 位或 56 位加密。向系统管理员咨询，以确定加密等级，并检验服务器是否正在使用同一加密等级。

- 743：远程服务器要求数据加密。

远程访问服务器需要加密，但当前连接不是为加密而启用的。

- 751：回拨号码包含无效的字符。只允许使用以下字符：

0 到 9、T、P、W、(，)、-、@和空格。输入正确号码，然后重拨。

- 752：处理脚本时遇到语法错误。

处理脚本文件时出现语法错误，请参阅使用 Windows 脚本文件拨号使登录过程自动化文档、使用 Switch.inf 脚本文件拨号使登录过程自动化文档或参阅脚本疑难解答。

- 753：由于连接是由多协议路由器创建的，因此该连接无法断开。

“路由和远程访问”正在使用该连接。使用“路由和远程访问”服务断开该连接，该连接或出现在路由选择接口列表中，或出现在远程访问客户列表中。

- 754：系统无法找到多链路绑定。

发生内部错误。重新启动计算机，以确保所有最近所做的配置更改都能生效。

- 755：由于该项已经指定自定义的拨号程序，因此系统不能执行自动拨号。

请与系统管理员联系。

- 756：已经拨打该连接。

请等待，稍后再重试。

- 757：远程访问服务不能自动启动。事件日志中提供了其他信息。

发生内部错误。重新启动计算机，以确保所有最近所做的配置更改都能生效。如果错误仍然存在，请参考 Windows 事件日志，查找详细的警告或错误。

- 758：该连接上已经启用 Internet 连接共享。

打开连接属性过程中，如果应用程序启用 Internet 连接共享，然后试图启用该功能，则会出现该错误。关闭该连接的属性，然后重新打开。应选中“Internet 连接共享”选项卡中的“启用 Internet 连接共享”复选框。

- 760：启用路由功能时发生错误。

试图启用路由时，发生内部错误。请与系统管理员联系。

- 761：启用连接的 Internet 连接共享时发生错误。

启用 Internet 连接共享时，发生了内部错误。请与系统管理员联系。

- 763：不能启用 Internet 连接共享。除了共享的连接之外，还有两个或多个局域网连接。

关闭连接的属性，然后重新打开。应选中“Internet 连接共享”选项卡上的“启用 Internet 连接共享”复选框，从列表中选择一个 LAN 连接。

- 764：未安装智能卡阅读器。

安装智能卡读取器。

- 765：不能启用 Internet 连接共享。LAN 连接已经配置了自动填写 IP 地址所需的 IP 地址。

Internet 连接共享使用静态地址配置家庭网络或小型办公室网络的 LAN 连接。系统中另一网络适配器被配置为使用同一地址。启用 Internet 连接共享前，请更改网络适配器的静态地址。

- 766：系统找不到任一证书。

请与系统管理员联系。如果用户是 ActiveDirectory 域的成员并需要申请证书，请参阅申请证书文档。如果用户不是 ActiveDirectory 域的成员，或者需要从 Internet 申请证书，请参阅通过 Web 提交用户证书申请文档。

- 767：不能启动 Internet 连接共享。

专用网络上选择的 LAN 连接配置了多个 IP 地址。在启用 Internet 连接共享之前，请使用单个 IP 地址重新配置 LAN 连接。删除其他静态 IP 地址，或者重新配置 DHCP 的 LAN 连接。请参阅配置 TCP/IP 设置文档。

- 768：由于加密数据失败，导致连接尝试失败。

如果没有必要加密，请禁用加密，并重试。请参阅配置拨号连接的身份验证和数据加密设置文档、配置 VPN 连接的身份验证和数据加密设置文档。

- 769：指定的目的地是不可访问的。

指定了无效的目标地址，或者远程访问服务器关闭。检查目标地址并重试。

- 770：远程计算机拒绝连接尝试。

由于呼叫者的 ID 规则或者其他硬件设置，远程计算机可能拒绝连接。

- 771：由于网络忙，因此连接尝试失败。

请等待，稍后再重试。

- 772：远程计算机的网络硬件与请求的电话类型不兼容。

请向系统管理员咨询。

- 773：由于目标号码已更改，从而导致连接尝试失败。

输入正确的号码，并重试。

- 774：临时故障导致连接尝试失败。

请等待，稍后再重试。该错误表明可能是时间问题或远程计算机的问题。

- 775：呼叫被远程计算机阻塞。

由于呼叫者的 ID 规则、只在特定的时间内允许访问的计划策略或其他设置，远程计算机可能阻止当前连接。

- 776：由于目标已经调用“请勿打扰”功能，因此该呼叫无法连接。

请向系统管理员咨询。

- 777：远程计算机上的调制解调器出现故障，导致连接尝试失败。

请向系统管理员咨询。

- 778：不能验证服务器的身份。

在身份验证过程中，服务器将自身标识为用户的计算机，并将用户的计算机标识为该服务器。出现该错误时，用户的计算机不识别服务器。

- 779：使用该连接向外拨号，必须使用智能卡。

要安装智能卡，请参阅在计算机上安装智能卡阅读器的方法。

- 780：所尝试使用的功能对此连接无效。

发生内部错误。请与系统管理员联系，可能需要配置 EAP 连接。

- 781：由于找不到有效的证书，从而导致加密尝试失败。

申请证书。如果用户是 ActiveDirectory 域的成员，请参阅申请证书文档。如果用户不是 ActiveDirectory 域的成员，或者需要从 Internet 申请证书，请参阅通过 Web 提交用户证书申请文档。

2.9　V.35 DTE/DCE 电缆故障诊断与排除

DTE——数据终端设备，安装在客户端，它把信息变成以数字代码表示的数据，并把这些数据送到远端的计算机系统；同时可以接收远端计算机系统的处理结果，并转换为人们可以理解的信息，相当于人和机器间的接口。

DCE——数据电路终接设备，安装在局端，是 DTE 与传输信道的接口设备。在通信设备中经常用到 V.35/E1 转换器。

V.35 DTE/DCE 故障的原因：

(1) 双方链路层数据配置有误

路由器端需要设置为 DTE，交换机端设为 DCE，是否双方各设置为 DTE 或 DCE 模式，需要正确选择。

(2) 设备端口故障

设备端口不良。

(3) 电缆连线有问题

电缆连线不良。

2.10 设备兼容性故障诊断与排除

网络设备互连时，设备兼容性问题在所难免。设备兼容性故障的表现形式大致可以分为：设备安装后无法正常使用，设备不兼容。

1. 设备安装后无法正常使用

设备安装后无法正常使用的原因：

- 线路连接问题，如线路阻抗不匹配、线序连接错误、中间传输设备故障；
- 与其他设备有兼容性问题；
- 接口配置问题；
- 电源或接地不符合要求；
- 在安装过程中也要考虑模块接口电缆所支持的最大传输长度、最大速率等因素。

2. 设备不兼容

设备不兼容大致可以分为：

(1) 主板与显示器不兼容

当安装完驱动程序之后，开机时显示器屏幕上出现横纹，重新启动后显示器不显像。这是主板与显示器不兼容所造成的。需要更改显示器的驱动程序，或更换主板或显示器即可解决问题。

(2) 主板与显卡驱动不兼容

当安装完驱动程序之后，计算机关机不正常，从“开始”菜单中单击“关闭计算机”后，关机画面迟迟不消失，然后计算机自行重新启动，这是主板与显卡驱动不兼容所造成的。需要更换显卡或主板，或重新安装操作系统。

(3) 鼠标与显卡不兼容

出现键盘或鼠标失灵，并且屏幕出现蓝屏死机的故障，可能是由于计算机被病毒感染或鼠标与更换的显卡不兼容造成的，需要更换鼠标。

(4) 网卡与主板不兼容

计算机上网后，网速特别慢，尤其下载的时候速度更慢，出现这样的情况可能是因为网卡与地址或中断冲突，需要手动修改设备的地址或中断号，最好是更换网卡。

(5) 光驱与主板不兼容

开机后在自检画面时就死机了，这是由于光驱与主板不兼容。

(6) 移动设备与 USB 接口不兼容

USB 接口的移动设备不能正常使用，可能是因为移动设备的耗电量太大，而 USB 接口的供电电流有限，造成移动设备不能正常使用。移动设备不能正常使用时，要注意检查设备的工作状态指示灯是否正常，再检查驱动程序的安装是否正确，最后检查主板 USB 接口的供电是否由跳线控制。

2.11　物理层故障排除实例

下面介绍物理层故障排除的三个实例。

(1) 双绞线故障。

故障现象：利用 ADSL Modem 的路由功能，笔者与 6 个邻居通过一个 10Mbps Hub 共享一条 ADSL 宽带上网，一个月来运行正常。前天，自家计算机突然不能上网了，ADSL 虚拟拨号不通，而其他 5 家都能正常上网。

故障处理：首先怀疑是系统故障，于是在 Windows 系统中重装网卡驱动程序，重建 ADSL 拨号连接，但仍然不能拨通，接着在自家换用其他能正常上网的笔记本电脑，故障依旧，这就排除了计算机本身的问题。在 Hub 上调换端口，甚至直接连接到 ADSL Modem 上，故障依旧，而他人利用该端口却能正常上网，这也就排除了 Hub 端口故障。查看本地连接，网络连接图标正常地显示在任务栏，上面并未出现“×”(网络不通时网络连接图标上往往有个“×”)，再查看网络连接状态，发现只有发送数据包，接收数据包为 0，由此断定网络连接有问题。于是检查线路，看是否有扭曲或断裂，并未发现异常现象，然后在双绞线两端依次重新制作水晶头接头，故障还是没有解决。考虑到双绞线有 4 对线，水晶头中 1、2、3、4、5、6、7、8 位置依次为白橙、橙、白绿、蓝、白蓝、绿、棕、白棕，实际使用的是其中两对线，它们排在水晶头的 1、2 与 3、6 位置。由于接收数据包为 0，怀疑是其中一对线有问题(白橙、橙或白绿、绿，事实上应该是排在 3、6 位置的一对线为接收数据线)，于是在双绞线两端重新制作接头，按照非常规的排线顺序：水晶头中 1、2、3、4、5、6、7、8 位置依次为白橙、橙、白蓝、棕、白棕、蓝、白绿、绿，当然仍要保持 1 和 2 为一对线，3 和 6 为一对线。重新连接好双绞线，问题解决了。为了进一步证明自己的推断：白绿和绿这一对线有问题，后来借来网线测试仪，果然测得白绿、绿这一对线不通，但由于 7 和 8 位置上这一对线是备用线，实际上不起作用，因此对网络连接并没有影响。

故障原因：5 类 UTP 双绞线有 4 对线，实际使用的是其中两对，用于接收和发送数据。由于 1 和 2 或 3 和 6 位置的某一对线出现故障，从而引起网络通信故障，事实上，即使 4 和 5 或 7 和 8 位置的两对线断裂也不会影响网络通信。

(2) 安装 ADSL 后，通过软件拨号能上网，计算机设置成自动获取 IP 地址后，不能上网。

故障原因：启用 ADSL Modem 路由功能，不同的 Modem 设置方式不一样，请参看 Modem 的说明书。

(3) 某计算机学校有 7 间机房，每间机房有 30 台计算机，网络拓扑如图 2-12 所示，当计算机全部打开后，复制资料特别慢。

故障原因：看图 2-12，整个网络连接设备都是集线器，集线器不能隔离广播，如果网络中广播信号过多，容易引起广播风暴，造成网络堵塞，复制资料就会变慢。解决的办法是将每个机房分成一个子网，用一台计算机装多块网卡做成路由器，如图 2-13 所示。

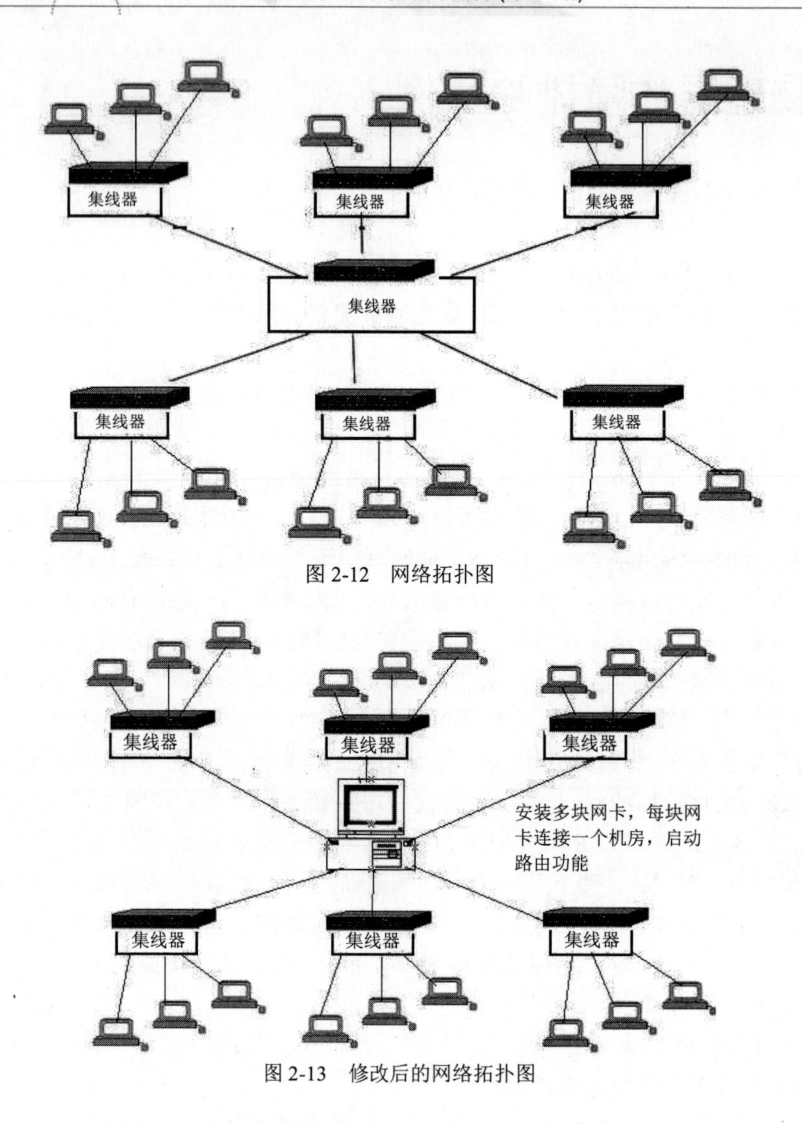

图 2-12　网络拓扑图

图 2-13　修改后的网络拓扑图

习题

1. 简述物理层的主要作用。
2. 简述物理层的主要功能。
3. 物理层产生网络故障主要存在哪三大问题？
4. 双绞线故障可能产生的问题有哪些？
5. RJ-45 接头有哪些故障现象？
6. 用同轴电缆作传输介质的网络，常见的故障有哪些？
7. 用光缆作传输介质的主干网络，常见的故障有哪些？
8. 中继器常见的故障有哪些？
9. 集线器常见的故障有哪些？
10. 调制解调器常见的故障有哪些？
11. 简述 V.35 DTE/DCE 故障的原因。
12. 简述设备兼容性故障的原因。

第 3 章

数据链路层故障诊断与排除

本章重点介绍以下内容：

- 数据链路层概述；
- 网卡故障诊断与排除；
- 网桥故障诊断与排除；
- 交换机故障诊断与排除；
- 数据链路层故障排除实例。

3.1　数据链路层概述

数据链路层利用物理层提供的服务，与对等层进行以信元为信息单位的通信，它们对其上一层网络提供服务。

数据链路层的功能为：在物理层提供比特流传输服务的基础上，在通信的实体之间建立数据链路连接，传送以帧为单位的数据，通过差错控制、流量控制方法，使有差错的物理线路变成无差错的数据链路。数据链路层在 OSI 模型中的位置如图 3-1 所示。

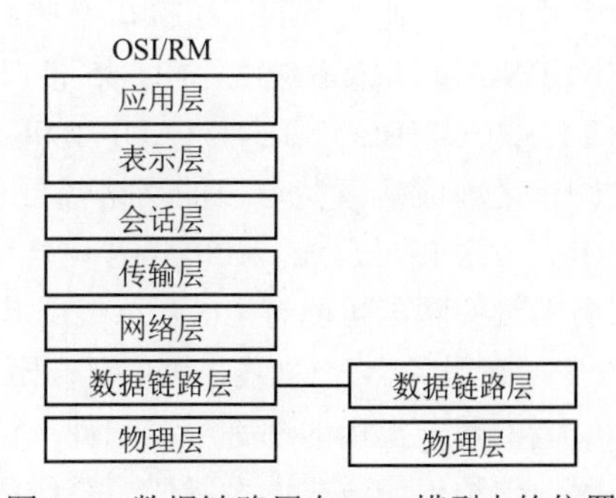

图 3-1　数据链路层在 OSI 模型中的位置

数据链路层的设备有网卡、网桥和交换机。数据链路层的故障主要是网卡、网桥和交换机的故障。

3.2 网卡故障诊断与排除

3.2.1 网卡概述

网卡(Network Interface Card)是 OSI 模型中数据链路层的设备，它在 OSI/RM 中的位置如图 3-2 所示。

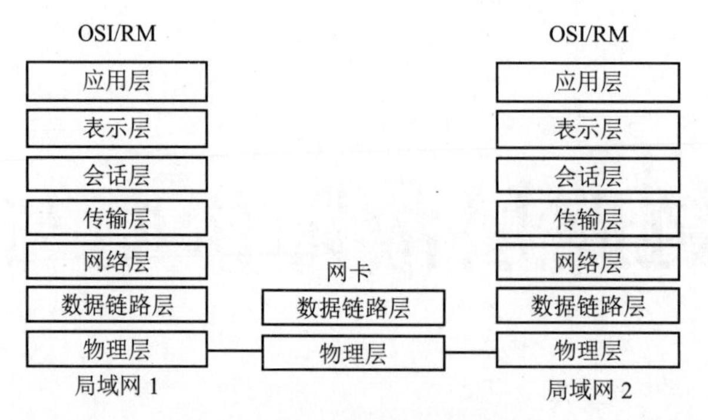

图 3-2 网卡在 OSI/RM 中的位置

网卡是 LAN 的接入设备，是单机与网络间架设的桥梁。它主要完成如下功能：

- 读入由其他网络设备(路由器、交换机、集线器或其他 NIC)传输过来的数据包，经过拆包，将其变成客户机或服务器可以识别的数据，通过主板上的总线将数据传输到所需设备中(CPU、RAM 或硬盘驱动器)；
- 将 PC 设备(CPU、RAM 或硬盘驱动器)发送的数据打包后输送至其他网络设备中。

1. 网卡分类

目前，市面上常见的网卡种类繁多。按所支持的带宽分，有 10Mbps 网卡、100Mbps 网卡、10/100Mbps 自适应网卡、1000Mbps 网卡和 10 000Mbps 网卡。按总线类型分，有 PCI-E 网卡、PCI 网卡、ISA 网卡(已淘汰)、EISA 网卡(已淘汰)及其他总线网卡。由于历史原因，以太网的传输介质并不统一，使网卡的网络接口有些复杂。按传统介质分，以太网可分为粗缆网(AUI 接口)、细缆网(BNC 接口)及双绞线网(RJ-45 接口)，网卡相应地分为 RJ-45 口、IPC 口(RJ-45+BNC)、TPO 口(RJ-45)、COMBO 口(RJ-45+AUI+BNC)和 TP 口(BNC+AUI)。其中 TP 口现在已经很少见到。在采购网卡之前应搞清楚自己的网络需要什么接口，以免买回来以后无法使用。一般来讲，10Mbps 网卡大多为 ISA 总线，100Mbps 网卡中全部是 PCI 总线，1000Mbps 网卡有 PCI 和 PCI-E 总线；服务器端的网卡可能有 EISA 总线或其他总线。众所周知，ISA 为 16 位总线，PCI 为 32 位或 64 位(多用在服务器上)总线，PCI 网卡比 ISA 网卡的总线多，速度快。

老的网卡上用的都是分离元件，性能不稳定且设置复杂，兼容性差，且主要是采用逐帧处理技术，这种工作方式大大降低了系统的性能。针对这些缺点，后来进行了多方面的改进。例如，提高了集成度，网卡的稳定性有所增强；采用了标准软件接口；传送方面采用了多帧处理技术，即多帧缓冲技术。发送数据时，网卡在发送前一帧的同时可以接收 CPU 发来的下一帧数据。同样，网卡在接收端口传来数据的同时，即可向内存发送上一帧数据，但必须是整帧发送或接收数据，并非完全意义上的并行处理。

最新网卡采用 ASIC 和最先进的元件，大大提高了性能和集成度。另外，成本也降低了许多。

用网卡驱动软件优化传输操作时序，使管道任务的重叠达到最大，延时达到最小。从而得到真正并行机制，使性能平均提高40%。在并行机制中，传送和接收是可叠加的流水过程，不再是从前的逐帧处理。在发送数据时，不等整帧装入网卡缓冲区即可开始向网络发送数据。在接收时，不等整帧装入网卡缓冲区即可开始向系统内存发送数据。

并行处理技术对处理精度和定时要求非常准确，当数据帧还未完全发送完毕时，网卡缓冲区变空就称为下溢，网卡缓冲区里数据已满时，网络接口处又传来数据或未传完便称为上溢。在接收端采用动态调整机制，其目的是将数据移入系统内存避免上溢。在接收数据期间，并行机制使用预测中断，即在网卡已确定了帧地址时，CPU就开始处理中断，同时，已收到足够长的字节以预测来帧的数据量。在CPU处理完第一个预测中断时，CPU就开始将数据从网卡缓冲区送到主存，网卡在接收第一数据帧的末字节时，CPU已准备将数据移向内存。

2. 网卡的工作方式

网卡主要有以下5种工作方式。

(1) 主CPU用IN和OUT指令对网卡的I/O端口寻址并交换数据。这种方式完全依靠主CPU实现数据传送。当数据进入网卡缓冲区时，LAN控制器发出中断请求，调用ISR，ISR发出I/O端口的读写请求，主CPU响应中断后将数据帧读入内存。

(2) 网卡采用共享内存方式，即CPU使用MOV指令直接对内存和网卡缓冲区寻址。接收数据时数据帧先进入网卡缓冲区，ISR发出内存读写请求，CPU响应后将数据从网卡送至系统内存。

(3) 网卡采用DMA方式，ISR通过CPU对DMA控制器编程，DMA控制器一般在系统板上，有的网卡也内置DMA控制器。DMA控制器收到ISR请求后，向主CPU发出总线HOLD请求，获CPU应答后即向LAN发出DMA应答并接管总线，同时开始网卡缓冲区与内存之间的数据传输。

(4) 主总线网卡能够裁决系统总线控制权，并对网卡和系统内存寻址，LAN控制器裁决总线控制权后以成组方式将数据传向系统内存，IRQ调用LAN驱动程序ISR，由ISR完成数据帧处理，并同高层协议一起协调接收和发送操作。这种网卡由于有较高的数据传输能力，常常省去了自身的缓冲区。

(5) 智能网卡中有CPU、RAM、ROM和较大的缓冲区。其I/O系统可独立于主CPU，LAN控制器接收数据后由内置CPU控制所有数据帧的处理，LAN控制器裁决总线控制并将数据成组地在系统内存和网卡缓冲区之间传递。IRQ调用LAN驱动程序ISR，通过ISR完成数据帧处理，并同高层协议一起协调接收和发送操作。

一般的网卡占用主机的资源较多，对主CPU的依赖较大，而智能型网卡拥有自己的CPU，可大大增加LAN带宽，同时有独立的I/O子系统，将通道处理移至独立的自身处理器上。

100Mbps、1000Mbps、10 000Mbps和100 000Mbps高速以太网是由10Mbps以太网发展而来的，其保留了CSMA/CD协议，从而使得10Mbps、100Mbps、1000Mbps、10 000Mbps、100 000Mbps以太网在带宽上可以方便地连接起来，不需要协议转换。

3. 网卡接口的传输介质

网卡与网络是通过传输介质连接的。不同的网卡接口传输介质适用于不同的网络类型。目前常见的网卡接口主要有RJ-45接口、细同轴电缆BNC接口、粗同轴电缆AUI接口、光纤接口等。而且有的网卡为了适用于更广泛的应用环境，提供了两种或多种类型的接口，如有的网卡会同时提供RJ-45、BNC接口或AUI接口。

BNC接口、AUI接口目前很少见。

4. 网卡状态指示灯

网卡在工作正常的情况下，其指示灯是长亮的(而在传输数据时，会快速地闪烁)。当网卡没有指示灯被点亮时，表明计算机与网络设备之间没有建立正常连接，物理链路有故障发生。

无论是SC光纤端口还是RJ-45端口，每个端口都有一个LED指示灯用于指示该端口是否处于工作状态，即连接至该端口的计算机或网络设备是否处于工作状态、连通性是否完好。无论该端口所连接的设备处于关机状态，还是链路的连通性有问题，都会导致相应端口的LED指示灯熄灭。

随着计算机网络的不断普及，为了进一步提高计算机的性价比，现在越来越多的主板集成了网卡，不同品牌集成的网卡，其指示灯所代表的意义有所不同。

例如：

(1) Intel的Pro/100网卡指示灯

通常情况下，Pro/100 集成网卡只有两个指示灯，黄色指示灯用于表明连接是否正常，绿色指示灯则表示计算机主板是否已经供电，正处于待机状态。因此，当计算机正常连接至交换机时，即使计算机处于待机状态(绿色灯被点亮)，黄色指示灯也应当被点亮，否则，就表示发生了连通性故障。

(2) Pro/1000MT网卡指示灯

Pro/1000MT 网卡指示灯通常有 4 个，分别用于表示连接状态(Link 指示灯)、数据传输状态(ACT指示灯)和连接速率。当正常连接时，Link指示灯呈绿色，有数据传输时，ACT指示灯不停闪烁。当连接速率为10Mbps时，速率指示灯熄灭；

连接速率为100Mbps时，速率指示灯呈绿色；连接速率为1000Mbps时，速率指示灯呈黄色。如果Link指示灯未被点亮，表明连接有故障。

借助于指示灯，能非常容易地进行网卡和网络设备故障判断，并解决一些简单的连通性故障。

以Cisco Catalyst 2950/3550系列交换机为例，介绍一下LED指示灯的含义。

① SYSTEM LED指示灯。

SYSTEM LED指示灯用于显示系统加电情况，指示灯含义如表3-1所示。

表3-1　SYSTEM LED指示灯含义

颜　色	系统状态
灭	系统未加电
绿色	系统正常运行
琥珀色	系统虽然加电，但电源有问题

② 在不同模式下，LED指示灯的颜色含义是有所不同的，不同颜色的指示灯含义如表3-2所示。

表3-2　在不同模式下LED指示灯含义

端口模式	LED颜色	含　义
STATUS(端口状态)	灭	未连接，或连接设备未打开电源
	绿色	端口正常连接
	闪烁绿色	端口正在发送或接收数据
	橙色(琥珀色)与绿色交替	连接失败。错误帧影响连通性，该连接监视到过多的碰撞冲突、CRC校验错误、队列错误
	橙色	端口被Spanning Tree Protocol(STP)阻塞，不能转发数据。当端口被重新设置时，端口LED将保持橙色30秒以上，STP将检查交换机以防止拓扑环发生
	闪烁橙色	端口被Spanning Tree Protocol(STP)阻塞，正在发送或接收包

(续表)

端 口 模 式	LED 颜色	含 义
链路指示灯	绿色	绿色稳定代表 10Mbps(Intel 82562ET 10/100 网卡，绿色代表 100Mbps，不亮代表 10Mbps)
	橙色	橙色稳定代表 100Mbps
	黄色	黄色稳定代表 1000Mbps
网络活动指示灯	闪烁	闪烁代表网卡有数据通信
	不亮	代表网络空闲
UTIL(利用)	绿色	背板利用率在合理范围内
	橙色	最后 24 小时的背板利用率达到最高值
DUPLX(双工模式)	灭	端口运行于半双工模式
	绿	端口运行于全双工模式
SPEED(连接速率) 10/100/1000bps 端口	灭	端口运行于 10Mbps
	绿色	端口运行于 100Mbps
	闪烁绿色	端口运行于 1000Mbps
GBIC 端口	灭	端口未运行，未连接或连接设备未打开电源
	闪烁绿色	端口运行于 1000Mbps

3.2.2 网卡故障诊断与排除方法

目前网卡故障诊断与排除可分为传统型和智能型两大类。传统型主要用于小型局域网，智能型倾向于中大型网络。

网卡的故障主要有两类，即软故障和硬故障。

硬故障即硬件本身损坏，一般来说需要更换硬件。

软故障即指网卡硬件本身并没有坏，通过升级软件或修改设置仍然可以正常使用。网卡的软故障，主要包括网卡被误禁用、驱动程序未正确安装、网卡与系统中其他设备在中断或 I/O 地址上有冲突、网卡所设中断与自身中断不同、网络协议未安装以及病毒影响等。

1. 网卡故障诊断的要点

(1) 环境检查

① 电源连接检查

- 市电的接线定义是否正确；
- 是否有地线；
- 网络上的各设备(如 HUB、交换机等)是否均已上电工作。

② 网线连接检查

- 网线连接线序是否与网络连接的要求匹配(如直连和普通网线)；
- 网线的连通性是否正常，要查看网线有无破损、过度扭曲；
- 网线长度是否过长(如 5 类双绞线长度超过技术规格要求的 100 米)；
- 网线接头——水晶头是否完好、是否氧化；
- 网卡接口是否完好。重新插拔网线，检查网线与网卡连接是否松动；
- 根据电缆要求检查是否有终结器，终结器是否正常。

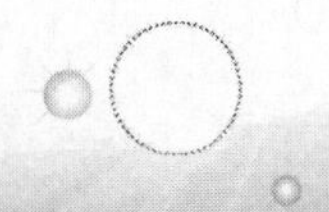

③ 网络设备外观及周边检查

- 加电启动后，网卡指示灯是否亮等；
- HUB 等设备的网线接口，在与终端或服务器连接后，如果终端或服务器启动及配置正常，其指示灯会亮(注意指示灯颜色是否正常，参考设备说明书)，如果指示灯不亮，说明设备有故障；
- 网卡部件是否接插到位无翘起，网卡上金手指是否氧化；
- 网线或交换机等设备周围是否有干扰。

④ 主机外观检查

- 检查机箱内是否有异物造成短路；
- 机箱内的灰尘是否过多，如果是，应清理灰尘；
- 主板与网卡上元器件是否有变形、变色现象；
- 加电后，注意部件、元器件及其他设备是否有异味、温度异常等现象发生。

⑤ 其他方面

在 UNIX 下，要分清是终端死机还是服务器死机。

(2) 网卡故障诊断

① 寻求用户网管的配合

首先应尽可能与网管联系，以得到网管的配合。

② 网络环境检查

- 对于掉线、丢包等故障，要注意检查网卡与交换机间的兼容性；
- 网络连接正常，但不能进行域登录，要从以下几点检查。

◇ 指明的域名是否存在或已工作；

◇ 是否已按服务器、操作系统的要求(如在服务器端启用了 WINS 解析服务、DNS 服务等)，设置终端允许登录到域中，计算机名是否已注册到域中；

◇ 检查使用的协议是否正确；

◇ 检查是否安装了防火墙，是否被授权访问；

◇ 在必要时，使用直连线只连接两台机器，在对等网环境下检查是否可连网(这样做可排除网络上诸环境因素的影响)。

③ 网络适配器驱动与属性检查

- 驱动程序是否正确、合适。网卡设备建议由系统自动识别，并尽可能使用与操作系统匹配和更新的驱动程序(只有老型号的 ISA 网卡才可使用手动安装的方法进行驱动的安装)。在安装驱动程序时，如有必要，可将启动中加载的和正在运行的程序关掉，再进行安装。
- 网卡在某一网络环境下工作不正常，可调整网速。如对于 10/100Mbps 的网卡，如果工作在 10Mbps 的网络环境下，网络工作不正常，应特别指定网卡工作在 10Mbps 的速度上。
- 检查网络通信方式，如是否为全双工等。

④ 网络协议检查

- 检查网络中的协议等项设置是否正确(不管用哪种协议，必须保证网内的机器使用的协议一致)，网络中是否有重名的计算机名。
- 如果不能看到自己或其他计算机，先通过按 F5 多刷新几次来检查，然后检查是否安装并启用了文件和打印共享服务、是否添加了 NETBEUI 协议(如果网络环境中有 WINS 服务器，则不需添加，如没有则要添加)。

- 如能 ping 通网络，但不能在网上邻居中访问其他终端或服务器，可用 ipconfig /all(在命令行方式)、netstat 等命令查看具体信息，检查网络属性的设置，如域、工作组等，并进行相应的更改。
- TCP/IP 协议的实用程序 ping 命令，可用来检查网络的工作情况，这需要维修人员了解 TCP/IP 协议的相关知识(顺序：PING 命令，本机 IP、本网段 IP、网关、DNS 等)。
- 如果 PING 不通，可尝试在网络属性中把所有的适配器和协议删除，重启后重新安装；
- 通过执行 tracert <目标 IP 地址 >命令，检查 IP 包在哪个网段出错。

⑤ 系统设置与应用检查

- 检查机器自检完成后，所列的资源清单中网卡是否被列其中(非 PnP 网卡除外)，其所用资源与其他设备有无共享。
- 检查系统中是否有与网卡所用资源相冲突的其他设备，如有，可通过更换设备间的安装位置，或手动更改冲突的资源。对于 ISA 总线的网卡，可能需要在 CMOS 中关掉其所占中断的 PnP 属性，且其所用资源一般不宜与其他设备共享。较老的 PCI 设备也不宜与其他设备共享资源。
- 检查系统中是否存在病毒。
- 如果某一特定的应用在使用网络时工作不正常，检查 CMOS 设置是否正确。重点检查网卡的驱动程序是否与其匹配，必要时，关闭其他正在运行的应用程序，及启动中加载的程序，看是否能正常工作；或与能够正常运行该应用的机器进行比较，检查在配置方面有何不同。
- 重新安装系统，检查是否由于系统原因而导致网络工作不正常。

⑥ 硬件检查

- 用网卡自带程序和网卡短路环检测网卡是否完好。
- 如更换网卡后仍不正常，可更换主板。更换主板仍不能解决时，可考虑更换其他型号的网卡。

⑦ 无盘站检查要点

- BIOS 中是否允许了从网络启动，BIOS 中最好禁用软驱，将 Report No FDD For Win xx 由 Yes 更改为 No(或反之，这与软驱的设置有关)。
- 对于 ISA 网卡，其 BIOS 的设置，应使 BOOT ROM 默认的起始地址为 D800H 或 C800H，I/O 为 300H(如有些网卡的默认设置为 C800H 容易与 AGP 显卡等设备占用的地址资源冲突，导致安装失败)。
- 在以上操作无效时，对有些主板，屏蔽板载声卡，再根据需要进行相应的修改。
- 工作站的协议必须与服务器协议一致。
- 有多台服务器时，必须指定第一响应服务器。

⑧ 对于无线网络的检查

- 检查两台终端间的有效距离是否过大，中间是否有隔离物。
- 对等网络下，所使用的频率通道是否一致。
- 在用 AP 的环境下，终端的网络 ESSID 必须与 AP 一致。
- 检查网卡和 AP 的密钥是否相符。

2. 传统型网卡的故障诊断与排除方法

故障现象 1：上不了网

解决方法：

(1) 检查网卡 LED 灯状态。

如果网卡的 LED 不亮，测试网线，检查 RJ-45 端口铜线是否弯曲、折断，确认网线和其他设备是否有问题。

注意：

使用Intel Kennerith NIC 82562ET10/100 集成网卡，在网络 10Mbps时链路指示灯是不亮的。

Windows 2000/XP/2003/7/10 系统中，如果是网线连接问题，系统托盘会有一个红色的叉表明网线未插好。

如果 LED 正常，检查设备管理器中驱动程序是否正确加载，如果网卡在设备管理器中有黄色感叹号，检查设备资源和驱动程序。

如果驱动正常，检查网络协议和服务是否正常，可与其他机器做比较。

(2) 用 ping 命令 ping 网卡本身的 IP 地址。如果正常就说明当前的网卡安装正确，而且驱动程序本身工作正常，网卡也不存在与其他设备发生冲突的可能。

(3) 如果 ping 网中其他计算机的 IP 地址时不通，则可能是其他计算机当前没有开机或网络连线有问题。

(4) 如果这些原因都被排除了，那么很有可能就是网卡和网络协议没有安装好。这时可以将网络适配器在系统配置中删除，然后重新启动计算机，系统就会检测到新硬件的存在，并自动寻找驱动程序再进行安装，这样就可解决上不了网的问题。

(5) 网卡硬件损坏，或者网卡质量不过关。

(6) 网线、跳线或插座故障。

(7) UPS 电源故障。

故障现象2：在Windows的“网上邻居”中找不到域及服务器，但可找到其他的工作站

这个问题产生的原因是登录的连接速度设置不对。解决该问题的操作步骤如下：

(1) 在“开始”菜单中选择“设置”，进入“控制面板”。

(2) 在“控制面板”中找到“网络”图标，双击进入“网络”窗口。

(3) 在“网络”窗口中找到“网络用户”，选择“属性”。

(4) 在“属性”窗口的“网络登录选项”中，选择“快速登录”。

故障现象 3：在“网上邻居”中浏览时经常只能找到本机的机器名，但无法通过网络查找到其他计算机

(1) 这种情况说明机器的网卡没有问题，可能的原因是：

- 添加的协议不全；
- 没有在启动时正确地登录网络；
- 这台计算机的网络配置有误；
- 这台计算机上的网卡设置与其他资源有冲突。

(2) 网上邻居互访的基本条件：

- 双方计算机打开，且设置了网络共享资源；
- 双方计算机添加了“Microsoft 网络文件和打印共享”服务；
- 双方都正确设置了网内 IP 地址，且必须在一个网段中；
- 双方计算机中都关闭了防火墙，或者防火墙策略中没有阻止网上邻居访问的策略。

(3) Windows 2000/XP/2003 访问 Windows XP 的用户验证问题

- 默认情况下，Windows XP 的本地安全策略禁止 Guest 用户从网络访问；
- 默认情况下，Windows XP 的本地空密码用户只能进行控制台登录的选项是启用的，也就是说，空密码的任何账户都不能从网络访问，只能本地登录。

原因：Windows 2000/XP 中存在安全策略限制。

故障现象 4：安装网卡后，开机速度比以前慢

解决方法：

(1) 检查网卡链路指示灯的状态及颜色。网络速度慢一般是网络环境引起的。检查网线和相关的连接设备。

(2) 设置网卡的 TCP/IP 地址。

打开“我的电脑”→“控制面板”→“网络”→“TCP/IP 协议”→“属性”→“IP 地址”，把地址设置在下面的范围之内：

```
10. 0. 0. 0—10. 255. 255. 255
172. 16. 0. 0—172. 31. 255. 255
192. 168. 0. 0—192. 168. 255. 255
```

故障现象 5：网卡已正常工作，但不能和外界进行通信

这种故障现象不容易发现其原因，因为系统无任何错误的提示信息。

解决方法：

- 检查网络线路有没有问题。
- 检查网卡的资源部分(检查中断号，输入/输出范围为 0300～031F)。
- 检查设备端口(检查中断号是否被占用，如果已被占用，则和网卡中断号发生冲突)。

故障现象 6：即插即用的网卡和计算机的其他设备发生资源冲突，计算机不显示提示

即插即用的网卡中可能与其他设备发生资源冲突的有：

(1) NE2000 兼容网卡和 COM2 有冲突，都使用 IRQ3。

(2) Realtek RT8029 PCI Ethernet 网卡容易和显卡发生冲突。

为了解决(1)、(2)的冲突，可进行如下设置：在设置窗口中将 COM2 屏蔽，并强行将网卡中断设为 3。

(3) PCI 接口的网卡和显卡发生冲突时，可以采用不分配 IRQ 给显卡的办法来解决，就是将 CMOS 中的 Assign IRQ for VGA 一项设置为“Disable”。

故障现象 7：网卡出现无反应的现象

检查的项目和解决方法如下：

(1) 网卡是否松动。

发生网卡松动现象，网络连接会时断时续，甚至无任何反应。

此时，检查网卡指示灯，看它是否处于闪烁状态。如果指示灯不亮，必须打开机箱，从插槽中拔出网卡，然后换一个新的插槽，重新插入网卡，并确保网卡与主板插槽紧密结合。

(2) 驱动程序是否更新。

检查网卡的驱动程序是否与网卡型号一致，尽量不用相近的网卡驱动程序来代替。

(3) CMOS 设置是否正确。

设置 CMOS 参数：

重新启动计算机系统，进入 CMOS 参数设置界面，打开“PNP/PCI Configuration”设置页面，检查其中的“IRQ5”参数，查看设置是否正确。

此时，可将“IRQ5”参数重新修改为“PCI/ISA PnP”，最后保存好参数，重新启动系统。

(4) 网络参数是否正常。

检查网卡参数是否设置正确。在设置网卡参数时，应该先查看 TCP/IP 协议是否已经安装，然后再查看 IP 地址、DNS 服务器、网关地址等参数是否设置正确。

(5) 网线的线序是否正确。

除了上述几点可能引起网卡发生故障外，网线的连接与网卡的工作环境也是不能忽视的。在制作网线时，不能忽视网线的线序(568A 还是 568B)。

(6) 不同的网卡型号是否安装了对应的诊断程序。

利用 3COM NIC doctor(3COM 系列网卡)或者 Broadcom Advanced Control Suite(Broadcom 系列网卡)或者 Intel PRO Set(Intel 系列网卡)对相应的网卡进行诊断。

故障现象 8：网卡的信号指示灯不亮

网卡的信号指示灯不亮一般是由网络的软件故障引起的。

解决方法：

- 检查网卡设置。
- 检查网卡驱动程序是否正确安装。
- 检查网络协议。

打开“控制面板”→网络→“配置”选项，查看已安装的网络协议，必须配置以下各项：NetBEUI 协议和 TCP/IP 协议，Microsoft 友好登录，拨号网络适配器。如果以上各项都存在，重点检查 TCP/IP 是否设置正确。在 TCP/IP 属性中要确保每一台计算机都有唯一的 IP 地址，将子网掩码统一设置为 255.255.255.0，网关要设为代理服务器的 IP 地址(如 192.168.0.1)。另外，注意主机名在局域网内也应该是唯一的。最后用 ping 命令来检验网卡能否正常工作。

故障现象 9：网络连接不稳定

在网卡工作正常的情况下，网卡的指示灯是长亮的(而在传输数据时，会快速地闪烁)。如果出现时暗时明，且网络连接老是不通的情况，最可能的原因就是网卡和 PCI 插槽接触不良。此外，灰尘多、网卡接触脚被氧化、网线接头(如水晶头损坏)也会造成此类故障。

解决方法：

- 检查网卡和 PCI 插槽接触是否不良；
- 检查网卡接触脚是否被氧化；
- 检查网线接头是否损坏(如水晶头损坏)。

故障现象 10：协议故障

协议故障的表现：

- 计算机无法接入局域网；
- 计算机在“网上邻居”中既看不到自己，也无法在网络中访问其他计算机；
- 计算机在“网上邻居”中能看到自己和其他成员，但无法访问其他计算机。

故障原因：

- 网卡安装错误；
- 协议未安装：实现局域网通信，需安装 NetBEUI 协议；
- 协议配置不正确。

TCP/IP 协议涉及的基本参数有四个，包括 IP 地址、子网掩码、DNS、网关，任何一个设置错误，都会导致故障发生。

排除方法：当电脑出现以上协议故障现象时，应当按照以下步骤进行故障定位。

(1) 使用 ping 命令，在 MS-DOS 方式下 ping 本地的 IP 地址，检查网卡和 IP 网络协议是否安装完好。

① 如果无法 ping 通，说明 TCP/IP 协议有问题。这时可以在电脑的“控制面板”的“系统”中，查看网卡是否已经安装或是否出错。如果在系统中的硬件列表中没有发现网络适配器，或网络适配器前方有一个黄色的“!”，说明网卡未正确安装。需将未知设备或带有黄色 “!” 的网络适配器删除，刷新后，重新安装网卡。并为该网卡正确安装和配置网络协议，然后进行应用测试。

② 如果网卡无法正确安装，说明网卡可能损坏，必须换一块网卡重试。

如果网卡安装正确，则原因是协议未安装或未正确安装，可在“控制面板”的“网络”属性中将网卡的 TCP/IP 协议重新安装并配置。

(2) 检查电脑是否安装 TCP/IP 和 NetBEUI 协议，如果没有，建议安装这两个协议，并把 TCP/IP 参数配置好，然后重新启动电脑，并再次测试。

故障现象 11：配置故障

配置故障的表现：配置错误也是导致故障发生的重要原因之一。

故障原因：

用 ping 命令都正常，但无法进行上网浏览。

排除方法：

(1) 在“控制面板”的“网络”属性中，查看 TCP/IP 的配置，指定 IP 地址必须配置在网卡的 TCP/IP 协议上，拨号网络适配器的 IP 地址应是自动获取。完成后重新启动电脑，测试网络运行状态。

(2) 在 MS-DOS 方式下运行 winipcfg 命令，查看网关是否设置正确。

(3) 核查 IP 地址 A.B.C.D 的 D 是否为有效值。

(4) 在 MS-DOS 方式下运行 winipcfg 命令，查看 DNS 是否设置正确。

故障现象 12：网卡不能被检测到

故障原因：

(1) 对于集成网卡，要检测 BIOS 是否关闭了 NIC(Off)。对于老版本的 BIOS，在 Integrated Device 选项下面 Network Interface Controller 应当设置为 ON；对于新版本 BIOS，在 Onboard Devices 选项下，Integrated NIC 设置为 On。

(2) 对于 PCI 网卡，要重新插拔或更换到其他槽位。

Windows 2000/XP/7 等系统可以自动找到网卡，如果无法自动找到，网卡坏的可能性就比较大。

3. 智能型网卡的故障诊断与排除方法(以华为网络系统为例)

故障现象 1：网口不可见

处理步骤：

(1) 排查网卡类型/驱动与 OS/计算节点是否符合兼容性要求。

- 如果使用不在智能计算产品兼容性查询助手中的系统，请联系具体 OS 兼容性团队解决。建议使用智能计算产品兼容性查询助手中的系统。
- 如果网卡版本不配套，请先升级。

(2) 在 Linux 系统中执行以下命令：lspci | grep -i eth*(请根据实际操作系统操作排查)，排查网

卡 PCI 硬件设备是否可见。

- 如果 PCI 设备不可见，参考(3)。
- 如果 PCI 设备可见，参考(4)。

(3) 如果 PCI 设备不可见，执行以下步骤：

① 查看网卡逻辑关系，如果网卡 PCI 总线没有对应的 CPU，对应 CPU 下 PCI 设备不可见。

② iMana 200/iBMC 系统先下电再上电，确认问题是否一定出现。

③ 对换不同槽位的网卡，判断是否与具体网卡或网卡槽位相关。

(4) 如果 PCI 设备可见，但网口不可见，则是驱动加载失败导致，执行以下步骤。

① 在 Linux 系统中执行以下命令：ifconfig ethN up(请根据实际操作系统排查)，排查网口配置文件和物理网口是否一致，是否为 up 端口。

② 如果以编译方式安装驱动报错，请排查系统是否已正确安装 GCC 和 C/C++。

③ 排查光模块类型，Intel 网卡配非 Intel 光模块时网口会加载失败，无法看到网口。

④ 重新安装驱动，排查驱动安装过程是否有明显报错，系统日志是否有驱动加载失败打印。

(5) 收集操作系统的日志。

网口不可见的快速恢复方法：

① 若服务器在正常运行过程中，原来可见的网口突然不可见，如果业务允许停机，则先下电再上电进行观察，若问题仍存在，执行步骤②。

② 将网卡更换到其他 PCI-E 卡槽位进行观察。

- 如果问题跟随网卡，则更换网卡。
- 如果问题跟随 PCI 插槽，则更换主板。

故障现象 2：网口不通

处理步骤：

(1) 排查网线是否连接正常。

(2) 排查网卡类型/驱动与服务器单板是否符合兼容性要求；网卡版本不配套，请先升级配套。

(3) 在 Linux 系统中执行以下命令：ifconfig ethN up，ethtool ethN(请根据实际操作系统操作排查)，排查网卡是否正常连接，且状态正常，IP 是否设置在正确的网口上。

(4) 在 Linux 系统中执行以下命令：ethtool -p ethN(请根据实际操作系统操作排查)，排查机架服务器网口配置文件和物理网口是否一致，网口状态灯是否常亮，对端交换机网口是否为 up。

(5) 参考 E9000 刀片服务器 Mezzanine 卡一交换模块组网助手排查交换板网口配置，两边网口需要为 up 状态。

(6) 排查 IP、网关、VLAN、bonding 及上行交换机网口设置。

(7) 收集操作系统的日志。

网口不通的快速恢复方法：

(1) 用异常服务器 ping 同网段其他 IP，并检查同网段其他服务器是否存在网络异常。

- 如果同网段多台服务器有问题，则检查外部交换网络是否异常。
- 如果同网段只有一台服务器有问题，执行(2)检查网卡。

(2) 检查网卡网口状态(状态指示灯是否常亮)，如果网口状态是 link down(状态指示灯灭)，将异常网口对应的光模块、光纤和上行交换机端口与正常网口对应部件进行互换，验证是否正常，根据实际情况更换或调整部件。

(3) 如果问题跟随网卡出现，请在业务允许停机的情况下重启网络服务，观察是否恢复正常；

如果没有恢复正常，请先下电后上电观察是否解决，否则更换网卡。

故障现象 3：网口丢包/错包

处理步骤：

(1) 排查网卡类型/驱动与服务器单板是否符合兼容性要求；如果网卡版本不配套，请先升级至配套版本。

(2) 排查网口丢包/错包统计是否持续增长，非持续增长的统计可不关注。

(3) 对调不同槽位网卡，排查是否与具体网卡或槽位相关。

(4) 排查服务器。不同服务器网口对调网线测试，查看是否和网线相关。

(5) 切换业务流量到其他单板网口，排查是否和流量有关。

(6) 在 Linux 系统中执行以下命令：ethtool -S ethN(请根据实际操作系统排查)，排查网口丢包/错包具体项，根据对应项进一步排查。

(7) 收集操作系统的日志。

网口丢包/错包快速恢复方法：

(1) 排查是否单台服务器网卡丢包，执行 ethtool -S ethN 命令查询丢包类型，执行 top 命令检查系统资源情况(如软中断、CPU 和内存占用情况)，检查网卡流量。

(2) 在业务允许停机的情况下，首先用 PC 直连网口，测试是否丢包；再和其他正常网口进行交叉验证，排查光模块、光纤线、上行交换机端口，根据实际情况更换或调整部件。

(3) 如果问题跟随网卡出现，在业务允许停机的情况下重启网络服务，观察是否恢复正常；如果没有恢复正常，先下电后上电观察是否解决，否则更换网卡。

故障现象 4：网口性能不达标

处理步骤：

(1) 排查网卡类型/驱动与服务器单板是否符合兼容性要求；若网卡版本不配套，请先升级配套。

(2) 排查物理网口是否达到性能要求。

(3) 排查是否修改过网口中断与 CPU 队列绑定关系。

(4) 在 Linux 系统中执行命令：ethtool -k ethN(请根据实际操作系统操作排查)，排查是否修改过网口 TSO、GSO 设置。

(5) 在 Linux 系统中执行命令：ethtool -g ethN(请根据实际操作系统操作排查)，排查是否修改过网口 buffer 参数。

(6) 收集操作系统的日志。

网口性能不达标的快速恢复方法参考网口丢包/错包的快速恢复方法。

3.3　网桥故障诊断与排除

网桥(Bridge)也称桥接器，是连接两个局域网的存储转发设备，用它可以完成具有相同或相似体系结构网络系统的连接。一般情况下，被连接的网络系统都具有相同的逻辑链路控制规程(LLC)，但媒体访问控制协议(MAC)可以不同。

网桥是数据链路层的连接设备，准确地说，它工作在 MAC 子层上。网桥在两个局域网的数据链路层间按帧传送信息。它在 OSI/RM 中的位置如图 3-3 所示。

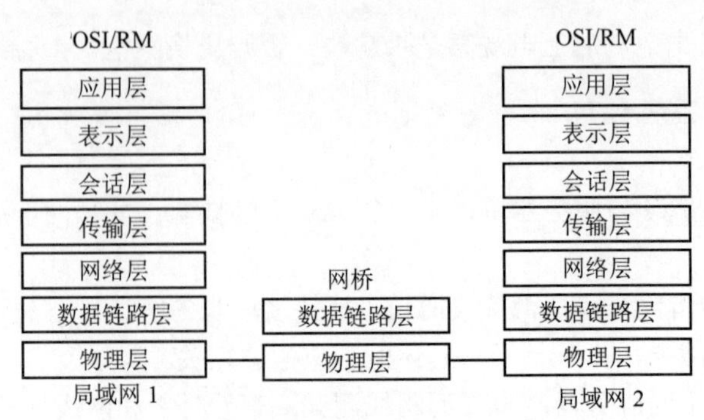

图 3-3　网桥在 OSI/RM 中的位置

网桥是为各种局域网间存储转发数据而设计的，它对末端节点用户是透明的，末端节点在其报文通过网桥时，并不知道网桥的存在。

网桥可以将相同或不相同的局域网连在一起，组成一个扩展的局域网络。

3.3.1　网桥的功能

一个 FDDI 网桥应包括下列基本功能。

(1) 源地址跟踪

网桥具有一定的路径选择功能，它在任何时候收到一个帧以后，都要确定其正确的传输路径，将帧送到相应的目的站点。网桥将帧中的源地址记录到它的转发数据库(或者地址查找表)中，该转发库存放在网桥的内存中，其中包括网桥所有连接站点的地址。这个地址数据库是互联网所独有的，它指出了被接收帧的方向，或者仅说明网桥的哪一边接收到了帧。能够自动建立这种数据库的网桥称为自适应网桥。

在一个扩展网络中，所有网桥均应采用自适应方法，以便获得与它有关的所有站点的地址。网桥在工作中不断更新其转发数据库，使其渐趋完备。有些厂商提供的网桥允许用户编辑地址查找表，这样有助于网络的管理。

(2) 帧的转发和过滤

在相互连接的两个局域网之间，网桥起到了转发帧的作用，它允许每个 LAN 上的站点与其他站点进行通信，看起来就像在一个扩展网络上一样。

为了有效地转发数据帧，网桥提供了存储和转发功能，它自动存储接收进来的帧，通过地址查找表完成寻址；然后把它转发到源地址另一边的目的站点上，而源地址同一边的帧就被从存储区中删除。

过滤(Filter)是阻止帧通过网桥的处理过程，它有三种基本类型。

- 目的地址过滤：当网桥从网络上接收到一个帧后，首先确定其源地址和目的地址，如果源地址和目的地址处于同一局域网中，就简单地将其丢弃，否则就转发到另一局域网上，这就是所谓的目的地址过滤。
- 源地址过滤：所谓源地址过滤，就是根据需要，拒绝某一特定地址帧的转发，这个特定的地址是无法从地址查找表中取得的，但是可以由网络管理模块提供。事实上，并非所有网桥都进行源地址的过滤。
- 协议过滤：目前，有些网桥还能提供协议过滤功能，它类似于源地址过滤，由网络管理指示网桥过滤指定的协议帧。在这种情况下，网桥根据帧的协议信息来决定是转发还是过滤该帧，这样的过滤通常只用于控制流量、隔离系统和为网络系统提供安全保护。

(3) 生成树

生成树(Spanning Tree)是基于 IEEE 802.1d 的一种工业标准算法。利用它可以防止网上产生回路，因为回路会使网络发生故障。生成树有两个主要功能：

- 在任何两个局域网之间仅有一条逻辑路径。
- 在两个以上的网桥之间用不重复路径把所有网络连接到单一的扩展局域网上。

扩展局域网的逻辑拓扑结构必须是无回路的，所有连接站点之间都有一个唯一的通路。在扩展网络系统中，网桥通过名为问候帧的特殊帧来交换信息，利用这些信息来决定谁转发，谁空闲。确定了要进行转发工作的网桥还要负责帧的转发，而空闲的网桥可用做备份。

3.3.2　网桥的种类

网桥分为内桥、外桥和远程桥。

(1) 内桥

内桥是文件服务器的一部分，通过文件服务器中的不同网卡连接起来的局域网，由文件服务器上运行的网络操作系统来管理。

(2) 外桥

外桥不同于内桥，外桥安装在工作站上，它用于连接两个相似的局域网络。外桥可以是专用的，也可以是非专用的。专用外桥不能作为工作站使用，它只能用来建立两个网络之间的连接，管理网络之间的通信。非专用外桥不但能起网桥的作用，还能作为工作站使用。

(3) 远程桥

远程桥是实现远程网之间连接的设备，它通常使用调制解调器与传输介质(如电话线)实现两个局域网的连接。

3.3.3　网桥故障诊断与排除方法

网桥常见的故障如下。

故障现象 1：吞吐量不足的问题

网桥的吞吐量是以每秒转发的数据帧数来衡量的。当吞吐量有问题时，测试网桥的吞吐量和实际的吞吐量，根据实测的结果，选择线路的速率。

故障现象 2：数据帧丢失

除由于吞吐量不够而造成数据包丢失外，处于正常工作状态的网桥也会丢失无效的数据包和超时的数据包(数据包保存时间最大为 4s)，因此要求选择的网桥缓存数据包的时间不能过短。

故障现象 3：网桥不工作

网桥不工作可能是由以下原因引起的：

- 安装不当；
- 配置差错(例如，产品是 10Mbps 却被设置成 100Mbps)；
- 端口未被激活；
- 连接失效(电缆松动，连接器松动，模块未插紧)。

如果不是上述原因，那么就是产品本身的质量问题。

故障现象 4：网桥信号指示灯不亮

网桥信号指示灯不亮可能是由以下原因引起的：

(1) 支路信号消失。

- 没有使用支路；
- 支路接口接反；
- 支路松动；
- 支路损坏。

(2) 故障排除。

- 检查接口的输入方向；
- 检查接口的连接，包括电缆；
- 如属设备问题，应联系供应商维修或退换。

故障现象 5：网桥数据能通，但有丢包现象

此现象表明线路有误码或 LAN 口网线做法不规范。

故障排除：

首先用误码仪测试线路看是否存在误码，其次检查以太网线做法是否规范。正确的做法应是 1、2 脚用同一对双绞线；3、6 脚用同一对双绞线。

故障现象 6：网桥 LINK 指示灯不亮

此现象表明以太网接口不通。

- 以太网接口没有使用；
- 以太网接口松动；
- 故障排除方法；
- 检查以太网连接；
- 更换设备。

故障现象 7：所有指示灯显示正常，但数据 ping 不通

所有指示灯显示正常，表明当前设备的物理连接正常。只有线路和网络存在问题。

故障排除：

首先用误码仪测试线路，确定传输通道是否存在问题。其次是检查所 ping 的两台 PC 的网络环境是否相同。

故障现象 8：在站内能 ping 通网桥，并且能使用 telnet 命令远程登录，但在现场无法 ping 通网桥，ETH 灯不亮，其他指示灯状态正常

故障排除方法：

- 检查网线及水晶头，确认网线是否正常或更换水晶头；
- 如果网线及水晶头正常，检查网口是否损坏，如果损坏，就需要更换新网桥。

3.4 交换机故障诊断与排除

交换机也称为交换器。1993 年局域网交换机出现。1994 年国内掀起了交换网络技术的热潮。交换技术是一个具有简化、低价、高性能和高端口密集特点的交换产品，它在 OSI/RM 中的位置如图 3-4 所示。与桥接器一样，交换机按每一数据包中的 MAC 地址相对简单地决策信息转发。

而这种转发决策一般不考虑包中隐藏的更深的其他信息。与桥接器不同的是，交换机转发延迟很小，操作接近单个局域网性能，远远超过了普通桥接互联网络之间的转发性能。

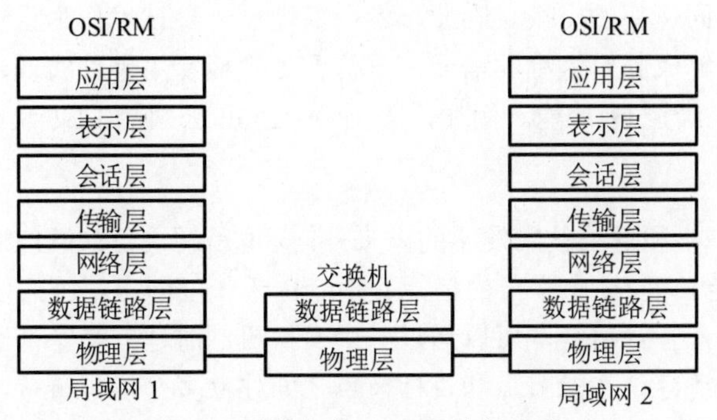

图 3-4　交换机在 OSI/RM 中的位置

交换技术允许共享型和专用型的局域网段进行带宽调整。交换机能经济地将网络分成小的冲突网域，为每个工作站提供更高的带宽。协议的透明性使得交换机在软件配置简单的情况下直接安装在多协议网络中；交换机使用现有的电缆、中继器、集线器和工作站的网卡，不必做高层的硬件升级；交换机对工作站是透明的，这样管理开销低廉，简化了网络节点的增加、移动和网络变化的操作。

利用专门设计的集成电路可使交换机以线路速率在所有的端口并行转发信息，提供了比传统桥接器高得多的操作性能。在理论上，单个以太网端口对含有 64 个八进制数的数据包，可提供 14 880bps 的传输速率。这意味着一台具有 12 个端口、支持 6 道并行数据流的线路速率以太网交换器必须提供 89 280bps 的总体吞吐率(6 道信息流×14 880bps/道信息流)。专用集成电路技术使得交换器在更多端口的情况下以上述性能运行，其端口造价低于传统型桥接器。

3.4.1　三种交换技术

1. 端口交换

端口交换技术最早出现在插槽式的集线器中，这类集线器的背板通常划分有多条以太网段(每条网段为一个广播域)，不用网桥或路由连接，网络之间是互不相通的。以太网主模块插入后通常被分配到背板的某个网段上，端口交换用于在背板的多个网段之间进行分配和平衡。根据支持的程度，端口交换还可细分为：

- 模块交换。将整个模块进行网段迁移。
- 端口组交换。通常模块上的端口被划分为若干组，每组端口允许进行网段迁移。
- 端口级交换。支持每个端口在不同网段之间进行迁移。这种交换技术是基于 OSI 第 1 层完成的，具有灵活性和负载平衡能力等优点。如果配置得当，还可以在一定程度上进行容错。但没有改变共享传输介质的特点，因而不能称为真正的交换。

2. 帧交换

帧交换是目前应用最广泛的局域网交换技术，它通过对传统传输媒介进行微分段，提供并行传送的机制，以减小冲突域，获得高的带宽。一般来讲，每个公司产品的实现技术均会有差异。对网络帧的处理方式一般有以下几种。

- 直通交换：提供线速处理能力，交换机只读出网络帧的前 14 个字节，便将网络帧传送到相应的端口上。

- 存储转发：通过对网络帧的读取进行验错和控制。

前一种方法的交换速度非常快，但缺乏对网络帧进行更高级的控制，缺乏智能性和安全性，同时也无法支持具有不同速率的交换。因此，各厂商把后一种技术作为重点。有的厂商甚至对网络帧进行分解，将帧分解成固定大小的信元，该信元处理极易用硬件实现，处理速度快，同时能够完成高级控制(如优先级控制)功能。例如，美国 MADGE 公司的 LET 集线器。

3. 信元交换

ATM 技术代表了网络和通信技术发展的未来方向，也是解决目前网络通信中众多难题的一剂“良药”。ATM 采用固定长度 53 个字节的信元交换。由于长度固定，因而便于用硬件实现。ATM 采用专用的非差别连接，并行运行，可以通过一个交换机同时建立多个节点，但并不会影响每个节点之间的通信能力。还容许在源节点和目标节点之间建立多个虚拟链接，以保障足够的带宽和容错能力。ATM 采用了异步时分多路复用技术，因而能大大提高通道的利用率。其带宽可以达到每秒 25、155、622Mb 甚至数吉字节(GB)的传输能力。

3.4.2 局域网交换机的种类

局域网交换机根据使用的网络技术可以分为：

- 以太网交换机；
- 令牌环交换机；
- FDDI 交换机；
- ATM 交换机；
- 快速以太网交换机等。

按交换机应用领域，局域网交换机可分为：

- 台式交换机；
- 工作组交换机；
- 主干交换机；
- 企业交换机；
- 分段交换机；
- 端口交换机；
- 网络交换机等。

局域网交换机是组成网络系统的核心设备。对用户而言，局域网交换机最主要的指标是端口的配置、数据交换能力、包交换速度等。因此，在选择交换机时要注意以下事项：

- 交换端口的数量；
- 交换端口的类型；
- 系统的扩充能力；
- 主干线连接手段；
- 交换机总交换能力；
- 是否需要路由选择能力；
- 是否需要热切换能力；
- 是否需要容错能力；
- 能否与现有设备兼容，并顺利衔接；
- 网络管理能力。

3.4.3　交换机应用中几个值得注意的问题

1. 交换机网络中的瓶颈问题

交换机本身的处理速度可以达到很高，用户往往迷信厂商宣传的Gbps 级的高速背板。其实这是一种误解，连接入网的工作站或服务器使用的网络是以太网，它遵循 CSMA/CD 介质访问规则。在当前的客户/服务器模式的网络中多台工作站会同时访问服务器，因此非常容易形成服务器瓶颈。有的厂商已经考虑到这一点，在交换机中设计了一个或多个高速端口，方便用户连接服务器或高速主干网。用户也可以通过设计多台服务器(进行业务划分)或追加多个网卡来消除瓶颈。交换机还可支持生成树算法，方便用户架构容错的冗余连接。

2. 网络中的广播帧

目前广泛使用的网络操作系统有 Netware、Windows NT、Windows 2003 Server、Linux、UNIX 等，而 LAN Server 的服务器是通过发送网络广播帧来向客户机提供服务的。这类局域网中广播包的存在会大大降低交换机的效率，此时可以利用交换机的虚拟网功能(并非每种交换机都支持虚拟网)将广播包限制在一定范围内。

每台交换机的端口都支持一定数目的 MAC 地址，这样交换机能够“记忆”该端口一组连接站点的情况，厂商提供的定位不同的交换机端口支持 MAC 数也不一样，用户使用时一定要注意交换机端口的连接端点数。如果超过厂商给定的 MAC 数，交换机接收到一个网络帧时，只要其目的站的 MAC 地址不存在于该交换机端口的 MAC 地址表中，那么该帧会以广播方式发向交换机的每个端口。

3. 虚拟网的实现形式

虚拟网是交换机的重要功能。通常虚拟网的实现形式有三种。

- 静态端口分配

静态虚拟网的划分通常是网络管理人员使用网管软件或直接设置交换机的端口，使其直接从属某个虚拟网。这些端口一直保持这些从属性，除非网络管理人员重新设置。这种方法虽然比较麻烦，但比较安全，容易配置和维护。

- 动态虚拟网

支持动态虚拟网的端口，可以借助智能管理软件动态确定它们的从属。端口通过借助网络包的 MAC 地址、逻辑地址或协议类型来确定虚拟网的从属。当一网络节点刚连接入网时，交换机端口还未分配，于是交换机通过读取网络节点的 MAC 地址动态地将该端口划入某个虚拟网。这样一旦网管人员配置好，用户的计算机可以灵活地改变交换机端口，而不会改变该用户的虚拟网的从属性，如果网络中出现未定义的 MAC 地址，则可以向网络管理人员报警。

- 多虚拟网端口配置

该配置支持一用户或一端口可以同时访问多个虚拟网。这样可以将一台网络服务器配置成多个业务部门(每种业务设置成一个虚拟网)都可同时访问，也可以同时访问多个虚拟网的资源，还可让多个虚拟网间的连接只需一个路由端口即可完成，但这样会带来安全上的隐患。虚拟网的业界规范正在制定中，因而各个公司的产品还谈不上互操作性。Cisco 公司开发了 Inter-Switch Link(ISL)虚拟网络协议，该协议支持跨骨干网(ATM、FDDI、Fast Ethernet)的虚拟网。但该协议被指责为缺乏安全性考虑。传统的计算机网络中使用了大量的共享式集线器，通过灵活接入计算机端口也可以获得好的效果。

4. 交换机产品

在组建局域网络时，对交换机产品是要考虑的。目前市场上的交换机一般分为低端产品、中端产品和高端产品。

低端产品一般不带 2 层交换、3 层交换功能，适用于网络上联网户小于 100 的用户。

中端产品一般带 2 层交换、3 层交换功能。带 2 层交换功能的适用于网络上联网户 100～300 的用户。带 3 层交换功能适用于 300～500 个用户。

高端产品具有 4～7 层交换功能，适用特大型服务单位。用户组网时，应考虑具体应用情况去选择交换机产品。

3.4.4 交换机的问题

交换机的问题主要有以下几个方面：

- 交换机的端口问题；
- 端口协商和自环问题；
- 设备兼容问题；
- VLAN 问题；
- 管理问题；
- 其他问题。

1. 以太网交换机端口

以太网交换机端口的工作模式可以设置为以下三种：

- Access 模式；
- Trunk 模式；
- Hybrid 模式。

2. 电源故障

发生电源故障时通过继电器(Relay)输出警告，可选配 EDS-SNMP OPC Server 套装软件支持设备管理和网管功能。

3. 设备兼容问题

- 同类型设备兼容；
- 了解产品技术指标；
- 了解设备兼容性；
- 服务器外部设备兼容；
- 网络设备兼容；
- 同厂商设备兼容；
- 多厂商设备兼容。

4. HCL

硬件兼容性列表应尽量保证所使用的设备在 HCL 中存在，以便具备更多的驱动程序库。

3.4.5 交换机故障的分类

网络管理员在工作中会遇到各种各样的交换机故障，交换机故障一般可以分为硬件故障和软件故障两大类。

1. 硬件故障

硬件故障主要指交换机电源、端口、模块、背板、线缆等部件的故障。

(1) 电源故障

由于外部供电不稳定，或者电源线路老化或者雷击等原因导致电源损坏或者风扇停止，从而不能正常工作。由于电源缘故而导致机内其他部件损坏的事情也经常发生。

(2) 端口故障

这是最常见的硬件故障，无论光纤端口还是双绞线的 RJ-45 端口，在插拔接头时一定要小心。

(3) 模块故障

交换机是由多个模块组成的，如堆叠模块、管理模块(也叫控制模块)、扩展模块等。这些模块发生故障的几率很小，不过一旦出现问题，就会遭受巨大的经济损失。如果插拔模块时不小心，或者搬运交换机时受到碰撞，或者电源不稳定等情况，都可能导致此类故障的发生。

(4) 背板故障

交换机的各个模块都是接插在背板上的。如果环境潮湿，电路板受潮短路，或者元器件因高温、雷击等因素而受损都会造成电路板不能正常工作。例如，散热性能不好或环境温度太高导致机内温度升高，致使元器件烧坏。

(5) 线缆故障

其实这类故障从理论上讲，不属于交换机本身的故障，但在实际使用中，电缆故障经常导致交换机系统或端口不能正常工作，所以这里也把这类故障归入交换机硬件故障。比如接头接插不紧，线缆制作时顺序排列错误或者不规范，线缆连接时应该用交叉线却使用了直连线，光缆中的两根光纤交错连接，错误的线路连接导致网络环路等。

2. 软件故障

软件故障是指系统及其配置上的故障。

(1) 系统错误

交换机系统是硬件和软件的结合体。在交换机内部有一个可刷新的只读存储器，它保存的是这台交换机所必需的软件系统。这类错误也和常见的 Windows、Linux 一样，由于当时设计的原因，存在一些漏洞，在某些情况下，会导致交换机满载、丢包、错包等情况的发生。所以交换机系统提供了诸如 Web、TFTP 等方式来下载并更新系统。当然在升级系统时，也有可能发生错误。

对于此类问题，我们需要养成经常浏览设备厂商网站的习惯，如果有新的系统推出或者新的补丁，请及时更新。

(2) 配置不当

初学者对交换机不熟悉，或者由于各种交换机配置不一样，管理员往往在配置交换机时会出现配置错误。比如 VLAN 划分不正确导致网络不通，端口被错误地关闭，交换机和网卡的模式配置不匹配等原因。这类故障有时很难发现，需要一定的经验积累。如果不能断定用户的配置有问题，请先恢复出厂默认配置，然后再一步一步地配置。最好在配置之前，先阅读说明书，这也是网络管理人员所要养成的习惯之一。每台交换机都有详细的安装手册、用户手册，对每类模块都有详细的讲解。由于很多交换机的手册是用英文编写的，所以英文不好的用户可以向供应商的工程师咨询后再做具体配置。

(3) 密码丢失

这可能是每个管理员都曾经经历过的。一旦忘记密码，可以通过一定的操作步骤来恢复或者重置系统密码。有的则比较简单，在交换机上按一个按钮就可以了，而有的则需要通过一定的操作步骤才能解决。

此类情况一般在人为遗忘或者交换机发生故障后导致数据丢失时才会发生。

(4) 外部因素

由于病毒或者黑客攻击等情况的存在，有可能某台主机向所连接的端口发送大量不符合封装规则的数据包，造成交换机处理器过度繁忙，致使数据包来不及转发，导致缓冲区溢出产生丢包现象。还有一种情况就是广播风暴，它不仅会占用大量的网络带宽，而且还将占用大量的 CPU 处理时间。网络如果长时间被大量广播数据包所占用，正常的点对点通信就无法正常进行，网络速度就会变慢或者瘫痪。

总的来说软件故障应该比硬件故障较难查找，解决问题时，需要较多的时间。网络管理员最好在平时的工作中养成记录日志的习惯。每当故障发生时，及时做好故障现象记录、故障分析过程、故障解决方案、故障归类总结等工作，积累自己的经验。

3.4.6 交换机故障查找排除的方法

交换机运行中出现故障是不可避免的，但出现故障后应当迅速进行处理，尽快查出故障点，排除故障。

为了使交换机故障排除工作有章可循，我们可以在分析故障时，按照以下的原则来排除交换机的故障。

1. 由远到近

由于交换机的一般故障(如端口故障)都是通过所连接的计算机而发现的，所以经常从远端的客户端计算机开始检查。检查可以沿着客户端计算机→端口模块→水平线缆→跳线→交换机这样一条路线，逐个检查，先排除远端计算机故障的可能。

2. 由外而内

如果交换机存在故障，可以先从外部的各种指示灯上辨别，然后根据故障指示，再来检查内部的相应部件是否存在问题。

3. 由软到硬

发生故障，谁都不想动不动就拿螺丝刀去先拆交换机，所以在检查时，总是先从系统配置或系统软件上着手进行排查。如果软件上不能解决问题，那就是硬件有问题了。比如某端口不好用，那我们可以先检查用户所连接的端口是否不在相应的 VLAN 中，或者该端口是否被其他的管理员关闭，或者配置上的其他原因。如果排除了系统和配置上的各种可能，那就可以怀疑到真正的问题所在——硬件故障上。

4. 先易后难

在遇到故障分析较复杂时，必须先从简单操作或配置来着手排除。这样可以加快故障排除的速度，提高效率。

3.4.7 交换机子系统的故障诊断与排除

1. 电源子系统的故障

解决方法：交换机在引导过程中，电源子系统的任何组件发生故障时，为排除故障可以采取下面的步骤。

(1) 检查 PS1 LED 是否亮着。如果没有，则检查电源线连接是否正确(交换机的电源插口在机壳的背面)，确保安装螺钉已经拧紧。

(2) 检查交流电源和电源线。将电源线接插到另一个有效的电源，并打开它。如果 LED 指示灯仍不亮，则需要更换电源线。如果使用的是直流电源，检查直流电源是否有效并能正常供电，再检查机壳背面的接线盒，以保证上面的螺钉都已拧紧，连接线没有故障。

(3) 如果交换机用一根新的电源线连到另一个供电电源后，LED 指示还是不正确，说明供电电源可能有故障。如果还有另一个可用的供电电源，可以试着替换一下。

(4) 如果电源线和供电电源都是好的，但交换机的电源就是不能正常工作，说明交换机的电源有可能是坏的。这时需要与公司取得联系，更换一个新的电源，并将坏电源寄回去修理。

(5) 如果需要，对另一个电源也按上述同样步骤进行诊断。

此外，通过检查管理模块中 LED 的状态也可以了解到一些故障现象。

注意：

在排除电源子系统故障时，切记防止被电击。

2. 散热子系统的故障

解决方法：交换机在引导过程中，散热子系统故障，可以遵照下列步骤排除。

(1) 检查管理引擎模块的 Fan LED 是否为绿色。如果不是，检查电源子系统是否正常工作。如果电源子系统工作不正常，遵照“电源子系统的故障”中所讲的步骤进行检查。

(2) 如果 Fan LED 显示为红色，也许是风扇座没有正确安插到交换机机板插槽中。为了确保安装正确，可以关闭电源，松开固定螺钉，拔出风扇座，再重新插入插槽中。拧紧所有固定螺钉，然后重新开启电源。风扇座是设计为支持热插拔的，但只要有可能，建议在插拔风扇座时还是要先关闭电源。但对于 Catalyst 5002 交换机来说是个例外，它的散热子系统不是一个现场可换部件。

(3) 如果 Fan LED 仍然为红色，说明系统可能检测到风扇损坏。Catalyst 5000 系列交换机的正常工作温度是 32～104℉(0～40℃)。系统不能在没有风扇的条件下工作。这时，应该立即关闭系统，因为如果 Catalyst 交换机在没有风扇的条件下工作，可能会发生严重的损坏。

如果交换机有硬件方面的故障，可以与客户支持代表联系，以寻求进一步的支持。

3. 处理器和接口子系统的故障

解决方法：对处理器和接口子系统故障，可按照下列步骤排除。

(1) 检查管理引擎模块的 LED，如果所有诊断和自检都正确，它应该显示绿色，而且端口应该在工作中。如果 LED 显示为红色，说明 BootUp 或者诊断测试过程的某一部分没有通过。如果 LED 在引导过程结束之后，仍然保持为橘黄色，则表明该模块没有启动。

(2) 检查各个接口模块的 LED。如果接口工作正常，其 LED 应该显示绿色(或者当该端口传送或接收信息的过程中，绿灯应该闪烁)。

(3) 检查所有电缆线和连接。替换掉任何有故障的电缆线。

4. 交换机的 LED 橙色故障

解决方法：橙色的 SYSTEM LED 说明出现轻微机柜告警信息，原因可能是下列的一种。

- 温度告警。
- 风扇故障或者部分电源故障(2 个电源中的 1 个出现故障)。

5. 交换机处于 ROMmon 提示状态的故障

解决方法：交换机会由于下述原因进入 ROMmon 模式。

- 启动变量没有正确设置，无法从有效的软件镜像来启动交换机。
- 配置寄存器没有正确设置。
- 软件镜像遗失或者被损坏，或者有软件升级故障。

将运行的交换机从 ROMmon 提示状态恢复。

6. Cisco 路由交换设备 IOS 故障

解决方法：IOS 是路由器交换机设备的核心，IOS 全称 Internet Operating System，中文是网络操作系统的意思。它就好比计算机的操作系统 Windows 一样，虽然是软件但出现问题就无法进行任何程序的运行了。所以，如果 IOS 出现问题，路由交换设备将无法正常运行，配置命令都将荡然无存。只能通过重新安装 IOS 来解决。

(1) 用控制线连接交换机 console 口与计算机串口 1，用带有 xmodem 功能的终端软件连接(微软操作系统自带的超级终端软件即可)。

(2) 设置连接方式为串口 1(如果连接的是其他串口就选择其他串口)，速率为 9600bps，无校验，无数据流控制，停止位为 1，当然直接单击“还原为默认值”按钮也可以，如图 3-5 所示。

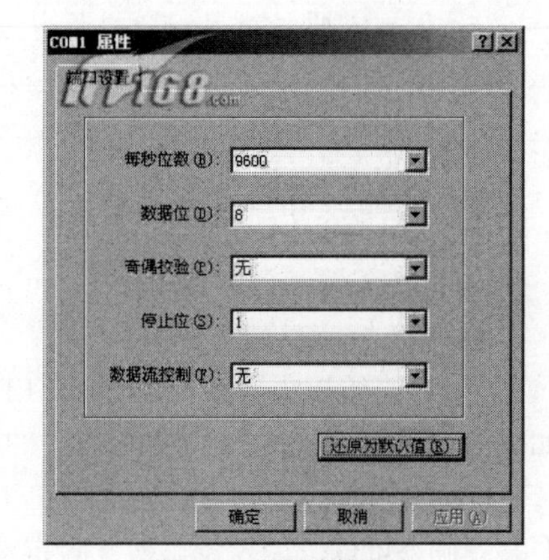

图 3-5　设置连接方式

(3) 连接以后按 Enter 键出现交换机无 IOS(网络操作系统)的界面，一般的提示符是 switch。

(4) 这时拔掉交换机后的电源线。按住交换机面板左侧的 mode 键(一般交换机就这一个键)，插入交换机后边的电源插头给交换机加电。直到看到交换机面板上没有接线的以太口指示灯都亮，并且交换机的几个系统指示灯都常亮即可。

3.4.8　传统型交换机故障诊断与排除

故障现象 1：工作站连接到交换机上的端口后，无法 ping 通局域网内其他计算机

解决方法：

- 检查被 ping 的计算机是否安装有防火墙；
- 检查被 ping 的计算机是否设置了 VLAN(虚拟局域网)，不同 VLAN 内的工作站在未设置路由的情况下无法 ping 通；
- 修改 VLAN 的设置，使它们在一个 VLAN 中，或设置路由使 VLAN 之间可以通信。

故障现象 2：交换机连接的所有计算机都不能正常与网内其他计算机通信

故障的原因和解决方法：

- 这是交换机死机现象，可以通过重新启动交换机的方法解决。
- 如果重新启动后，故障依旧，可能是某台计算机上的网卡故障导致的，应检查那台交换机连接的所有计算机，看逐个断开连接的每台计算机的情况，慢慢定位到某个故障计算机。

故障现象 3：网管功能的交换机的某个端口传输变得非常缓慢

故障的原因和解决方法：

- 把其他计算机连接更换到这个端口上来，看这个端口连接的计算机数据传输是否非常缓慢，若是，说明交换机的某个端口故障；否则说明原计算机故障。
- 重新设置出错的端口并重新启动交换机。
- 可能是交换机的这个端口损坏了。

故障现象 4：计算机通过交换机和其他计算机相连在同一网段，但是 ping 不通

故障的原因和解决方法：

- 可能是硬件故障。若是硬件故障，应检查交换机的显示灯、电源和连线是否正确，交换机是否正常。
- 可能是设置故障。若是设置故障，先检查交换机是否设置了 IP 地址，如果设置了和其他计算机不在同一网段的 IP 地址，则将其删除或设置一个和其他计算机在同一网段的 IP 地址。
- 是否是 VLAN 设置的故障。如果交换机设置了不同的 VLAN，而连接交换机的几个端口属于不同的 VLAN，此时只要将设置的 VLAN 去除即可。

故障现象 5：所有客户端计算机都是用交换机接入的，其中一台计算机不能上网

故障的原因和解决方法：

遇到此种故障，无法确定到底故障发生在哪里，因为客户端计算机配置、网卡、水晶头、水平线、模块、跳线、交换机这条线路上的任何一个地点都有可能发生故障。排除此种故障，采用“由远到近”“由外而内”的原则：

(1) 由远到近，排除客户端的故障可能。

- 检查客户端计算机的网卡，Link 指示灯亮但不闪烁，表示有物理链路连接，但没有数据传输，那就有可能是计算机的配置有错误。
- 检查客户端计算机上的 IP 设置是否正确。

ping 得不到响应，说明从计算机跳线直至交换机端口这段线路上存在问题。由于网卡的 Link 灯亮着，也可以说明这条线路没有问题。依此分析，远端计算机没有问题，出现问题的最大可能是近端交换机的端口而不是线路本身。

(2) 采用由外而内的方法来验证是否是端口故障。

- 由外观察交换机的端口指示灯。该端口的 Link 指示灯是绿色，这表明有连接。
- 出现问题的是近端交换机的端口。

如何排除？清洗端口。

清洗端口步骤：关闭电源，使用酒精棉球(酒精纯度 95%)清洗端口，等端口上的酒精挥发后，再打开交换机。

此时远端的计算机能够 ping 通了，至此故障消除了。如果还 ping 不通，只有请产品供应商来协助更换端口。

故障现象 6：交换机内所有交换机用户都能相互访问，但是不能连接上联网络

造成此种故障现象的可能原因有：

① 网关路由器被关闭；

② 网关地址已改换为其他地址；

③ 网内计算机的网关地址配置错误；

④ 交换机的上联扩展光缆故障；

⑤ 交换机的上联扩展模块端口被关闭；

⑥ 交换机的上联扩展模块故障或其端口故障。

采用排除法来逐个排除。

(1) 检查上联路由器，看有没有关机。登录路由器查看地址配置，没有发现问题。从其他网络 ping 该网段的网关地址，能够 ping 通。这就排除了①、②的可能。

(2) 抽查网内的计算机，看网关地址的配置，均没有问题。其实这种错误的可能性比较小。因为不大可能所有的计算机都会出现配置错误，排除了③的可能。

(3) 检查从交换机上连接过来的光纤，如果光纤是通的，而且光纤另外一端的连接也没有问题，就排除了④的可能。

(4) 检查端口。端口的更换是无法进行的，因为端口是焊接在模块上的，要换端口，就等于换模块。从相同品牌相同型号的交换机上拆下一块扩展模块，换到有故障的交换机上，线路连通了，出现错误的是扩展模块。不过，故障具体是模块本身的故障，还是模块上端口的故障就不得而知了。

故障现象 7：网内计算机的传输速度慢

造成此种故障现象的可能原因有：

(1) 黑客攻击或蠕虫病毒；

(2) 线路故障；

(3) 交换机超载；

(4) 网卡故障；

(5) 端口模式不匹配。

故障解决方法：

(1) 任意选择几台工作站，网内计算机的传输速度慢说明连通性没有问题，检查它的网络配置，正确无误。能够 ping 通服务器，响应时间均小于 1ms，属于正常范围。在其中一台计算机上安装了 WinDump 来抓取数据包，结果没有发现什么异常现象，这就排除了①的可能。

(2) 检查线路链路。因为工作站、服务器、交换机都是超五类端口的设备，如果使用超五类线来连接其中两台计算机，能够快速连通的话，则说明线路存在问题。可是使用超五类线来连接其中两台计算机还是连接速度很慢，排除了②的可能。

(3) 检查交换机超载情况，要排除这种情况可以直接使用重启交换机的方法。但这种情况没有作用，排除了③的可能。

(4) 检查计算机的网卡状态，结果没有发现什么异常现象，这就排除了④的可能。

(5) 会不会是交换机的问题呢？从交换机表面上看不出什么故障现象。查看交换机的各个端口的差错状态，交换机的各个端口的差错状态均没有问题；再查看交换机的管理方式，发现交换机的每个端口都强制设为了全双工状态。由于一般情况下交换机的默认配置是半双工/全双工自适应状态，所以一看到这个全双工状态就比较敏感，极有可能是端口模式不匹配的问题导致网速变慢。将交换机的每个端口都改为自适应状态，结果故障排除。

故障现象 8：连通性故障

故障现象可能有：

- 计算机无法登录至服务器。
- 计算机在网上邻居中只能看到自己，而看不到其他计算机，从而无法使用其他计算机上的共享资源和共享打印机。

- 计算机无法通过局域网接入 Internet。
- 计算机无法在局域网络内浏览 Web 服务器，或进行 E-mail 收发。
- 网络中的部分计算机运行速度十分缓慢。

故障现象可能导致连通性故障的原因：

- 网卡未安装，或未正确安装，或与其他设备有冲突。
- 网卡硬件故障。
- 网络协议未安装，或设置不正确。
- 网线、跳线或信息插座故障。
- UPS 故障。
- 交换机电源未打开，交换机硬件故障，或交换机端口硬件故障。
- VLAN 设置问题。

故障解决方法：

(1) 确认连通性故障原因。

当出现一种网络应用故障时，首先确认故障原因。

(2) 基本检查。

查看网卡的指示灯是否正常。正常情况下，在不传送数据时，网卡的指示灯闪烁较慢，传送数据时，闪烁较快。指示灯不亮，或常亮不闪烁，都表明有故障存在。如果网卡的指示灯不正常，需关掉计算机更换网卡。如果指示灯闪烁正常，则继续下述步骤。

(3) 初步测试。

使用 ping 命令，ping 本地的 IP 地址或检查网卡和 IP 网络协议是否安装完好。如果能 ping 通，说明该计算机的网卡和网络协议设置都没有问题，问题出在计算机与网络的连接上。因此，应当检查网线的连通性和交换机端口的状态。如果无法 ping 通，只能说明 TCP/IP 协议有问题。因此，需继续下述步骤。

(4) 查看控制面板。

在控制面板中，查看网卡(网络适配器)是否已经安装或是否出错。如果在系统中的硬件列表中没有发现网络适配器，或网络适配器前方有一个黄色的“!”，说明网卡未安装正确，需将未知设备或带有黄色“!”的网络适配器删除，刷新后，重新安装网卡。并为该网卡正确安装和配置网络协议，然后进行应用测试。如果网卡无法正确安装，说明网卡可能损坏。如果网卡已经正确安装，则继续下述步骤。

(5) 排除网络协议故障。

使用 ip config/all 命令查看本地计算机是否安装有 TCP/IP 协议，以及是否设置好 IP 地址、子网掩码和默认网关、DNS 域名解析服务。如果未安装协议或协议尚未设置好，安装并设置好协议后，重新启动计算机，执行步骤(3)的操作。如果已经安装，认真查看网络协议的各项设置是否正确。如果协议设置有错误，修改后重新启动计算机，然后再执行步骤(3)的操作。如果协议设置完全正确，则肯定是网络连接的问题，可继续执行下述步骤。

(6) 故障定位。

在确认网卡和网络协议都正确安装的前提下，可初步认定是交换机发生了故障。为了进一步进行确认，可再换一台计算机继续测试，进而确定交换机故障。如果其他计算机测试结果完全正常，则将故障定位在发生故障的计算机与网络的连通性上。

(7) 故障排除。

如果交换机发生了故障，则应首先检查交换机面板上的各指示灯：

- 所有指示灯都在非常频繁地闪烁，或一直亮着，可能是由于网卡损坏而发生了广播风暴；
- 指示灯红灯闪烁的端口，可能是网卡有问题；
- 指示灯面板一片漆黑，一个灯也不亮，可能是电源问题：
- 检查 UPS 是否工作正常；
- 检查交换机电源是否已经打开；
- 检查电源插头是否接触不良。

如果确定故障就发生在某一条连接上，用网线测试仪对该连接中涉及的所有网线和跳线进行测试，确认网线的连通性。

故障现象 9：交换机环路，所有端口指示灯亮着，但不闪烁

交换机的所有端口指示灯亮着，但不闪烁。这种状态说明有可能是网络中存在环路。造成环路的原因是：其中有一根直连线连接着交换机的两个端口。

故障解决方法：

取消交换机端口的直连线。

故障现象 10：千兆以太网交换机能连接上联网络，但网络连接不稳定

千兆以太网交换机能连接上联网络，但网络连接不稳定，这种状态说明使用传输的电缆不正确。千兆以太网交换机电缆使用短波(SX)、长波(LX)、长途(LH)、延长波长(ZX)或铜线 UTP (TX)。设备必须使用同样类型的电缆建立链路，验证电缆使用的距离。

(1) 1000Base-SX。

1000Base-SX 使用短波长激光作为信号源，数据编码方法为 8B/10B，选择的介质是多模光纤，工作波长为 850nm。1000Base-SX 所使用的多模光纤规格有两种：直径分别为 62.5μm 和 50μm 的多模光纤。

- 62.5μm 多模光纤在全双工方式下的最长传输距离为 275m。
- 50μm 多模光纤在全双工方式下的最长传输距离为 550m。

(2) 1000Base-LX。

1000Base-LX 使用长波长激光作为信号源，数据编码方法为 8B/10B，选择的介质是多模光纤和单模光纤。

- 多模光纤

1000Base-LX 可采用直径为 50μm 和 62.5μm 的多模光纤，工作波长为 850nm，传输距离为 550m 和 275m，数据编码方法为 8B/10B，适于作为大楼网络系统的主干。

- 单模光纤

1000Base-LX 可采用直径为 10μm 的单模光纤，工作波长为 1310nm 或 1550nm，数据编码采用 8B/10B，适用于校园或城域主干网。

(3) 1000Base-LH。

LH 代表持久，1000Base-LH 使用长波激光的多模光纤(1300nm)和单模光纤(1310～1355nm)。它类似于 1000Base-LX 规范，长波激光的多模光纤能够支持的最远距离为 550m，在单模优质光纤中的最长有效传输距离可达 10km，并且可以与 1000Base-LX 网络保持兼容。

(4) 1000Base-ZX。

1000Base-ZX 使用超长波激光单模光纤(1550nm)，跨度可达 43.5 英里(70km)。

(5) 1000Base-CX。

1000Base-CX采用150Ω平衡屏蔽双绞线(STP)，传输距离为25m，传输速率为1.25Gbps，数据编码采用8B/10B，适用于集群网络设备的互连，例如数据中心设备间、机房内连接网络服务器、交换机之间短距离的连接。

(6) 1000Base-T。

1000Base-T 采用 4 对超 5 类、6 类 UTP 双绞线的全部 4 对芯线作为传输介质的规范，5 类 UTP 双绞线，传输最长距离为 100m，传输速率为 1Gbps，适用于已铺设 5 类 UTP 电缆的大楼主干网络应用。

1000BASE-T 不支持 8B/10B 编码方式，而是采用 4B/5B 的编码方式。1000BASE-T 的优点是用户可以在原来 100BASE-T 的基础上平滑升级到 1000BASE-T。

在全部的 4 对双绞线中，每对线都同时进行数据收发，所以即使是相同设备间的连接，也不需要制作交叉线，两端都用相同的布线标准即可。

1000Base-T 是专门为在 5 类双绞线上进行千兆速率数据传输而设计的。它采用了双绞线的全部 4 对芯线，并且是全双工传输的，也就是每对双绞线都可以同时进行数据的发送和接收，这样一来 1Gbps 的传送速率可以等效地看作在 4 对双绞线上，每对的传输速率为 250Mbps(1000Mbps/4=250Mbps)。因为 1000Base-T 只支持全双工传输，所以与 1000Base-T 千兆以太网端口直接相连的端口也必须是支持全双工的以太网端口。

故障现象 11：万兆以太网交换机能连接上联网络，但网络连接不稳定

万兆以太网交换机能连接上联网络，但网络连接不稳定，这种状态说明使用传输的电缆不正确。万兆传输使用的电缆光纤、双绞线(或铜线)，设备必须使用同样类型的电缆建立链路，验证电缆使用的距离。

(1) 使用光纤。

① 10GBase-X。

- 10GBase-X 使用短波(波长为 850nm)多模光纤(MMF)，光纤线径为 62.5μm、有效传输距离为 65m；
- 使用 850nm 多模光纤，光纤线径为 62.5μm，有效传输距离为 65m。

② 10GBase-R。

- 10GBase-SR

10GBase-SR 使用短波(波长为 850nm)多模光纤(MMF)，有效传输距离为 2～300m。

- 10GBase-LR

10GBase-LR 使用长波(1310nm)单模光纤(SMF)，有效传输距离为 2m 到 10km。

- 10GBase-ER

10GBase-ER 使用超长波(1550nm)单模光纤(SMF)，有效传输距离为 2m 到 40km。

③ 光纤广域网 10GBase-W。

- 10GBase-SW

10GBase-SW 专为工作在 OC-192/STM-64 SDH/SONET 环境而设置，使用轻量的 SDH (Synchronous Digital Hierarchy，同步数字体系)/SONET(Synchronous Optical Networking，同步光纤网络)帧，运行速率为 9.953Gbps。它们所使用的光纤类型和有效传输距离分别对应于前面介绍的 10GBase-SR、10GBase-LR、10GBase-ER 和 10GBase-ZR。

- 10GBase-LW

10GBase-LW 是标准单模式光纤，支持上行链路长度达 10km。它使用单模式光纤，用波长 1310nm 的光进行 10km 距离的通信。

- 10GBase-EW

10GBase-EW 用波长 1550nm 的光进行超远距离的通信。支持上行链路长度达 40km。

- 10GBase-ZW

10GBase-ZW 用波长 1550nm 的光进行超远距离的通信。支持上行链路长度达 80km。

(2) 使用双绞线(或铜线)。

① 10GBase-CX4。

10GBase-CX4 传输介质为屏蔽 6 类双绞线，它的有效传输距离仅为 15m。

② 10GBase-KX4。

10GBase-KX4(并行)主要用于背板应用，如刀片服务器、路由器和交换机的集群线路卡，它的有效传输距离仅为 1m。

③ 10GBase-KR(串行)主要用于背板应用，如刀片服务器、路由器和交换机的集群线路卡，它的有效传输距离仅为 1m。

④ 10GBase-T。

10GBase-T 工作在屏蔽或非屏蔽 6 类双绞线上，6 类双绞线最长传输距离为 55m；6a 双绞线最长传输距离为 100m。

3.4.9 智能型交换机故障诊断与排除

本节以华为智能型网卡为例，介绍智能型交换机网卡的故障与排除方法。

1. 华为智能型交换机故障处理流程

故障处理是指利用合理的方法，逐步找出故障原因并解决。华为智能型交换机网卡故障处理推荐流程如图 3-6 所示。

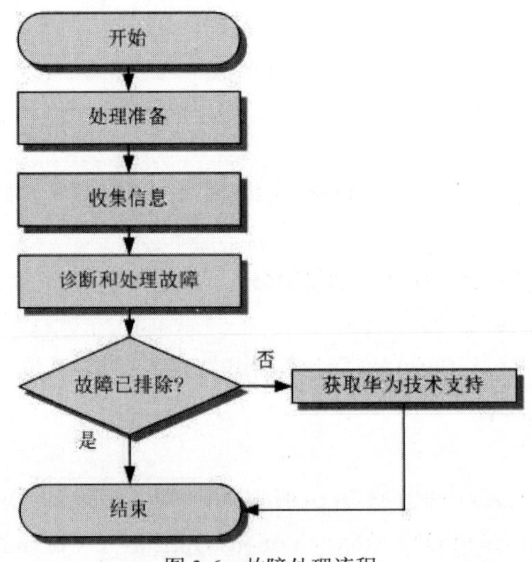

图 3-6 故障处理流程

- 处理准备：在开始故障处理之前，指导用户做好相关的准备工作。
- 收集信息：收集完整的、有助于故障诊断定位的信息。
- 诊断和处理故障：利用故障定位方法找到故障的根本原因，制定并实施故障排除措施。
- 获取技术支持：如果在设备维护或故障处理过程中遇到难以确定或难以解决的问题，通过华为的服务获得指导资料和技术支持。

2. 华为交换机常用的故障诊断命令 display

display 命令是华为系列交换机网络维护和故障处理的重要工具，可用于了解设备的当前状况、检测相邻设备、总体监控网络、定位网络故障。

- 用命令 display 诊断交换机常用的故障

华为交换机常用的故障诊断命令 display 是网络维护和故障处理的重要工具，可用于了解设备的当前状况、检测相邻设备、总体监控网络、定位网络故障。

- 基本信息查询 display diagnostic-information，或者简写 dis dia。此命令主要用于系统基本信息的收集，集合了多条常用 display 命令的输出信息，包括 display device、display current-configuration 等，任何网上问题发生时必须提供该信息。使用时请注意，此命令执行时间较长，显示过程中间可以通过按 Ctrl+C 停止。
- 查看设备信息 display device，简写 dis dev。
- 查看接口 display interface，简写 dis interface，可以通过按 Ctrl+C 停止。
- 查看版本信息 display version，简写 dis ver。
- 查看补丁信息 display patch-information，简写 dis patch。
- 查看当前配置 display current-configuration，简写 dis cu，是最常用的命令。
- 查看告警信息 display trapbuffer，简写 dis trap。
- 查看系统日志 display logbuffer，简写 dis log。
- 查看内存使用信息 display memory-usage，简写 dis memory。
- 查看 CPU 使用情况 display cpu-usage。
- 查看接口开启情况 display interface brief，简写 dis int br。
- 查看接口汇总 display ip interface brief，简写 dis ip inr br。

3. 华为智能型交换机常见的故障处理

故障现象 1：交换机指示灯不亮，表示无电源输入或处于异常状态

处理步骤：

- 检查电源是否故障，否则检查外部供电是否正常。
- 交叉检查交换机和网线是否正常。
- 检查网卡状态是否正常。

故障现象 2：交换机指示灯不亮，无网络连接

处理步骤：

- 交叉检查交换机和网线是否正常。
- 检查网卡状态是否正常。

故障现象 3：交换机指示灯黄色常亮，低速率

处理步骤：

- 交叉检查交换机和网线是否正常。
- 检查网卡状态是否正常。

故障现象 4：交换机指示灯闪烁，网络异常连接

处理步骤：

- 交叉检查交换机和网线是否正常。
- 检查网卡状态是否正常。

3.5 数据链路层故障排除实例

3.5.1 故障排除实例一

某工程师 L 负责 A 小区宽带用户上网工程的安装与维护，该小区组网方式为每个用户单元安装一台 S2403F，S2403F 通过 25 号接口(光接口)连接到该小区中心的一台 S3025 上。首先，L 在办公室集中设置工程数据，然后安排工程队统一按照施工图进行安装和连接。

工程安装完毕后，L 到各节点检查用户上网情况，发现 B 号楼用户无法正常上网。L 首先检查 S2403F 的数据配置，确认光纤收发，然后在小区中心机房检查 S3025 的数据配置，最后又在局方机房的 BAS 上检查数据，确认无误。但是，用户还是无法正常上网，四五个小时过去了，L 站在 B 号楼中感到一筹莫展。

万般无奈的 L 情急之下，再次观察 B 号楼的 S2403F，发现 25 号接口的 4 个指示灯只亮了两个(DC、SP)，另外两个(LK、AC)指示灯没有亮。这 4 个指示灯的含义分别是 LK(Link)、AC(Activity)、DC(Duplexity/Collision)和 SP(Speed)。DC、SP 指示灯亮表明该接口工作于 100Mbps 全双工状态，这是由配置决定的，LK、AC 指示灯没有亮说明物理线路的连接不通。L 在中心机房 S3025 处更换了一个与该 S2403F 对接的光电转换器，发现 S2403F 25 号接口的连接状态没有任何变化，L 确认 S2403F 光模块或光纤出了问题，联系局方和施工队更换 S2403F 光模块后问题解决。

故障分析：L 碰到的情况是宽带工程中常见的一种故障现象。L 在发现故障后，应该首先检查物理链路是否正常，最常用的方法就是观察指示灯。虽然指示灯不能百分之百地反映问题，但类似该案例中的 LK 灯是否常亮，却是针对中低端网络产品判断物理连接是否正常的有效方法，避免跑冤枉路，节约时间。

3.5.2 故障排除实例二

解决了 B 号楼的问题之后，L 又发现 C 号楼用户无法正常上网，这次肯定不是“物理链路”问题，因为将 S2403F 的 25 号接口设置为 UNTAG 接口，用户即可上网，但设置为 TAG 接口则用户不能上网，说明从 C 号楼 S2403F 到中心机房 S3025 之间的物理链路正常。

L 无奈地从中心机房查到 C 号楼，又从 C 号楼查到中心机房，没有发现数据设置错误。L 疑惑地想：这种设备到底支不支持 TAG 标记？

L 看着 S2403F，心里想：问题会在哪儿呢？UNTAG 方式正常，说明从 S2403F 送到 S3025 的数据往返都正常，但 S2403F 的 25 号接口变为 TAG 方式后数据不通，则说明 S3025 相应接口不认识 TAG 标记，但是 S3025 相应接口的确配成了 TAG 接口，怎么会不认识 S2403F 送上来的 TAG 标记呢？答案只有一个，那就是 S3025 上的物理连接接口不认识 TAG 标记。换句话说，S3025 插错位置了。

L 联系工程队，按照图纸检查连线，发现 S3025 相应的网线果然插错了位置。原来，工程队负责人给每根线只发放了一对标签，由于线路连接过程中要经过一个光电转换器，所以标签被贴在光电转换器上了，在 S3025 上插网线时，由于没有标签，施工人员随便找了一个接口插上，导致 L 按照规划设置的数据不起作用。

故障分析：在宽带小区工程中，施工队伍资质参差不齐，经常会出现各种差错，这就要求工程师不但需要仔细配置数据，还必须注意检查此类低级错误，否则会给工程进度带来诸多困难。

3.5.3　故障排除实例三

经过三天的紧张工作，A 小区的用户终于可以正常上网了。此时，网络突然出现传输故障，紧急调用了一条 2Mbps 线路作为小区的临时出口，要求 L 利用一台闲置的 Quidway 2630 恢复小区业务。

组网很简单，2630 连接 S3025，再连接 S2403F，在 2630 出口设置 NAT。数据配置好后，用户仍无法上网，但可以 ping 通 2630 以太网口。L 吸取了前几次经验，首先观察 2630 指示灯，发现 LINK 灯亮，确认物理连接正常。L 使用 Show interface 命令检查 2Mbps(封装 PPP 协议)接口状态，发现物理层 UP、链路层 DOWN，但是接口统计收(INPUT)、发(OUTPUT)都有数据包。仔细分析数据发现，LCP 处于 Initial 状态，也就是说 PPP 协商根本没有成功，另外发现收发的数据包数量相等，这是怎么回事？L 再仔细查看数据发现，在 Show interface 数据中有 loopback is set 字样，也就是说存在自环。L 立刻检查 2630 到 DDF 架的连线，发现 75Ω 同轴电缆的收发连接正常，然后与传输班联系，发现传输转接连接错误。

故障分析：物理连接的故障问题并不局限于“网络设备连接处”的问题，有时还涉及传输故障，要求工程师能够通过现有的条件判断问题的本质。

3.5.4　故障排除实例四

局方在割接某银行网络时，出现了某公司设备与华为设备的互通问题。G 区银行的网络非常简单，中心支行使用一台某公司设备通过两条 64Kbps 线路连接两个营业厅的某公司的路由器，局方采用 Quidway 2631 路由器替换原先的某公司路由器，数据配置好后线路工作不正常。

L 赶往现场后，检查数据没有发现问题，L 向局方工程师表示希望查看中心支行的路由器配置，但局方表示这是机密，只能给出原来某公司路由器的配置以供参考。L 仔细检查配置发现，某公司路由器接口配置有×××字样，经电话咨询发现，×××是某公司的一个私有协议，华为设备并不支持，中心支行某公司设备关闭相应配置后问题解决。

故障分析：与其他厂家设备的互通，在链路层常常会出现这样或那样的问题。这就要求工程师需要不断地积累经验，仔细观察，多与相关厂家的技术人员进行交流，从有限的资料中寻找线索。

3.5.5　故障排除实例五

经过一番努力，L 终于完成了宽带小区工程的全部文档，这时接到电话投诉，最近开通的一台 Quidway 3680 路由器运行异常。L 赶到机房发现，3680 路由器的运行的确不太正常，但是对端设备 JUNIPER M20 却正常运行。

L 仔细观察组网发现，NE16 通过 2Mbps E1 接口与 M20 相连，两端之间运行 OSPF 协议，路由错误主要表现为 3680 无法学习到 M20 传过来的 OSPF 路由，两边可以 ping 通，但从 NE16 上 ping 对端 1500 以上的数据包就不通了。L 检查 JUNIPER M20 的数据配置发现，JUNIPER M20 的 E1 接口的默认 MTU 是 4470，而 3680 的是 1500，L 将 M20 更改为 1500 后问题解决。

L 很疑惑，为什么双方的 MTU 不一致，会导致 OSPF 的路由不正常？为了彻底解释清楚上述现象，还需要从网络层的路由协议来综合考虑。

经过学习，L 发现对于 OSPF 来说，有一种 DD(详细情况可参考相关 OSPF 资料)报文，可能会比较大，在故障发生时，最大的 DD 报文有 2000 多字节。由于对端 M40 的 MTU 为 4470，因此不分片，使 3680 无法正常接收，导致路由不正常。

故障分析：网络层的故障，尤其是路由方面的故障有时非常奇怪，详细的分析需要较深厚的理论素质。问题的解决也常常不一定局限于网络层的数据配置，也许和链路层的其他设置相关。

3.5.6 ADSL 兼容性掉线问题

ADSL 终端设备与局端设备兼容性不够也往往是造成连接不稳定的一个因素。局端 DSLAM 设备和用户终端 Modem 往往是不同厂家按不同解决方案生产的，彼此之间存在兼容性问题在目前的设备供应市场上还是比较常见的。该兼容性问题表现在两方面：在线路条件良好情况下主要表现为连接速率比正常水平低；在线路条件糟糕情况下则表现为连接稳定性差。

通过对大多数用户申报的故障进行现场分析，发现分线盒到局端之间的线路质量一般比较有保证，问题往往出在分线盒至用户段。由于用户线路暴露在电缆保护层之外，线路容易老化、腐蚀，线头也容易产生氧化导致接触不良，甚至有些用户还在入户线上串接了其他电话设备，因此，建议用户不妨对电话线路做如下检查或改造：

(1) 解开线路接头，用小刀刮去表层氧化物，再绞紧连接，有条件的话最好能用烙铁锡焊。

(2) 如果入户线太陈旧，接头太多，最好更换。

(3) 清除在分离器之前的入户线中所串接的电话附件(防盗器、IP 拨号器等)，必须保证这段线路是“干净直通”的。

(4) 所有的电话设备与 Modem 之间都要有分离器的隔离，最好只使用一个分离器，并且将所有的电话并机后统一接在该分离器之后，否则分离器用多了可能引起回波干扰。

(5) 室内走线与家用电器之间保持一定的距离，尽量避免受到电磁干扰。

通常，经过上述检查处理后的线路都会使用户的宽带连接更稳定可靠，速率也有一定程度的提升。

3.5.7 VLAN 问题

1. VLAN 的特性

LAN 最原始的定义是位于同一建筑、同一大学或方圆几千米的地域内的专用网络。现在，LAN 通常被定义为单一的广播域。也就是说，用户的广播信息将被 LAN 上的每一个用户接收，但是不能传出此广播域之外。一般来讲，广播域依赖于物理连接，但是 VLAN(Virtual Local Area Networks)技术却改变了这一点。VLAN 技术允许网络管理者将一个 LAN 从逻辑上划分为几个不同的广播域。这是一个逻辑上的划分，不是物理上的划分。属于同一个 VLAN 上的用户，可以分布在不同的地方，而不必集中在一起。VLAN 技术主要有以下特性：

(1) 简化了终端的删除、增加和改动操作。当一个终端从物理上移动到一个新的位置，它的特征可以从网络管理工作站中重新定义。而对于仅在同一 VLAN 中移动的终端来说，它仍然保持以前定义的特征。

(2) 控制通信活动。广播、多播通信被限制在 VLAN 内部，属于同一 VLAN 的终端才能接收到这些信息。

(3) 提高了工作组和网络的安全性。将网络划分为不同的域可以增加安全性，通过控制 VLAN 的大小和组成，可以限制同一广播域的用户数量。

2. VLAN 设置的几个原则

- 不要使用太多的 secondary 地址段

路由设备比较忌讳在一个接口上捆绑太多的 secondary 地址段，因为那样会极大地降低路由设备运行的效率。

- VLAN 号和端口相对应

将 VLAN 号和端口相对应，例如 3/8 端口对应的 VLAN 号设为 138，在维护时就比较容易，不用查配置表就可以处理了。

- VLAN 和端口需要配置描述信息

在 VLAN 和端口上配置相应的用户信息，这样无论是谁都可以方便地处理。

3. VLAN 问题实例

VLAN 问题实例如图 3-7 所示。

Cisco 7206 的配置如下。

(1) 以太口配置：210.18.1.19(合法 IP)

(2) S4/0/0 配置：192.168.5.2/30
　　S4/0/1 配置：192.168.6.2/30
　　S4/0/2 配置：192.168.7.2/30

(3) 路由配置：210.16.1.0 255.255.255.0 192.168.5.1
　　　　　　　210.13.1.0 255.255.255.0 192.168.6.1
　　　　　　　210.11.1.0 255.255.255.0 192.168.7.1

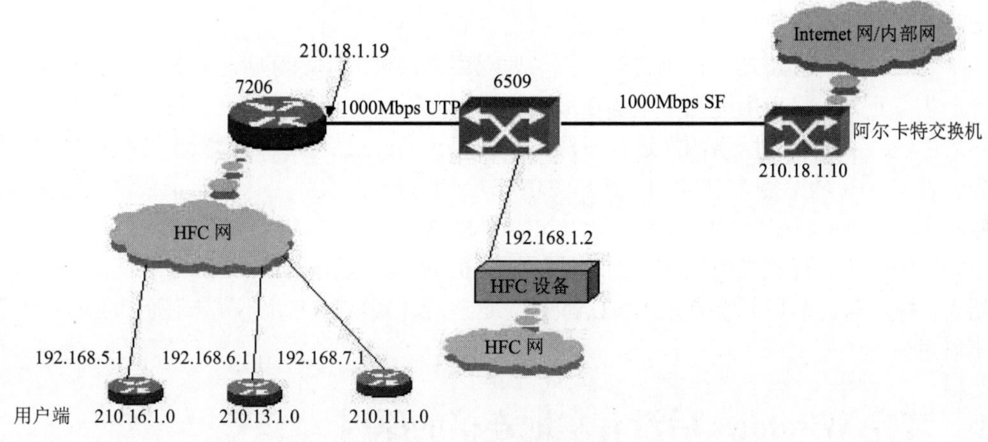

图 3-7　VLAN 问题实例

Catalyst 6509 的配置如下。

(1) VLAN 1 配置：210.18.1.18

(2) VLAN 2 配置：192.168.1.4

(3) VLAN 的路由：0.0.0.0 0.0.0.0 VLAN1

(4) 210.xxx.xxx.xxx 为合法 IP
　　192.xxx.xxx.xxx 为非法 IP

问题：

(1) 没做 VLAN 前用户都能通过阿尔卡特交换机上教育网和 Internet，在 Catalyst 6509 上加了 VLAN 后就 ping 不了 210.18.1.10，而只能 ping 到 210.18.1.19 与 210.18.1.18。

(2) 要在 Cisco 7206、Catalyst 6509 或阿尔卡特上怎么增减配置？

(3) 每台做 VLAN 的交换机是不是都要一个 IP 地址？

个人对如上的三个问题做如下的尝试：

在 Catalyst 6509 上加了 VLAN 以后就不能 ping 通 210.18.1.10，但是可以完全 ping 通 210.18.1.19 与 210.18.1.18，而从上述的描述中，以上的三个地址处于同一子网中，这样如果在确保连通性的基础上，应该检查一下 210.18.1.10 所在的端口是否划到了与 210.18.1.19、210.18.1.18 相同的子网中。

应该说 Catalyst 6509 结构的改变，实际上在内部增加了两个网关，这样在 Cisco 7206 和阿尔卡特交换机上应该在路由上做相应改动，将到 210.X.X.X 的包发到 210.18.1.18，将到 192.X.X.X 的包发到 192.168.1.4。

另外，在 Catalyst 6509 上也要打开相应的路由，而这里 Catalyst 6509 的默认路由应该指向阿尔卡特的交换机才能够保障内部网络的终端顺利上网。

至于每台 VLAN 交换机是否有 IP 地址这要看实际情况，但是每个 VLAN 的网关地址是必不可少的。

3.5.8　VLAN 故障

故障现象：公司局域网通过 Cisco 4006 交换机千兆光纤接口与上级总部相连，交换机有 4 个模块，共划分为 3 个 VLAN，网络一直运行正常。后来因上级部门要求，对 VLAN 和 IP 地址进行了重新规划与调整，结果公司大部分计算机能正常联网，但有一些计算机却不能正常联网。在不能正常联网的计算机上发现，网络连接图标显示在任务栏，上面并未出现“×”号，再查看网络连接状态，发现只是发送数据包，接收数据包为 0。

故障处理：首先怀疑是交换机物理故障，但观察交换机的指示灯状态和各端口的状态，显示为绿灯，状态正常。接着用笔记本电脑在故障点进行测试，故障依旧。这就排除了计算机本身故障。然后用网线测试仪在网络两端进行了测试，网线正常。最后仔细地检查了交换机配置，发现有一条设置 VLAN 的命令，SET VLAN 80 3/1-48，5/1-34，而实际上只有 4 个模块，这里将模块号 4 错写成了 5，重新配置 VLAN 80，SET VLAN 80 3/1-48，4/1-34，故障排除。

故障原因：由于连接在模块 4 上的端口的计算机 IP 地址是按 VLAN 80 进行配置，事实上因配置错误，模块 4 的端口并没有划入 VLAN 80，这些计算机实际上并不属于任何 VLAN，导致计算机不能通信。

3.5.9　装完 Windows 后没有本地连接的原因

没有本地连接，可能是网卡没装好。这有两种可能：第 1 种是 Windows 不能自动识别网卡，解决办法是安装驱动程序；第 2 种是网卡的插槽为 ISA，IO 地址和中断号设置不对。进入 DOS 运行随网卡所带的软盘上的程序，程序运行后，将网卡设置成即插即用的，再进入 Windows 系统，Windows 会自动给网卡分配 IP 地址。

从网卡故障、VLAN 故障和安装完 Windows 后没有本地连接的故障处理中可得到以下启示：出现网络故障时要善于分析，依次排除。当网络连接图标出现在任务栏中，只有发送数据包而接收数据包为 0 时，可能的故障原因至少有网卡物理故障、网线故障、计算机 IP 地址与交换机上对应的端口所在 VLAN 不匹配。

3.5.10　5-4-3 规则案例

为了满足教学的需求，某学校最近建立了教师机房。出于成本考虑，其网络设备全部采用淘汰下来的集线器，48 台计算机通过双绞线+4 台集线器构成了共享式网络，当全部设置好网络配置后，进行联网测试，故障发生了：机房中的 40 多台计算机之间彼此失去了联系。

在该学校的教师机房中，虽然计算机之间既没有超过 5 段线，也没有超过 4 台集线器，但是 4 台集线器上都连接了计算机，因而违反了 5-4-3 规则。所以，计算机之间无法进行正常的通信也就成为必然。其连接如图 3-8 所示。

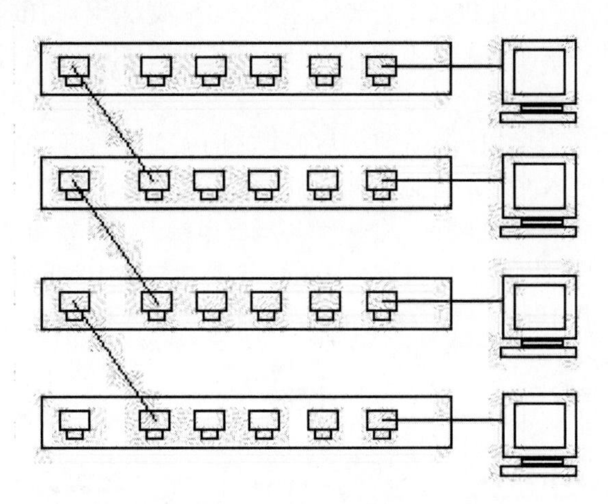

图 3-8　错误的连接

找到了故障的原因，解决问题就很容易了。对集线器的连接方式略作改变，将其他 3 台集线器都连接在同一台集线器上(此台集线器只能连接其他集线器，不能连接计算机)即可，如图 3-9 所示。

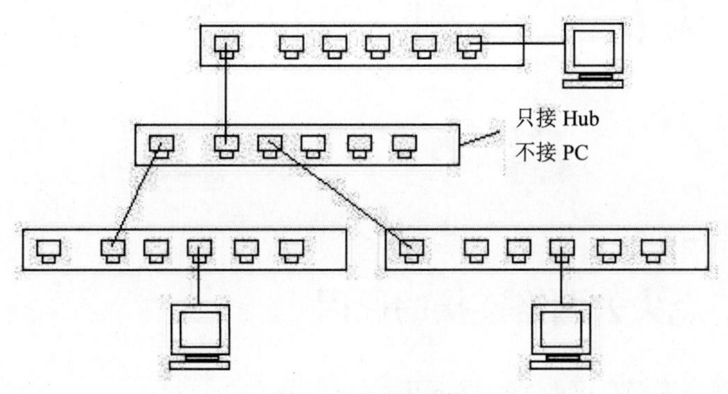

图 3-9　正确的连接

(1) 5-4-3 规则案例提示

共享式网络不仅通信效率差，而且覆盖范围小，这对计算机数量比较多的机房来说是无法接受的。此时，可以把共享式网络升级到交换式网络，采用交换机升级网络，不仅能提高通信效率，也能扩大传输范围。另外，由于交换式网络不受 5-4-3 规则的限制，交换式网络可以做得很大。这也是目前交换式网络被广为采用的原因。

(2) 5-4-3 规则案例思考练习 1

小李投资建了一个网吧，网吧的规模并不太小，40 多台计算机。虽然采用的是 ADSL 宽带接入，但 Internet 接入速度始终很慢，而且网吧内计算机之间的联机游戏速度总不太理想。

小李曾向业内人士咨询过，得到的答复是计算机数量太多，网络设备太差，而且 ISP 的出口带宽有限。小李基于成本考虑，也就凑合着运转下来了。后来，由于生意火爆，小李又购进了一批计算机，将这些计算机连上，不仅无法接入 Internet，而且网络内的计算机之间也彼此失去了联系。可将这些计算机拔下来，一切就又恢复了正常。

(3) 5-4-3 规则案例思考练习 2

小李为了最大程度地节约前期投入，全部采用廉价的集线器(也称 Hub)作为集线设备，因此，他的网吧是个名副其实的共享网络。对于拥有几十台设备的共享网络而言，计算机之间的连接性能相对较差也就在情理之中了。

慢也就罢了，可是，为什么增加一些计算机后彼此之间就无法通信，而且再也无法接入 Internet 了？为了将增加的计算机连入网络，就必须再添加新的集线设备。不幸的是，小李依然采用了集线器，而且依然采用不级联的方式连接，将 4 个集线器串接起来，如图 3-10 所示，从而违反了 10Base-T 的 5-4-3 规则，导致网络通信失败。10Base-T 是指构建 10Mbps 双绞线以太网的国际标准，不过，经常被用于指代 10Mbps 双绞线网络。10Base-T 规定双绞线的最长传输距离为 100m。

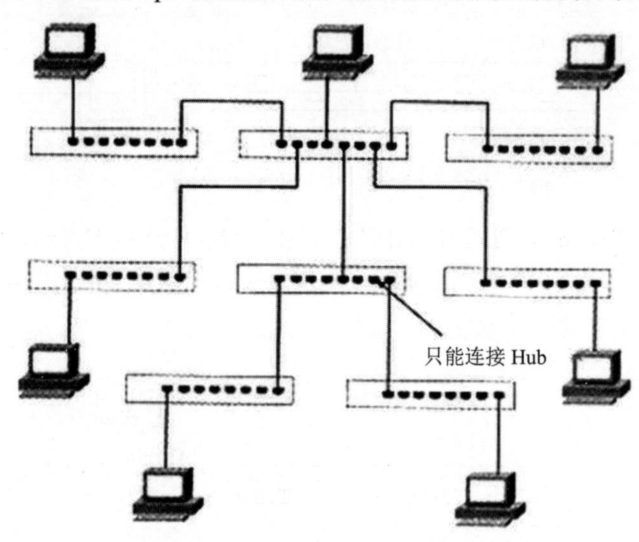

图 3-10　串接集线器

3.5.11　单个节点失去网络连接的原因

单个节点失去网络连接有可能是由以下几种原因引起的。

(1) MAU 与网线或网卡与网络的连接松动或连接失效。

单个节点突然与网络完全失去连接的主要原因如下：

- MAU 连接松动；
- 连接电缆断开、短路或有噪声干扰；
- 网卡失效。

此时需检查电缆、接头、网卡是否有问题，在必要时应予以替换。为了确定故障是否是节点本身，可以用一个工作正常的节点(如笔记本电脑)完全替换有故障的节点，如果网络连接恢复正常，则表示故障源在节点内部，否则表示故障源在网络侧。

(2) 网卡配置有误。

如接头激活有误(应激活 AUI 接头的却激活了双绞线接头)，或选择的中断资源已被占用。

此时可利用 ping 命令(ping 127.0.0.1)检查网卡的工作是否正常，以及数据包能否被正确地发送和接收。此外，还应检查最近是否有人在网络中安装了软件或硬件。当然，也可以用一个工作正常的节点完全替换故障节点，以确定故障源在节点本身还是在网络侧。

(3) 网卡损坏或保险丝被烧断。

使用外接 MAU 时需要检查其通电系统是否完好。使用 ping 命令(ping 127.0.0.1)来检查网卡的工作是否正常以及数据包能否被正确地发送和接收。

(4) 不兼容的网卡把外接 MAU 发送的“心跳信号”当成是 SQE 信号，进而发生差错。

此时，应监视 MAU 上的 LED，如果每次发送数据时 SQE LED 都点亮，则应关闭 MAU 的心跳模式(也就是把 MAU 的工作模式从 Ethernet 2.0 切换到 IEEE 802.3)。

(5) 由于网桥工作于保护模式下而没有激活学习模式，因而其老化功能将有故障的节点地址从地址表中删除了。

(6) 网桥或路由器的过滤器设置不正确。

检查过滤器的设置情况并与故障节点的地址相比较，以确定是否因过滤器的设置不当而引起了节点的连接故障。特别是在网桥使用了备份路径或负载均衡机制之后，更应检查过滤器的设置是否与这些功能相冲突。

(7) MAC-IP 地址映射有问题。

这主要是由于静态 IP 地址发生了变化或网络中同时配置了静态 IP 地址和 DHCP。

3.5.12　某个网段与其余网段之间失去网桥连接的原因

网络中的某个网段与其余网段之间失去网桥连接的原因如下：

(1) 网桥的端口配置不正确，如端口没有被激活、端口的运行模式不正确(如应为 10Mbps 的却配成 100Mbps)、连接失效(如电缆、接头和插板松动)或布线错误等。

这时应检查网桥的安装和配置是否正确。

(2) 由于网桥工作于保护模式下而没有激活学习模式，因而其老化功能将有故障的节点地址从地址表中删除了。

这时应检查网桥的地址表和工作模式(网桥的学习模式是否打开)。

(3) 网桥或路由器的过滤设置不正确。

这时应检查网桥或路由器的过滤器设置情况，特别是要检查使用了通配符的过滤项。

习题

1. 数据链路层的故障主要是哪些设备的故障?
2. 简述网卡故障诊断环境检查的要点。
3. 简述网卡故障诊断的要点。
4. 网卡的故障主要有哪两类?
5. 网卡故障现象有哪些？

6. 智能型网卡的故障有哪些？
7. 网桥常见的故障有哪些？
8. 交换机的问题主要有哪几个方面?
9. 交换机故障一般可以分为哪两大类?
10. 交换机故障排除的原则是什么?
11. 交换机子系统的故障有哪些？
12. 传统型交换机的故障现象有哪些？
13. 简述华为交换机故障诊断命令 display 的作用。
14. 简述华为智能型交换机常见的故障。

第 4 章

网络层故障诊断与排除

本章重点介绍以下内容：

- 网络层概述；
- 路由器；
- RIP 协议概述；
- 路由器故障诊断与排除；
- 网络层故障排除实例。

4.1 网络层概述

网络层利用了数据链路层的功能，通过一个或数个通信网(数据网、电话网等)在计算机和其他终端等系统之间实现透明数据转移。网络层向上一层(传输层)提供了开放系统间端点到端点(End-to-End)的信道，即网络连接(Network Connection)，而物理层和数据链路层提供的是相邻开放系统间链路到链路(Link-by-Link)的连接。中继路由的选择、连接建立、保持和释放等功能都包括在网络层的协议中。

网络层协议规定了 B 信道四连接的建立过程和 D 信道上提供用户之间信令业务的过程。网络层协议通过 DL 原语在网络层和数据链路层之间传送。

数据链路层仅处理同一网络范围内两点间的运作，然而真正的网络传输范围相当大，节点数也总是成千上万地相连在一起。因此，不同网络范围内两个节点间的通信机制必须依赖 OSI 第 3 层的网络层进行处理。

网络层提供不同网络系统间传输所需的规范，以便节点在众多网络节点间进行寻址(Addressing)和路径选择(Routing)，否则数据在茫茫网络大海中无法通过众多的网络节点到达正确的地点，这些工作一般都是通过路由器(Router)来执行的。在不同层级工作的区分上，常将数据链路层定义为主机对主机(Host-to-Host)或点对点(Point-to-Point)间的工作，而网络层则执行端点对端点(End-to-End)间的工作。

在 OSI 模型中，网络层如图 4-1 所示。

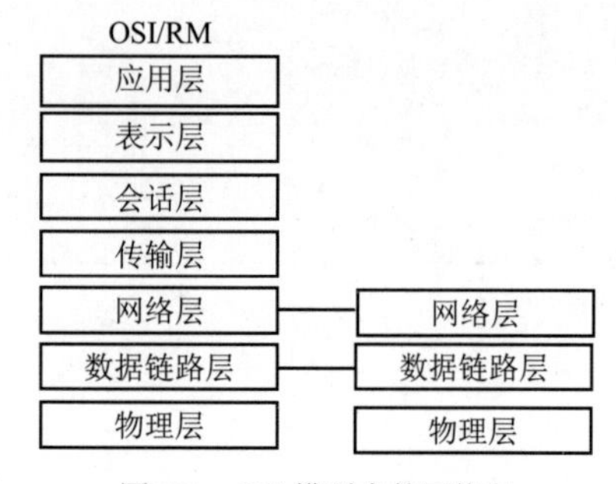

图 4-1　OSI 模型中的网络层

4.2　路由器

路由器是一种典型的网络层设备。它在两个局域网之间按帧传输数据，在 OSI/RM 中被称为中介系统，完成网络层中继或第 3 层中继的任务。路由器负责在两个局域网的网络层间按帧传输数据，转发帧时需要改变帧的地址。它在 OSI/RM 中的位置如图 4-2 所示。

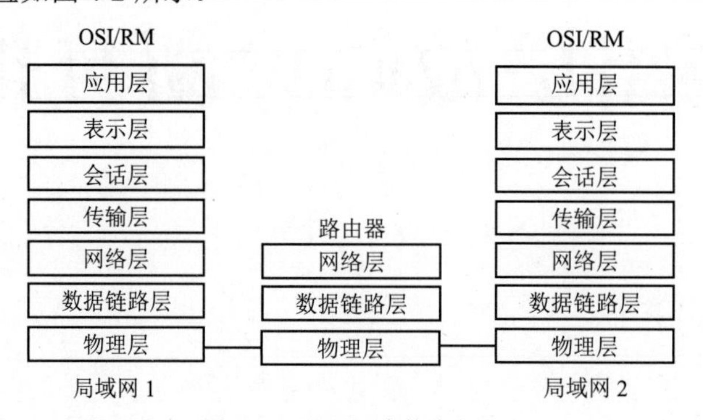

图 4-2　OSI/RM 中的路由器

4.2.1　路由器的原理与作用

路由器用于连接多个逻辑上分开的网络，逻辑网络代表一个单独的网络或者一个子网。当数据从一个子网传输到另一个子网时，可通过路由器来完成。因此，路由器具有判断网络地址和选择路径的功能，它能在多网络互联环境中建立灵活的连接，可用完全不同的数据分组和介质访问方法连接各种子网。路由器只接受源站或其他路由器的信息，属网络层的一种互联设备。它不关心各子网使用的硬件设备，但要求运行与网络层协议相一致的软件。路由器分本地路由器和远程路由器，本地路由器是用来连接网络传输介质的，如光纤、同轴电缆、双绞线；远程路由器是用来连接远程传输介质的，并要求相应的设备，如电话线要配调制解调器，无线要通过无线接收机、发射机。

一般来说，异种网络互联与多个子网互联都应采用路由器来完成。

路由器的主要工作就是为经过路由器的每个数据帧寻找一条最佳传输路径，并将该数据有效地传送到目的站点。由此可见，选择最佳路径的策略即路由算法是路由器的关键所在。为了完成这项工作，在路由器中保存着各种传输路径的相关数据——路由表(Routing Table)，供路由选择时使用。路由表中保存着子网的标志信息、网上路由器的个数和下一个路由器的名字等内容。路由表可以是由系统管理员固定设置好的，也可以由系统动态修改(可以由路由器自动调整，也可以由主机控制)。

1. 静态路由表

由系统管理员事先设置好固定的路由表称为静态(Static)路由表，一般是在系统安装时就根据网络的配置情况预先设定的，它不会随未来网络结构的改变而改变。

2. 动态路由表

动态(Dynamic)路由表是路由器根据网络系统的运行情况而自动调整的路径表。路由器根据路由协议(Routing Protocol)提供的功能，自动学习和记忆网络运行情况，在需要时自动计算数据传输的最佳路径。

4.2.2　路由器的体系结构和接口种类

1. 路由器的体系结构

路由器体系结构随生产厂家不同而不同。选择不同的路由器体系结构主要基于以下几个因素：输入端口、输出端口、端口数、交换开关、费用、所需的性能及现有的技术、工艺水平。

从体系结构上看，路由器可以分为:

- 第一代单总线单 CPU 结构路由器；
- 第二代单总线主从 CPU 结构路由器；
- 第三代单总线对称式多 CPU 结构路由器；
- 第四代多总线多 CPU 结构路由器；
- 第五代共享内存式结构路由器；
- 第六代交叉开关体系结构路由器和基于机群系统的路由器等多类。

它们的技术特点和适合的业务环境如表 4-1 所示。

表 4-1　路由器体系结构的技术特点和适合的业务环境

路由器体系结构	技术特点	适合的业务环境
第一代	集中转发，总线交换	SOHO 数据类业务
第二代	集中+分布转发，接口模块化，总线交换	中小企业网 数据、少量语音类业务
第三代	分布转发，总线交换	大小企业网，城域网数据、少量语音类业务
第四代	ASIC 分布转发，网络交换	行业骨干网/大型城域网数据类业务
第五代	网络处理器分布转发，网络交换	行业骨干网/大型城域网 MPLS，VPN，语音、视频等高质量 QoS 业务
第六代	交叉开关，路由器集群	行业骨干网/大型城域网 MPLS，VPN，语音、视频等高质量 QoS 业务

2. 路由器的接口种类

路由器常见的接口种类有：通用串行接口(通过电缆转换成 RS232 DTE/DCE 接口、V.35 DTE/DCE 接口、X.21 DTE/DCE 接口、RS449 DTE/DCE 接口和 EIA530 DTE 接口等)、10Mbps 以太网接口、快速以太网接口、10/100Mbps 自适应以太网接口、千兆以太网接口、ATM 接口(2/25/155/633Mbps 等)、POS 接口(155/622Mbps 等)、令牌环接口、FDDI 接口、E1/T1 接口、E3/T3 接口、ISDN 接口等。

4.2.3　路由器的优缺点

1. 路由器的优点

- 适用于大规模的网络；

- 复杂的网络拓扑结构，负载共享和最优路径；
- 能更好地处理多媒体；
- 安全性高；
- 隔离不需要的通信量；
- 节省局域网的频宽；
- 减少主机负载。

2. 路由器的缺点

- 不支持非路由协议；
- 安装复杂；
- 价格高。

4.2.4 路由器的功能、不同类型的路由器和广域网接口

1. 路由器的功能

(1) 在网络间截获发送到远地网段的报文，起转发的作用。

(2) 选择最合理的路由，引导通信。为了实现这一功能，路由器要按照某路由通信协议，查找路由表。路由表中列出整个互联网络中包含的各个节点，以及节点间的路径情况和与它们相联系的传输费用。如果到特定的节点有一条以上的路径，则基于预先确定的准则选择最优(最经济)的路径。由于各种网络段及其相互连接情况可能发生变化，因此路由情况的信息需要及时更新，这由所使用的路由信息协议规定的定时更新或者按变化情况更新来完成。网络中的每个路由器按照这一规则动态地更新它所保持的路由表，以便保持有效的路由信息。

(3) 路由器在转发报文的过程中，为了便于在网络间传送报文，按照预定的规则把大的数据包分解成适当大小的数据包，到达目的地后再把分解的数据包包装成原有形式。多协议的路由器可以连接使用不同通信协议的网络段，作为不同通信协议网络段通信连接的平台。

(4) 路由器的主要任务是把通信引导到目的地网络，然后到达特定的节点地址。后一项功能是通过网络地址分解完成的。例如，把网络地址的一部分指定成网络、子网和区域的一组节点，其余的用来指明子网中的特定节点。分层寻址允许路由器对包含很多个节点的网络存储寻址信息。

(5) 数据处理。路由器提供对数据传输过程的封装(数据处理的一种方式)，实现以下数据处理功能。

① 数据过滤。数据过滤是对数据进行处理，判决是否将其进行传送。

② 推进数据。推进数据是指根据网络拓扑状态和接收端地址选择合适的路由进行数据传送，对于不同的数据类型，显然应该找寻不同的路由。

③ 数据优先级处理。在某些情况下，网络中的一些数据应该获得比其他数据更高的优先级，以保证其可靠的传输。

④ 数据加密。数据加密是为了保证数据传输的安全性而采用的方法，通常采用数据加密标准DES(Data Encryption Standard)。所有网络的边界路由设置DES算法，除了信息传输的信头部分，其他部分全部加密，以保护传输的数据。在加密过程中，为保证数据安全性，关键在于如何保证密钥(Encryption Key)安全传送。

⑤ 数据压缩。广域数据传输的费用一般比较高，为此可采用数据压缩的方法减少对数据传输链路的需求。通常在路由器中使用的压缩算法和传输媒体无关，可以减少大约50%的信道带宽需求。

(6) 管理功能。路由器的管理功能一般包括：

① 配置管理。配置管理包括本地和远端路由器的初始化、重新设置和关闭操作，必须确定路由器支持哪些协议，对推进的数据须作哪些处理。若路由器中附加网桥功能，则需进一步明确设备支持哪些链路接口和链路层协议。

② 故障管理。路由器必须能够对网络中发生的故障进行定位、报告和自动更正，路由器的故障管理对象主要是其端口上与其相连接的链路。

③ 性能管理。能够对子网的业务量、链路利用效率、路由器任意端口推进的分组数目和负载等进行统计，性能管理数据常作为网络改造和评估的依据。同时与用户发送地址和接收地址相关的记录数据还作为网络计费的基础。

2. 不同类型的路由器

(1) 路由器的性能档次

路由器按性能档次分为高、中、低档路由器。通常将吞吐量大于 40Gbps 的路由器称为高档路由器，将吞吐量在 25Gbps~40Gbps 之间的路由器称为中档路由器，将低于 25Gbps 的称为低档路由器。

(2) 智能路由器

智能路由器也就是智能化管理的路由器，通常具有独立的操作系统，可以由用户自行安装各种应用，自行控制带宽、自行控制在线人数、自行控制网页浏览、自行控制在线时间，同时拥有强大的 USB 共享功能，真正做到网络和设备的智能化管理。

(3) 边缘路由器(接入级路由器)

将客户连接到 Internet 的路由器称为边缘路由器(Edge Router)，只负责与其他路由器之间(例如 ISP 的网络)传递数据的路由器称为核心路由器。

(4) 中间节点路由器

中间节点路由器处于网络的中间，通常用于连接不同网络，起到一个数据转发的桥梁作用。由于各自所处的网络位置有所不同，中间节点路由器面对的是各种各样的网络。

(5) 企业级路由器

企业级路由器连接许多终端系统，连接对象较多，但系统相对简单，且数据流量较小，对这类路由器的要求是以尽量便宜的方法实现尽可能多的端点互连，同时还要求能够支持不同的服务质量。

(6) 多业务路由器

多业务路由器(骨干级路由器)是一种多类型、多端口的路由器设备，它可以连接不同传输速率并运行于各种环境的局域网和广域网，也可以采用不同的协议。多业务路由器增加了部分 OSI 模型的部分四层以及四层以上的功能，具备一定的业务感知和处理能力，能够提供安全和加密等方面的功能。

(7) 线速路由器和非线速路由器

线速路由器就是完全可以按传输介质带宽进行通畅传输，基本上没有间断和延时的路由器。线速路由器是高端路由器，具有非常高的端口带宽和数据转发能力，能以媒体速率转发数据包。中低端路由器是非线速路由器。一些新的宽带接入路由器也有线速转发能力。

3. 路由器的广域网接口

常见的路由器广域网接口有以下几种。

- RJ-45 端口；
- AUI 端口；

- 高速同步串口(X.25、Frame Relay、DDN 或 ISDN)；
- 异步串口(V.34 或 V.90)；
- ISDN BRI 端口。

4.2.5 内部网关路由协议

内部网关路由协议有以下几种：RIP(RIP-1，RIP-2)协议、OSPF 协议、BGP 协议、IGRP 协议、EIGRP 协议、ES-IS 和 IS-IS 协议。RIP、IGRP、EIGRP 路由协议采用的是距离向量算法，IS-IS 和 OSPF 采用的是链路状态算法。

1. RIP 协议

RIP(Routing Information Protocol)是基于 D-V 矢量算法的内部动态路由协议。它是第一个被所有主要厂商支持的标准 IP 选路协议，已成为路由器、主机路由信息传递的标准之一，适应于大多数的校园网和使用速率变化不大的连续的地区性网络，使用的端口号为 520。

RIP 使用一种非常简单的矢量(度量)制度：距离就是通往目的站点所需经过的链路数，取值为 0~15，数值 16 表示无穷大。RIP 进程使用 UDP 的 520 端口来发送和接收 RIP 分组。RIP 分组每隔 30s 以广播的形式发送一次，为了防止出现“广播风暴”，其后续的分组将做随机延时后发送。在 RIP 中，如果一个路由在 180s 内未被刷新，则相应的距离就被设定成无穷大，并从路由表中删除该表项。RIP 分组分为两种：请求分组和相应分组。

RIP 是一种较为简单的内部网关协议，主要用于规模较小的网络。复杂环境和大型网络一般不使用 RIP。RIP 有 2 个版本：RIP-1 和 RIP-2。

RIP-1 的提出较早，它有许多缺陷，例如：慢收敛，易于产生路由环路，广播更新占用带宽过多，不提供认证功能等。为了改善 RIP-1 的不足，在 RFC1388 中提出了改进的 RIP-2，并在 RFC 1723 和 RFC 2453 中进行了修订。RIP-2 定义了一套有效的改进方案，新的 RIP-2 支持子网路由选择，支持 CIDR，支持组播，并提供了验证机制。

RIP-2 与 RIP-1 最大的不同是，RIP-2 为一个无类别路由协议，其更新消息中携带子网掩码，它支持 VLSM、CIDR、认证和多播。目前这两个版本都在广泛应用，两者之间的差别导致的问题在 RIP 故障处理时需要特别注意。

RIP 的优点：对于小型网络，RIP 就所占带宽而言开销小，易于配置、管理和实现，但 RIP 也有明显的不足，即当有多个网络时会出现环路问题，采用 RIP 协议，其网络内部所经过的链路数不能超过 15，这使得 RIP 协议不适用于大型网络。

2. OSPF 协议

(1) OSPF 概述

OSPF 是 Open Shortest Path First(开放最短路由优先协议)的缩写，它是 IETF 组织开发的一个基于链路状态的自治系统内部路由协议。在 IP 网络上，OSPF 协议通过收集和传递自治系统中的链路状态来动态地发现并传播路由；支持 IP 子网和外部路由信息的标记引入；支持基于接口的报文验证以保证路由计算的安全性；使用 IP Multicasting 方式发送和接收报文。

每个支持 OSPF 协议的路由器都维护着一份描述整个自治系统拓扑结构的数据库，这一数据库是通过收集所有路由器的链路状态广播而得到的。每一台路由器总是将描述本地状态的信息(如可用接口信息、可达邻居信息等)广播到整个自治系统中。在各类可以多址访问的网络中，如果存在两台或两台以上的路由器，该网络上要选举出“指定路由器”(DR)和“备份指定路由器”(BDR)。

“指定路由器”负责将网络的链路状态广播出去。引入这一概念，有助于减少在多址访问网络上各路由器之间邻接关系的数量。OSPF 协议允许自治系统的网络被划分成区域来管理，区域间传送的路由信息被进一步抽象，从而减少了网络带宽的占用。

(2) OSPF 的 4 类路由

OSPF 有 4 类路由，它们是：

- 区域内路由；
- 区域间路由；
- 第一类外部路由；
- 第二类外部路由。

区域内和区域间路由描述的是自治系统内部的网络结构，而外部路由则描述了应该如何选择到自治系统以外目的地的路由。一般来说，第一类外部路由对应于 OSPF 从其他内部路由协议所引入的信息，这些路由的花费和 OSPF 自身路由的花费具有可比性；第二类外部路由对应于 OSPF 从外部路由协议所引入的信息，它们的花费远大于 OSPF 自身的路由花费，因而在计算时，只考虑外部的花费。

根据链路状态数据库，各路由器构建一棵以自己为根的最短路径树，这棵树给出了到自治系统中各节点的路由。外部路由信息出现在叶节点上，外部路由还可由广播它的路由器进行标记以记录关于自治系统的额外信息。

OSPF 的区域由 BackBone(骨干区域)进行连接，该区域以 0.0.0.0 标识。所有的区域都必须在逻辑上连续，为此，骨干区域上特别引入了虚连接的概念以保证即使在物理上分割的区域仍然在逻辑上具有连通性。

在同一区域内的所有路由器都应该一致同意该区域的参数配置。因此，应该以区域为基础来统一考虑，错误的配置可能会导致相邻路由器之间无法相互传递信息，甚至导致路由信息的阻塞或者自环等。

3. BGP 协议

BGP 协议用来实现网络可达信息的交换，整个交换过程要求建立在可靠的传输连接基础上来实现。BGP 使用 TCP 作为其传输协议，默认端口号为 179。BGP 最重要的革新就是其采用路径向量的概念和对 CIDR 技术的支持。路径向量中记录了路由所经路径上所有 AS 的列表，这样可以有效地检测并避免复杂拓扑结构中可能出现的环路问题；对 CIDR 的支持，就是减少了路由表项，从而加快了选路速度，也减少了路由器间所要交换的路由信息。另外，BGP 一旦与其他 BGP 路由器建立对等关系，其仅在最初的初始化过程中交换整个路由表，此后只有当自身路由表发生改变时，BGP 才会产生更新报文并发送给其他路由器，且该报文中仅包含那些发生改变的路由，这样不但减少了路由器的计算量，而且节省了 BGP 所占的带宽。

BGP 有 4 种分组类型：

- 打开分组用来建立连接；
- 更新分组用来通告可达路由和撤销无效路由；
- 周期性地发送存活分组，以确保连接的有效性；
- 当检测到一个差错时，发送通告分组。

BGP 在日常维护时，无论是配置直联路由，还是静态路由，都会自动注入到 BGP 中，不需要进行配置。

4. IGRP 协议

内部网关路由协议(Interior Gateway Routing Protocol，IGRP)是一种在自治系统(Autonomous System，AS)中提供路由选择功能的路由协议。IGRP 是一种距离向量(Distance Vector)内部网关协议(IGP)。距离向量路由选择协议采用数学上的距离标准计算路径大小，该标准就是距离向量。距离向量路由选择协议通常与链路状态路由选择协议(Link-State Routing Protocols)相对，这主要在于：距离向量路由选择协议是对互联网中的所有节点发送本地连接信息。

IGRP 支持多路径路由选择服务。在循环(Round Robin)方式下，两条同等带宽线路能运行单通信流，如果其中一根线路传输失败，系统会自动切换到另一根线路上。多路径可以是具有不同标准但仍然奏效的多路径线路。例如，一条线路比另一条线路优先 3 倍(即标准低 3 级)，那么意味着这条路径可以使用 3 次。只有符合某特定最佳路径范围或在差量范围之内的路径才可以用作多路径。差量(Variance)是网络管理员可以设定的另一个值。

5. EIGRP 协议

增强的内部网关路由选择协议(Enhanced Interior Gateway Routing Protocol，EIGRP)是增强版的 IGRP 协议。IGRP 是一种用于 TCP/IP 和 OSI 因特网服务的内部网关路由选择协议。它被视为是一种内部网关协议，而作为域内路由选择的一种外部网关协议，它还没有得到普遍应用。

EIGRP 与其他路由选择协议之间的主要区别包括：收敛快速、支持变长子网掩码、局部更新和多网络层协议。执行 EIGRP 的路由器存储了所有其相邻路由表，以便于它能快速利用各种选择路径。如果没有合适路径，EIGRP 查询其邻居以获取所需路径。直到找到合适路径，Enhanced IGRP 查询才会终止，否则一直持续下去。

EIGRP 协议对所有的 EIGRP 路由进行任意掩码长度的路由聚合，从而减少路由信息传输，节省带宽。另外 EIGRP 协议可以通过配置，在任意接口的位边界路由器上支持路由聚合。

EIGRP 不做周期性更新，当路径度量标准改变时，EIGRP 只发送局部更新(Partial Updates)信息。局部更新信息的传输自动受到限制，从而使得只有那些需要信息的路由器才会更新。因此 EIGRP 损耗的带宽比 IGRP 少得多。

6. ES-IS 和 IS-IS 协议

在 ISO 规范中，一个路由器就是一个 IS(中间系统)，一个主机就是一个 ES(末端系统)。提供 IS 和 ES(路由器和主机)之间通信的协议，就是 ES-IS；提供 IS 和 IS(路由器和路由器)之间通信的协议也就是路由协议，叫 IS-IS。

IS-IS 协议属于 OSI 模型，在网络层中，Subnetwork Dependent Layer 在 Subnetwork Independent Layer 上把链路状态屏蔽掉了，提供给上层一个透明的工作环境。

4.2.6 BGP 配置

BGP 用来承载用户路由，通过 OSPF 来保障各路由设备的连通性。在思科 6509 路由器上，BGP 要和上联的两个 GSR 建立 BGP 邻居关系，通过注入的方式将用户路由放到 BGP 中。通过路由汇聚(Aggregate-Address)命令将路由汇聚成一条较大的路由，实现减少路由条目的目的。

Router BGP 65130 的 BGP 配置：

```
no synchronization
bgp log-neighbor-changes
aggregate-address 10.51.0.0 255.255.128.0
summary-only 将该网段汇聚成一条路由
redistribute connected 将直联路由注入 BGP 中
```

```
redistribute static  将静态路由注入 BGP 中
neighbor ha-lh peer-group  BGP 邻居组
neighbor ha-lh remote-as 65130
neighbor ha-lh password 7 13151601181B0B382F  加密过的密码
neighbor ha-lh update-source Loopback0
neighbor ha-lh next-hop-self
neighbor ha-lh send-community
neighbor ha-lh route-map setcommunity out
neighbor 61.68.255.218 peer-group ha-lh  配置哪些路由器属于邻居组 ha-lh
neighbor 61.68.255.219 peer-group ha-lh
no auto-summary  不允许 BGP 自动汇聚
```

4.2.7　路由器故障诊断与排除命令

路由器诊断与排除命令有 4 种。

1. show 命令

show 是一个很有用的监控命令和解决系统出现问题的工具。下面是几个常用到的 show 命令。

- show interface——显示接口统计信息

一些常用的 show interface 命令如下：

```
show interface ethernet
show interface tokenring
show interface serial
```

- show controllers——显示接口卡控制器统计信息

一些常用的 show controllers 命令如下：

```
show controllers cxbus
show controllers e1
```

- show running-config——显示当前路由器正在运行的配置
- show startup-config——显示存在 NVRAM 配置
- show flash——显示 Flash memory 内容
- show buffers——显示路由器中 buffer pools 统计信息
- show memory——显示路由器使用内存情况的统计信息，包括空闲池统计信息
- show processes——显示路由器活动进程信息
- show version——显示系统硬件、软件版本、配置文件和启动的系统映像

show interface 的输出中所有具体含义如表 4-2 所示。

表 4-2　show interface 输出的所有具体含义

表　项	描　述
fast ethernet...is up...is administratively down	表明接口的硬件当前是被激活的还是被管理员手工关闭掉了
line protocol is	标识该接口的协议也就是软件进程是否可用，还是被管理员手工关闭了
hardware	硬件类型(例如 MCI Ethernet、SCI、cBus Ethernet)和硬件地址
internet address	带有子网信息的该接口的 IP 地址
MTU	接口上的最大传输单元
BW	接口的带宽，通常单位是 Kbps
DLY	端口的延迟，单位是 ms
rely	以 255 为参照数的接口的可靠性参数，以 5 分钟的平均数来计算
load	以 255 为参照数的接口的负荷(255/255 就是百分之百的负荷量)，以 5 分钟的平均数来计算
encapsulation	接口的封装类型

(续表)

表　项	描　述
ARP type	接口配置的地址解析协议(ARP)的类型
loopback	标识是否设置了接口回环
keepalive	标识接口是否设置了发送存活(keepalives)信息
last input	从接口接收到最近的一个数据包后的时间。当该数据包以 process-switch 的方式转发时计数器会更新，而该包以 fast-switch 的方式转发时则不更新计数器
output	从接口发送最近的一个数据包后的时间
output hang	接口因为数据包传输时间过长而重启后的时间。如果没有重启，则显示为 never
last clearing	清除接口统计计数器后的时间。注意：可能会影响到路由的变量信息时不会被清除置 0，例如 load 和 reliablity
output queue，input queue，drops	在接口输入/输出队列中的数据包的个数。每个数字都给出了个数/队列的最大范围，以及超过了队列的最大范围而丢弃的包的数量
5 minute input rate，5 minute output rate	在最近 5 分钟内每秒传输的数据包的平均值
packets input	系统接收到的数据包的总的个数
bytes	系统接收到的所有数据包(包括数据和 MAC 封装)的字节数
no buffer	因为在系统中没有足够的缓存从而丢弃的数据包的个数。可以和 ignored 的计数来比较。以太网上的广播风暴和串行接口上的传输质量不好通常会导致该计数器的增加
received ... broadcasts	接口所接收到的广播和多播的数据包的数量
runts	由于小于介质的最小的包大小而丢弃的数据包的个数。例如，对以太网来说，小于 64B 的数据包被认为是一个 runt
giants	由于大于介质的最大的包大小而丢弃的数据包的个数。例如，对以太网来说，大于 1518B 的数据包被认为是一个 giant
throttles	接口失效(disable)的次数，可能是因为缓存或者处理器过载等因素
input errors	包括 runts、giants、no buffer、CRC，frame、overrun 和 ignored 的所有的计数器。其他和输入相关的 error 包也可以造成 input errors 计数器的增长。同时，一个数据包可能会包括多个 error
CRC	接口接收到的循环冗余校验和的数量。在局域网中，通常是因为线路质量或者硬件的传输问题。一个比较高的 CRC 数目通常是有些工作站发送大量坏的数据包造成的
frame	接收到的含有 CRC 错误和非整数的十进制数目的数据包的数量。在局域网中，通常是因为碰撞过多或者以太网设备的故障
overrun	由于输入的速率超出了接收者硬件的处理能力而没有硬件缓存来处理的次数
ignored	和系统的缓存不同，这是由于接口的内部缓存问题而造成接收到的数据包被忽略的数目
abort	接收时中断的数据包的个数
input packets with dribble condition detected	Frame 超长的输入的数据包
packets output	系统发出的数据包的个数
bytes	系统发出的所有数据包(包括数据和 MAC 封装)的字节数
underruns	发送者传输过快导致路由器无法处理的次数
output errors	接口认为的所有传输数据包的错误的总和。同时，一个数据包可能会包括多个 error
collisions	由于以太网冲突而导致重传的数据包的个数
interface resets	接口重启的次数。在几秒钟时间内进入队列的数据包都没有传输的情况下可能发生。在串行接口上，可能是因为传输的 modem 故障没有发送时钟信号或者是线缆的问题。如果系统发现串行上因为有载波信号接口 up 但是协议是 down 的情况，接口会努力周期性地重启自己。当接口回环或者被关闭时接口也可能会重启
babbles	传输的计时器到时

(续表)

表　项	描　述
late collision	传输数据包序文报头后发生的碰撞叫 late collision。通常发生 late collision 都是因为以太网的线缆过长，超出了它所能传输的距离限制
deferred	因为载波的问题，芯片延后传输帧
lost carrier	传输过程中丢失载波的次数

2. debug 命令

在超级用户模式下的 debug 命令能够提供端口传输信息、节点产生的错误消息、诊断协议包和其他有用的 troubleshooting 数据。

注意：

使用 debug 命令要注意，它会占用系统资源，引起一些不可预测的现象。终止使用 debug 命令可用 no debug all 命令。

debug 命令默认是显示在控制台端口上的，可用 log buffer 命令把输出定向到 buffers 里面。若是 telnet 过去的，可用 Router#terminal。

3. monitor 命令

monitor 命令可监控到控制台信息。

4. ping 命令

ping 命令用于确定网络是否连通。

5. trace 命令

trace 命令用于跟踪路由器包传输。

4.2.8　基于 VRP1.74 路由平台的 display 命令

display 命令可以同时在用户模式和特权模式下运行，“display？”命令用来提供一个可利用的 display 命令列表。

```
aaa                        AAA information
acl                        Display access-list information
arp                        ARP table
base-information           Some essential system information
bgp                        BGP protocol information
bridge                     Remote bridge information
client                     Current client information
clock                      Current router clock information
configfile                 Memory information in which config.ini is stored
controller                 An E1/T1/E3/T3 entry information
current-configuration      Display current configuration information
debugging                  Debugging information
dhcp                       Display  DHCP server database items
dialer                     Display dialer parameters and statistics
dlsw                       Information about  DLSW(Data Link Switch)
duration                   Running time information
fcm                        Fcm counter information
fe1                        Display E1-F configuration information
firewall                   Display Firewall status information
fr                         Display frame relay information
ft1                        Display T1-F configuration information
```

```
ftp-server                  Ftp server information
history-command                 History command information
hotkey                      Hotkey information
hwtacacs                    Display hwtacacs statistics information
icmp                        Icmp command information
igmp                        IGMP information
ike                         Display IKE specific information
info-center                 Display info-center configuration information
interfaces                  Interface status and configuration information
ip                          IP information
iphc                        IPHC compression information
ipsec                       IPSec information
ipx                         Novell IPX information
isdn                        ISDN information
isintr                      Whether current time is in the time range
l2tp                        L2TP information
level                       User level information

local-user                  Display login or logout users information
MFR                         Display Multilink Frame Relay information
multicast                   Multicast information
nat                         NAT status
ntp-service                 NTP module
ospf                        OSPF protocol Information
pim                         PIM information
pos-app                     POSAPP information
pos-interface               POSINT information
ppp                         PPP information
pppoe-client                PPP over Ethernet(client) status and configuration
printer                     LPD network printer information
qos                         Display QOS information
reboot                      Reboot information
rip                         RIP on/off state
rmon                        Rmon information
route-policy                Configured route-policy information
rsa                         RSA status and configuration information
saved-configuration         Saved configuration information
snmp-agent                  SNMP status and configuration information
sot                         List the status display fields for SOT interfaces
ssh                         SSH status and configuration information
sysname                     system name information
system                      Current system statistics information
tcp                         TCP connections status information
timerange                   Display time range status information
tty                         Current tty information
tty-app                     Current Terminal Access application information
ttymanage                   Current Terminal Access manage channel information
userlog                     Current userlog feature
version                     System version information
vlan                        VLAN ID in use, interface and subinterface number
voice                       Display voice information
vrrp                        Current vrrp information
x25                         Display the information concerning X.25
```

4.2.9 display version 命令

display version 命令是最基本的命令之一，它用于显示路由器硬件和软件的基本信息。因为不同的版本有不同的特征，实现的功能也不完全相同，所以查看硬件和软件的信息是解决问题的重要一步。在进行故障处理时，通常通过该命令收集数据。该命令将帮助用户收集下列信息：

- VRP 软件版本；
- 是哪一系列的路由器；
- 处理器的信息；
- RAM 的容量；
- 配置寄存器的设置；
- 固件的版本；
- 引导程序的版本。

输出示例如下，试找出上述提及的相应项。

```
[Router]display version
Copyright Notice:
All rights reserved (Aug 12 2003).
Without the owner's prior written consent, no decompiling
or reverse-engineering shall be allowed.
Huawei Versatile Routing Platform Software
VRP (R) software, Version 1.74 Release 0101
Copyright (c) 1997-2003 HUAWEI TECH CO., LTD.
Quidway R1760 uptime is 0 days 5 hours 33 minutes 19 seconds
System returned to ROM by power-on.
Quidway R1760 with 1 MPC 8241 Processor
Router serial number is 00E0FC0F62563402
64M      bytes SDRAM
8192K    bytes Flash Memory
0K       bytes NVRAM
Config Register points to FLASH
Hardware Version is MTR 1.0
CPLD Version is CPLD 1.0
Bootrom Version is 4.69
[LAN] 1FE Hardware Version is 2.0, Driver Version is 2.0
[AUX] AUX Hardware Version is 1.0, Driver Version is 1.0,
Cpld Version is 1.0
[WAN] WAN Hardware Version is 1.0, Driver Version is 1.0,
Cpld Version is 1.0
[SLOT 0] E1VI Hardware Version is 1.0, Driver Version is 1.8
```

4.2.10 display current-configuration 命令

display current-configuration 命令用于显示目前路由器上已经做的配置，这可以说是排除故障的重要起点。

例如：

```
[Router]display current-configuration
Now create configuration...
Current configuration
!
version 1.74
local-user a service-type administrator password simple a
firewall enable
undo login-method authentication-mode async
undo login-method authentication-mode con
undo idle-timeout
!
controller e1 0
!
interface Aux0
undo modem
async mode flow
```

```
flow-control none
link-protocol ppp
!
interface Ethernet0
!
interface Serial0
link-protocol ppp
!
voice-setup
!
quit
!
quit
snmp-agent
snmp-agent local-engineid
snmp-agent community read a
snmp-agent community write b
snmp-agent sys-info version all
!
return
```

4.2.11 display interface 命令

display interface 命令可以显示所有接口的当前状态，如果只是想查看特定接口的状态，可在该命令后输入接口类型和接口号。例如，display interface serial 0 命令将查看串口 0 的运行状态和相关信息。

```
[Router]display interface serial 0
Serial0 current state: up, line protocol current state: up
The Maximum Transmit Unit is 1500
physical layer is synchronous, baudrate is 64000 bps
interface is DCE, clock is DCECLK, cable type is V35
Link-protocol is PPP
LCP opened, IPCP initial, IPXCP initial, CCP initial, BRIDGECP initial
Input queue :  (size/max/drops)  0/50/0
FIFO queueing:  FIFO
(Outbound queue: Size/Length/Discards)
FIFO:   0/75/0
Last 5 minutes input rate 0.00 bytes/sec, 0.00 packets/sec
Last 5 minutes output rate 0.00 bytes/sec, 0.00 packets/sec
Input:  7 packets, 102 bytes
0 broadcasts, 0 multicasts
0 errors, 0 runts, 0 giants
0 CRC, 0 frame errors, 0 overrunners
0 aborted sequences 0 no buffers

0 packets with dribble condition detected
Output: 6 packets, 84 bytes
0 broadcasts, 0 multicasts
0 errors, 0 underruns, 0 collisions
0 packets had been deferred
DCD=UP  DTR=UP  DSR=UP  RTS=UP  CTS=UP
```

在上面的显示中，主要包括了三方面内容：物理接口的信息(包括接口速率、线缆类型、MTU、监听的信号状态)、链路层协议(LCP)和三层协议(IPCP)的状态，以及接口接收发送数据包的统计值(Input、Output)。这些信息对排查连通性的问题都是必需的。

4.2.12　ping 命令

(1) ping 原理

ping 这个词源于声呐定位操作，指来自声呐设备的脉冲信号。ping 命令的思想与发出一个短促的雷达波，通过收集回波来判断目标很相似，即源站点向目的站点发出一个 ICMP Echo Request 报文，目的站点收到该报文后回一个 ICMP Echo Reply 报文，这样就验证了两个节点间 IP 层的可达性，表示了网络层是连通的。

(2) ping 功能

ping 命令用于检查 IP 网络连接和主机是否可达。

(3) VRP 平台的 ping 命令

在华为 Quidway 系列路由器上，ping 命令的格式如下：

```
[Router]ping -?
usage:  ping  [-R dnqrv] [-a IP-address] [-c count] [-o IP-TOS] [-p pattern]
              [-s packetsize] [-t timeout] [-i TTL] host
options:
-a       IP address Source IP address
-c       Count   Number of echo requests to send
-d       Set the SO_DEBUG option on the socket being used
-f       Set the DF flag in IP header
-n       Numeric output only.No attempt will be made to lookup symbolic names for host
         addresses
-o       IP-TOS   Set the TOS in IP header
-p       Pattern   You may specify up to 16 "pad" bytes to fill out the packet you send.
         For example, -p ff will cause the sent packet to be filled with all ones
-q       Quiet output. Nothing is displayed except the summary lines at startup time
         and when finished
-R       Record route. Includes the RECORD_ROUTE option in the ECHO_REQUEST packet and
         displays the route buffer on returned packets
-r       Bypass the normal routing tables and send directly to a host on an attached
         network-s packetsize Specifies the number of data bytes to be sent
-t       Timeout  Timeout in milliseconds to wait for each reply
         The default is 56
-v       Verbose output. ICMP packets other than ECHO_RESPONSE that are received are
         listed
-i       TTL  Time to live
```

例如，向主机 10.15.50.1 发出 2 个 8100 字节的 ping 报文。

```
Quidway# ping -c 2 -s 8100 10.15.50.1
PING 10.15.50.1:  8100  data bytes, press CTRL_C to break
Reply from 10.15.50.1:  bytes=8100 Sequence=0 ttl=123 time = 538 ms
Reply from 10.15.50.1:  bytes=8100 Sequence=1 ttl=123 time = 730 ms
— 10.15.50.1 ping statistics —
2 packets transmitted
2 packets received
0.00% packet loss
round-trip min/avg/max = 538/634/730 ms
```

4.2.13　Windows 的 ping 命令

在 PC 机上或以 Windows Server 为平台的服务器上，ping 命令的格式如下：

```
ping [ -n  number ] [ -t  ] [ -l  number ]  ip-address
```

说明：

- –n　ping 报文的个数，默认值为 5。
- -t　持续地 ping，直到人为地中断，按 Ctrl+Break 键暂时中止 ping 命令并查看当前的统计结果，而按 Ctrl+C 键则中断命令的执行。
- -l　设置 ping 报文所携带的数据部分的字节数，设置范围从 0 至 65 500。

例如，向主机 10.15.50.1 发出 2 个数据部分大小为 3000 字节的 ping 报文。

```
C: \> ping -l 3000 -n 2 10.15.50.1
Pinging 10.15.50.1 with 3000 bytes of data
Reply from 10.15.50.1:  bytes=3000 time=321ms TTL=123
Reply from 10.15.50.1:  bytes=3000 time=297ms TTL=123
Ping statistics for 10.15.50.1:
Packets:  Sent = 2, Received = 2, Lost = 0 (0% loss),
Approximate round trip times in milli-seconds:
Minimum = 297ms, Maximum = 321ms, Average = 309ms
```

4.3　路由器的广域网与相关线路的配置

4.3.1　广域网点到点专线

广域网(WAN)协议可以使用点到点串行连接，提供在一条链路上传输数据的基本功能。点到点链路使用的配置包括均衡式链路存取规程(LAPB)、高级数据链路控制(HDLC)和点到点协议(PPP)。通常，这些广域网协议有以下功能：

- LAPB、HDLC 和 PPP 提供了在单一点到点串行链路上的数据传输。
- LAPB、HDLC 和 PPP 在同步串行链路上传输数据(PPP 同时也支持异步功能)。

组帧是任何同步串行链路协议的核心功能。每个协议都定义帧，使得接收方知道帧是从何处开始的，报头是什么地址，分组从哪里开始。这样，接收的路由器就可以区分空帧和数据帧。路由器间往往使用同步链路，而非异步链路。

同步仅仅是指在链路的发送端和接收端有明确的时序。从根本上说，双方协商好一定的速度，但是因为制造真正相同速度的设备非常昂贵，所以设备会调整它们的速率以与时钟源区配。在这种情况下，表或钟自动地在每分钟内同步。不像异步链路在空闲时间内不发比特流，同步链路定义了空闲帧。这些帧除了提供足够的信号转换，在接收端调整时钟、保持同步之外并没有其他作用。

在描述这些链路协议之前，对一些广泛使用的广域网(WAN)术语做一下简要复习是必要的。表 4-3 列出了这些术语。

表 4-3　WAN 术语

术　语	定义与作用
同步	同步是指在发送器和接收器之间建立的公共时钟。因为网络操作系统的操作与事件的发生都与精确的时钟相联系
异步	异步是指对每一个传输字符都用开始位和停止位封装，用它们指出字符的起始和结束，因而在发送设备和接收设备之间就不需要精确的时钟同步
公告方法	以一定时间的频率发送有关传输路由或服务的最新资料，以便使各个路由器维护它们的可用路由表，发送由系统的路由器进行

(续表)

术　语	定义与作用
适配器	它是安装在计算机系统内的一块含有微处理器的印刷电路板，使计算机系统具有网络通信功能，也称为网络接口控制器
自适应路由选择	能够根据网络拓扑及通信量的变化自动调整路由的方法，即动态路由选择
相邻	在有关的相邻路由器和终端节点之间为了相互交换路由信息而形成的一种关系，相邻的基础是使用公共介质段
独立系统	根据同一路由策略进行统一管理的网络集合。独立系统必须以网络信息中心为主指定一个唯一的十六位号码
距离矢量算法	这种路由算法是通过反复计算路由中的跳步数来找出最短路径生成树
时钟源	为了保证在传输过程中接收器能正常接收数据，接收器和发送器之间需要一个公共的时间基准，即公共时钟，它只能由一个节点或设备来控制，这一节点或设备称为时钟源
T1	T1 是一种高容量的数字线路，它包含 24 个信道，每个信道可配置为 56Kbps 或 64Kbps，使用 24 个信道进行数据传输称为全信道 T1。也可只申请部分 T1
E1	E1 是一种高容量的数字线路，除美国使用 T1 外，世界上其他地方都使用 E1 线路。E1 包含 32 个信道，每个信道可配置为 56Kbps 或 64Kbps，使用 32 个信道进行数据传输称为全信道 E1。也可只申请部分 E1
CSU/DSU	Channel Service Unit/Data Service Unit，即信道服务单元/数据服务单元，是一种用于交换和租用线路中的数字调制解调器
含有路径的协议	路由器进行选择的协议。为了根据路径协议进行路由选择，路由器必须能像路径协议一样能够介入逻辑互联网络

4.3.2　同步串行数据链路协议配置

1. HDLC 和 PPP 配置

使用适当的点到点数据链路协议，配置是很简单的，出现例外时使用 LAPB(确定在串行链路的每一端使用相同的广域网数据链路协议。要不然，路由器会误解进入的帧，链路也不会工作。)

例 1 列出了 HDLC 的配置，紧接着是移植到 PPP 时的改变过的配置。假设路由器 A 和路由器 B 在它们各自的串行 0 端口上有一条串行链路。

例 1　PPP 和 HDLC 的配置。

路由器 A	路由器 B
串行 0 端口	串行 0 端口
封装 PPP	封装 PPP
横向变换到…	横向变换到…
串行 0 端口	串行 0 端口
封装 HDLC	封装 HDLC

改变配置模式中的串行封装相比于其他一些路由器的配置命令来说是灵活的。在例 1 中，转换回 HDLC(默认情况)由 encapsulation hdlc 命令完成，而不是使用如 noencapsulation PPP 这样的命令。还有，使用 encapsulaton hdlc 命令时，任何其他的只与 PPP 相关的接口子命令也被删去。

除了同步和组帧之外，PPP 还提供了其他一些特性。这些特性分为两大类：与链路上的第 3 层协议不相关的；与第 3 层协议相关的。

PPP 链路控制协议(LCP)提供了忽略链路上第 3 层协议所需的基本特性。一些 PPP 控制协议，如 IP 控制协议(IPCP)，提供了使特定第 3 层协议良好工作的基本特性。例如，IPCP 提供了 IP 地址分配，这一特性在当今的 Internet 拨号连接中被广泛使用。

一条链路只需要一个 LCP，但需要多个控制协议。如果路由器是为 IPX、AppleTalk 和 PPP 串行链路上的 IP 配置的，路由器做 PPP 封装的配置自动地为每个第 3 层协议采用合适的控制协议。

2. 差错检测和循环链路检测

差错检测和循环链路检测是 PPP 的两个关键特性。循环链路检测允许当链路因为循环失效时有更快的收敛(为了测试的目的，链路通常是循环的)。当这种情况发生时，路由器继续接收 keep alive 消息，这样路由器可能认为链路没有故障。

例如，缺少临近路由器的更新一段时间之后才会引起收敛。当链路循环时等待此事件的发生增加了收敛的时间。

循环链路检测使用称为魔术数字(magic number)的 PPP 特性解决了这个问题。路由器发送 PPP 消息，而非 keep alive；这些消息包括魔术数字，对每个路由器都不同。如果线路有了循环，路由器接收到使用自身魔术数字的消息，而不是用链路另一端路由器的魔术数字。一个路由器收到自身的魔术数字就知道所发送的帧出现了循环。如果做了相关配置，路由器可以关闭该接口，这样可以加速收敛。

差错检测(不是差错恢复)由称为链路质量监测(LQM)的 PPP 特性实现。链路的每一端的 PPP 发送消息描述正确接收的分组和字节的个数。这是相比于用于计算丢失率的分组和字节的个数来说的。路由器可以配置为在超过一定的错误率之后关闭链路，这样将来发送的分组会通过更长(但会更好)的路径。

3. 广域网布缆标准

要求理解局域网和广域网接口的布缆选项。对任何点到点串行链路或者帧中继链路，路由器所需的是同步串行接口。一般来说，这个接口是 6 针 D 形连接器。这个接口必须用缆线连到 DSU/CSU，依次连接到服务提供者提供的缆线上。

表 4-4 总结了广域网接口使用的连接器类型和物理信号协议的不同标准。

表 4-4　广域网接口类型使用的标准

标　准	标　准　体	引脚接口编号
EIA/TIA 232	远程通信工业协会	25
EIA/TIA 449	远程通信工业协会	37
EIA/TIA 530	远程通信工业协会	25
V.35	国际电信联合会	34
X.21	国际电信联合会	15

一些电缆提供了外部的 DSU/CSU 连接，服务提供者的接口取决于连接的类型，连接器件可以是 RJ-11、RJ-48、RJ-45，或是同轴电缆。

4.4　路由器故障诊断与排除

4.4.1　路由器故障诊断要求

路由器是网络互联的核心设备，与整个网络相关联，需要正确地安装路由器并连接外部线缆；对路由器进行配置包括拨号程序的配置，需要对终端主机指定网关和 DNS 的地址。所以在故障处理中，不论对于连通性的故障还是性能上的问题，都要全面系统地了解网络情况，进行综合性分析。

路由器的安装和使用注意事项应该严格按照安装使用手册进行，安装前应检查安装场所的温度、湿度、洁净度、静电、干扰、防雷击等要求是否满足；安装后应检查电源的输入电压幅值、频率、中性点的连接及保护地、接地电阻等是否满足要求。

路由器出现故障，无论哪种错误现象，其原因可能是一种故障，也可能是多种故障叠加。要真正了解其原因，只有逐步查找。

路由器故障诊断，可从故障现象出发，以网络诊断工具为手段获取诊断信息，确定网络故障点，查找问题的根源，排除故障，恢复网络正常运行。网络故障通常有以下几种可能：

- 物理层中的物理设备相互连接失败或者硬件及线路本身的问题；
- 数据链路层的网络设备的接口配置问题；
- 网络层的网络协议配置或操作错误；
- 传输层的设备性能或通信拥塞问题；
- 上三层或网络应用程序错误。

诊断网络故障的过程应该沿着 OSI 七层模型从物理层开始向上进行。首先检查物理层，然后检查数据链路层，以此类推，设法确定通信失败的故障点，直到系统通信正常为止。

路由器故障有多方面的原因，可分为：

- 路由器物理故障；
- 路由器接口故障；
- 路由器设置、配置故障；
- 路由器协议故障等。

4.4.2　网络层路由器故障诊断概述

1. 网络层路由器故障概述

网络层路由器故障通常有两种：

- 网络协议配置错误；
- 路由器端口故障。

协议配置错误是路由器产生故障最常见的问题，协议配置错误就是指路由器的设置不当而导致的网络不能正常运行。典型的路由器配置文件可以分为：

- 管理员部分(路由器名称、口令、服务、日志)；
- 端口部分(地址、封装、带宽、度量值开销、认证)；
- 路由协议部分(IGRP/EIGRP、OSPF、RIP、BGP)；流量管理部分(访问控制列表、团体)；
- 路由映射；
- 接入部分(主控台、远程登录、拨号)等。

配置错误是非常复杂的问题，故障来源于多方面，如线路两端路由器的参数不匹配、参数错误、路由掩码设置错误等。

2. 路由器故障诊断可以使用的工具

路由器故障诊断可以使用多种工具：

- 路由器诊断命令；
- 网络管理工具；
- 局域网或广域网分析仪在内的其他故障诊断工具。

ICMP 的 ping、trace 命令和 Cisco 的 show 命令、debug 命令是获取故障诊断有用信息的网络工具。

3. 排除网络层故障的基本方法和诊断步骤

排除网络层故障的基本方法是：沿着从源到目标的路径，查看路由器路由表(静态路由、动态路由)，同时检查路由器接口的 IP 地址。

排除路由器故障的步骤是：

(1) 故障诊断

对于路由器发生的故障进行诊断，确定是什么原因导致的，故障诊断分为如下几步：

第一步，确定故障的具体现象，分析造成这种故障现象的原因的类型。例如，主机不响应客户请求服务，可能的故障原因是主机配置问题、接口卡故障或路由器配置命令丢失等。

第二步，收集需要的用于帮助隔离可能故障原因的信息，从网络管理系统、协议分析跟踪、路由器诊断命令的输出报告或软件说明书中收集有用的信息。

第三步，根据收集到的情况考虑可能的故障原因，排除某些故障原因。判断是硬件造成的还是软件造成的，找出解决问题的对策。

第四步，根据最后的可能故障原因，建立一个诊断计划。开始仅用一个最可能的故障原因进行诊断活动，这样容易恢复到故障的原始状态。如果一次同时考虑多个故障原因，试图返回故障的原始状态就困难多了。

第五步，执行诊断计划，认真做好每一步测试和观察，每改变一个参数都要确认其结果。通过分析结果，确定问题是否解决，如果没有解决，继续查找下去直到故障现象消失。

(2) 网络分层诊断技术

物理层的故障主要表现在设备的物理连接方式是否恰当，连接电缆是否正确，Modem、CSU/DSU 等设备的配置及操作是否正确。确定路由器端口物理连接是否完好的最佳方法是使用 show interface 命令，检查每个端口的状态，解释屏幕输出信息，查看端口状态、协议建立状态和 EIA 状态。

查找和排除数据连接层的故障，需要查看路由器的配置，检查连接端口的共享同一数据链路层的封装情况。每对接口要和与其通信的其他设备有相同的封装。通过查看路由器的配置检查其封装，或者使用 show 命令查看相应接口的封装情况。

对于网络层来说，排除路由器故障的第一步就是利用协议分析仪收集协议的性能统计数据，进而获取网络目前的运行状态，对于 IP 网来说，需要测试的统计数据主要有：

- IP 组播；
- ICMP 重定向；
- 低 TTL 消息；
- 路由数据包；

- IP 流量占网络负载的比例；
- IP 数据包碎片；
- ICMP 不可达消息；
- 其他 ICMP 消息。

除此以外，还可以使用网络中所有活动路由器的统计数据的日志文件。路由器允许使用多种命令来检索相关数据，如 CPU 使用率、内存使用率、端口使用率、发送和接收到的各种协议的数据包数量、超时次数、碎片数量、连接数量以及广播数量。一般路由器应具有这些查询命令。

如果发现故障与某条链接有关，则可以检查该链路上所有的路由设备。检查的内容有：

- 地址表；
- 映射表；
- 路由器、过滤器设置是否正确；
- 协议；
- 默认网关；
- 定时器值；
- 静态路由；
- WAN 端口等。

造成路由器故障的原因一般有以下几种：

- 吞吐量问题；
- 地址表问题；
- 子网掩码有错；
- 无默认网关；
- 定时器配置错误；
- WAN 链路问题；
- 路由协议问题；
- 安装和配置错误。

4.4.3　路由器物理故障

路由器物理故障主要是路由器硬件故障。

故障现象 1：开箱即无法使用

路由器的整机和接口模块在出厂前已做过严格的检验，不会发生有故障的路由器流入市场的现象。所以此时的故障绝大部分是由于运输、仓储等环节的环境不满足要求所致，少部分是由插拔模块或电缆不当导致接插件硬性故障引起，极少部分是由版本不配套引起。

对于此类问题，处理步骤为：

(1) 可先对接口卡或主板上的器件进行检查，看有无器件脱落或被压变形，对 BootRom 或内存条的插座也要重点检查，看有无插针无法弹起。

(2) 对 PCI 侧的插针、物理接口(包括电缆)的插针进行检查，看是否有弯针。

(3) 当没有查到上述硬件故障后，可更换或升级 BootRom、内存条或主机驱动程序的版本。

故障现象 2：安装后无法正常使用

此阶段的物理层故障可能由以下几方面因素引起：

- 线路连接问题，如线路阻抗不匹配、线序连接错误、中间传输设备故障。
- 与其他设备配合有问题。
- 接口配置问题。
- 电源或接地不符合要求。
- 在安装过程中也要考虑模块接口电缆所支持的最大传输长度、最大传输速率等因素。

故障现象 3：使用过程中发生故障

此阶段的物理层故障除人为造成的损坏外，可能由以下几方面因素引起：

- 电源、接地和防护方面不符合要求，在有电压漂移或雷击时造成器件损坏。
- 传输线受到干扰。
- 中间传输设备故障。
- 环境的温湿度、洁净度、静电等指标超出使用范围。

在故障定位的过程中，可把不必要的相连设备先去掉，缩小故障定位的范围，从而有利于快速准确地定位故障。

故障现象 4：路由器硬件故障

(1) 设置端口本地自环，再用 show interfaces serial command 观察线路协议是否为 up。若为 up 状态，则表明故障原因是传输线路或远程路由器配置错误。

(2) 确认电缆插在正确的端口、正确的 CSU/DSU 和正确的配线架端口上。

硬件故障产生的原因：

线路中存在自环设置——硬件自环和软件自环。

解决方案：

(1) 使用 show running-config 命令查看端口设置中是否有 loopback 设置。

(2) 若存在 loopback 设置，用 no loopback 去掉此设置。

(3) 若不存在 loopback 设置，检查 CSU/DSU 是否存在自环设置。

(4) 如果认为是路由器硬件故障，更换端口进行测试。

故障现象 5：路由器不启动

路由器在物理连接没有问题的时候，就要考虑是否是下面的原因。

(1) 路由器接电后 LED 不亮。

检查电线的插接是否稳固，供电是否正常。如果不能解决问题，应更换电线。如果问题仍然存在，应更换路由器。

(2) 路由器接电后 LED 点亮，但控制台不显示任何信息。

检查波特率是否正确。如果波特率正确，应检查与控制台相连的设备是否运行正常；如果与控制台相连的设备运行正常，但问题仍然存在，则路由器硬件出现故障，需更换路由器。

(3) 路由器启动至 ROMmon，控制台上不显示出错信息。

将配置寄存器设置为 0x2102，然后重新加载路由器：

```
rommon1>confreg 0x2102
rommon2>reset
```

如果路由器仍在 ROMmon 中，执行“Cisco3600/3700/3800 系列路由器 ROMmon 恢复”中规定的步骤。

(4) 路由器启动至 ROMmon，控制台上显示以下错误信息：

```
Device doesnot contain a valid magic number
```

```
boot:cannot open"flash:"
boot:cannot determine first file name on
device "flash:"
```

闪存为空，或者文件系统被破坏。将有效镜像复制到闪存中。复制时，系统将提示用户擦除闪存中原有的内容(如果有的话)。然后，重新加载路由器。

(5) 启动过程中，路由器停止启动，并显示 pre- and post-compression image sizes disagree 错误信息。

引起这种错误的原因可能是：

- 软件镜像崩溃；
- 闪存错误；
- DRAM 错误；
- 内存插槽已坏。

要解决这个问题，可以先将新的镜像复制到闪存中。如需了解怎样将有效镜像复制到闪存中，可以参考“Cisco 3600/3700/3800 系列路由器 ROMmon 恢复”。

- 如果安装新镜像无法解决问题，可以更换内存。
- 如果更换闪存和 DRAM 之后仍然无法解决问题，可能是因为机箱上的内存出现了故障。要解决硬件问题，可以使用 TAC 服务请求工具(只对注册用户)提出服务请求。

故障现象 6：上网频繁掉线

在上网时，路由器经常频繁掉线，可能是由于硬件方面的问题，也有可能是由于设置不当造成的，造成频繁掉线还有以下几种可能：

(1) 多台 DHCP 服务器引起 IP 地址混乱。

当网络上有多台 DHCP 服务器的时候，会造成网络上的 IP 地址冲突，从而导致频繁的不定时掉线。解决方法是：将网络中的所有 DHCP 服务器关闭，使用手动方式指定 IP 地址。

(2) 对应连接模式设置有误。

在路由器的管理界面中，选择菜单“网络参数”中的“WAN 口设置”选项。选择“对应连接模式”中的“按需连接”选项，把“自动断线等待时间”设为“0 分钟”，不自动断线。

(3) 遭受病毒攻击。

造成频繁掉线的另一个主要原因，也可能是受到了黑客的攻击。如果是这种情况，用户需要查看所有连接的计算机是否都感染了病毒或者木马，使用正版的杀毒软件或木马专杀工具，扫描清除掉计算机内的病毒或者木马，然后再上网。

(4) 路由器的型号与 ISP 的局端设备不兼容。

频繁掉线可能是由于路由器和 ISP 的局端设备不兼容造成的。如果是不兼容而掉线，解决办法就只有换用其他型号的路由器或者 Modem 了。

故障现象 7：系统不能加电

(1) 当打开路由器的电源开关时，路由器前面板的电源灯不亮，风扇也不转动。在这种情况下，首先要检查的就是电源系统，看看供电插座有没有电流，电压是否正常。如果供电正常，那就要检查电源线是否有损坏，有没有松动等，然后再做相应的修正。电源线损坏的话就更换一条，松动的话就重新插好。

(2) 检查路由器电源保险是否完好，如果是保险烧了，重新更换保险。

(3) 在(1)(2)正常的情况下，若是路由器坏了就送专门的地方修理。

故障现象 8：路由器部件损坏

路由器部件损坏在路由器硬件故障问题中比较常见。损坏的部件通常是接口卡，故障表现为两种情况：一种情况是，把有问题部件插到路由器上的时候，系统的其他部分都可以正常工作，但不能正确识别所插上去的部件，这种情况多数是因为所插的部件本身有问题。另外一种情况就是，所插部件可以被正确识别，但在正确配置完之后，接口不能正常工作，此种情况往往是因为存在其他的物理故障。此类路由器硬件故障问题的解决方法是，首先要确认到底是以上的哪一种情况，确认的方法是用相同型号的部件替换怀疑有问题的部件，就可以确认问题所在了。

故障现象 9：路由器连接的 Modem 故障

故障原因：

(1) 路由器与 Modem 没有连接或者网线没接好。

(2) Modem 本身故障。

(3) 协议或者速率不匹配。

故障现象 10：不明原因的线路故障

故障原因：

(1) 本地或远程路由器配置丢失。

(2) 远程路由器未加电。

(3) 线路故障，开关故障。

(4) 串口的发送时钟在 CSU/DSU 上未设置。

(5) CSU/DSU 故障。

(6) 本地或远程路由器硬件故障。

解决方法：

(1) 将 Modem、CSU 或 DSU 设置为“loopback”状态，用“show int s*”命令确认 line protocol 是否为 up，如果为 up，证明是电信局故障或远程路由器已经关闭。

(2) 如果远程路由器也出现上述故障，重复步骤(1)。

(3) 检查电缆所连接的串口是否正确，用 show controllers 确认哪根电缆连接哪个串口。

尽管导致问题的原因可能就像线缆掉了这样简单，但可能是路由器的 ISDN 接口和运营商的 ISDN 交换机失去了通信。要确定情况是否确实如此，首先需使用 show isdn status 命令检查 ISDN 状态。下面是该命令输出的例子：

```
ISDN BRI3/0 interface
dsl 16, interface ISDN Switchtype = basic-ni
Layer 1 Status:
ACTIVE
Layer 2 Status:
TEI = 64, Ces = 1, SAPI = 0, State = MULTIPLE FRAME ESTABLISHED
TEI = 73, Ces = 2, SAPI = 0, State = MULTIPLE FRAME ESTABLISHED
TEI 64, ces = 1, state = 5(init)
spid1 configured, spid1 sent, spid1 valid
Endpoint ID Info:  epsf = 0, usid = 0, tid = 1
TEI 73, ces = 2, state = 5(init)
spid2 configured, spid2 sent, spid2 valid
Endpoint ID Info:  epsf = 0, usid = 1, tid = 1
Layer 3 Status:
0 Active Layer 3 Call(s)
Active dsl 16 CCBs = 0
The Free Channel Mask: 0x80000003
Total Allocated ISDN CCBs = 0
```

要确定各方面是否都正常，应该在该输出中查找三个主要的方面：

- Layer 1 Status 应该是 ACTIVE。
- Layer 2 Status 应该是 MULTIPLE_FRAME_ESTABLISHED。
- Under Layer 2，spid1 和 spid2 都应该是 configured and valid。

在例子的输出中，这些都是正常的。当然，如果这些都是正常的，就不会有问题。下面再考虑例子的输出来查看一个有问题配置的情况。

```
Global ISDN Switchtype = basic-ni
ISDN BRI3/0 interface
dsl 24, interface ISDN Switchtype = basic-ni
Layer 1 Status:  DEACTIVATED
Layer 2 Status:  Layer 2 NOT Activated
TEI Not Assigned, ces = 1, state = 3(await establishment)
spid1 configured, spid1 NOT sent, spid1 NOT valid
TEI Not Assigned, ces = 2, state = 3(await establishment)
spid2 configured, spid2 NOT sent, spid2 NOT valid
Layer 3 Status:
0 Active Layer 3 Call(s)
Active dsl 24 CCBs = 0
The Free Channel Mask:  0x80000003
Total Allocated ISDN CCBs = 0
```

在这个输出中，应该注意的第一件事情是，Layer 1 是 DEACTIVATED。在这种情况下，ISDN 电缆仍然连接，但是 ISDN 交换机没有连接，或者 ISDN 交换机和路由器上的 ISDN 接口间失去了通信。

4.4.4　路由器接口故障

路由器接口主要故障是路由器接口故障、以太接口故障、异步通信口故障、串口故障、ISDN 接口故障。

1. 路由器接口故障

故障现象 1：路由器线路不通，无法建立连接

(1) 用网线将路由器的 WAN 口与 Modem 相连，电话线连 Modem 的 Line 口。Modem 与路由器之间的连接应当使用直通线。

(2) 检查路由器 LAN 中的 Link 信号灯是否显示，路由器至局域网是否正常联机。路由器的 LAN 端口既可以直接连接至计算机，也可以连接至交换机。

(3) 从 show interface serial 命令开始，检查每个端口的状态，解释屏幕输出信息，查看端口状态、协议建立状态和 EIA 状态。分析它的屏幕输出报告内容，找出问题所在。

如果是路由器端口错误，更换路由器端口。

故障现象 2：主机到本地路由器的以太网口不通

把路由器的以太网口看作是普通主机的以太网卡，用 show interface Ethernet number 命令排查：

```
Router#show interface Ethernet 0
Ethernet is up,line protocol is down
```

如果是 Ethernet is down，把线缆接上。若线缆已接上，Ethernet 依然是 down，请与代理联系。

故障现象 3：主机到对方路由器广域网口或以太网口不通

在路由器上检查两个广域网口之间是否连通，若不通，用 netstat -rn 命令查找路由：

```
Router#show ip route
Router#show running-config
Router eigrp 1
Network ...
Network ...
```

检查两端路由器配置的路由协议是否一致，是否在一个自治系统里面，加入的网段是否正确。

(1) 检查主机到本地路由器的以太口。

(2) 检查两个广域网口。

(3) 检查主机到对方路由器的广域网口。

(4) 检查主机到对方路由器的以太网口。

可用 telnet 命令远程登录到对方路由器上，按检查本地主机到本地路由器的以太口的方法检查对方局域网连接情况。重复(3)和(4)，检查对方到本地情况，经过以上几个步骤，问题仍未解决，请与代理联系。

2. 以太接口故障

以太接口的典型故障问题是带宽的过分利用，碰撞冲突次数频繁，使用不兼容的帧类型。使用 show interface ethernet 命令可以查看该接口的吞吐量、碰撞冲突、信息包丢失和帧类型的有关内容等。

(1) 通过查看接口的吞吐量可以检测网络的带宽利用状况。如果网络广播信息包的百分比很高，网络性能就会开始下降，光纤网转换到以太网段的信息包可能会淹没以太口。互联网发生这种情况可以采用优化接口的措施，即在以太接口使用 no ip route-cache 命令，禁用快速转换，并且调整缓冲区和保持队列的设置。

(2) 两个接口试图同时传输信息包到以太电缆上时，将发生碰撞。以太网要求冲突次数很少，不同的网络要求是不同的，一般情况下发现每秒有三五次冲突就应该查找冲突的原因。碰撞冲突产生拥塞，碰撞冲突的原因通常是敷设的电缆过长、过分利用电缆或者有“聋”节点。以太网络在物理设计和敷设电缆系统管理方面应有所考虑，超规范敷设电缆可能引起更多的冲突发生。

(3) 如果接口和线路协议报告网络处于运行状态，并且节点的物理连接都完好，可是不能通信，则引起问题的原因也可能是两个节点使用了不兼容的帧类型。解决问题的办法是重新配置使用相同帧类型。如果要求使用不同帧类型的同一网络的两个设备互相通信，可以在路由器接口使用子接口，并为每个子接口指定不同的封装类型。

判断以太端口故障可以用 show interface ethernet 0(对于以太端口 0 的诊断)命令，它用来检查一条链路的状态，如下所示：

```
Router # show interface Ethernet 0
Ethernet 0 is up,
Line protocol is up
```

正常：

```
Ethernet 0 is up, line protocol is up;
```

路由器未接到 LAN 上：

```
Ethernet 0 is up,line protocol is down;
```

接口故障：

```
Ethernet 0 is down,line protocol is down(disable);
```

接口被人为关闭：

```
Ethernet 0 is administratively;
```

当怀疑端口有物理性故障时，可用 show version 命令，将显示出物理状态正常的端口，而出现物理故障的端口将不被显示。

3. 异步通信口故障

互联网络的运行中，异步通信口的任务是为用户提供可靠服务，但又是故障多发部位。异步通信口故障一般的外部因素是：拨号链路性能低劣，电话网交换机的连接质量问题，调制解调器的设置问题。

检查链路两端使用的调制解调器：连接到远程 PC 机端口调制解调器的问题不多，因为每次生成新的拨号时通常都初始化调制解调器，利用大多数通信程序都能在发出拨号命令之前发送适当的设置字符串；连接路由器端口的问题较多，这个调制解调器通常等待来自远程调制解调器的连接，连接之前，并不接收设置字符串。如果调制解调器丢失了它的设置，应采用一种方法来初始化远程调制解调器。简单的办法是使用可通过前面板配置的调制解调器；另一种方法是将调制解调器接到路由器的异步接口，建立反向 telnet，发送设置命令配置调制解调器。

show interface async 命令、show line 命令是诊断异步通信口故障使用最多的工具。show interface async 命令输出报告中，接口状态报告关闭的唯一情况是，接口没有设置封装类型。线路协议状态显示与串口线路协议显示相同。show line 命令显示接口接收和传输速度设置以及 EIA 状态显示。show line 命令可以认为是接口命令(show interface async)的扩展。查看 show line 命令输出的 EIA 信号可以判断网络状态。

确定异步通信口故障一般可用下列步骤：检查电缆线路质量；检查调制解调器的参数设置；检查调制解调器的连接速度；检查 rxspeed 和 txspeed 是否与调制解调器的配置匹配；通过 show interface async 命令和 show line 命令查看端口的通信状况；从 show line 命令的报告检查 EIA 状态显示；检查接口封装；检查信息包丢失和缓冲区丢失情况。

4. 串口故障

串口出现连通性问题时，为了排除串口故障，一般是从 show interface serial 命令开始，分析它的屏幕输出报告内容，找出问题之所在。串口报告的开始提供了该接口状态和线路协议状态。接口和线路协议的可能组合有以下几种：

(1) 串口运行，线路协议运行。这是完全的工作条件，该串口和线路协议已经初始化，并正在交换协议的存活信息。

(2) 串口运行，线路协议关闭。显示此信息说明路由器与提供载波检测信号的设备连接，表明载波信号出现在本地和远程的调制解调器之间，但没有正确交换连接两端的协议存活信息。可能的故障原因是路由器配置问题、调制解调器操作问题、租用线路干扰或远程路由器故障。数字式调制解调器的时钟问题，通过链路连接的两个串口不在同一子网上，也会出现这个报告。

(3) 串口和线路协议都关闭。出现此信息可能是电信部门的线路故障、电缆故障或者调制解调器故障。

(4) 串口管理性关闭和线路协议关闭，这种情况是在接口配置中输入了 shutdown 命令。通过输入 no shutdown 命令，打开管理性关闭。

接口和线路协议都运行的状况下，虽然串口链路的基本通信建立起来了，但仍然可能由于信息包丢失和信息包错误而出现许多潜在的故障问题。正常通信时接口输入或输出信息包不应该丢失，或者丢失的量非常小，而且不会增加。如果信息包丢失有规律性地增加，表明通过该接口传输的通信量超过了接口所能处理的通信量。解决的办法是增加线路容量，查找其他原因发生的信息包丢失，查看 show interface serial 命令的输出报告中的输入/输出保持队列的状态。当发现保持队列中信息包数量达到了信息的最大允许值时，可以增加保持队列设置的大小。

① 串行端口故障的诊断。

对于串行端口故障的诊断，可以用 show interface serial 0(对于串行端口 0)检查一条链路的状态：

```
Router # show int serial 0
Serial 0 is up, line protocol is up
```

- Serial 0 is up，line protocol is up：正常。
- Serial 0 is up，line protocol is down：端口无物理故障，但上层协议未通(IP、IPX、X25 等，请查看路由器的配置命令，检查地址是否匹配)。
- Serial 0 is down，line protoco1 is down(disable)：端口出现物理性故障，只有更换端口。
- Serial 0 is down，line protocol is down：DCE 设备(MODEM/DTU)未送来载波/时钟信号，请与电信部门联系。
- Serial 0 is administratively down，line protocol is down：接口被人为关闭，可在配置状态中 interface-mode 下去掉 shutdown 命令。

② 通信中断时故障的诊断。

当发现与远程的通信中断时，我们应按照下面的顺序来隔离故障。

从线路到端口判断线路是否中断(DDN 线路)：

- 查看 DTU 的指示灯

DTU 上共有四种指示灯：Power、Line、DTR、Ready。Power 灯在 DTU 上电后应保持长亮，而 Line、Ready 灯就表示了该 DTU 与 DDN 节点机连接的情况，正常情况下这两个灯也应该长亮。如果发现有异常，应及时与 DDN 网管中心联系。

DTR 灯表示 DTU 与 DTE(路由器)的连接情况，当路由器上电后，若串口状态正常，则 DTU 上的 DTR 灯也应保持长亮(当线路不通时，偶尔闪亮一下)。

- 查看 MODEM 上的指示灯

对于同步专线，一般来说，CD、TD、RD 应保持长亮，当有数据在广域网线路上传输时，TD 和 RD 灯将不停闪烁，当这些灯不正常时，应与电信部门联系。

5. ISDN 接口故障

ISDN 接口的物理故障可能的原因：

(1) PRI 接口。

采用 display controller e1 命令可以查询 PRI 接口物理连接是否正确。如果该 CE1/PRI 接口处于 DOWN 状态，说明物理连接不正确，可能是接口脱落导致，或者同轴电缆接反，需要将接头插紧或者调整同轴电缆连接。如果已经确认接口的物理连接正确，但是仍然无法进入 UP 状态，则检查电缆两端的物理帧格式封装。Quidway 26/36 系列路由器默认采用 NO-CRC4 帧格式校验。只有电缆两端帧格式校验配置一致，CE1/PRI 接口才能正常进入 UP 状态。

(2) BRI 接口。

BRI 接口没有呼叫时其接口始终处于去激活状态。当路由器一上电启动，使用 display interfaces bri 命令就能查询到该接口物理状态为 UP，协议状态是 spoofing，因此在没有呼叫时无法判断 BRI 接口物理状态是否正常。

当 PRI 接口物理状态正常时，或采用 BRI 接口进行呼叫时，如果使用 debug isdn q921 命令只显示 SABME 帧，而无法显示收发的 RR 帧，则说明 Q.921 链路建立失败。

如果确认是 Q.921 链路建立失败，由于 Q.921 协议描述了非对称设备之间的通信参数和规程，即电缆两端必须一端作用户侧，一端作网络侧，而 Quidway 26/36 系列路由器目前只支持用户侧，因此与之相连的交换机必须配置为网络侧，否则无法成功建立连接。

如果采用 ISDN 拨号，使用 debug isdn q921 和 debug isdn q931 命令打开 ISDN 调试开关，若出现 RR 帧则说明物理连接和 Q.921 协议运行正常，再通过查看 Q.931 消息 Disconnect 或者 Release、Release Complete 中的 Cause 原因值来获取呼叫挂断的原因，然后根据具体原因进行修改。

在采用 ISDN 拨号时交换机的最小和最大号码长度判断很严格。如果在发起呼叫的 Setup 消息之后，交换机返回 Disconnect 消息，并且 Cause 原因值为 9c，表明呼叫号码不正确，需要确认交换机配置的最小号长或者最大号长是否正确。

4.4.5　路由器设置、配置故障

路由器设置、配置不但要符合路由器自身的功能特点，而且还要符合所在网络的具体要求。

故障现象 1：两端路由器的广域网端口之间不能正常通信

两端路由器的广域网端口之间不能正常通信，问题很可能就出现在路由器封装上。

(1) 路由器未作任何配置，或者配置错误。

(2) 当采用 DDN 专线连接时，路由器两端需要配置相同的协议封装，否则就会总是提示“line protocol is down.”。

(3) Modem 之间的专线没有连通。

(4) 使用“show running-config”查看两端路由器配置。

故障现象 2：路由器专线连接传输速率慢而且丢包现象严重

专线连接出现故障的几率比较小，出现传输速率慢而且丢包，可能出现在两端路由器的串行端口时钟设置或线路上。

(1) 在串行接口上执行命令“invert transmit-clock”，使时钟对准。

(2) 时钟对准后仍不能解决问题，且确认配置无误，则需要检查线路是否正常。

故障现象 3：不能进行正常拨号

不能进行正常拨号的主要原因是路由器的地址设置方面。

解决方法是：打开 Web 浏览器，在地址栏中输入路由器的管理地址，如 192.168.1.1，此时系统会要求输入登录密码(该密码可以在产品的说明书上查询到)，登录后进入管理界面，选择菜单“网络参数”下的“WAN 口设置选项，设置“WAN 口连接类型”为“PPPoE”，输入“上网账号”及“上网口令”，单击连接按钮即可。

故障现象 4：部分计算机无法正常连接

部分计算机无法正常连接一般是由于 ISP 绑定 MAC 地址造成无法连接，因为有些 ISP 为了限制接入用户的数量，而在认证服务器上对 MAC 地址进行了绑定，不在绑定范围内的用户就不能正常连接上网。

解决方法是：重新定义 MAC 地址，不绑定范围、不限制接入用户的数量。

故障现象 5：路由表中丢失部分路由

可以查询一下是否本路由器配置了路由过滤。可查看是否配置了命令 distribute list in(在 OSPF 协议配置模式下)。如果配置了，再查询 access-list 中的访问规则，是否丢失的路由恰好是访问列表中所过滤的。

故障现象 6：路由表不稳定，时通时断

表现形式为：路由表中的部分或者全部路由表不稳定，一会儿加上了，一会儿又丢失了，且变化很快。这种错误不太好分析，可能由以下几种原因产生。

网络中线路质量不好，导致线路时通时断，造成 OSPF 的路由随之不停地更改。可以通过检查相应的链路层协议是否正常来定位问题的原因。

在拨号的情况下，如果是多台路由器同时拨一台路由器，应将所有这些拨号的接口类型改为 point-to-multipoint。因为默认的网络类型是 point-to-point，如果不加更改，当有多台路由器同时拨入时，接入方会在这些拨入的路由器之间不停地选择其中的一个并建立邻接关系，导致路由不稳定。

也有可能是自治系统中有两台路由器的 Router ID 相同。协议中规定，一台路由器的 Router ID 应该在整个自治系统中唯一。如果有两台路由器的 Router ID 相同，协议运行就会出现故障。这两台路由器如果是邻居，在相互接收对方的 hello 报文时会检测到这一错误，导致无法建立邻接关系。如果这两台路由器不是直接相连的，而是分别位于自治系统中的两个不同的地方，则表现出的现象是部分路由时断时通。可以通过查看这部分不正常的路由所属的路由器来定位此问题。

故障现象 7：无法引入自治系统外部路由

某台路由器引入了自治系统外部路由后，却无法在其他路由器上发现这些路由，则很可能是由于本路由器处于一个 STUB 区域之内。因为按照协议规定，STUB 区域内不传播 Type5 类型的 LSA，所以这种类型的 LSA 既不能由区域外传播进来，也同样不能由区域内传播出去。实际上即使是同一个区域内的其他路由器也无法获得这些路由信息。

故障现象 8：区域间路由聚合的问题

通过在 ABR 上配置路由聚合可以大大减少自治系统中的路由信息，但如果配置不当，也会出现如下问题：某个区域配置了聚合之后，在其他区域中虽然有聚合后的路由，但未聚合前的路由仍旧存在。出现这种现象多半是因为该区域有两个以上的 ABR，用户只在其中一台 ABR 上配置了聚合命令，而没有在其他的 ABR 上配置相同的命令。配置了路由聚合之后，路由表显示正常，但无法 ping 通某些目的地址。

故障现象 9：路由配置错误

路由器是网络互联的设备，所以应用的不正确往往与整个网络相关。在一个最简单的网络环境中，例如，办公室使用一台 Quidway 1603 通过 PSTN 或 ISDN 拨号的方式访问 Internet，需要正确地安装路由器并连接外部线缆，对路由器进行简单配置，同样需要终端主机正确地指定网关和 DNS 的地址(利用 DHCP Server 的情况除外)。另外，日益复杂的网络应用环境对网络设备的排错提出了更多的要求。病毒的攻击即使目标不是路由器，也可以导致路由器的 CPU 占用率过高，从而影响业务处理的性能。所以在故障处理中，不论对于连通性的故障还是性能上的问题，全面系统地了解网络情况都是必须的。

故障现象 10：路由器升级故障

Quidway 系列路由器的版本软件包括 BootRom 软件和 VRP 主机软件两类，BootRom 是设备的引导软件，该程序保存在设备主板的 BootRom 芯片中，BootRom 设备运行的基本部分如果受到损坏(包括升级 BootRom 过程中的损坏)，只能更换芯片；VRP 是路由器的主机软件，包含了丰富的应用特性，它保存在路由器的 Flash 芯片中，也可以保存在路由器支持其他的存储介质上，如硬盘。BootRom 和 VRP 都是可以通过软件加载的方法进行升级的，主要包括串口升级、FTP 升级、

TFTP 升级几种手段。对于各个类型路由器支持的存储设备，以及详细的升级步骤和指导，可参考相关的安装手册和配置指导手册。

对于维护工程师来说，在升级前必须注意 BootRom 与 VRP 的配套关系。将增强型的路由器(如 R2631E)和非增强型路由器(如 R2631)的升级软件相混淆是一个易犯的错误。升级版本不配套的故障现象是主机软件异常启动，例如反复重启，要求加载新的软件。

Quidway 系列路由器的安装和使用注意事项应该严格按照安装手册进行。安装前应检查安装场所的温度和湿度、洁净度、静电、干扰、防雷击等要求是否满足；安装后应检查电源的输入电压幅值、频率、中性点的连接及保护地、接地电阻等是否满足要求；使用过程中的维护如升级 BootRom、更换内存条、功能模块接口卡的更换等，要严格按照维护流程操作。具体规范和要求可参照华为 Quidway 各系列路由器安装手册。

4.4.6　宽带路由器故障

在中小型企业用户中宽带路由器应用非常普遍。对于一些网络新手来说，出现一些说明手册未涉及的故障时，有时难以应对。下面就一些常见的故障和问题进行分析，并提供解决方法。

故障现象 1：线路不通，无法建立连接

(1) 用网线将路由器的 WAN 口与 ADSL Modem 相连，电话线连接 ADSL Modem 的 Line 口。ADSL Modem 与宽带路由器之间的连接应当使用直通线。

(2) 检查路由器 LAN 中的 Link 灯信号是否显示，路由器至局域网是否正常联机。路由器的 LAN 端口既可以直接连接至计算机，也可以连接至交换机。

故障现象 2：网络设置不正确

查看手册找到路由器默认管理地址。例如，路由器默认 IP 地址是 192.168.1.1，掩码是 255.255.255.0，则将计算机接到路由器的局域网端口。可以使用两种方法为计算机设置 IP 地址。

(1) 手动设置 IP 地址。

设置计算机的 IP 地址为 192.168.1.xxx(xxx 范围是 2～254)，子网掩码为 255.255.255.0，默认网关为 192.168.1.1。采用小区宽带接入方式时，应当确保 DHCP 分配的内部 IP 地址与小区采用的 IP 地址在不同的网段。

(2) 利用路由器内置 DHCP 服务器自动设置 IP 地址。

将计算机的 TCP/IP 协议设置为“自动获得 IP 地址”“自动获得 DNS 服务器地址”。

关闭路由器和计算机电源。先打开路由器电源，然后再启动计算机。

故障现象 3：无法进行 ADSL 拨号

打开 Web 浏览器，在地址栏中输入路由器的管理地址，如 192.168.1.1，此时系统会要求输入登录密码。该密码可以在产品的说明书上查询到。进入管理界面，选择“网络参数”下的“WAN 口设置”，设置“WAN 口连接类型”为“PPPoE”，输入“上网账号”和“上网口令”，单击“连接”按钮即可。

故障现象 4：ISP 绑定 MAC 地址造成无法连接

有些宽带提供商为了限制接入用户的数量，在认证服务器上对 MAC 地址进行了绑定。此时，可先将被绑定 MAC 地址的计算机连接至路由器 LAN 端口(但路由器不要连接 Modem 或 ISP 提供的接线)，然后，采用路由器的 MAC 地址克隆功能，将该网卡的 MAC 地址复制到宽带路由器的

WAN 端口。在 Windows 系统中单击“开始”→“运行”，输入 cmd/k ipconfig /all，其中 Physical Address 就是本机 MAC 地址。

故障现象 5：上网一段时间后就掉线，关闭路由器后再开启又可以连通

(1) 网络中过多的 DHCP 服务器引起 IP 地址混乱。需要将网络中的所有 DHCP 服务器关闭，使用手动指定 IP 地址的方式或仅保留一个 DHCP 服务器。这些 DHCP 服务器可能存在于 Windows 服务器、ADSL 路由器或 ADSL Modem 中。

(2) 该型号路由器与 ISP 的局端设备不兼容。这类问题只有换用其他型号的路由器或者 ADSL Modem，再观察问题是否解决。

(3) 路由器和 ADSL 设备散热不良。如刚上网时正常，过一会儿网速下降，这时如果用手摸设备很烫，换一个设备速度就正常，说明散热环境不好。

(4) 查看所有连接的计算机是否有蠕虫病毒或者木马。先使用杀毒工具和木马专杀工具扫描清除掉计算机内的病毒或者木马，然后再接在网络上。

故障现象 6：网费远远超出预计费用

如果是非包月用户，可以选择“按需连接”或者“手动连接”，并且输入自动断线等待时间，防止忘记断线一直连接而浪费上网时间。如果采用计时收费的资费标准，应当将路由器设置为“按需连接”，同时还应当设置自动断线的等待时间，即当在指定的时间内没有 Internet 访问请求时，路由器能够自动切断 ADSL 连接。

故障现象 7：出现能使用 QQ 和玩游戏，但是不能打开网页的现象

这种情况是 DNS 解析的问题，建议在路由器和计算机网卡上手动设置 DNS 服务器地址(ISP 局端提供的地址)。另外，在“DHCP 服务”设置项，也手动设置 DNS 服务器地址，该地址需要从 ISP 供应商那里获取。

故障现象 8：忘记了登录路由器管理页面的密码

某些路由器设备后面有一个 Reset 按钮，根据说明按住这个按钮数秒会恢复默认配置，登录 Web 的用户名和密码分别恢复成初始值。

故障现象 9：宽带路由器的 LAN 口或 WAN 口的 LED 指示灯不亮

宽带路由器的 LAN 口或 WAN 口的 LED 指示灯不亮是设备连接错误。

(1) 检查宽带路由器的电源开关是否已经打开。

(2) 检查 LAN 口是否正确连接至计算机或其他交换机。

(3) 检查 LAN 口连接至其他设备时，是否采用了交叉线。

(4) 检查跳线的连通性是否没有问题。

(5) 检查 WAN 口是否正确连接至 ADSL Modem，或者其他 Internet 接入设备。

故障现象 10：无法建立与 ISP 的连接

宽带路由器无法建立与 ISP 的连接是 Internet 连接错误。

(1) Internet 链路故障，对于宽带路由器的用户而言，可能是距离太远。

(2) 电话线路不好。

(3) 电磁干扰严重。

(4) 在滤波器前接入了其他设备。

(5) 宽带路由器故障。

(6) ISP 绑定了 MAC 地址，限制了接入用户的数量，均会导致与 Internet 连接不上。

故障现象 11：宽带路由器配置错误

宽带路由器配置错误使用户无法正常接入 Internet 的应用。

(1) 没有正确设置 Internet 接入方式。

(2) 没有正确设置用户名和密码。

(3) 没有正确设置 DNS 服务器的 IP 地址，用户不能得到正确的 IP 地址信息。

(4) 没有正确设置特殊应用程序服务，致使某些网络游戏或网络应用无法实现。

故障现象 12：宽带路由器硬件故障

(1) 宽带路由器散热不良。

(2) 宽带路由器工作不稳定。

(3) 宽带路由器损坏。

故障现象13：网络用户不能正常接入Internet，或者不能正常使用Internet的应用

(1) 没有正确设置 Internet 接入方式。

(2) 没有正确设置用户名和密码。

(3) 没有正确设置 DNS 服务器的 IP 地址，用户不能得到正确的 IP 地址信息。

(4) 没有正确设置特殊应用程序服务，致使某些网络游戏或网络应用无法实现。

(5) 宽带路由器损坏。

(6) 路由器 WAN 口连接错误。具体设置请参见路由器说明书。

(7) 路由器的连接不正确。

(8) 工作站 IP 地址信息设置错误。

故障现象 14：不能实现网络电话

宽带路由器的某些程序需要多条连接，如 Internet 游戏、视频会议、网络电话等。由于防火墙的存在，这些程序无法在简单的 NAT 路由下工作。特殊应用程序使得某些这样的应用程序能够在 NAT 路由下工作。

单击“转发规则”→“特殊应用程序”，在“DMZ 主机 IP 地址”文本框中输入欲设置为 DMZ 主机的 IP 地址，并选中“启用”复选框，即可将该计算机暴露在 Internet 中。单击“保存”按钮，使配置生效。

特殊应用程序使用说明：

- 当内网主机向外网主机的触发端口发出连接请求时，其相应的开放端口将被打开，允许外网的主机通过这些开放端口与内网主机建立连接请求。
- 内网主机与外网主机的触发端口的连接请求释放时，其相应的开放端口将关闭。
- 每条规则在同一时刻只允许一台内网主机使用，其他内网主机的连接请求将被拒绝。
- 在同一时刻打开的开放端口不能重复。

4.4.7　路由器常见的故障现象

故障现象 1：配置的两台路由器间不能用 RIP 互通

如果配置的两台路由器间不能用 RIP 互通，在物理连接没有问题的时候，就要考虑是否是下面的原因。

(1) 在 Quidway 系列路由器之间不通。

可能是 RIP 没有启动，也可能是相应的网段没有使用。

这里需要注意的是，在使用 network 命令时要按地址类别配置相应的网段。例如接口地址 137.11.1.1，由于 137.11.1.1 是 B 类地址，如果设置 network 137.0.0.0，报文将不会被对端接收，此时配置成 network 137.11.0.0 就可以正确接收了。

(2) 接口上把 RIP 给关掉了。

这时要查看一下配置信息，看看接口上是不是设置了 undo rip work、undo rip input 或 undo rip output 命令。

(3) 子网掩码不匹配。

在 RIP1 这样的有类别路由协议中，主网中的每一路由器和主机都应有相同的子网掩码。如果子网掩码长度不匹配，信息包就不能正确路由。

故障现象 2：不同厂商路由器设备的 RIP 兼容问题

先按照上面故障现象 1 的第(1)步进行相应检查。

然后考虑是不是版本设置不同。Quidway 系列路由器默认情况下，RIP 可以接收 RIP1 和 RIP2 广播报文，但是只能发送 RIP1 报文。如果 Quidway 系列路由器之间互通时，一个配置为 RIP1，一个配置为 RIP2，是可以正确地收发报文的。但是如果 Quidway 系列路由器和其他厂商路由器互通时，Quidway 系列路由器配置了 RIP2，而其他厂商路由器还是 RIP1，就有可能出现问题。

故障现象 3：RIP1 与 RIP2 的区别可能引发的故障

RIP1 与 RIP2 的区别可能引发的故障，要考虑是否是下面的原因：

(1) 配置验证没有起作用。

由于 RIP1 不支持验证，如果在启动 RIP 后就配置验证，实际上是不起作用的(默认条件下是 RIP1)，只有在两端的接口上配置了 rip version 2 后验证才能生效。

(2) 子网掩码没有匹配上。

在取消自动聚合的情况下，如果发送的报文中有一条 B 类地址的路由，但是配置了 24 位掩码，结果发现对端路由表上出现的是 16 位掩码。如 137.11.1.0/24，得到 137.11.0.0/16，就是由于没有配置 ip rip version 2。因为 RIP 1 不支持子网掩码，只能按地址类别聚合发路由，137.11.1.0 是 B 类地址，就会按类聚合为 137.11.0.0 发出去，RIP2 支持子网掩码，这样配置的子网掩码就能发过去了。

相关的问题还有对于两条在同一主网中的路由，如 10.1.0.0 和 10.110.0.0，在 RIP1 下不做区别都聚合成 10.0.0.0 往外发。在 RIP2 下都配置 16 位掩码就可以区别发出。

(3) 自动聚合引起的问题。

RIP1 永远使用聚合，且 RIP 的聚合是按照类进行的，RIP2 默认也使用聚合，但是可以在协议模式下取消。需要注意的有两点：

- 取消自动聚合只对 RIP2 接口有效。
- 自动聚合是为了减少网络中的路由量，如果没有特殊原因，一般不要取消。

故障现象 4：RIP 性能故障

RIP 性能故障，要考虑下面的原因：

(1) 仅以 hop 作为 metric 的问题。

RIP 仅仅是以跳数作为选择路由的度量值，完全不考虑不同路径带宽的影响。这在某些情况下，会发现报文到达目的地所经过的路由并非最佳路由。例如，从源到目的的报文可能从 hop 为 1 的 ISDN 链路(该链路的真实作用是用于备份)转发，而不走带宽高达 10Mbps 的两个局域网链路，仅仅是因为其 hop 值为 2。

此时的解决办法就是重新设计网络或使用其他具有更大灵活性的路由协议(如 OSPF)。

(2) 广播更新问题。

RIP 默认设置是每隔 30s 进行广播交换整个路由表信息，这将大量消耗网络带宽，尤其是在广域网环境中，可能出现严重的性能问题。

当由于 RIP 广播而产生网络性能问题时，可以考虑使用 neighbor 命令配置 RIP 报文的定点传送。一方面，定点传送可用于在非广播网络(如帧中继网络)支持 RIP。另一方面，定点传送用于以太网环境可以显著减少其上的网络流量。

(3) 慢收敛问题。

RIP 是一个距离矢量协议，同时由于 Garbage 定时器的设置，可能会产生下面这个现象：有时配置了一个命令却发现没起作用，这可能会使我们认为是配置出错或者其他故障，其实是由于 RIP 慢收敛的原因需要一段延时，不要着急，先等几分钟，也许什么都没做就可以看到一切都正常了。

说明：

Garbage时间：当路由被标记为无效之后，此时路由器并不立即删除此路由，而是保持一段时间，只有在经过这段时间之后，路由器才真正将此路由从路由表中彻底删除。这段时间就称为 Garbage 时间。Garbage时间有助于增加网络的稳定性，但付出的代价是路由再次可用的时间推迟，即收敛更缓慢。

4.4.8　路由器协议故障

路由器协议故障主要是路由器协议故障和再分布故障。

路由器协议故障分 RIP、OSPF、BGP、IGRP、EIGRP、ES-IS 和 IS-IS 协议故障。

1. RIP 协议故障的排除

RIP 协议故障主要有：入接口不在 RIP 中；入接口工作不正常；对方发送的版本号与本地接口接收的版本号不匹配；入接口是否配置了 undo rip input 命令；在 RIP 中是否配置了策略，过滤掉收到的 RIP 路由；入接口是否配置了 rip metric in 命令，使得接收到的路由的度量值大于 16；收到的路由矢量(度量)值是否大于 16；检查在路由表中是否有其他协议学到的相同路由。华为定义的优先级是 100，思科定义的是 120。

故障现象 1：入接口不在 RIP 中

在使用 network 命令时要按地址类别设置相应的网段。入接口的 RIP 默认 cost 值为 0，出接口的 RIP 默认 cost 值为 1，RIP 协议的接口才会进行 RIP 路由的接收、发送。

- 使用命令 display current-configuration configuration rip 可以看到当前使能 RIP IP 地址的网段信息，检查入接口是否在其中。
- 是不是接口上把 RIP 给关掉了。
- 检查设置信息，看看接口上是不是设置了 undo rip work、undo rip input 或 undo rip output 命令。

- 是不是子网掩码不匹配。

在 RIP1 这样的有类别路由协议中，主网中的每一个路由器和主机都应有相同的子网掩码。如果子网掩码长度不匹配，信息包就不能正确路由。

故障现象 2：入接口是否正常工作

使用 display interface 命令，查看入接口的工作状态。如果接口当前物理状态为 Down 或 Administratively Down，或者当前协议状态为 Down，那么 RIP 将不能在该接口上正常工作。因此，必须确保接口的工作状态正常。

故障现象 3：版本不兼容

RIP 协议有 RIP1 与 RIP2，检查对方发送的版本号和本地接口接收的版本号是否匹配。当入接口与收到的 RIP 报文使用不同的版本号时，有可能造成 RIP 路由不能被正确接收。

把 RIP 路由配置成 RIP1 和 RIP2，可发送和接收 RIP 分组的特定版本。

```
interface e0
ip rip send version 1 2
ip rip receive version 1 2。
```

故障现象 4：接口配置了 undo rip input 命令

rip input 命令用来控制允许指定接口接收 RIP 报文。Undo rip input 命令用来禁止指定接口接收 RIP 报文。如果在入接口配置了 undo rip input，则从该接口上接收的 RIP 报文都得不到处理，导致收不到路由。

故障现象 5：接口配置了 silent-interface 命令

silent-interface 命令用来抑制接口使其不发送 RIP 报文。使用命令 display current-configuration configuration rip 查看接口是否被抑制。

如果是，则取消对该接口的抑制。

故障现象 6：接口配置了 undo rip output 命令

在接口上使用命令 display current-configuration 查看是否配置了 rip output。

rip output 命令用来允许接口发送 RIP 报文。Undo rip output 命令用来禁止接口发送 RIP 报文。如果显示出接口配置了 undo rip input，则将不能从该接口发送 RIP 报文。

故障现象 7：接口配置了水平分割命令

在出接口上使用命令 display current-configuration。查看是否配置了 rip split-horizon，如果显示有此配置，则表明在出接口上使用了水平分割。

水平分割是指，从一个接口学到的路由，将不能再从该接口对外发布。水平分割机制用于避免相邻邻居间的路由循环。所以轻易不要取消接口的水平分割。

故障现象 8：在 RIP 中配置了策略，过滤掉引入到 RIP 的路由

filter-policy export 命令用来配置全局出口过滤策略，只有通过过滤策略的路由才能被加入 RIP 的通告路由表中，并通过更新报文发布出去。

故障现象 9：如果要发送的路由是本地的接口地址，检查该接口的状态

使用 display interface 命令，查看接口的工作状态。如果显示接口当前物理状态为 Down 或 Administratively Down，或者出接口的当前协议状态为 Down，则该接口的 IP 地址将不会被加入 RIP 的通告路由表，从而不会发送给邻居。

故障现象 10：有其他特殊问题

如果出接口不支持组播，而要发送的报文是发送到组播地址；或者如果出接口不支持广播，而要发送的报文是发送到广播地址，将会出现故障。这时可以先排除接口的问题，然后在 RIP 模式下配置 peer 命令，使用单播地址进行发送，可以避免此故障发生。

如果检查结束，故障仍然无法排除，请联系技术支持工程师。

故障现象 11：路由不可到达

检查收到的路由度量值是否大于 16，如果接收到的 RIP 路由的度量值超过 16，则认为该路由不可达，从而不会将该路由加到路由表。

故障现象12：检查在路由表中是否有其他协议学到的相同路由，通过 display rip 1 route 查看是否从邻居接收到了路由

可能的情况是：RIP 路由已经正确接收了，同时本地还从其他的协议学到了相同的路由，比如 OSPF 或者 IS-IS。这时，OSPF 或 IS-IS 的协议权重往往大于 RIP，路由管理将优先选择通过 OSPF 或 IS-IS 学到的路由。通过命令 display iprouting-table protocol rip verbose 应该可以看到该路由，状态应该是非激活的。

如果检查结束，故障仍然无法排除，请联系技术支持工程师。

故障现象 13：不匹配的认证密钥

RIPv2 的一个选项是可以认证的 RIPv2 更新，为了增强安全性，当使用认证时，必须在双方配置口令。这个口令被称为认证密钥。如果这一密钥与另一方的密钥不匹配，双方都将忽略 RIPv2 更新。

在接口上配置 ip rip authentication key-chain，cisco 用 debug ip rip 调试。

故障现象 14：不连续网络

当主网络被另一个主网络分隔开时，称为不连续网络。

解决方法 1：使用静态路由。

解决方法 2：将路由器之间的链路地址改为左右不连续网络中的一部分。

解决方法 3：在两台路由器上用 no auto-summary 配置启用 RIPv2 的无类别路由选择版本。

```
router rip
version 2
network x.x.x.0
no auto-summary
```

解决方法 4：使用无类别路由选择协议。如用 OSPF、EIGRP、IS-IS 替代 RIPv1 路由选择协议。

故障现象 15：不合法的源地址

当 RIP 告诉路由选择表安装路由时，它执行源合法性检查。如果源所在子网与本地接口不同，RIP 则忽略更新并且不在路由选择表中安装从这个源来的路由。

当一方有编号而另一方无编号时，必须关闭这个检查。

```
router rip
no validate-update-source
```

故障现象 16：翻动(flapping)路由

路由翻动是指路由选择表中一条路由的不断删除和再插入。为了检查路由是否真的翻动，检查路由选择表并查看路由的寿命(age)。如果寿命被不断地重置为 00:00:00，这就意味着路由正在翻动。

RIP 有 180s 没有收到一条路由，那么该路由将保持 240s，然后被清除。

- 使用 show interface 来检查接口统计值。
- 帧中继环境分组丢失。
- 使用 show ip route rip 可以检查 RIP 多久没有更新。
- 使用 show interface serial 0 可查看接口上是否有大量的广播分组被丢弃。帧中继情况下，可能需要调整帧中继广播队列。在非帧中继的环境中，可能需要增加输入或输出保留队列。

2. OSPF 协议故障的排除

由于 OSPF 协议自身的复杂性，难免会在配置的过程中出现错误。OSPF 协议正常运行的标志是在每一台运行该协议的路由器上应该得到的路由一条也不少，并且都是最优路径。

排除故障的步骤：

(1) 配置故障排除。

检查是否已经启动并正确配置了 OSPF 协议。

(2) 局部故障排除。

看一看两台直接相连的路由器之间协议运行是否正常。

(3) 全局故障排除。

检查一下系统设计，主要是指区域的划分是否正确。

(4) 其他疑难问题。

路由时通时断，路由表中存在路由却无法 PING 通该地址，需要针对不同的情况具体分析。

故障现象 1：OSPF 协议配置不当可能产生的错误

- 与其他路由器无法正常建立邻居关系。
- 两个接口不在同一个网段。
- 两个接口所属的区域不相同。
- 错误的虚连接报文。
- 本端未配置虚连接。
- 报文的发送方不是本端所指定的邻居。
- 两个接口的验证类型不相同。
- 两个接口的验证字不相同。
- 对端路由器与本路由器相连接口的 IP 地址的掩码不同。
- 两个接口的 hello-interval 不相同。
- 两台路由器其中一台将该接口所属的区域配置成 stub 区域，而另一台没有 HELLO: router id confusion。
- 两台路由器的 Router ID 相同。

通过修改对端路由器或本端路由器的配置可以解决以上这些错误。

首先检查基本的协议配置是否正确：

- 是否已经配置了 Router ID。

使用命令 Quidway(config)#router id X.X.X.X。Router ID 可以配置为与本路由器一个接口的 IP 地址相同。需要注意的是，不能有任何两台路由器的 Router ID 完全相同。

- 检查 OSPF 协议是否已成功地被激活。

使用命令 Quidway(config)# router ospf 启动协议的运行，该命令是协议正常运行的前提。

- 检查需要运行 OSPF 的接口是否已配置属于特定的区域。

使用命令 Quidway(config)#networkaddress wild-mask area area_id 将接口配置为属于特定区

域。可通过命令 show ip ospf interface interfacename 来查看该接口是否已经配置成功。

- 检查是否已正确地引入了所需要的外部路由。

实际运行中可能经常需要引入自治系统外部路由(其他协议如 BGP 或静态路由)，如果需要，是否已经通过命令 Quidway(router-ospf-config)# redistribute 配置了引入。

故障现象 2：OSPF 协议在接收报文时记录的可能发生的错误

- 两个接口不在同一个网段：OSPF: area mismatch。
- 两个接口所属的区域不相同：OSPF: bad virtual link。
- 错误的虚连接报文。
- 本端未配置虚连接报文的发送方不是本端所指定的邻居。
- 两个接口的验证类型不相同。
- 两个接口的验证字不相同。
- 对端路由器与本路由器相连接口的 IP 地址的掩码不同。
- 两个接口的 hello-interval 不相同。
- 两台路由器其中一台将该接口所属的区域配置成 stub 区域，而另一台没有 HELLO: router id confusion。
- 两台路由器的 Router ID 相同。

通过修改对端路由器或本端路由器的配置可以解决以上这些错误。

故障现象 3：双方在接口上的配置不一致

如果物理连接和下层协议正常，则检查在接口上配置的 OSPF 参数，必须保证此参数与该接口相邻的路由器的参数一致。这些参数包括：hello-interval、dead-interval 和 authentication。

区域(area)号必须相同，网段与掩码也必须一致，点到点与虚连接的网段与掩码可以不同。

这些错误可以通过命令 show ip ospf error 来查看。

故障现象 4：hello-interval 与 dead-interval 之间的关系不对应

按照协议规定，接口上的 dead-interval 的值必须大于 hello-interval，并且至少在 4 倍以上，否则的话会引起邻居状态之间的震荡。

故障现象 5：网络的类型不对

若网络的类型为广播或 NBMA，至少有一台路由器的 priority 应大于零。

协议规定接口的 priority = 0 的路由器没有被选举权，即不能被选为 DR 或 BDR。而在广播或 NBMA 类型网络中，所有的路由器只与 DR 之间交换路由信息，所以至少应有一台路由器的 priority 大于零。

故障现象 6：区域的 STUB 属性必须一致

如果一个 AREA 配置成 STUB AREA，则在与这个区域相连的所有路由器中都应将该区域配置成 STUB AREA。

故障现象 7：接口的网络类型不一致

两台直接相连的路由器，它们之间的接口的网络类型必须一致，否则可能无法正确计算出路由。

查看接口的网络类型可以使用命令 show ip ospf interface。

如果发现双方类型不一致，可使用接口配置模式下的命令 ip ospf network 来修改。

需要特别注意的是：当两台路由器的接口类型不一致时，双方的邻居状态机仍旧有可能达到Full状态，但无法正确计算路由。

故障现象8：不匹配的参数

使用debug ip ospf adj命令能够看到大多数的不匹配问题。

(1) hello/dead间隔不匹配(匹配才可以形成邻居)。

(2) 认证类型不匹配(OSPF下有MD5和纯文本认证)。

```
router ospf 1
area 0 authentication message-digest
network x.x.0.0 0.0.255.255 area 0
```

(3) 不匹配的区域ID——区域信息在OSPF的HELLO分组中发送。若不同，就不会形成邻接。

(4) 不匹配的短截/传输/NSSA区域选项——当OSPF与一个邻居交换HELLO分组时，它所交换的一项内容是由8bit表示的可选能力。选项字段之一是E bit即OSPF短截标志。当E bit置0时，该路由关联的区域是一个短截区域，外部LSA不允许进入这个区域。

故障现象9：OSPF状态问题

成为邻居的路由器不保证交换链路状态更新。一旦路由器决定与一个邻居形成邻接，它就开始交换其链路状态数据库的一份完整拷贝。

(1) OSPF陷入ATTEMPT——仅对neighbor语句的NBMA网络有效。陷入ATTEMPT是指一台路由器试图通过发送它的HELLO来联系邻居，但是它没有收到响应。

此故障可通过show ip ospf neighbor查看。

原因：错误配置neighbor；NBMA上的单播连通性断了，这可能是由错误的DLCI、访问列表或转换单播的NAT引起的。

(2) OSPF陷入INIT——INIT状态表示路由器收到来自邻居的HELLO分组，但是双向通信并没有建立。

原因：

- 一方访问列表阻止了HELLO。
- 一方的多播能力失效(一个交换机故障)。
- 仅在一方启用了认证。
- 一方的frame-relay map/dialer map语句缺少了broadcast关键字。
- 一方的HELLO在第2层丢失了。

(3) OSPF陷入2-WAY——双向状态是指路由器在HELLO分组的邻居字段中见到了自己的路由器ID。类似于所有路由器的优先级都为0，则不会发生选举，所有路由器都停留在双向状态中。

解决：确保至少一台路由器具有一个至少为1的IP OSPF优先级。

(4) OSPF陷入EXSTART/EXCHANGE——在EXSTART或EXCHANGE状态的OSPF邻居正处于尝试交换DBD(数据库描述)分组的过程中。

原因：

- 不匹配的接口MTU。
- 邻居上重复的路由器ID。
- 无法用超过特定MTU的长度进行PING。
- 断掉的单播连通性，它可能是因为错误的DLCI、访问列表或转换单播的NAT导致。

(5) OSPF陷入LOADING——邻居没有应答或邻居的应答从未到达本地路由器，路由器也会陷入LOADING状态。常有“%OSPF-4-BADLSA”控制台信息。

原因：

不匹配的 MTU、错误的链路状态请求分组。

故障现象 10：点到点链路的一方是无编号的

```
interface s0
ip unnumbered loopback0
```

解决：双方都需要成为一个有编号点到点链路或一个无编号点到点链路。

故障现象 11：ABR 没有产生一个类型 4 的汇总 LSA

类型 4 的汇总 LSA 的一个功能是宣告到其他区域的 ASBR 的可达性。如果同一个区域中存在 ASBR，则不需要类型 4 的 LSA。

show ip ospf database external 命令的输出显示在路由器的外部 OSPF 数据库中是否存在路由。

show ip ospf database asbr-summary 命令的输出显示路由是否有类型 4 的 LSA。

检查 R 是否真是 ABR。如果是，则产生类型 3 或类型 4 的汇总 LSA。

3. BGP 协议故障的排除

BGP 协议故障的排除首先要检查第 1 或第 2 层，然后是 IP 连通性(第 3 层)、TCP 连接(第 4 层)，最后是 BGP 配置。

故障现象 1：直接的外部 BGP 邻居没有初始化

自治系统(AS)不会向 AS 发送或从 AS 接收任何 IP 前缀更新，除非邻居关系达到 established 状态，该状态是 BGP 邻居建立的最后阶段。当 AS 有一条单一的 EBGP 连接时，直到 BGP 完成了它的收发 IP 前缀操作后，IP 连通性才能发生。

原因：第 2 层宕掉了，阻止了与直接的 EBGP 邻居通信。在 BGP 配置中有错误的邻居 IP 地址。

使用命令 show ip bgp summary 和 show ip bgp neighbors 检查 BGP 邻居关系。

active 状态表示邻居间没有发生成功的通信，并且邻居未形成。用 PING 测试其连通性，失败则表示要修复第 1 或第 2 层问题。debug ip bgp 能够帮助诊断问题。

故障现象 2：非直连的外部 BGP 邻居没有初始化

有些情况下，EBGP 邻居不是直连的。BGP 邻居关系能够建立在试图形成由一台或多台路由器分隔开的 EBGP 邻居关系的路由器之间。这种邻居在 IOS 中称为 EBGP 多跳。

当路由器之间存在多个接口并且需要在那些接口之间 IP 流量负载均衡时，通常在回环接口之间建立 EBGP 对等实体。

可能的原因：

- 到非直连对等实体地址的路由从路由选择表中丢失了。
- BGP 配置中缺少 ebgp-multihop 命令。
- 缺少 update-source interface 命令。

故障现象 3：内部 BGP 邻居没有初始化

原因：

- 到非直连 IBGP 邻居的路由丢失了。
- BGP 配置中缺少 update-source interface 命令。

故障现象 4：BGP 邻居(外部和内部)没有初始化

接口访问列表/过滤是 BGP 邻居活动问题的一个常见原因。

故障现象 5：发送端未发送路由

在发送端使用 display bgp routing-table peer peer-address advertised-routes 命令查看路由是否发送。如果发送端未发送路由，则进行如下处理：

(1) 检查本地路由是否活跃。

使用 display bgp routing-table 命令查看路由是否活跃，即检查路由上是否有*>标记。如果不活跃，可能的原因是 Next_Hop 不可达或本地存在其他优选的路由。

(2) 检查是否不符合发布路由的原则。

- 被聚合抑制的路由不对外发布，使用 display bgp routing-table 命令查看路由是否有 s 标记。
- 被 Damping 抑制的路由不对外发布，使用 display bgp routing-table 命令查看路由是否有 s 标记。
- 从 IBGP 对等体学到的路由不向 IBGP 对等体转发。

(3) 检查是否配置的出口策略过滤了路由发布。BGP 可以使用的过滤器包括以下几种：

- 前缀列表过滤器：Prefix-List。
- 路径列表过滤器：AS_Path-List。
- 团体属性列表过滤器：Community-List。
- Route-Policy。

这些过滤器既可以应用于从对等体接收的路由信息，也可以应用于向对等体发布的路由信息。

可以使用 display current config bgp 命令查看配置信息。

故障现象 6：接收端未接收路由

在接收端使用 display bgp routing-table peer peer-address received-routes 命令查看路由是否接收。如果接收端未接收路由，则进行如下处理：

(1) 检查是否配置的入口策略过滤了路由接收，使用 display current config bgp 命令查看配置信息。

(2) 检查是否不符合接收路由的原则。

满足如下条件的路由将被拒绝接收：

- 未配置 peer allow-as-loop number 命令，本地 AS 号在所接收的路由的 AS_Path 属性中出现。
- 配置了 peer allow-as-loop number 命令，本地 AS 号在所接收的路由的 AS_Path 属性中的重复出现次数大于配置的 number 值(默认值为 1)。
- 从 EBGP 对等体收到的路由中，AS_Path 属性中的第一个 AS 号不是对方的 AS 号。
- Originator_ID 和本地 Router-ID 相同，或者为不合法值 0.0.0.0。
- 反射器收到的路由中 Cluster-List 中含有本地 Cluster-ID。
- Aggregator 是不合法值 0.0.0.0。
- Next_Hop 是本地的接口地址。
- 从直连 EBGP 对等体收到的路由的 Next_Hop 不可达。
- 配置了 peer route-limit alert-only，超限后收到的路由都将拒绝。

如果检查结束，故障仍然无法排除，请联系技术支持工程师。

故障现象 7：没有产生 BGP 路由

IP 路由选择表中没有匹配的路由，发生了配置错误。

4. IGRP 协议故障的排除

IGRP 一般用于连接不同网络的网关，可以让多个网关协调它们的路由。其目标是：

- 即使在庞大而复杂的网络里也能生成稳定的路由。
- 不会出现路由环路，哪怕是瞬时的路由环路也不会出现。
- 快速地对网络拓扑的更改做出响应。
- 低开销。IGRP 本身不会使用比实际需要更多的带宽。
- 当几条路由的状况大概相同时，在这几条平行的路由之间平分流量。
- 考虑不同路径上的出错率和流量水平。

IGRP 是矢量路由协议，默认四条线路做负载均衡，最大支持六条。但与 RIP 不同的是能用不等开销的链路做负载。IGRP 路由协议使用广播方式每隔 90s 发送一次升级包。如果在 270s 内没有收到该升级包，则认为邻居路由器崩溃。所有从这个路由器学到的路由都进入保持状态，保持时间是 280s。过了这个时间则丢弃那些路由条目。

IGRP 协议的配置方法与 RIP 的方法类似。IGRP 是 Cisco 特有的路由协议，虽然同样应用于规模较小的局域网络，但是与 RIP 路由协议有所不同，IGRP 使用 IP 层的端口号 9 进行报文交换，而 RIP 则是使用 520 端口进行报文交换。

IGRP 故障现象类似 RIP 和 EIGRP 的故障现象。

5. EIGRP 协议故障的排除

EIGRP 最初是 Cisco 公司的私有协议，2013 年已经公有化。

故障现象 1：不匹配的 K 值

为了建立 EIGRP 的邻居关系，计算 EIGRP 度量标准的 K 常数值必须相同。

K1-带宽　K2-负载　K3-延迟　K4，K5-可靠性

```
router eigrp 1
network x.x.x.x
metric weights 0 1 1 1 1 0
```

故障现象 2：不匹配的 AS 编号

EIGRP 不会与具有不同自治系统编号的路由器形成任何邻居关系。

故障现象 3：活动粘滞

活动粘滞可能的原因有：

- 坏的或拥塞的链路。
- 较少的路由器资源，如路由器上的低内存和高 CPU 处理。
- 较大的查询范围。
- 过多的冗余。
- 默认活动粘滞定时器只有 180s。

使用 show ip eigrp topology active 命令帮助排除 EIGRP 活动粘滞错误，仅在问题发生时有用，用户一次只有 180s 的时间来确定。邻居有一个 r 跟在后面表示它没有应答查询。追踪查询，一跳接一跳，在每一跳找出活动路由的状态。

故障现象 4：重复的路由 ID

EIGRP 只是为了外部路由而使用路由器 ID 的概念来防止环路。EIGRP 基于路由器上回环接口的最大 IP 地址来选择路由器 ID。如果路由器没有回环接口，则选择所有接口中最大的激活 IP

地址作为 EIGRP 的路由器 ID。

debug ip eigrp 可以看到接口上通告某个网络。

6. ES-IS 协议故障的排除

故障现象 1：ES-IS 邻接形式代替了 IS-IS 邻接形式

在 IP 环境中运行 IS-IS 的 Cisco 路由器仍然监听 ES-IS 协议所产生的 ISH。当物理层和数据链路层工作时，即使没有建立 IS-IS 邻接的适当条件，仍能形成 ES-IS 邻接。

```
show clns neighbors
```

故障现象 2：路由通告问题

- 大多数路由通告问题都可被限制为源端的配置问题或链路状态分组(LSP)的传播问题。
- Dijkstra 算法运行在 LS 数据库上来获得每个被通告路由的最佳路径。
- 以下两个调试帮助排除 LSP 洪泛问题和链路状态数据库同步。

```
debug isis update-packets
debug isis snp-packets
```

- 路由没有到达网络远端的问题可能有许多潜在原因，包括邻接问题，第 1 或第 2 层问题，IS-IS 错误配置以及其他问题。

故障现象 3：路由翻动问题

网络中 SPF 进程的高 CPU 利用率(show process cpu 命令)也应标记为不稳定。

- 不稳定链路。
- 翻动还有可能是由 LSP 的错误风暴或一个路由选择环路引起。
- show isis spf-log 命令显示哪个 LSP 变化最频繁，以及哪个 LSP 角发生了 SPF 计算。

7. IS-IS 协议故障的排除

故障现象 1：IS-IS 邻接问题

通常由链路故障和配置错误引起。

- show clns neighbors 显示所有希望与被调查的路由器成为邻接的邻居。
- debug isis adj-packets 命令可用来调试。

故障现象 2：部分或所有邻接没有形成

- 检查链路：how ip interface brief。
- 检查配置：how run。
- 检查不匹配的 1 级和 2 级接口。
- 检查区域的配置。
- 检查配置的子网。
- 检查重复的系统 ID。

故障现象 3：邻接陷入 INIT 状态

邻接陷入 INIT 状态的原因：不匹配的接口 MTU 和认证参数。show clns neighbors 命令可看到。

- 检查认证：debug isis adj-packets。
- 检查不匹配的 MTU：debug isis adj-packets。
- 检查 IS-IS 的 HELLO 填充禁止(命令同上)。

使用 show clns interface 查看接口上的 HELLO 填充状态。

4.5　网络层故障排除实例

4.5.1　网络层连通性故障

1. 网络层连通性故障的表现

网络层连通性故障通常表现为以下几种情况：

- 计算机无法登录到服务器。
- 计算机无法通过局域网接入 Internet。
- 计算机在“网上邻居”中只能看到自己，而看不到其他计算机，从而无法使用其他计算机上的共享资源和共享打印机。
- 计算机无法在网络内实现访问其他计算机上的资源。
- 网络中的部分计算机运行速度十分缓慢。

2. 网络层连通性故障的原因

以下原因可能导致网络层连通性故障：

- 网卡未安装，或未安装正确，或与其他设备有冲突。
- 网卡硬件故障。
- 网络协议未安装，或设置不正确。
- 网线、跳线或信息插座故障。
- Hub 电源未打开，Hub 硬件故障，或 Hub 端口硬件故障。
- UPS 电源故障。

3. 网络层连通性故障的排除方法

(1) 确认网络层连通性故障。

当出现一种网络应用故障时，如无法接入 Internet，首先尝试使用其他网络应用，如查找网络中的其他计算机，或使用局域网中的 Web 浏览等。如果其他网络应用可正常使用，如虽然无法接入 Internet，却能够在网上邻居中找到其他计算机，或可 ping 到其他计算机，那么可以排除连通性故障原因。如果其他网络应用均无法实现，继续下面的操作。

(2) 通过 LED 灯判断网卡的故障。

首先查看网卡的指示灯是否正常。正常情况下，在不传送数据时，网卡指示灯闪烁较慢，传送数据时，闪烁较快。无论是不亮，还是长亮，都表明有故障存在。如果网卡的指示灯不正常，需关掉计算机更换网卡。对于交换机、Hub 的指示灯，凡是插有网线的端口，指示灯都亮。由于是交换机、Hub，所以，指示灯只能指示该端口连接有终端设备，不能显示通信状态。

(3) 通过 ping 命令排除网卡故障。

使用 ping 命令 ping 本地的 IP 地址(如 127.0.0.1)或计算机名(如 ybgzpt)，检查网卡和 IP 网络协议是否安装完好。如果能 ping 通，说明该计算机的网卡和网络协议设置都没有问题。问题出在计算机与网络的连接上。因此，应当检查网线和 Hub 及 Hub 的接口状态，如果无法 ping 通，只能说明 TCP/IP 协议有问题。这时可以在计算机的“控制面板”的“系统”中，查看网卡是否已经安装或是否出错。如果在系统的硬件列表中没有发现网络适配器，或网络适配器前方有一个黄色的“!”，说明网卡未安装正确，需将未知设备或带有黄色“!”的网络适配器删除，刷新后，重新安装网卡。并为该网卡正确安装和配置网络协议，然后进行应用测试。如果网卡无法正确安装，说明网卡可能损坏，必须换一块网卡重试。如果网卡安装正确，则原因是协议未安装。

(4) 在确定网卡和协议都正确的情况下，如果网络还是不通，可初步断定是 Hub 和双绞线的问题。为了进一步进行确认，可再换一台计算机用同样的方法进行判断。如果其他计算机与本机连接正常，则故障一定在先前的那台计算机和交换机、Hub 的接口上。

(5) 如果确定交换机、Hub 有故障，应首先检查交换机、Hub 的指示灯是否正常。如果先前那台计算机和交换机、Hub 接口灯不亮，则说明该交换机、Hub 的接口有故障(交换机、Hub 的指示灯亮表明端口插有网线，指示灯不能显示通信状态)。

(6) 如果交换机、Hub没有问题，则检查先前那台计算机到交换机、Hub的那一段双绞线故障和所安装的网卡。判断双绞线是否有问题可以通过“双绞线测试仪”或用两块三用表分别由两个人在双绞线的两端测试。主要测试双绞线的 1、2 和 3、6 四条线(其中 1、2 线用于发送，3、6 线用于接收)。如果发现有一根不通就要重新制作。

通过上面的故障现象，就可以判断故障是出在网卡、双绞线上还是交换机、Hub 上。

4.5.2 协议故障

1. 协议故障的表现

协议故障通常表现为以下几种情况：

- 计算机无法登录到服务器。
- 计算机在“网上邻居”中既看不到自己，也看不到其他计算机，或者找不到其他计算机。
- 计算机在“网上邻居”中能看到自己和其他成员，但无法访问其他计算机上的资源(如复制)。
- 计算机在“网上邻居”中既看不到自己，也无法在网络中访问其他计算机上的资源。
- 计算机无法通过局域网接入 Internet。
- 重复的计算机名。

2. 产生故障的原因

- 协议未安装。实现局域网通信，需安装 NetBEUI 协议。
- 协议配置不正确。TCP/IP 协议涉及的参数有 4 个，包括 IP 地址、子网掩码、DNS(域名解析服务)、网关，任何一个设置错误，都会导致故障发生。
- 网络中有两个或两个以上的计算机重名。

3. 协议故障的排除步骤

当计算机出现以上协议故障现象时，应当按照以下步骤进行故障的定位：

(1) 检查计算机是否安装 TCP/IP 和 NetBEUI 协议，如果没有，建议安装这两个协议，并把 TCP/IP 参数配置好，然后重新启动计算机。

(2) 使用 ping 命令，测试与其他计算机的连接情况。

(3) 在“控制面板”的“网络”属性中，单击“文件及打印共享”按钮，在弹出的“文件及打印共享”对话框中检查一下，看是否选中了“允许其他用户访问我的文件”和“允许其他计算机使用我的打印机”复选框，或者其中的一个。如果没有，全部选中或选中一个，否则将无法共享文件夹。

(4) 系统重新启动后，双击“网上邻居”，将显示网络中的其他计算机和共享资源。如果仍看不到其他计算机，可以使用“查找”命令，能找到其他计算机即可。

(5) 在“网络”属性的“标识”中重新为该计算机命名，使其在网络中具有唯一性。

4.5.3 配置故障

配置错误也是导致故障发生的重要原因之一。网络管理员对服务器、路由器等的不当设置会导致网络故障，计算机的使用者(特别是那些似懂非懂的初学者)对计算机设置的修改，也往往会产生一些令人想不到的访问错误。

1. 配置故障的表现和分析

配置故障更多的时候是表现在不能实现网络所提供的各种服务上，如不能访问某一台计算机等。因此，在修改配置前，必须做好原有的记录，并最好进行备份。

配置故障通常表现为以下几种：

- 计算机只能与某些计算机而不是全部计算机进行通信；
- 计算机无法访问任何其他设备。

2. 配置故障排错步骤

(1) 检查发生故障计算机的相关配置。如果发现错误，修改后，再测试相应的网络服务能否实现。如果没有发现错误，或相应的网络服务不能实现，执行下述步骤。

(2) 测试系统内的其他计算机是否有类似的故障。如果有同样的故障，说明问题出在网络设备上，如HUB。反之，检查被访问计算机对该访问计算机所提供的服务。

计算机的故障虽然多种多样，但并非无规律可循。随着理论知识和经验技术的积累，故障排除将变得越来越快，越来越简单。严格的网络管理，是减少网络故障的重要手段；完善的技术档案，是排除故障的重要参考；有效的测试和监视工具，是排除故障的有力助手。

4.5.4 网络速度慢、响应时间长

造成网络速度慢、响应时间长的原因有以下几种：

(1) 传输路径上的网桥或路由器的缓存溢出。

检查路由器或网桥的统计数据(如CPU使用率、端口使用率等)，利用协议分析仪检测哪个站点产生的经由网桥或路由器转发的流量最大，是否有超时现象出现。一般可以用ping命令来测试通过网桥或路由器的响应时间，以查明网络互联设备是否是引起故障的部分原因，如果是，就需要重新配置网络(如将部分服务器或客户机移到其他网段)以减轻重载互联设备的流量。

(2) 光纤链路的传输问题。

在光纤链路衰减过大或发射光功率过低的情况下，如果光纤链路的传输距离过长可能会引起性能劣化(即使没有出现任何FCS校验差错)。此时可以用ping命令来检测有问题的光纤链路的响应时间，并检查光纤耦合器和线路衰减的设置情况。

(3) 存在本地网段路由。

本地路由是网络速度减慢的常见原因，常常发生于子网地址不同、但连接在同一个LAN交换机下的两个节点之间的连接上，且LAN交换机连接在一个路由器下，这种本地路由有时也称为one-armed路由。此时，尽管这两个节点均连接在同一个交换机下，但它们之间的数据包必须

经过路由器的路由之后才能传给对方。

4.5.5 间隙性地出现网络故障、性能降低和帧对齐差错

间隙性地出现网络故障、性能降低和帧对齐差错有可能是由以下原因造成的：

(1) 网卡在每个 FCS 之后还发送了一些额外的比特。

可以使用协议分析仪捕获在 FCS 之后有额外比特的数据帧(称为 dribble 数据帧或帧对齐差错的数据帧)，从数据帧的源地址中就可以找到有故障的网卡。

(2) 最大传输距离超出了以太网的规范。

数据包能否到达最终目的地取决于发送站点和接收站点，在两个站点相距较近时一般没有什么问题，但是在两个站点相距较远且处在同一个网段中时就有可能会出现连接问题。此时就需要尽力找出这类连接问题是否只与某些特定的节点有关，可以使用线缆测试仪来检测传输路径上的线缆长度和质量，必要时可以在传输路径上插入一个网桥或路由器。

(3) 如果在传输路径上级联了过多的网桥或路由器，将会导致信号的传输延时增加和协议超时(如 TCP 超时)，可以使用 ping 命令或响应时间代理来检测响应时间。

4.5.6 某个网段与其余网段之间失去了路由连接

造成网络中的某个网络与其余网段之间失去了路由连接的原因如下：

(1) 路由器的端口配置不正确。

例如，端口没有被激活，端口的运行模式不正确(如 10Mbps 设成了100Mbps)，连接失效(如电缆、接头和插板松动)，协议没有被激活或布线错误等。

解决方法：检查路由器的安装和配置是否正确。

(2) 路由器的地址表、映射表或路由表的配置有误。

解决方法：检查路由器的配置。

(3) 路由器的过滤器设置有误。

解决方法：检查路由器的过滤器设置情况，特别是要检查使用了通配符以及有可能阻塞备份路由或负载分担路由的过滤项。

(4) 与路由器 WAN 端口相连的 WAN 链路失效。

解决方法：检查 WAN 链路的工作是否正常。

(5) 没有设置默认网关。

解决方法：检查路由器中是否配置了默认网关。

(6) 子网掩码配置有误。

解决方法：全面检查网络文档中有关子网掩码的所有配置情况。

(7) 定时器配置有误。

解决方法：检查路由器中不同协议的定时器参数配置是否正确，并与这些定时器的默认值相比较，特别是在网络中使用了不同厂商的路由器设备时尤为重要。

习题

1. 路由器诊断常用命令有哪些?
2. 网络层路由器故障通常有哪些?
3. 路由器故障诊断可以使用的工具有哪些？
4. 排除路由器故障的步骤是什么?
5. 简述路由器故障诊断要求。
6. 简述路由器故障的原因。
7. 简述路由器常见的物理故障现象。
8. 简述路由器接口故障的原因。
9. 简述路由器配置常见的故障现象。
10. 简述宽带路由器常见的故障现象。
11. 简述路由器协议常见的故障现象。
12. 网络层连通性故障有哪几种情况？
13. 造成网络速度慢，响应时间长的原因有哪几种情况？
14. 造成网络中的某个网络与其余网段之间失去了路由连接的原因是什么?

第 5 章

以太网络故障诊断与排除

本章重点介绍以下内容：

- 以太网络基础知识。
- 以太网络故障诊断概述。
- 以太网络信息帧碰撞。
- 以太网络帧校验序列故障诊断与排除。
- 网络性能降低时的诊断与排除。
- 节点失去网络连接时的诊断与排除。
- 以太网中其他常见的故障诊断与排除。

5.1 以太网络基础知识

当今以太网络互联环境是复杂的，主要原因是：现代的互联网络要求支持更广泛的应用，包括数据、语音、视频及它们的集成传输；网络带宽的需求不断增长；从十兆、百兆向千兆、万兆推进。以太网络故障的重点是：碰撞、以太网络帧、网络性能等。

5.1.1 IEEE 802.3 标准

IEEE(Institute of Electrical and Electronic Engineers)遵循 ISO/OSI 参考模型的原则，提供最低两层——物理层和数据链路层的功能及与网络层的接口服务、网际互联有关的高层功能，但把数据链路层分为逻辑链路控制(LLC)子层、介质访问控制(MAC)子层，使数据链路功能中与硬件有关的部分和与硬件无关的部分分开，降低了研制不同类型物理传输接口数据传输设备的费用。IEEE 802 标准内容如表 5-1 所示。

表 5-1　IEEE 802 标准内容

IEEE 802 标准系列	标 准 内 容
IEEE 802.1A	概述和系统结构、IEEE 802.1A 网络管理和网际互联
IEEE 802.2	逻辑链路控制
IEEE 802.3	CSMA/CD 总线访问控制方法和物理层技术规范
IEEE 802.4	令牌总线访问控制方法和物理层技术规范
IEEE 802.5	令牌环网访问控制方法和物理层规范
IEEE 802.6	城域网访问控制方法和物理层技术规范
IEEE 802.7	宽带技术
IEEE 802.8	光纤技术
IEEE 802.9	综合业务数字网(ISDN)技术
IEEE 802.10	局域网安全技术
IEEE 802.11	规范无线局域网的动作
IEEE 802.12	相关 100VG-AnyLAN 局域网标准的制定
IEEE 802.14	相关缆线调制解调器标准的制定
IEEE 802.15	相关个人局域网络标准的制定
IEEE 802.16	相关宽带无线标准的制定

在 IEEE 802 众多标准中，最具有代表性的局域网络标准为 802.3、802.4 和 802.5。其中 802.3 为以太网，802.4 为令牌总线网，802.5 为 IBM 令牌环网。

IEEE 802 标准与 OSI 协议的对应关系如图 5-1 所示。

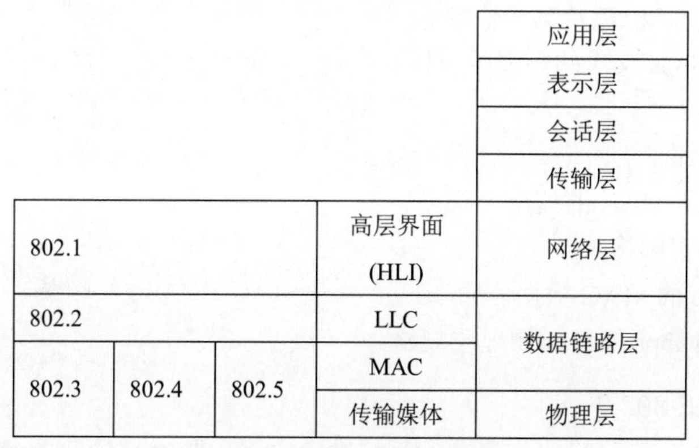

图 5-1　IEEE 802 标准与 OSI 的对应关系

其中：

- MAC 为介质访问控制。
- LLC 为逻辑链路控制。
- HLI 为高层接口。

5.1.2　IEEE 802.3 与以太网的关系

由于灵活性高且易于理解和实现，以太网成了最基本的介质技术。尽管其他技术被吹捧得可以完全替代以太网，但是网络管理者最终还是选择以太网及其衍生技术作为实施小型网络的有效解决方案。为了解决以太网的局限性，专家们和标准制定组织逐步扩大了以太网的范畴。评论家们不喜欢以太网，把它作为一种难以评价的技术。但以太网的传输方法正逐渐成为当代小型网络数据传输的主要方法。

1. 以太网的类型

以太网是局域网家族的一员，它包括以下主要类型：

(1) 以太网和 IEEE 802.3 标准局域网，速率为 10Mbps，传输介质为同轴电缆。

(2) 100Mbps 以太网。快速以太网，速率为 100Mbps，传输介质为双绞线。

(3) 1000Mbps 以太网。千兆级的以太网，速率为 1000Mbps，传输介质为光纤和双绞线。

(4) 10 000Mbps 以太网。10 000Mbps(万兆)以太网速率为 10 000Mbps，传输介质为光纤和双绞线。万兆以太网标准可分为三类规范：

- 基于光纤的局域网万兆以太网规范。
- 基于双绞线(或铜线)的局域网万兆以太网规范。
- 基于光纤的广域网万兆以太网规范。

(5) 100 000Mbps 以太网。100 000Mbps(十万兆)以太网速率为 100 000Mbps，十万兆以太网是超高速接入网，是为了核心交换，同时为服务器连接所做的优化。十万兆以太网包括 40Gbps 和 100Gbps 的数据传输率。

① 40 Gbps

- 仅支持双工操作。
- 保存使用 802.3 MAC 的框架格式。
- 保存 802.3 信息帧格式。
- 支持 40Gbps 的 MAC 数据传输率。
- 提供支持 40Gbps 操作的物理层规格。

② 100Gbps

- 仅支持双工操作。
- 保存使用 802.3 MAC 的框架格式。
- 保存 802.3 信息帧格式。
- 支持 100Gbps 的 MAC 数据传输率。
- 提供支持 100Gbps 操作的物理层规格。

2. 以太网和 IEEE 802.3

以太网是 Xerox 公司发明的基带 LAN 标准，它采用带冲突检测的载波监听多路访问协议(CSMA/CD)，速率为 10Mbps，传输介质为同轴电缆。以太网是在 20 世纪 70 年代为解决网络中零散的和偶然的堵塞开发的，而 IEEE 802.3 标准是在最初的以太网技术基础上于 1980 年开发成功的。现在，以太网一词泛指所有采用 CSMA/CD 协议的局域网。以太网 2.0 版由数字设备公司(Digital Equipment Corp)、Intel 公司和 Xerox 公司联合开发，它与 IEEE 802.3 兼容。

以太网和 IEEE 802.3 通常由接口卡(网卡)或主电路板上的电路实现。以太网电缆协议规定用收发器电缆连到网络物理设备上。收发器执行物理层的大部分功能，其中包括冲突检测。收发器电缆将收发器连接到工作站上。

(1) 以太网和 IEEE 802.3 的工作原理

在基于广播的以太网中，所有的工作站都可以收到发送到网上的信息帧。每个工作站都确认该信息帧是否是发送给自己的。一旦确认是发给自己的，就将它发送到高一级的协议层。

在采用 CSMA/CD 传输介质访问的以太网中，任何一个 CSMA/CD LAN 工作站在任何一时刻都可以访问网络。发送数据前，工作站要侦听网络是否堵塞，只有检测到网络空闲时，工作站才能发送数据。

在基于竞争的以太网中，只要网络空闲，任一工作站均可发送数据。当两个工作站发现网络空闲而同时发出数据时，就发生冲突。这时，两个传送操作都遭到破坏，工作站必须在一定时间后重发。何时重发由延时算法决定。

(2) 以太网和 IEEE 802.3服务的差别

尽管以太网与 IEEE 802.3 标准有很多相似之处，但也存在一定的差别。以太网提供的服务对应于 OSI 参考模型的第 1 层和第 2 层，而 IEEE 802.3 提供的服务对应于 OSI 参考模型的第 1 层和第 2 层的信道访问部分(即第 2 层的一部分)。IEEE 802.3 没有定义逻辑链路控制协议，但定义了几个不同的物理层，而以太网只定义了一个。以太网和 IEEE 802.3 与 OSI 参考模型的对应关系如图 5-2 所示。

IEEE 802.3 的每个物理层协议都可以从三方面说明其特征，即 LAN 的速度、信号传输方式和物理介质类型，如图 5-3 所示。

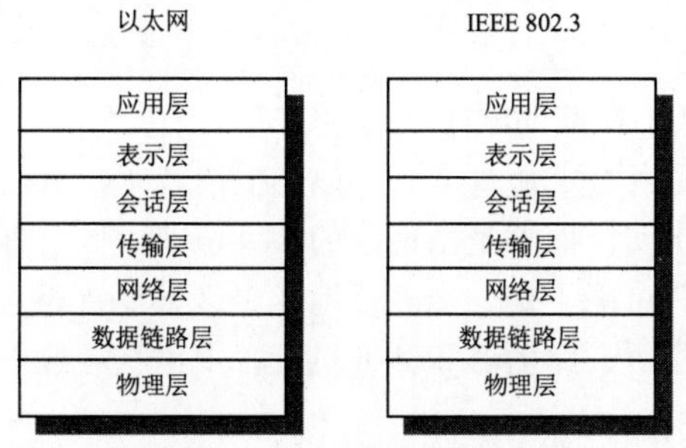

图 5-2　以太网和 IEEE 802.3 与 OSI 参考模型的对应关系

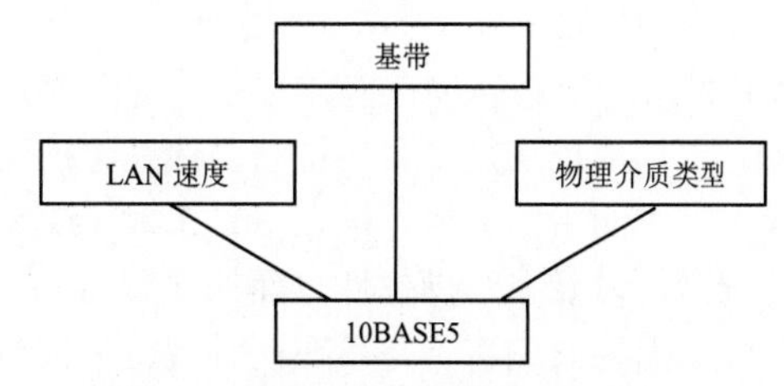

图 5-3　IEEE 802.3 组件的三方面

(3) 以太网和 IEEE 802.3的帧格式

以太网和 IEEE 802.3的帧结构如图 5-4 所示。

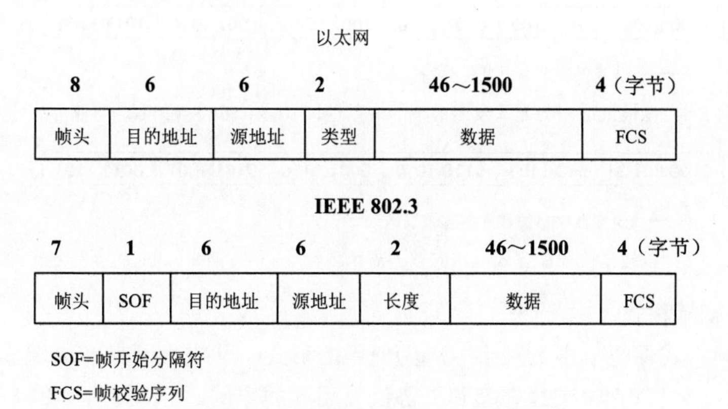

图 5-4　以太网和 IEEE 802.3 的帧结构

下面对以太网和 IEEE 802.3 的帧域做几点说明。

① 帧头：由 0 和 1 组成，告诉接收站一个帧到了。在以太网帧中，还包含一个与 IEEE 802.3 帧开始分隔符(SOF)等价的字节。

② 帧开始分隔符：用以同步局域网中所有工作站对帧的接收，它以两个连续的 1 结尾。以太

网中明确定义了帧开始分隔符。

③ 源地址和目标地址：它们的前三个字节由 IEEE 指定，后三个字节则由以太网和 IEEE 802.3 的开发者指定。源地址总是单节点地址，目标地址可以只指向一个节点，也可以指向多个或所有节点。

④ 类型(以太网)：指定了以太网处理完毕后用以接收数据的上层协议类型。

⑤ 长度(IEEE 802.3)：指定了数据帧的字节数。

⑥ 数据(以太网)：在物理层和数据链路层处理完毕后，帧中的数据被发送到由类型域指定的上一协议层。尽管以太网标准 2.0 版没有定义任何填充的方法(与 IEEE 802.3 相反)，但仍希望数据长度至少达到 46 字节。

⑦ 数据(IEEE 802.3)：物理层和数据链路层处理完毕后，帧中的数据被发送到由其自身指定的上一协议层。如果帧中数据不足 64 字节，则要插入填充字节，以保证 64 字节的帧长度。

⑧ 帧校验序列(FCS)：该校验串由发送设备生成，其中含有一个 4 字节的循环冗余校验值，接收设备通过对它的重新计算，检测帧是否被破坏。

5.1.3 802.3 以太网帧和地址格式

1. 规范地址格式

以太网/802.3(以及 802.4，令牌总线)设备以最低位在前的顺序发送字节，而 802.5(令牌环)和 FDDI 采用的是最高位在前的顺序。这个差别相对而言不是那么重要，但是根据规定，目的地址域中是单目地址还是多目地址将由线路上的第一位指明，而不是由地址的最高位或最低位指明。因此，以太网中的多目地址在 802.5 或 FDDI 中就有可能不是一个多目地址。这将导致相当程度上的混淆，以及在互操作性方面的问题。此外，在网桥、路由器和交换机设备中也将导致更大的复杂性，因为它们将不得不在两种规范之间进行转换。

为了降低这种混淆性，人们使用了一种规范地址格式，这种格式使用十六进制表示法，并且采用最低位在前的顺序。例如，地址 c4-34-56-88-9a-bc 就不是一个多目地址，因为第 1 个字节的最低位(c4 的二进制为 1100 0100)是 0。其存储方式如图 5-5 和图 5-6 所示。

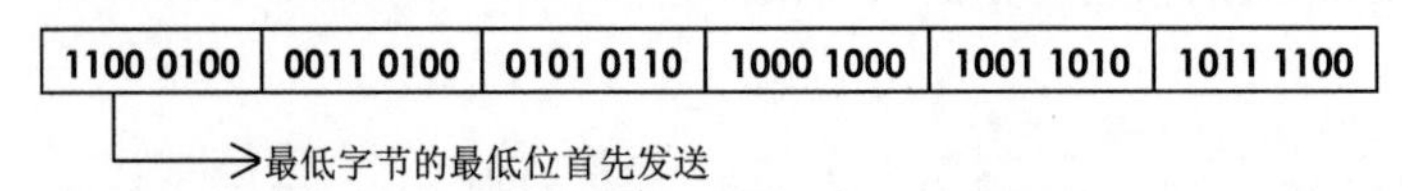

图 5-5　以最低位在前方式发送的帧的规范地址 c4-34-56-88-9a-bc 的存储方式

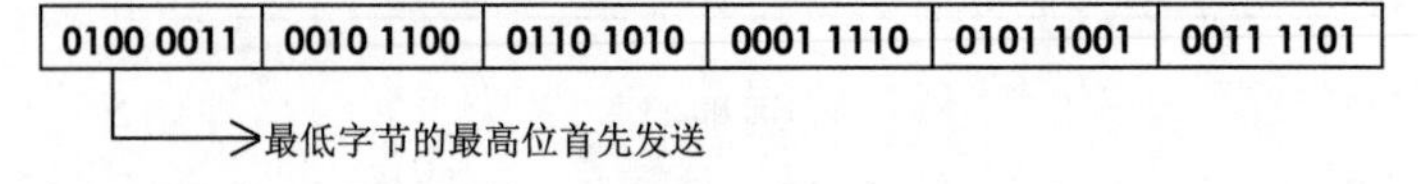

图 5-6　以最高位在前方式发送的帧的规范地址 c4-34-56-88-9a-bc 的存储方式

2. 2.0 版以太网帧格式

2.0 版以太网帧格式保留大多数网络中广为使用的形式。从以太网最初出现直到 1998 年，以太网类型域是由 Xerox 负责维护的，它起到了协议复用域的作用。在 1998 年，IEEE 802 接替 Xerox 对以太网类型域进行维护。

该两字节域携带的协议标识信息使得发送设备可以指明它使用的协议，接收设备也可以用它来判断自己是否理解这样一个协议。由于该域长度为 16 位，所以有足够空间来支持大量的协议。

为了防止以太网类型值与有效的 802.3 长度值(两者由同一域携带)相互冲突，有效以太网类型值由 0600h 开始。与之相对应的长度值为 1536 字节，该值在作为 802.3 帧长度值时是非法的。这样，802.3 和以太网设备就可以共存。

在 802.3 采纳以太网协议之前，有一些早期的协议被赋予了低于 0600h 范围的以太网类型值，但是随后这些协议要么废弃了，要么就被重新分配了值。

3. IEEE 802.3 帧格式(LLC)

802.2 定义了逻辑链路控制(LLC)包头，其目的是使协议信息的交换能够不依赖于底层的 MAC 技术。虽然这是一个好主意，但结果却不那么完美。服务访问点(SAP)被定义成用来指明目的和源协议类型，同时提供了为不同机器上的同一协议赋予不同编号的灵活性。由于目的SAP(DSAP)和源 SAP(SSAP)都只有一个字节，所以这种灵活性是以可以支持的协议数目为代价的。由于保留了单个/组和局部/全局位而将 SAP 域减少到了6位，所以可支持的协议数目又进一步减少。这些少量的全局 SAP 的分配由 IEEE 802 负责维护。

LLC 包头内还包括了控制域，用于传递 LLC类型和其他信息。LLC 类型 1 几乎专门用于以太网 LAN，表示一种“数据报”服务。LLC类型 2 用于面向连接的服务。LLC 类型 3 用于半可靠服务。

4. 802.3 SNAP 封装帧格式

对全局维护 SAP 地址模式的 SNAP(子网访问协议)扩展是用于支持大量协议需求的。通过使用一个全局维护的 SAP 值(AAh)，那些没有分配全局 SAP 值(从 IEEE 802 那里)的协议可以用跟在 LLC 包头域后面的 5 个字节来扩展协议类型域。

这样就要求将 DSAP 和 SSAP 置成全局分配值 AAh，用以表明使用了 SNAP SAP 扩展，此外还要将控制域置 03h(指明“无编号信息”，即只是一个数据报)。SNAP 扩展的头 3 个字节被置为分配给以太网制造商的唯一共 4 位 OUI 值，余下的 2 字节用于携带以太网类型信息。

5.2　以太网络故障诊断概述

5.2.1　以太网络故障查找的步骤

以太网络故障查找应以确定以太网络的故障点，恢复网络的正常运行为目的。以太网络的故障查找可分为 5 个步骤：

(1) 收集所有可以收集到的有价值的信息，分析故障的现象。

(2) 将故障定位到某一特定的网段，或者是单一独立功能组(模块)，也可以是某一用户。

(3) 确认是特定的硬件故障还是软件故障。

(4) 定位与修复故障。

(5) 验证故障的排除，恢复网络的正常运行。

以太网络故障查找应分网段查找，先把故障细分或隔离在一个网段上，从靠近问题的站点入手，分析用户的情况描述，确认故障的现象，排除与修复故障。

5.2.2　以太网络故障查找应注意的事项

由于以太网络的拓扑结构是抛开网络电缆的物理连接来讨论网络系统连接形式的，其形式主要有总线结构、星形结构、环形结构、树形结构、网状结构和分布式结构等，所以某个特定的故障会以不同的方式显现出来。故障查找应注意：

1. 沿拓扑结构和网段做测试

- 故障是否只影响该工作站(本地故障)，还是会影响其他站点(全局故障)。
- 故障发生在电缆、网卡、驱动软件、噪声环境还是接地循环，工作站设置是否正确。

2. 要提高测试质量

- 检查电缆连接(RJ-45 头、BNC 头、工作站)。
- 检查链路层(碰撞问题、帧级错误、负荷过重)。
- 利用专业监测工具。

5.3 以太网络信息帧碰撞

以太网络发生故障主要表现在碰撞上。

所谓碰撞就是两个站点同时发送信息帧。因为在发送站和接收站之间有不同的连接电缆类型以及各种互联设备，每个网络的构成也未必全部符合所规定的技术指标，也并非所有设备工作都不正常，所以在各种碰撞之间是有细微差别的。我们对这些区别进行以下的详细分析。

如果碰撞很早就被发送站发现，那么在非正常的帧中就不可能出现 SFD(帧起始标志符)。很多网络监测工具观测不到发生在前同步信号(SFD 发送之前)的碰撞，因为这些仪器依赖于以太网的芯片将信息送至协议层。

在以太网正常工作时，网卡的物理层在没有收到 SFD 之前并不将任何数据送入数据链路层。特殊的硬件设计(例如 Fluke 的网络测试仪 LAN Meter)才能观察到 SFD 之前的信号。

发送站发现碰撞后就会发出一个 32 位长的“Jam”(阻塞)信号。在标准中并没有规定阻塞信号是什么样子(只要它不产生一个与它发送信号中的 FCS 相应的信号即可)，所以大多数网卡只用一个简单的 10MHz 的时钟信号。如果这个时钟信号比信息发送得早并正好将帧首部分替换，则发送站地址和接收站地址可能被转换成一样的值，例如全是 5。中继器在一个端口发现有碰撞后会向其他端口发送阻塞信号从而保持所有站都能检查到碰撞。发生碰撞的原因如表 5-2 所示。

表 5-2 发生碰撞的原因

原因	错误类型						
	本地碰撞	远端碰撞	延迟碰撞	短帧	长帧	FCS 错误	幻像
正常的 CSMA/CD	*	*					
网段过载	*	*					
软件驱动问题				*	*	*	*
网卡问题	*	*	*	*	*	*	*
收发器问题	*	*	*		*	*	*
中继器问题	*	*	*	*	*	*	*
中继器过多			*				
接头过近						*	*
硬件设置问题	*	*	*		*		*

(续表)

原因	错误类型						
	本地碰撞	远端碰撞	延迟碰撞	短帧	长帧	FCS 错误	幻像
电缆过长			*		*		
电缆故障	*	*	*		*	*	*
终端短接问题	*	*	*		*	*	*
接地不良	*	*	*		*	*	*

1. 帧检测序列(FCS)错误

一个帧中的 FCS 错误也称为 CRC 错误。一般帧首的信息是正确的(如地址等)，但接收站的累加和与帧尾的 FCS 不相符。单一站的 FCS 数目过大，常常表明网卡有问题或软件驱动有问题。如果 FCS 的错误与多个站点相关，则可能是电缆故障、网卡驱动故障、集线器接口故障或噪声的影响。

2. 短帧(Short Frame)

若一个帧比有效的最短帧(72Bytes)还小而 FCS 是正常的，则这个帧就是短帧。某些网络协议分析仪和网络监测仪称之为帧不全(Runts)，但这不准确。一般来说用户看不见短帧，虽然它们的出现不一定会造成网络故障。短帧的最可能原因就是网卡故障，表现为设置错误或网卡驱动文件损坏。

3. 帧不全(Runts)

很多网络协议分析仪和网络监测仪都记录 Runts。不幸的是，Runt 一词不是标准的词，即不同产品有不同的含意。“不全”可以是任何长度短于法定帧长的帧，它包括了局部、远端或前端碰撞，也可以是 FCS 是好的或坏的短帧。

4. 帧过长(Jabber)

帧过长在 802.3 标准中定义为比标准的最大长度(1518 Bytes)还要长的帧，但没有说明其 FCS 是好还是坏，所以一般很难发现帧过长。造成帧过长的可能原因有坏的网卡、网卡中的驱动文件损坏、电缆故障或接地问题等。

5. 长帧(Long Frame)

比标准长度(1518 Bytes)还长，但 FCS 是有效的帧，称为长帧。其可能的原因是软件设置有问题或网卡驱动文件损坏。

6. 定位错误(Alignment Error)

该错误是指传送的信息没能以 8 位字节结尾。换言之，它可以正常地对二进制文件形成完整的字节组，但又多了几个位(Bit，或小于 8)。这种错误的通常原因是由于碰撞并且是坏的 FCS。

7. 幻像(Ghosts)

这是由 Fluke 公司所定义的一类错误。它表示足够大的能量(噪声)出现在电缆中但看起来好像一个帧，但它没有正常的 SFD。而且其长度应大于72字节，否则就属于碰撞。因为其特殊性，所以特别重要的是要注意到测试是在哪一网段中进行的。

某些类型的噪声使某网段上的节点(站点)受骗，使它们认为好像是收到了帧。然而，所感觉的帧从未来到，所以没有数据进入网卡进行处理。过了一会，这种感觉停止，网卡可以发送自己的数据。不同的网络接口对此反应不同，没有标准来定义网卡如何以及何时对噪声做出反应。中继器有时会将这种信号送入另一段网络。

幻像造成的现象是网络变慢而又没有明显的原因。文件服务器几乎是空闲的，网络监测设备也会报告网络的使用率很低而用户却报怨网络特别慢或完全不工作。这一现象可能是局部的，即很大部分的网络工作正常而某部分却很慢或完全停止工作。

大地环路和其他连线问题是该故障的最常见原因。幻像会使中继器相信这是一个有效信号并将其传送至下一个网段。

8. 碰撞

大多数网络监测设备不能发现这种问题，因为它们不能识别前同步的碰撞，这些设备依赖于网卡中的芯片来发现各种问题。根据事件发生的长度，Fluke 公司的网络测试仪(LAN Meter)会分析出是幻像噪声还是远端碰撞。

在碰撞以后剩余的信息帧的部分称为碎帧(Fragment)，这是因为原来的帧已经被损坏而且不完整。根据碎帧的情况，我们可以定义三种类型的碰撞。

(1) 本地碰撞(Local Collision)

本地碰撞如图 5-7 所示。

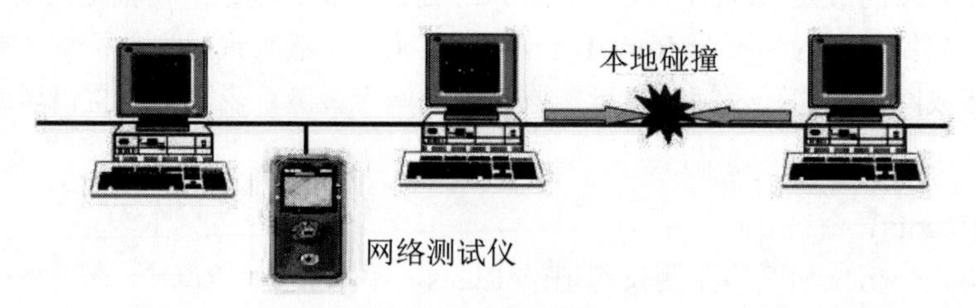

图 5-7 本地碰撞

在同轴线的网中(10Base2 和 10Base5)，信号沿电缆传输直至碰到来自另一个节点的信号，这时波形会叠加在一起，部分信号会相互抵消(减弱)，部分信号会相互迭加(加强)。加强的信号部分的电压值会超过所允许的最高电平，这种过压的现象会被本段网的所有节点观测到，称之为局部碰撞。在双绞线(UTP，10BaseT)网络中，一个站点仅当它在发送端(Tx)发出信号的同时在接收端(Rx)就收到信号时才发生碰撞。

上述碰撞现象，称为本地碰撞。

(2) 远端碰撞

远端碰撞如图 5-8 所示。

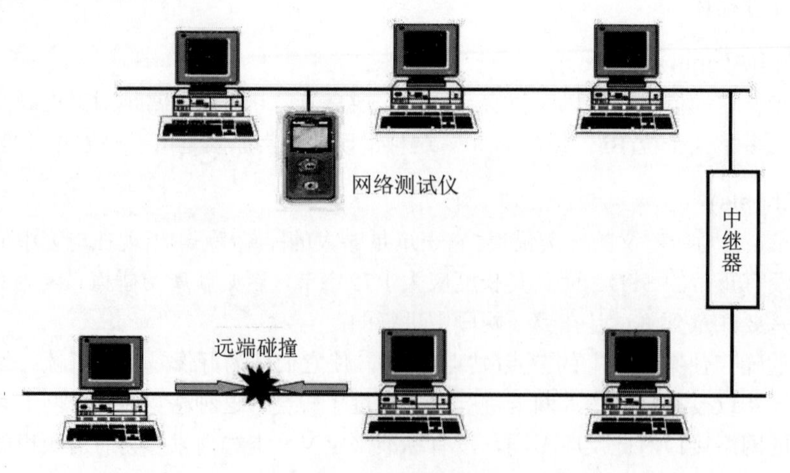

图 5-8 远端碰撞

如果碰撞发生在中继器的另一端，过压的现象在中继器的这一端就不会被发现。在中继器这一侧所发现的是不完整的信息帧。这个缩短的信息帧的 FCS 将会报告有问题并且不会满足 64 个字节的帧最小要求。事实上，通常是帧较短的几乎整个帧首都看不见(含目的和源地址)，而且还会有“阻塞”的字符出现在缩短了的帧的最后 4 个 8 位(一组 8 个二进制位，有时不严格地称为字节)。

这种帧首缩短的帧称为远端碰撞。其关键的特征是不存在过压现象，帧的长度小于 72 个字节并且 FCS 是无效的。

因为 10BaseT 的集线器基本上是一个多口的中继器而且每个站点就像一个局部网段，所以在 10BaseT 中的碰撞几乎全是远端碰撞。

(3) 延迟碰撞

当碰撞发生在帧的前同步信号和前 64 个字节之后，而且是局部碰撞的现象时(有过压或同时发送和接收)，也就是和局部碰撞一样只是发生得较晚一些，这种碰撞称为延迟碰撞。一般它只发生在同轴线的网络(在 10BaseT 网中，监测站必须同时发送才能看见延迟碰撞)。延迟碰撞的通常原因是网卡故障或网络电缆太长。所谓电缆过长的网络是指信号从一端传送到另一端的时间超过了最小的合法帧的大小，这实际是不可能的。通常的延迟碰撞原因是硬件故障或网络处于临界状态。

(4) 延迟的远端碰撞

发生在中继器另外一侧的延迟碰撞就是延迟的远端碰撞。中继器将阻止过压传至另一侧，所以只是将本网段的局部碰撞报告给另一侧。延迟的远端碰撞也可以通过分析出现阻塞信号的破损帧的最后几个字节来推断出来。典型的这种类型的碰撞可以在本网段用检查坏的 FCS 来查出。图 5-9 是近端碰撞和远端碰撞的表现。

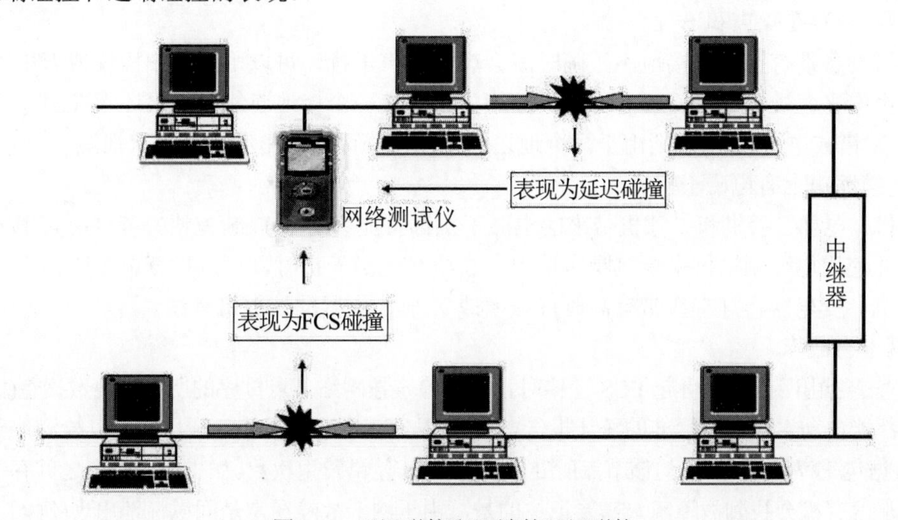

图 5-9　延迟碰撞和远端的延迟碰撞

5.4　以太网络帧校验序列故障诊断与排除

1. FCS 帧校验序列错误

接收方收到 MAC 帧后，也进行 FCS 计算，校验其中含有一个 4 字节的循环冗余校验值，接收设备通过对它的重新计算，并将与接收到的 FCS 进行比较，以确定该帧是否在传输中被损坏。

帧损坏的原因：

- 延迟碰撞。

- 发送方因硬件故障，使 MAC 层未能正确计算 FCS 值。
- 发送此帧的网卡处于某种故障状态，不能正确地在链路上传送数据。
- 连接网络的电缆出故障(连接器损坏、电磁干扰)。
- PCB 线路的设计问题，尤其是千兆以太网的 PCB 设计，千兆信号的网络对信号质量要求很高，如果线路排列不合理，会造成线间串扰，影响信号质量。
- FCS 错误主要发生在 PHY 与 RJ45 接口之间的链路上，链路出现错焊、漏焊、虚焊等问题。
- 使用的物理连接介质质量太差造成的(千兆以太网对网线的要求至少是超 5 类线缆)。

2. FCS 诊断标准

当发现 FCS 错误的管长超过总体带宽的 2%～3%时，就应该开始检测故障并找出有问题的设备。使用局域网分析仪，通常可以定位故障设备的源地址并采取纠正措施。

为确定所怀疑设备是否是故障源，可先关闭其电源，并继续监视整个网络。如果观察到故障持续存在，但另一地址更像是故障源，则极有可能是网络布线问题。

3. FCS 错误排查

故障现象：网络性能降低的同时伴有 FCS 差错。

CSMA/CD 算法在冲突发生时会引起校验和无效(即 FCS 差错)，在发生次数不多的情况下属于正常现象，因此 FCS 差错与冲突同时发生且发生次数在合理的范围内时就无须担忧。对于本故障现象，可以利用协议分析仪来检测某段时间内冲突发生的次数与 FCS 差错的次数并分析它们之间的特性曲线，如果在这两者之间找不到对应关系，则可能是如下原因之一：

- 网络中存在噪声和干扰。

在网络设备没有接地或接地不正确时就会产生噪声干扰，可以用电缆扫描仪或万用表检测网络中的噪声电平。一个 10Base2/10Base5 网络中只能有一个接地连线，如果还存在另一个连线接地(如网卡差错或电缆损坏)，则由于两个地之间存在压降而引起电缆中的电流泄漏。

- 电缆路由上有电磁干扰。

复印机、电梯、手机和寻呼机带来的电磁干扰都可能会引起 FCS 差错，可以用万用表来检测干扰情况并使用电缆测试仪来检测噪声情况。在检测电磁干扰时，可以检查电缆路由上是否存在电梯、电机、变电器、灯带和带有高时钟频率或 X 射线仪器的计算机系统。

- 网卡有故障。

在检查是否由网卡故障引起 FCS 差错时，可以检查按网络节点排序的所有无效数据包(大多数协议分析仪都能自动生成这类标准的统计报告)，如果发现某个节点比较可疑，则可以检测该节点的活动率(以数据包/秒为统计单位)与该节点所处网段的 FCS 差错发生次数。如果发现两者之间存在某种对应关系，那就有机会找到故障源。需要记住的是，由于网卡故障经常是间歇性地出现(例如，网卡达到一定温度时才出现)，因此需要经过较长时间的监测才有可能得到准确和重复出现的故障结果。

- 接头(如 NIC、墙插、MAU、中继器、集线器等)松动或损坏。

定位这类故障源的方法就是仔细检查网络路径上的所有连接情况。

5.5 网络性能降低时的诊断与排除

1. 网络拥塞

网络拥塞(network congestion)是指在分组交换网络中传送分组的数目太多时，由于存储转发节点的资源有限而造成网络传输性能下降的情况。当网络发生拥塞时，一般会出现数据丢失、时延增加或吞吐量下降，严重时甚至会导致“拥塞崩溃”(congestion collapse) 的现象。通常情况下，当网络中负载过度增加致使网络性能下降时，就会发生网络拥塞。

网络拥塞是一种持续过载的网络状态，此时用户对网络资源(包括链路带宽、存储空间和处理器处理能力等)的需求超过了固有的处理能力和容量。

网络拥塞形成的原因：

(1) 存储空间限制。

在每个输出端口有一定的存储空间，若一个输出端口被几个输入数据流共同使用，输入流的数据包就会在该存储空间内排队等待输出。当端口转发数据的速率低于数据包的到达速率时，会造成存储空间被占满的情形，后到达的数据包将被丢弃，源端认为这些数据包在传输过程中被丢弃而要求重发，不仅降低网络效率，而且使得网络拥塞情况更加严重。

(2) 带宽容量的限制。

低速链路难以应对高速数据流的输入，当源端带宽远大于链路带宽形成带宽瓶颈时，导致数据包在网络节点排队等待，从而发生网络拥塞。

(3) 处理器性能限制。

路由器中的 CPU 主要执行缓存区排队、更新路由表、进行路由选择等功能，如果其工作效率不能满足高速链路的需求，就会造成网络拥塞。

(4) 病毒攻击。

ARP 病毒、DDOS 病毒、SYN 攻击病毒存在内网的电脑中都会导致网络出现拥塞，导致路由器、交换机性能下降。

(5) Microsoft Windows XP 已于 2014 年 4 月“退役”，这项变化将会对软件更新和安全选项造成影响。

2. 网络性能降低的同时伴有滞后冲突

以太网中冲突次数的增加常常与线缆有问题(如线缆段过长)、网卡损坏、级联的中继器数量过多、终端电阻损坏或缺少等原因有关，如果能确定冲突属于滞后冲突还是正常冲突，将有助于缩小故障源的范围。滞后冲突的可能原因如下：

- 线缆长度超过了特定网络拓扑所能允许的最大长度。

此时只需使用线缆测试仪测量一下线缆的长度即可。

- 网络中级联的中继器数量过多。

可以用网桥代替其中的一个中继器，或者改变网络的配置。

- 网卡或 MAU 损坏。

利用协议分析仪收集发送无效数据包最多的站点的运行统计数据，并收集冲突发生次数与活动站点的统计数据以检查两者之间是否存在对应关系。如果使用这些方法无法找到故障源，就必须使用网络分段法来排除网络故障了。

3. 网络性能降低同时伴有早期冲突

故障原因：

- 终端电阻损坏或缺失。

10Base2 和 10Base5 以太网必须带有 50Ω 的终端电阻，检查网络中所有需要终端电阻的地方是否均安装了正确的终端电阻，其阻抗可以用万用表来测量(阻抗值应介于 48～52Ω 之间)。

- T 型接头松动或损坏。

检查网络中的所有接头，以确定是否有松动或损坏现象。

- 网络中的节点数过多。

检查每个网段中的MAU数量，一个10Base2网段中最多不能超过30个MAU，而一个10Base5网段中最多有100个MAU。

- 线缆被扭折。

可以使用线缆扫描仪来定位并替换被扭折的线缆。

- 电缆与 IEEE 802.3 不兼容。

IEEE 802.3 的10Base5 电缆每隔2.5m就以一种颜色加以标记，为了减少连接点处的反射干扰，接头的插入点应选择在这些颜色的标记处。此外要记住，并不是所有的 BNC 接头都使用 50Ω 的电缆，尽管以太网能在 75Ω 的电缆上传输几十米，但是长度的增加迟早会引发网络故障，因而在检测网络故障时要检查所用电缆的规范。

4. 网络速度慢、响应时间长

故障原因：

- 传输路径上的网桥或路由器的缓存溢出。

检查路由器或网桥的统计数据(如 CPU 使用率、端口使用率等)，利用协议分析仪检测哪个站点产生的经由网桥或路由器转发的流量最大，是否有超时现象出现。一般可以用 ping 命令来测试通过网桥或路由器的响应时间，以查明网络互联设备是否是引起故障的部分原因，如果是，就需要重新配置网络(如将部分服务器或客户机移到其他网段)以减轻重载互联设备的流量。

- 光纤链路的传输问题。

在光纤链路衰耗过大或发射光功率过低的情况下，如果光纤链路的传输距离过长，则可能会引起性能劣化(即使没有出现任何 FCS 校验差错)。此时可以用 ping 命令来检测有问题的光纤链路的响应时间，并检查光纤耦合器和线路衰减的设置情况。

- 存在本地网段路由。

本地路由是网络速度减慢的常见原因，常常发生于子网地址不同、但连接在同一个 LAN 交换机下的两个节点之间的连接上，且 LAN 交换机连接在一个路由器上。这种本地路由有时也称为 one-armed 路由。此时，尽管这两个节点均连接在同一个交换机上，但它们之间的数据包必须经过路由器的路由之后才能传给对方。

5. 间隙性地出现网络故障、性能降低和帧对齐差错

故障原因：

- 网卡在每个 FCS 之后还发送了一些额外的比特。

可以使用协议分析仪捕获在 FCS 之后有额外比特的数据帧(称为 dribble 数据帧或帧对齐差错的数据帧)，从数据帧的源地址中就可以找到有故障的网卡。

- 最大传输距离超出了以太网的规范。

数据包能否到达最终目的地取决于发送站点和接收站点，在两个站点相距较近时一般没有什么问题，但是在两个站点相距较远且处在同一个网段中时就有可能会出现连接问题。此时就需要尽力找出这类连接问题是否只与某些特定的节点有关，可以使用线缆测试仪来检测传输路径上的线缆长度和质量，必要时可以在传输路径上插入一个网桥或路由器。

如果在传输路径上级联了过多的网桥或路由器，将会导致信号的传输延时增加和协议超时(如 TCP 超时)，可以使用 ping 命令或响应时间代理来检测响应时间。

6. 网络间隙性故障

故障现象 1：网络连接出现间歇性故障的同时伴有短包

● 网卡有故障。

可以使用协议分析仪捕获短包并从短包的源地址中找到发送节点，如果源地址字段损坏，则可采用前面讲述的相关测试方法来找到有故障的网卡。

由于在 10Base2 和 10Base5 以太网中存在两个接地连接，因而在网线中产生直流电流。可以使用电缆测试仪来检测网线中的直流电流。

● 网卡损坏。

网卡损坏有时会产生 jabber 数据帧(即超长数据帧)，导致所处网段出现连接故障。可从协议分析仪捕获的 jabber 数据帧的源地址字段中找到失效网卡的位置。

故障现象 2：网络连接出现间歇性故障的同时伴有帧间距过短现象

帧间距过短引起数据包丢失。

若以太网中的站点不能维持正常的最小帧间距(10Mbps 以太网中为 9.6μs，100Mbps 以太网中为 0.96μs)，某些集线器设备就无法正确处理接收到的数据包。此时，数据包有可能会转变为 jabber 数据包。在进行故障检测时，可以用协议分析仪来测量帧间距(可由数据包的时间戳得到帧间距)，再从协议分析仪捕获的数据帧的源地址字段中找到失效网卡的位置。

故障现象 3：经由网桥互联的传输路径上出现间歇性的网络连接故障

由于网桥使用了负载均衡功能而打乱了数据包的到达次序。检查网桥，在必要时关闭网桥的负载均衡功能。

故障现象 4：经由路由器互联的传输路径上出现间歇性的网络连接故障

路由器连接在重载 WAN 链路或所连接的 WAN 链路质量较差。排除这类故障可以使用协议分析仪检测所连接的 WAN 链路的使用率、FCS 差错率和误码率。此外，分析路由器端口的日志也有助于找到故障原因。

5.6　节点失去网络连接时的诊断与排除

1. 单个节点失去网络连接

故障原因：

(1) MAU 的网线或网卡与网络的连接松动或连接失效。

单个节点突然与网络完全失去连接的主要原因如下：

● MAU 连接松动。

● 连接电缆断开、短路或有噪声干扰。

● 网卡失效。

此时需检查电缆、接头、网卡是否有问题，在必要时应予以替换。为了确定故障是否是节点本身，可以用一个工作正常的节点(如笔记本电脑)完全替换有故障的节点，如果网络连接恢复正常，则表示故障源在节点内部，否则表示故障源在网络侧。

(2) 网卡配置有误，如接头激活有误(如应激活 AUI 接头却激活了双绞线接头)或选择的中断资源已被占用。

此时可利用 ping 命令(ping 127.0.0.1)检查网卡的工作是否正常以及数据包能否被正确地发送和接收。此外，还应检查最近是否有人在网络中安装了软件或硬件。当然，也可以用一个工作正常的节点完全替换故障节点，以确定故障源在节点本身还是在网络侧。

(3) 网卡损坏或保险丝被烧断。

使用外接 MAU 时需要检查其电路系统是否完好。使用 ping 命令(ping 127.0.0.1)来检查网卡的工作是否正常以及数据包能否被正确地发送和接收。

(4) 不兼容的网卡把外接 MAU 发送的“心跳信号”当成是 SQE 信号，进而发生差错。

此时，应监视 MAU 上的 LED，如果每次发送数据时 SQE LED 都点亮，则应关闭 MAU 的心跳模式(也就是把 MAU 的工作模式从 Ethernet 2.0 切换到 IEEE 802.3)。

(5) 由于网桥工作于保护模式下而没有激活学习模式，因而其老化功能将有故障的节点地址从地址表中删除了。

(6) 网桥或路由器的过滤器设置不正确。

检查过滤器的设置情况并与故障节点的地址相比较，以确定是否因过滤器的设置不当而引起了节点的连接故障。特别是在网桥使用了备份路径或负载均衡机制之后，更应检查过滤器的设置是否与这些功能相冲突。

(7) MAC-IP 地址映射有问题，这主要是由于静态 IP 地址发生了变化或网络中同时配置了静态 IP 地址和 DHCP。

2. 网络中的某个网段与其余网段之间失去了网桥连接

故障原因：

- 网桥的端口配置不正确。例如端口没有被激活、端口的运行模式不正确(如应为 10Mbps 的却配成 100Mbps)、连接失效(如电缆、接头和插板松动)或布线错误等。

检查网桥的安装和配置是否正确。

- 由于网桥工作于保护模式下而没有激活学习模式，因而其老化功能将有故障的节点地址从地址表中删除了。

检查网桥的地址表和工作模式(网桥的学习模式是否打开等)。

- 网桥或路由器的过滤设置不正确。

检查网桥或路由器的过滤器设置情况，特别是要检查使用了通配符的过滤项。

3. 网络中的某个网段与其余网段之间失去了路由连接

故障原因：

- 路由器的端口配置不正确。例如端口没有被激活、端口的运行模式不正确(如 10Mbps 设成了 100Mbps)、连接失效(如电缆、接头和插板松动)、协议没有被激活或布线错误等。

检查路由器的安装和配置是否正确。

- 路由器的地址表、映射表或路由表的配置有误。

检查路由器的配置。

- 路由器的过滤器设置有误。

检查路由器的过滤器设置情况，特别是要检查使用了通配符以及有可能阻塞备份路由或负载分担路由的过滤项。

- 与路由器 WAN 端口相连的 WAN 链路失效。

检查 WAN 链路的工作是否正常。

- 没有设置默认网关。

检查路由器中是否配置了默认网关。

- 子网掩码配置有误。

全面检查网络文档中有关子网掩码的所有配置情况。

- 定时器配置有误。

检查路由器中不同协议的定时器参数配置是否正确，并与这些定时器的默认值相比较，特别是在网络中使用了不同厂商的路由器设备时。

4. 客户机出现间歇性的网络连接故障

客户机出现周期性的网络连接故障，虽然能 ping 通，但数据包时有丢失。

故障原因：

- NIC 或交换机/路由器的配置有误。

NIC 或交换机/路由器的配置有误，致使连接双方工作在不同的工作模式下，此时应检查 NIC 和交换机/路由器端口的配置是否正确。

- NIC 或交换机/路由器的工作模式配置有误(一方被配置为手动工作模式，而另一方被配置为自动协商工作模式)。

检查 NIC 和交换机/路由器的端口配置情况，避免使用自动协商工作模式。

- 主机忙或处于重载状态，服务器遇到问题。

检查服务器的运行统计数据及其响应时间。

5. 10/100Base-T 自动协商进程太过频繁，吞吐量低

原因：通信双方未达成一致(一方为全双工方式，另一方为半双工方式)。

5.7　以太网中常见的故障诊断与排除

5.7.1　以太网中最常见的故障原因

以太网中最常见的故障原因有：

- AUI 电缆损坏。
- 网桥地址列表的配置不正确，网桥工作在保护模式下。
- 网桥过滤器设置不当。
- 网桥过载。
- 网桥的老化功能删除了某些地址表项。
- 级联的网桥或中继器太多，从而引发超时和响应时间过长。
- 电缆长度超标。
- 连接器如接头、墙插、MAU、Hub、网桥、路由器松动或损坏。
- 电磁干扰。
- 外部 MAU 损坏。
- 路由器、网桥或 Hub 的物理连接故障(电缆、连接器和插入模块松动，背板上的电缆连接错误)。
- 接地故障。
- 帧间距过短。

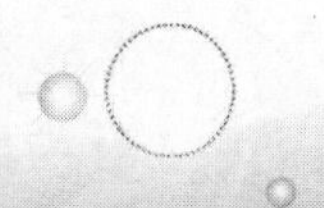

- 网络被多处接地。
- NIC 配置不正确。
- 网桥负载均衡功能引起的数据包失序。
- 路由器的过滤器设置不当。
- 路由器配置不正确(端口未激活、协议未激活、运行模式不正确等)。
- 路由器过滤。
- 路由协议属性项配置不正确(如地址表、映射表、子网掩码、默认网关、路由表和定时器)。
- 路由协议(OSPF Hello 定时器、Dead 定时器、IGRP Active 定时器)的设置不正确。
- 终端电阻损坏或丢失(针对 10Base2、10Base5 网络)。
- WAN 链路中断、过载或质量低劣(BER 非常高)。
- 电源故障。
- 设备兼容问题。

电源故障时通过继电器(Relay)输出警告，可选配 EDS-SNMP OPC Server 套装软件支持设备管理和网管功能。

5.7.2 局域网常见故障及其处理方法

局域网常见的故障现象及其处理方法如下。

故障现象 1：网络适配器(网卡)设置与计算机资源有冲突

解决方法：通过调整网卡资源中的 IRQ 和 I/O 值来避开与计算机其他资源的冲突。有些情况还需要通过设置主板的跳线来调整与其他资源的冲突。

故障现象 2：局域网中其他客户机在“网上邻居”上都能互相看见，而只有某一台计算机谁也看不见它，它也看不见别的计算机(前提：该局域网通过 Hub 或交换机连接成星形网络结构)

解决方法：检查这台计算机系统工作是否正常，计算机的网络配置，网卡是否正常工作，网卡设置与其他资源是否有冲突，网线是否断开，以及网线接头接触是否正常。

故障现象 3：局域网中有两个网段，其中一个网段的所有计算机都不能上因特网(前提：该局域网通过两个 Hub 或交换机连接着两个网段)

解决方法：两个网段的干线断了或干线两端的接头接触不良。检查服务器中对该网段的设置项。

故障现象 4：局域网中所有的计算机在“网上邻居”上都不能互相看见(前提：该局域网通过 Hub 或交换机连接成星形网络结构)

解决方法：检查 Hub 或交换机工作是否正常。

故障现象 5：局域网中某台客户机在“网上邻居”上能看到服务器，但就是不能上因特网(前提：服务器指代理局域网其他客户机上因特网的那台计算机，以下同)

解决方法：检查这台客户机 TCP/IP 协议的设置，IE 浏览器的设置，检查服务器中对这台客户机的有关设置项。

故障现象 6：整个局域网上的所有计算机都不能上因特网

解决方法：检查服务器系统工作是否正常，服务器是否掉线了，调制解调器工作是否正常，局端工作是否正常。

故障现象 7：局域网中除了服务器能上网，其他客户机都不能上网

解决方法：检查 Hub 或交换机工作是否正常，服务器与 Hub 或交换机连接的网络部分(含网卡、网线、接头、网络配置)工作是否正常，服务器上代理上网的软件是否正常启动运行，以及设置是否正常。

故障现象 8：连接因特网速度过慢

解决方法：检查服务器系统设置在“拨号网络”中的端口连接速度是否是设置的最大值；线路是否正常；可通过优化 Modem 的设置来提高连接的速度；通过修改注册表也可以提高上网速度；同时上网的客户机是否很多，若是客户机很多而使连接速度过慢，则属正常现象。

故障现象 9：计算机屏幕上出现“错误 678”或“错误 650”的提示框

解决方法：一般是所拨叫的服务器线路较忙、占线，暂时无法接通，可等一会儿后重拨。

故障现象 10：计算机屏幕上出现“错误 680：没有拨号音。请检测调制解调器是否正确连到电话线。”，或者 There is no dialtone。Make sure your Modem is connected to the phone line properly 的提示框

解决方法：检测调制解调器工作是否正常，是否开启；检查电话线路是否正常，是否正确接入调制解调器，接头有无松动。

故障现象 11：计算机屏幕上出现 Connection to xx.xx.xx. was terminated. Do you want to reconnect?的提示框

解决方法：电话线路中断使拨号连接软件与 ISP 主机的连接被中断，过一会儿重试。

故障现象 12：计算机屏幕上出现 A network error occurred unable to connect to server (TCP Error：No router to host)，The server may be down or unreachable。Try connectin again later 的提示

解决方法：表示是网络错误，可能是 TCP 协议错误。没有路由到主机，或者是该服务器关机而导致不能连接，这时只有重试。

故障现象 13：计算机屏幕上出现 The option timed out 的提示

解决方法：表示连接超时，多为通信网络故障，或被叫方忙，或输入网址错误。向局端查询通信网络工作情况是否正常，检查输入网址是否正确。

故障现象 14：计算机屏幕上出现 Another program is dialing the selected connection 的提示

解决方法：表示有另一个应用程序已经在使用拨号网络连接了。只有停止该连接后才能继续拨号连接。

故障现象 15：使用 IE 浏览器浏览中文站点时出现乱码

解决方法：IE 浏览器中西文软件不兼容造成的汉字会显示为乱码，可试用 NetScape 等浏览器。我国使用的汉字内码是 GB，而我国台湾地区使用的是 BIG5，若是这个原因造成的汉字显示为乱码，可用 RichWin 等变换内码。比较新的 IE 浏览器版本可以直接选择显示 BIG5 编码。

故障现象 16：浏览网页的速度较正常情况慢

解决方法：主干线路较拥挤，造成网速较慢；浏览某一网页的人较多，造成网速较慢；有关 Modem 的设置有问题；局端线路有问题。

故障现象 17：能正常上网，但总是时断时续

解决方法：电话线路问题，线路质量差；调制解调器的工作不正常，影响上网的稳定性。

故障现象 18：计算机屏幕上出现“拨号网络无法处理在‘服务器类型’设置中指定的兼容网络协议”的提示

解决方法：检查网络设置是否正确；调制解调器是否正常；是否感染上了宏病毒，用最新的杀毒软件杀毒。

故障现象 19：在查看“网上邻居”时，出现“无法浏览网络。网络不可访问。想得到更多信息，请查看‘帮助索引’中的‘网络疑难解答’专题。”的错误提示

解决方法：第一种情况是因为在 Windows 启动后，要求输入 Microsoft 网络用户登录口令时，单击了“取消”按钮造成的。第二种情况是与其他的硬件产生冲突。选择“控制面板”→“系统”→“设备管理”，查看硬件的前面是否有黄色的问号、感叹号或者红色的问号，如果有，必须手工更改这些设备的中断和 I/O 地址设置。

故障现象 20：在“网上邻居”或“资源管理器”中只能找到本机的机器名

解决方法：网络通信错误，一般是网线断路或者与网卡的接触不良，还有可能是 Hub 有问题。

故障现象 21：可以访问服务器，也可以访问 Internet，但无法访问其他工作站

解决方法：如果使用了 WINS 解析，可能是 WINS 服务器地址设置不当；检查网关设置，若双方分属不同的子网而网关设置有误，则不能看到其他工作站；检查子网掩码设置。

故障现象 22：网卡在计算机系统中无法安装

解决方法：第一可能是计算机上安装了过多其他类型的接口卡，造成中断和 I/O 地址冲突。可以先将其他不重要的卡拿下来，再安装网卡，最后再安装其他接口卡。第二可能是计算机中有一些安装不正确的设备，或有“未知设备”，使系统不能检测网卡。这时应该删除“未知设备”中的所有项目，然后重新启动计算机。第三个可能是计算机不能识别这一种类型的网卡，一般只能更换网卡。

故障现象 23：局域网上可以 ping 通 IP 地址，但 ping 不通域名

解决方法：TCP/IP 协议中的“DNS 设置”不正确，请检查其中的配置。对于对等网，“主机”应该填自己机器本身的名字，“域”不需填写，“DNS 服务器”应该填自己的 IP。对于服务器/工作站网，“主机”应该填服务器的名字，“域”应填局域网服务器设置的域，“DNS 服务器”应该填服务器的 IP。

故障现象 24：安装网卡后，计算机启动的速度慢了很多

解决方法：可能在 TCP/IP 设置中设置了“自动获取 IP 地址”，这样每次启动计算机时，计算机都会主动搜索当前网络中的 DHCP 服务器，所以计算机启动的速度会大大降低。这时可以指定静态的 IP 地址。

故障现象 25：从“网上邻居”中能够看到别人的机器，但不能读取别人计算机上的数据

解决方法：

- 必须设置好资源共享。选择“网络”→“配置”→“文件及打印机共享”，将两个选项全部选中并确定，安装成功后在“配置”中会出现“Microsoft 网络上的文件与打印机共享”选项。

- 检查所安装的协议中，是否绑定了“Microsoft 网络上的文件与打印机共享”。选择“配置”中的协议(如“TCP/IP 协议”)，单击“属性”按钮，选中“Microsoft 网络上的文件与打印机共享”和“Microsoft 网络用户”复选框。

故障现象 26：已经安装了网卡和各种网络通信协议，但网络属性中的选择框“文件及打印机共享”为灰色，无法选择

解决方法：原因是没有安装“Microsoft 网络上的文件与打印机共享”组件。在“网络”属性窗口的“配置”标签里，单击“添加”按钮，在“请选择网络组件”窗口单击“服务”，再单击“添加”按钮，在“选择网络服务”的左边窗口选择 Microsoft，在右边窗口选择“Microsoft 网络上的文件与打印机共享”，单击“确定”按钮，系统可能会要求插入 Windows 安装光盘，重新启动系统即可。

故障现象 27：无法在网络上共享文件和打印机

解决方法：

- 确认是否安装了文件和打印机共享服务组件。要共享本机上的文件或打印机，必须安装“Microsoft 网络上的文件与打印机共享”服务。
- 确认是否已经启用了文件或打印机共享服务。在“网络”属性框中选择“配置”选项卡，单击“文件与打印机共享”按钮，然后选择“允许其他用户访问我的文件”和“允许其他计算机使用我的打印机”选项。
- 确认访问服务是共享级访问服务。在“网络”属性的“访问控制”里面应该选择“共享级访问”。

故障现象 28：客户机无法登录到网络上

解决方法：

- 检查计算机上是否安装了网络适配器，该网络适配器工作是否正常。
- 确保网络通信正常，即网线等连接设备完好。
- 确认网络适配器的中断和 I/O 地址没有与其他硬件冲突。
- 网络设置可能有问题。

故障现象 29：无法将台式电脑与笔记本电脑使用电缆直接连接

解决方法：笔记本电脑自身可能带有 PCMCIA 网卡，在“我的电脑”→“控制面板”→“系统”→“设备管理器”中删除该“网络适配器”记录后，重新连接即可。

故障现象 30：正确安装 SyGate 后，网络中的某些客户机不能正常使用

解决方法：一般情况下，客户机不能正常使用多为 TCP/IP 的配置出现问题，当然也不排除操作系统和硬件的问题，此时可以使用 SyGate 的 Troubleshooting(发现并解决故障)功能，在出现的表单中详细列出使用 SyGate 后产生的信息资料，如 sdsys.log、Sygate.log、sgconf.log、sgsys.log 等。在这些日志中包含了服务器、操作系统、拨号网络、网卡、浏览网址、应用程序等详细资料，用户可以根据这些资料来判断故障，然后做出相应修改。

故障现象 31：有时 ADSL 的访问速度较平时慢

解决方法：原因很多，可能是出口带宽和对方站点配置情况等的影响；也可能是线路的质量情况的影响；还可能是接入局端设备影响。

故障现象 32：只要一启动 IE 浏览器，就会自动发送和接收邮件

解决方法：可打开 IE 浏览器，在菜单栏中单击“工具”项，在弹出的下拉菜单中选择“Internet

选项”，再在弹出的对话框中单击“常规”标签，取消“启动时自动接收所有账号邮件”即可。

故障现象 33：不能访问服务器或某项服务

在这里设定服务器或某项服务以前是正常的，并且已经做过如下的工作：

- 重新冷启动 PC 机(热启动不能复位全部的适配卡)。
- 确认 PC 机没有本身的硬件故障。
- 确认所有的网络电缆都连接正确。
- 确认所有的网卡驱动软件都正常地装入，没有报告错误。
- 确认服务器或服务没有改变，如重新配置或增加硬件或软件。

解决方法：

(1) 本地故障。

在进行硬件故障查找以前，要确认其他用户也不能登录到这台机器上，这就排除了用户账号的错误。对一个单一的站点来说，典型的故障多发生在坏的电缆、坏的网卡、驱动软件或工作站设置不正确等问题上。

(2) 全局问题。

全网机器故障通常来说，在同轴网中的物理层故障会导致灾难性的网络故障，使用二分法来查找这类故障是可以很快定位解决的。间歇性故障是比较难以隔离的。

(3) 电缆连接问题。

目测连接性：检查连接性常用的方法就是检查 Hub、收发器和网卡上的状态灯。如果是 10BASE5 的电缆，要仔细检查所有的 AUI 电缆是否牢固连接，锁要同时锁牢，很多问题只要简单地把未接牢的部分重新接一下就解决了。

受损的电缆或连接部件：在检查物理层的问题时，要注意受损的电缆、不正确的电缆类型(如在以太网上用 RG62 或 RG59)、未做好的 RJ-45 水晶头或未安牢的 BNC 头。对怀疑有问题的电缆可以用一般的电缆测试仪进行测试。

(4) 连接脉冲极性问题。

无论是 NIC 还是 Hub 的连接脉冲极性都可以通过测试仪测出。连接极性故障通常是由电缆的连接错误引起的。

(5) 检查链路层的问题。

碰撞问题：如果平均碰撞率大于 10%或观察到非常高的碰撞率，就需要进一步测试了。如果碰撞和流量成正比，或碰撞几乎是 100%，或几乎没有正常的流量，则可能是布线系统出了问题。

如果出现帧级错误，就要运行错误统计测试，并通过详细功能把有问题的工作站的 MAC 地址找出，然后经过测试把故障确定下来。可以试着将驱动程序用“干净”的原盘重新装入工作站，要确认各项配置安全。如果这一切仍不奏效，可以试着把有疑问的网卡换掉。

如果利用率过高(平均值大于 40%，瞬间峰值高于 60%)，那么网段负荷就过重了。应当考虑安装网桥和路由器以减少在网段中的流量或把网段分成若干小的网段。

(6) 客户服务器连接的完整性问题。

如果在链路层上是完好的，那么就要看一下协议方面是否有什么问题会影响服务器和客户之间的通信。

千兆、万兆以太网同样有上述的网络不通、网络缓慢或网络性能下降等问题，可参考上述方法解决。

5.8　以太网业务维护测试

5.8.1　局域网络测试仪

局域网络测试仪(LAN Meter)是一种专用于计算机局域网络安装调试、维护和故障诊断的工具，它使局域网的安装、检错、监控变得方便和快速，只需几个按键就能把电缆、网卡(NIC)、集线器(Hub)等故障隔离出来。它还能分析网络的出错、碰撞及对业务量进行实际统计，对网络监测提供一整套实时网络测试。还具有以下功能：

● 网络统计

网络统计是对网络健康状况的整体评价，网络测试仪会对一些网络的关键参数进行统计，仪器将显示网络的利用率、碰撞率和广播通信，显示的结果有平均值、最大值和动态值。

● 错误统计

仪器对网络的各种错误进行统计，包括帧超长、帧过短、错误 FCS、各种碰撞等。各种故障发生的比例用拼图来表示，故障发生的源地址可以用放大功能 ZOOM 进行追踪，以显示更详细的信息。

● 协议统计

仪器将显示网络当前运行协议和使用的百分比，可用放大功能来追踪运行相关协议的站点。

● 碰撞分析

仪器对碰撞进行分类，如本地碰撞、延迟碰撞等。碰撞分类可帮助分析故障的区域。帧的前同步信号的碰撞和电缆中能量的聚集会造成带宽挤占。

● 硬件测试

硬件测试功能允许用户对网络硬件进行测试(如集线器测试、介质访问单元测试和网卡测试)。

● 网卡自动测试

对于以太网，测试包括 MAC 地址、协议、驱动电压电平、FCS 错误。

● 集线器/介质访问单元测试

集线器/介质访问单元测试与网卡测试类似，它能检测已联网 IPX 和 IP 主机上的协议问题。在令牌环网上，介质访问单元复位测试能核实设备是否正常。

● 相位抖动

测试非相位抖动的数量。可测那些很难发现的故障，例如，响应时间慢，不能访问服务器等。

● 电缆测试

LAN Meter 具有电缆测试功能，可以检查开路和短路、故障距离、特性阻抗、串接等。此外，还可以选择 UTP 5/6 类线测试选件，从而检查电缆是否符合 UTP 5/6 类线的标准。

● 流量发生器

流量产生可用来测试网络的硬件，仪器在产生流量的同时进行网络统计、错误统计、碰撞分析、环站测试等。用户可以利用光标键动态改变发送帧的速率和大小，还可以选择发送帧的协议类型和具体的接收站。

● 半/全双工测试

半/全双工测试可以监测两端连接状态，可以报告两边的实际速度和双工状态。

图 5-10 是在交换机和主机之间测试半/全双工的例子。图 5-10 的主屏显示的是综合结果，两边都是 10/100Mbps 的以太网设备，自适应后，两边都选择了半双工模式，100Mbps 作为传输速率，链路脉冲正常。图 5-10 的左边交换机正在使用 3-6 线对，右边主机正在使用 1-2 线对，而且

两边是何种设备可以自动识别，以不同的图符来表示。

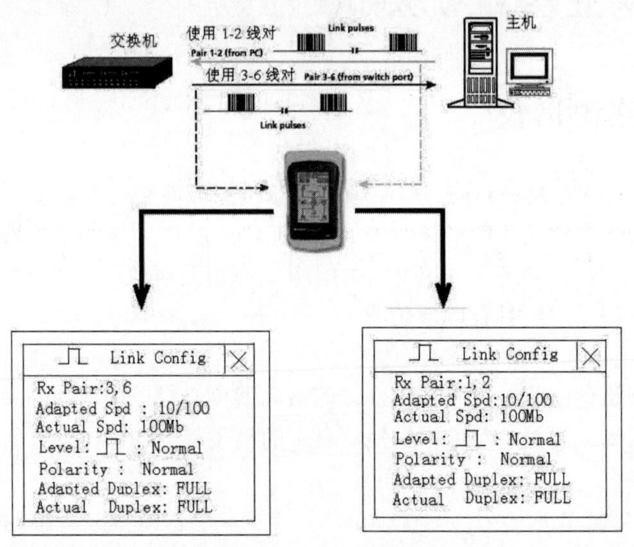

图 5-10　链路半/全双工测试结果

- 双工不匹配的测试

图 5-11 是双工不匹配的测试。测试显示出 PC 被迫使用 100Mbps 全双工配置(PC 支持 100Mbps，交换机支持 10/100Mbps 自适应)。结果显示左边为半双工，右边为全双工，报告的问题是全双工不匹配。尽管双工不匹配，但是链路仍可正常运行，可也会使帧被破坏，丢失的帧由上层协议来重传。图 5-11 还显示出有许多 FCS 错误(有时也称为 CRC 错误)的帧。

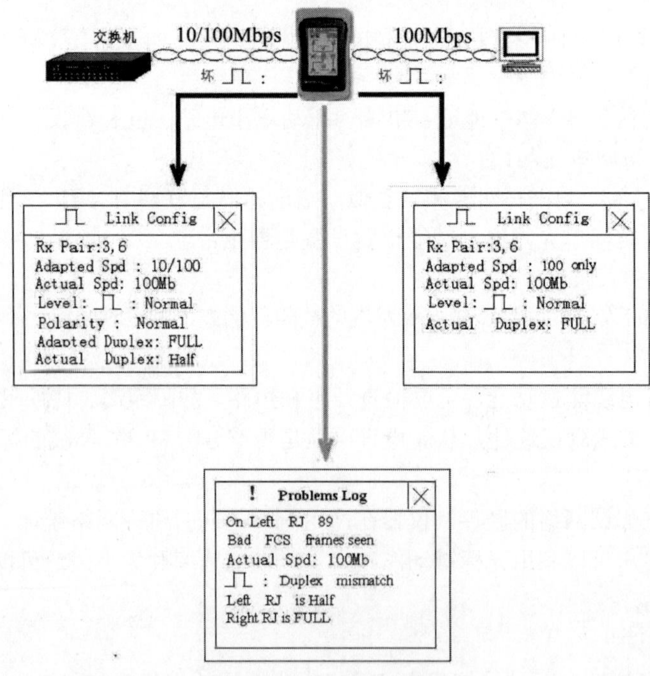

图 5-11　双工不匹配的测试

如果发现半/全双工冲突问题，可以用下列三种方法：

- 两端都设置为自适应；

- 两端都设置为半双工；
- 两端都设置为全双工。

5.8.2　局域网络测试

1. 物理设施的验证测试

物理设施的检测是隔离与排除故障的基本方法，而对线缆的检测与验证是以太网络全面故障诊断的重要步骤。测试工具应能够以简捷快速的方式实现对线长、衰减、近端串扰(NEXT)、回波损耗等关键运行参数的测试，并根据测试结果准确地诊断与排除故障。这些测试参数应能与相关标准规定的门限进行比对，从而直观地指示与比对指标参数。

2. 测试本地故障

测试本地故障如图 5-12 所示。

3. 链路层利用率测试

链路层利用率测试如图 5-13 所示。

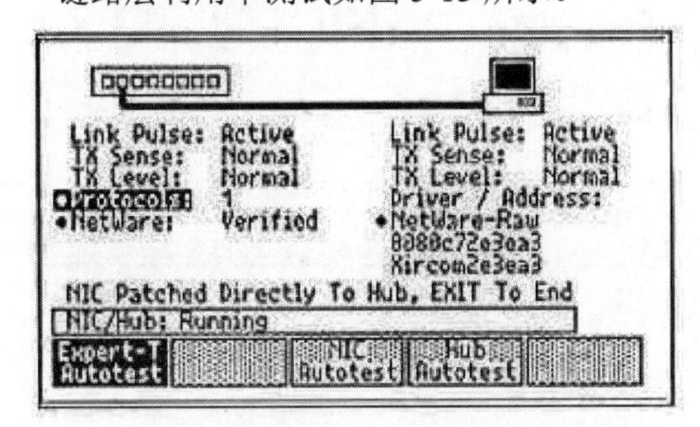

图 5-12　测试本地故障(LAN Meter 的 Exped-T 测试)

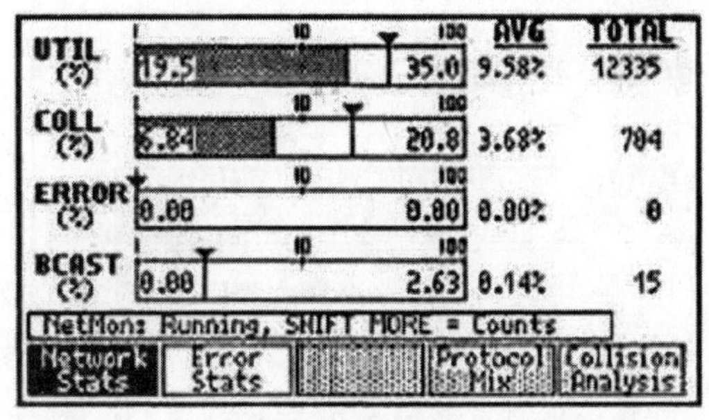

图 5-13　链路层的利用率测试(错误帧、碰撞广播)

4. 流量产生测试

流量产生测试如图 5-14 所示。

5. 链路层的故障分析测试

链路层的故障分析测试如图 5-15 所示。

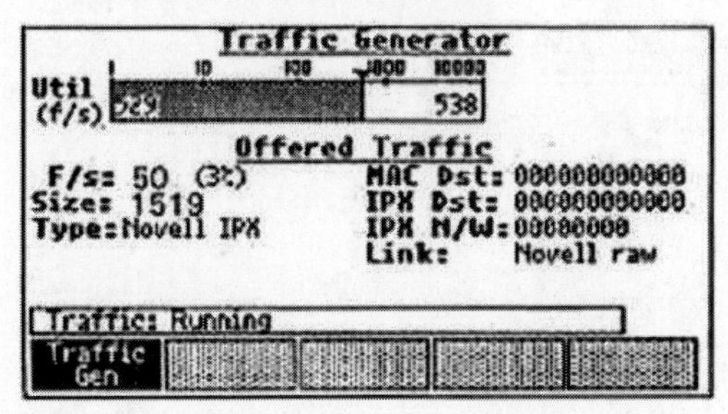

图 5-14　流量产生测试(LAN Meter 流量产生器)

图 5-15　链路层的故障分析测试

6. 服务器性能测试

服务器性能测试如图 5-16 所示。

7. 服务器过载测试

服务器过载测试如图 5-17 所示。

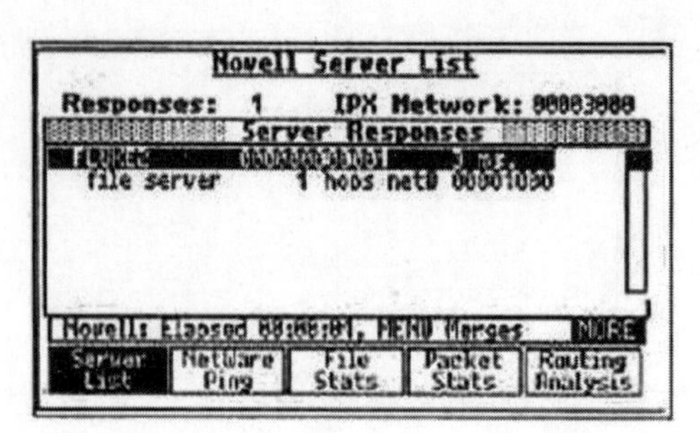

图 5-16　服务器性能测试(LAN Meter 的服务器列表)

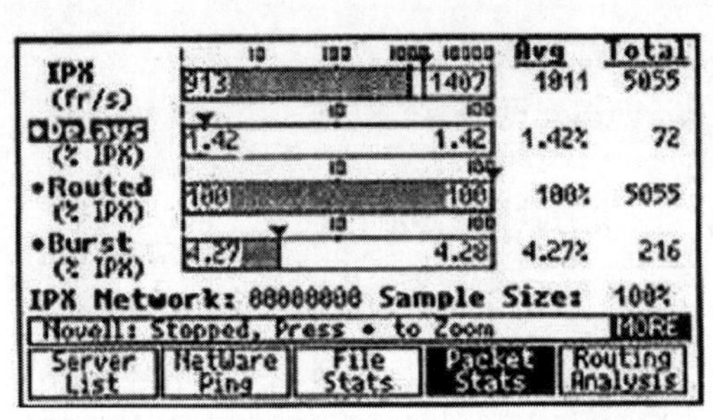

图 5-17　服务器过载测试(LAN Meter 的 IPX 分析)

8. 碰撞占去的带宽测试

碰撞占去的带宽测试如图 5-18 所示。

9. IP 包响应时间测试

IP 包响应时间测试如图 5-19 所示。

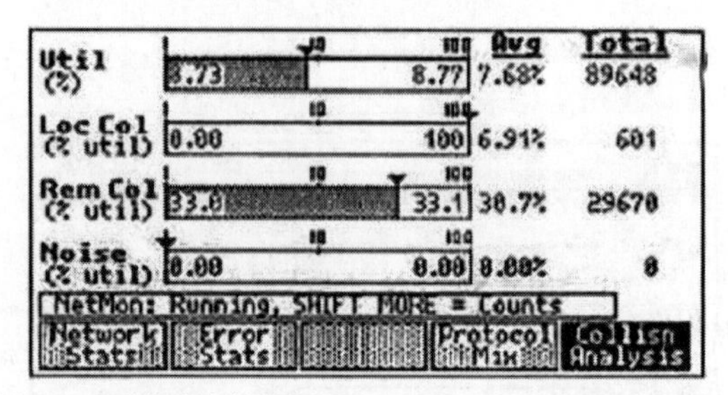

图 5-18　碰撞占去的带宽测试(LAN Meter 的流量碰撞分析)

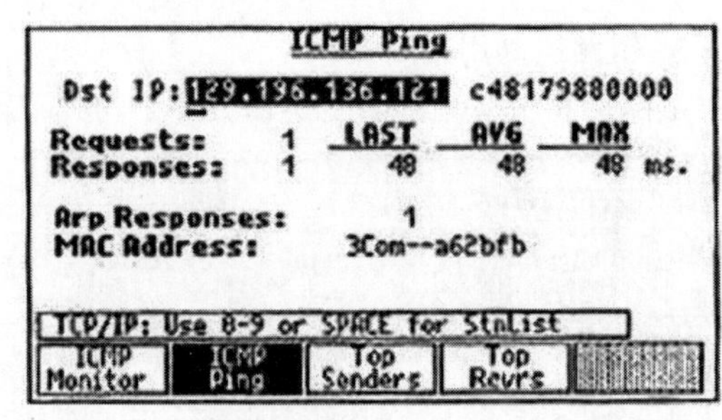

图 5-19　IP 包响应时间测试(LAN Meter 的 ICMP Ping)

10. 协议分析测试

协议分析测试如图 5-20 所示。

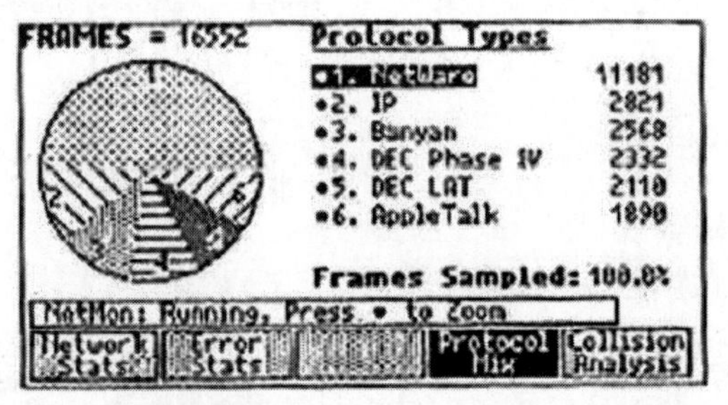

图 5-20　协议分析测试(LAN Meter 的协议分析测试)

习题

1. 简述以太网络故障查找的步骤。
2. 简述以太网络故障查找应注意的事项。
3. 简述以太网络帧校验序列故障的诊断与排除。
4. 简述网络性能降低时的诊断与排除。
5. 简述节点失去网络连接时的诊断与排除。
6. 简述以太网中常见的故障原因。
7. 简述局域网常见故障现象。

第6章

广域网络故障诊断与排除

本章重点介绍以下内容：

- 广域网概述。
- ISDN 综合业务数字网故障诊断与排除。
- VPN 虚拟专用网故障诊断与排除。
- 帧中继故障诊断与排除。
- X.25 分组交换网故障诊断与排除。
- DDN 数字数据网故障诊断与排除。
- ADSL 故障诊断与排除。

6.1 广域网概述

广域网(Wide Area Network，WAN)是一种跨越较大地域的网络，通常包含一个国家或洲。广域网包含运行用户程序的计算机和子网两部分。运行用户程序的计算机通常称为主机(Host)。主机通过通信子网(Communication Subnet)进行连接。

子网的主要功能是把消息从一台主机传送到另一台主机上，通过将通信部分(子网)和应用部分(主机)分开，使得网络的设计得到简化。

子网通常由传输线和交换单元组成。传输线也称线路(Circuit)、信道(Channel)和干线(Trunk)，在计算机之间传送数据。交换单元是一种特殊的计算机，用于连接两条或更多的传输线。交换单元通常称为分组交换节点(Packet Switching Node)、中介系统(Intermediate System)、数据开关交换(Data Switching Exchange)、路由器(Router)等。

组建广域网时，根据不同业务要求，选用不同的组网技术。目前，组建广域网时主要使用的技术有综合业务数字网(ISDN)、帧中继网(FR)、多服务访问技术虚拟专用网(VPN)、X.25 分组交换网和 DDN 网络，如图 6-1 所示。

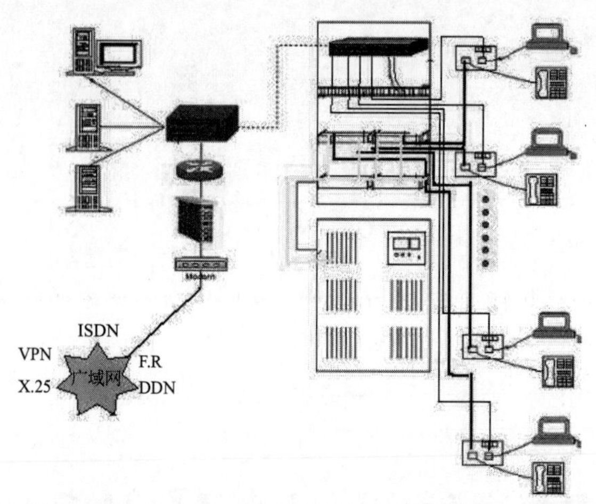

图 6-1　ISDN、VPN、FR、X.25 和 DDN 组建的广域网

6.2　ISDN 综合业务数字网故障诊断与排除

6.2.1　ISDN 综合业务数字网概述

ISDN(Integrated Services Digital Network，综合业务数字网)是一种由数字交换机和数字信道组成的、传输数字信号的综合业务网。ISDN 能提供语音、数据等各种业务。

1. ISDN 的特点

(1) 通信业务的综合性

在一条用户线上 ISDN 能提供各种通信业务，如电话、数据、可视图文、可视电话、传真、电子信箱、电视会议和语音信箱等。ISDN 能综合现有各种公用网的业务，并可提供许多新业务。

(2) 通信质量大大提高

由于用户终端之间的信道是全数字化的，不仅信道传输质量高于模拟信道，而且能使用纠错编码技术来提高传输质量。

(3) 安装的简便性

ISDN 的简便性主要体现在 ISDN 的安装上。ISDN 的安装包括两个方面：一方面，用户终端连接到 ISDN 线路上和局方为用户安装 ISDN 线路；另一方面，ISDN 为用户很好地解决了连接问题，它提供有标准接口。用户只需要一条用户线、一个 ISDN 号码、一台 ISDN 标准接口的终端适配器(ISDN TA)，就能将各种终端设备(包括现有的模拟设备，如普通电话机、传真机等)连接到 ISDN TA 上。这样，用户不仅能使用原有的模拟设备，节省投资；而且当用户要将计算机联网时，只需购买一块 ISDN PC 卡和申请 ISDN 服务即可连接 ISDN，无须购买 ISDN TA。

由于信息信道与信令信道分离，在一条 2B-D 的用户线上可连接多达 8 台终端，其中 3 台可同时工作。

(4) 方便性

ISDN 线路可以一线多号，一线多连，两个终端能同时使用而互相不干扰。例如：在一条 ISDN 用户线上，可同时接一部电话进行通话和接一台 PC 机上 Internet；与普通电话用户通信时仍按普通市话或长话标准收费。

(5) 经济性

ISDN 的经济性主要表现在：

- 一线多用，能够传输综合业务，不用申请多个网络，节省了投资。
- 与模拟通信相比，性能提高了 3～5 倍，节省投资，提高效率。
- 费用大大低于 DDN 专线。

(6) 数字化的优越性

目前，电话线路的最高传输速率为 56Kbps，实际的传输速率还取决于电话线路的质量。而 ISDN 仅 2B+D 的传输线路速度就达到 44Kbps。

从通话建立上讲，使用模拟调制解调器建立一条线路需 10～30s 或更长的时间，而 ISDN 仅需几秒即可，而且无杂音。

从传输质量上讲，与模拟传输相比，ISDN 数字传输不会受到静电和噪声的干扰，传输过程中很少出现差错和重传现象。

2. ISDN 的应用

ISDN 已得到广泛的应用，主要表现在：

- 高速访问各种信息网络，如 Internet 等。
- 局域网互联，ISDN 能提供 2B+D、30B+D 传输速率，供局域网之间进行高速互联。
- 远程计算，共享大型计算机资源。
- 远程教学和交互式电子白板。
- 远程医疗，专家会诊。
- 远程安全监视，做到无人值守。
- 协同工作，开展跨地区、跨国家的科研合作。
- 远程办公，连接国内外的办事机构和子公司。
- 商业连锁服务，建立跨地区、跨国界的连锁销售体系。
- 新闻采访，稿件发送。
- 作为 DDN 的备份通信线路。

3. ISDN 的组成

ISDN 主要由以下功能模块组成：

- 用户线交换功能模块。
- 64Kbps 电路交换功能模块。
- 中速(384Kbps)和高速(2048Kbps)电路交换功能模块。
- 中高速专线功能模块。
- 分组交换功能模块。
- 公共信道信令功能模块。

4. ISDN 用户/网络接口 UNI

ISDN 通过提供 UNI 来支持用户接入到 ISDN。

(1) ISDN 终端

ISDN UNI 定义了几种终端设备，如图 6-2 所示。

其中，S 参考点为 NT2 与 TA 或 TE1 的接口；R 参考点为 TA 与 TE2 的接口；T 参考点为 NT1 提供给用户的连接器；U 参考点为 NT1 与 ISDN 交换系统的连接。目前采用双绞铜线和光纤。

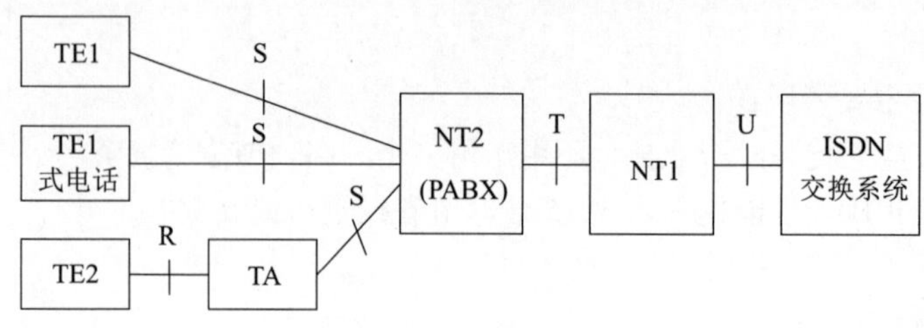

图 6-2　ISDN UNI

- TE1——ISDN 标准终端，符合 ISDN UNI 规范。
- TE2——非 ISDN 标准终端，需通过 ISDN 适配器 TA 才能接入到标准 ISDN 的 UNI 中。
- TA——ISDN 适配器，用于将非 ISDN 标准终端接入到 ISDN UNI 中。
- NT1——ISDN 网络终端 1，即用户传输线路设备。
- NT2——ISDN 网络终端 2，相当于用户交换机 PABX 和局域网的控制终端等。

(2) ISDN 定义了两种网络用户接口 UNI

- 基本接口(BRI)

即将现有电话网的普通用户线作为 ISDN 用户线而规定的接口，简称 2B+D。两条 64Kbps 的信道可独立地传输用户信道，而 D 信道可用来传输信令信息或低速数据。

- 基群速率接口(PRI)

我国的基群速率为 2048Kbps，即 30 条 64Kbps 的 B 信道和 1 条 64Kbps 的 D 信道，或由 5 条 384Kbps 的 H 信道和 1 条 64Kbps 的 D 信道组成。

5. ISDN 信道

ISDN 定义了如下几种信道：

- B 信道——信令信道传输速率为 64Kbps。
- H 信道——信令信道分为 384Kbps 和 1920Kbps 两种。多个 B 信道可组成 H 信道。
- D 信道——信令信道有 16Kbps 和 64Kbps 两种。在某些情况下，D 信道也用于传送分组数据。

6. ISDN 基本连接方式

(1) 使用外置终端适配器

图 6-3 给出了使用外置终端适配器连接 ISDN。

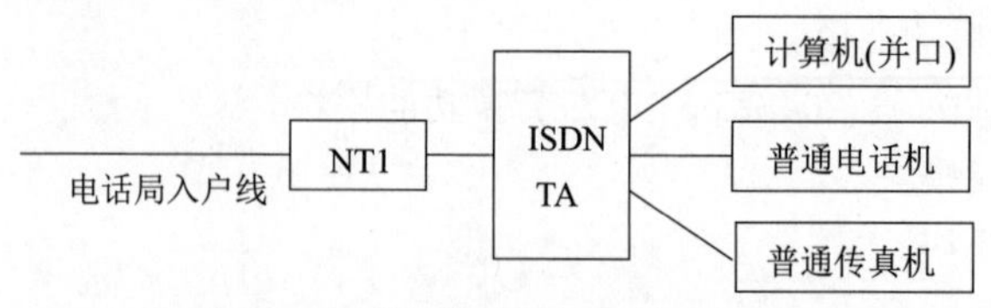

图 6-3　使用外置终端适配器接入 ISDN

(2) 使用内置 ISDN PC 卡和数字电话

图 6-4 给出了使用内置 ISDN PC 卡和数字电话连接 ISDN。

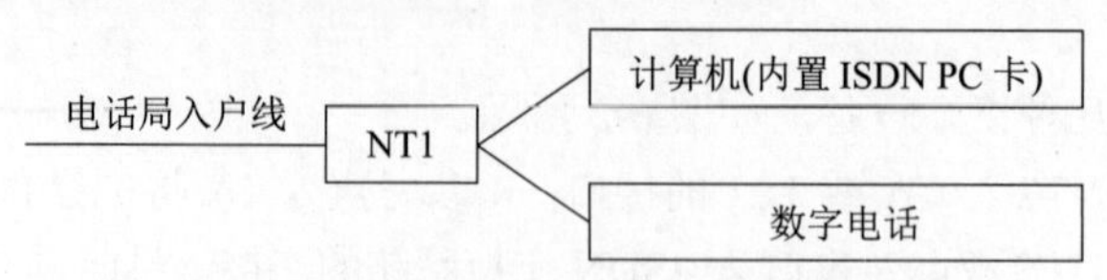

图 6-4　使用内置 ISDN PC 卡和数字电话连接 ISDN

(3) 兼用内外置适配器

图 6-5 给出了兼用内外置适配器连接 ISDN。

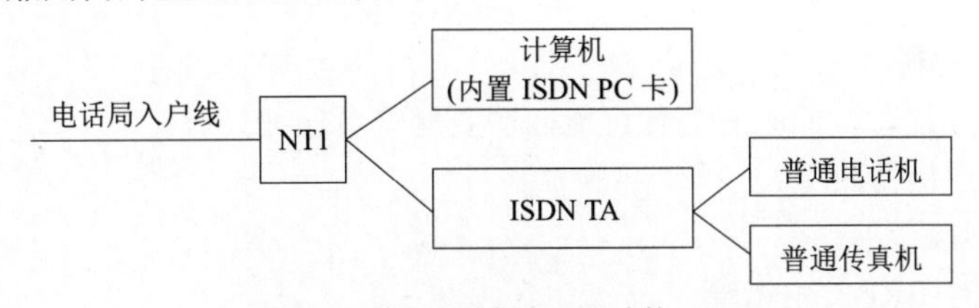

图 6-5　兼用内外置适配器连接 ISDN

(4) 使用 ISDN PC 卡

图 6-6 给出了使用 ISDN PC 卡连接 ISDN。

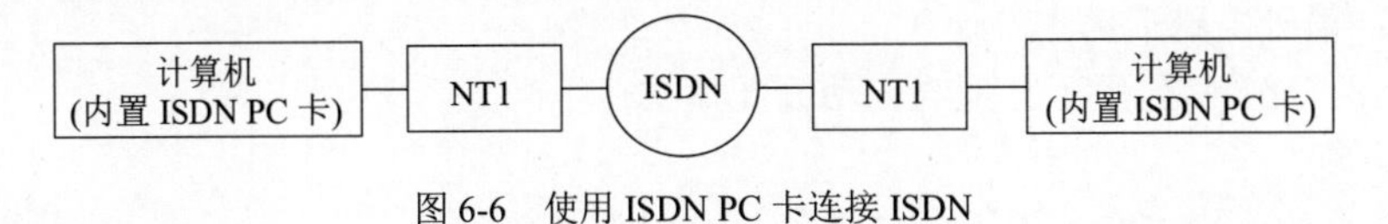

图 6-6　使用 ISDN PC 卡连接 ISDN

7. ISDN 网络业务

(1) 基本业务

ISDN 定义了两种基本业务：承载业务和用户终端业务。

① 承载业务

承载业务即 ISDN 在参考点 T 和参考点 S 上提供的电信业务。它分为电路交换方式的承载业务和分组交换方式的承载业务。

- 电路交换方式的承载业务有话音业务、二类/三类传真业务、超高速传真和视频图像等。
- 分组交换方式的承载业务有永久虚电路等。

② 用户终端业务

ISDN 定义了如下几种用户终端业务：

- 数字电话。
- 智能用户电报。
- 四类传真。
- 文电和传真相结合的混合通信。
- 可视图文。
- 数据通信。
- 视频图像。
- 远程控制。

(2) 扩展业务

扩展业务是对基本业务的补充和扩展。ISDN 定义了如下几类扩展业务：

- 号码识别类，如主被叫用户号码识别和限制等。
- 呼叫提供类，如呼叫转移、呼叫传送等。
- 呼叫完成类，如呼叫等待、呼叫保持等。
- 多方通信类，如会议呼叫、三方通信等。
- 社团类，如封闭用户群。
- 计费类，如计费通知、信用卡呼叫等。
- 附加信息传输类等。

6.2.2 故障诊断与排除

故障现象 1：无连接

原因：ISDN 无连接时，原因有多种可能，需要网管员仔细分析。

- 布线错误或连接器故障。
- 供电系统失效。
- 线路交叉线对(BRI)发生错误。
- 户号码错误。
- 网络组建(路由器、终端适配器、PBX、接口卡、电话机等)故障。
- ISDN 接口(ISDN 卡、路由器端口、PBX)配置错误。
- 噪声，信号电磁干扰。
- TE 上的分配问题(手工分配与自动分配模式)。
- TEI 重复。
- Q.931 协议(国家 ISDN 与北美或欧洲 ISDN)不兼容。
- ISDN 业务不兼容。
- Q.931 协议实现错误。
- 总线的布线错误。
- 总线上无终端电阻。
- 接地错误。
- NT 与 TE 之间线缆没有屏蔽。
- 在多信令中，发送的信令消息的 TEI 值不正确等。

故障现象 2：经常性的连接丢失

原因：

- 可能是误码率过高。
- 终端设备处理速度太慢，造成丢失连接。
- 不是用户访问的，信息服务上信号拦截了访问线路。

故障现象 3：ISDN 上的应用响应时间过长

原因：

- 可能是 ISDN 路由器在自动断开连接的空闲时间内，导致额外的呼叫建立时间。
- 在高负载状态下路由器未激活其他 B 信道。
- B 信道上的应用协议(如 IP)的窗口尺寸过小。
- B 信道上的应用协议的定时器超时。
- 应用进程忙。
- 由于终端应用设置错误导致速率适配器握手进程失败。
- 主叫、被叫是移动电话。
- 呼叫不是端到端的 ISDN 呼叫。

故障现象 4：ISDN 适配卡安装好后，发现与声卡冲突或在控制面板中该适配卡上有一惊叹号“!”，适配卡无法正常工作

原因：

出现这种情况是因为计算机的 BIOS 不能正确地处理该中断(有时可能显示无冲突，但控制面板中卡上有感叹号，系统提示“未安装驱动程序”)，ISDN 卡和其他设备冲突所致，这种情况只要手动配置中断号即可。ISDN 卡可用的中断号为 9、10、11。可在控制面板中禁用某些设备(如声卡、USB 等)，空出部分中断，先装好卡后再将其他设备打开，禁用或删除一些设备，如声卡等，空出部分中断，然后重启计算机。再重新安装 Modem 或 ISDN 卡的驱动程序，待卡安装好后，再解禁或重新安装声卡等设备，问题一般都能得到解决。

故障现象 5：可以成功登录，但无法浏览信息，或者总是显示“该页无法显示”

原因：可以成功登录，但无法浏览信息时，原因有多种可能，需要仔细地分析。

- TCP/IP 协议是否已安装。
- 设置是否正确。
- 在 DOS 模式下 ping 所使用的 ISP 的 DNS 服务器的 IP 地址，若无应答，检查“控制面板”→“网络”→“协议”中 TCP/IP 协议的设置，看是否设置了网关及 DNS。若有，将其全部删除，重新启动计算机。
- 检查浏览器中的 Internet 连接选项，看是否设置了代理服务器。若有，将其删除并设置为“通过局域网连接”。若 ping 时有应答但无法浏览，则可能是浏览器运行不正常，重新安装浏览器即可。

故障现象 6：可以打电话却不能上网

原因：

- 检查电源是否插上。
- 某些电话机支持程控交换机远端供电，不插电源也可打电话。如果上网的电话是程控交换机就不行了，需要把电源插上方可上网。

故障现象 7：可以上网却不能打电话

原因：NT1+设备出厂时设置为断电时模拟口 1 能打电话，模拟口 2 和 S/T 口无法打电话，只要把电话接在模拟口 1 上就行了，或按说明书重新设置。如果交换机不支持远端供电，任何端口也无法打电话。

故障现象 8：运行环路测试程序(LOOPBACK TEST)时出现 0X3301 错误

原因：出现 0X3301 错误是因为 ISDN 线路物理层未激活，检查 ISDN 适配卡与 NT1 设备之间的连线，观察拨号时 NT1(或 NT1+)的指示灯是否有反应，并检查 NT1(或 NT1+)是否已激活。若 NT1(NT1+)未激活，重新插拔电源及 ISDN 线将其激活。

故障现象 9：运行环路测试程序(LOOPBACK TEST)时出现 0X77 错误

原因：出现 0X77 错误是由于硬件或驱动程序安装不完全所致。查看控制面板，看适配卡是否正常，如果适配卡正常，重复安装过程。

故障现象 10：运行环路测试程序(LOOPBACK TEST)时出现 0X34B9 错误

原因：这种情况是因为 ISDN 线路上的数据承载业务未开放，因为对应于不同的应用，需在 ISDN 线路上开放不同的业务。打电话时需有话音承载业务，上网需 64Kbps 透明数据承载业务。与电话局联系，告诉他们你的电话号码，请他们开放该线路的 64Kbps 不受限数据承载业务。

故障现象 11：运行环路测试程序(LOOPBACK TEST)时出现 0X3304 错误

原因：运行环路测试程序需要两个 B 信道都空闲，若有其他终端或程序在占用 ISDN 线路，则出现 0X3304 错误。有时由于拨号后，操作系统对资源释放不完全，也可能出现类似情况，保证 ISDN 线路两个 B 信道都空闲再重新运行测试程序。

故障现象 12：环路测试能正常通过，但拨号上网时出现“错误 629，已与对方计算机断开”

原因：在接入服务器和交换机时，有时会要求拨号时输入本地的 ISDN 号码，运行 ISDN CONFIGURATOR 将本地 ISDN 电话号码输入，重新启动计算机即可。

故障现象 13：使用适配卡，当显示“正在验证用户名和口令”窗口时，出现“错误 734：PPP 链接控制协议终止”信息。单击“详细信息”按钮，出现以下提示：PPP 链接控制协议会话已经开始，但在远程计算机的请求下终止

原因：错误可能发生在服务器上。只要在网络设置中选中“允许 PPP LCP 扩展”即可。

故障现象 14：使用适配卡时，显示“正在验证用户名和口令……”窗口后无法登录网络

原因：需要在安全设置中选择“允许明文验证”，确认用户名及口令无误，并且在拨号输入用户名及口令的对话框中“域”一栏保留空白。

故障现象 15：回环测试时出现错误，出错代码为：0X349C，0X349D，0X34C3，0X3492，0X3495，0X34C1

原因：输入的 ISDN 号码错误或不存在。

故障现象 16：回环测试时出现错误，出错代码为 0X3491

原因：说明未正常安装或一个 B 信道已被占用。只能重新安装或挂断现有的 B 通道。

故障现象 17：使用自检程序时提示硬件安装不完全

原因：可能机器上安装过其他 ISDN 适配卡或适配器，使用的 CAPI 的版本不同或文件有误。可以将原来的 ISDN 适配器先卸载，删除目录 C:\Windows\System 下的 capi.dll、capi20.dll、capi232.dll 文件，重新启动计算机，重复安装过程，在系统发现同名文件，并询问是否覆盖原文件时，选择覆盖原文件。

故障现象 18：运行自检程序时出错

原因：可能是另一个 B 信道忙，或线路未接好，或 ISDN 线路上的数据业务未开放。安装时先运行了驱动盘上的 Setup.exe 文件，下次开机，系统又提示找到了新硬件。可能该终端适配器是即插即用的，驱动盘上的 Setup.exe 文件仅安装了一部分支持的调制解调器。因此需要重新安装。

故障现象 19：无法拨号

原因：在远程访问服务中未将端口设置为“允许拨出”。需要重新配置远程访问服务。

ISDN 故障的其他原因：

- 多用户号输入错误。
- 设备本身老化，发生故障。
- 供电系统损坏。

6.2.3 ISDN 的 DCC 故障排除

拨号控制中心(Dial-Control Center)简称 DCC，指路由器之间通过公用交换网(PSTN 和 ISDN)进行互联时所采用的路由技术。拨号控制中心是指：跨公用交换网相连的路由器之间不预先建立连接，只有当它们之间有数据需要传送时才以拨号的方式建立通信，即启动 DCC 拨号流程建立连接并传送信息，当链路再次空闲时，DCC 会自动断开连接。

由于某些场合下，路由器之间仅在有信息需要传送时才建立连接并通信，因此传送的信息表现出时间不相关性、突发性、总体数据量小等特点，DCC 恰好为此种应用提供了灵活、经济、高效的解决方案。在实际应用中，DCC 一般以备份形式为干线通信提供保障，在干线因为线路或其他原因出现故障而不能正常进行通信业务时，提供替代的辅助通路，确保业务正常进行。

DCC 呼叫可以通过 Modem 连接 PSTN 网络(或者 ISDN 网络)来拨号。一个完整的 DCC 拨号过程包括 4 个阶段：链路建立阶段、链路协议协商阶段、数据传输阶段和链路挂断阶段。对于 Modem 和 ISDN 拨号来说，除了链路建立和链路挂断阶段不同之外，其他阶段都一致。在链路建立和链路挂断阶段，Modem 采用系统脚本交互，ISDN 通过 D 通道的 ITU-T Q.931 消息进行通道选择和链路控制。

1. DCC 呼叫的典型过程

DCC 呼叫的典型过程分为 4 个阶段：

(1) 拨号、建立链路过程。

(2) PPP 等协议协商过程。

(3) 数据传输过程。

(4) 呼叫挂断过程。

DCC 的使用广泛，将会和 RADIUS、备份中心、L2TP 等配合使用。建议在配置时采用逐步复杂的方式，先配置好 DCC，并确信能够呼通之后，再增加其他配合使用的配置，而不是一步到位，否则会增加故障处理的难度。

2. DCC 故障处理的一般办法

在网络上测定 DCC 最常用的方法是 ping 命令。从源端向目的端发送 ping 报文时，成功则意味着所有物理层、数据链路层、网络层功能均正常运转。而当呼叫失败时，应按照如下步骤进行故障处理：

(1) 检查源地址到目的地址之间所有物理连接是否正常，所有接口和协议是否运行。

(2) 查看电缆、Modem 等硬件设施是否连接正确，一般物理层线路故障的排除可以通过检查硬件得到解决。

(3) 如果 Modem 或者 Q.921 运行正常，DCC 仍然不能呼叫或者发起呼叫不能成功呼通，可以参考上述方法检查是否存在 DCC 或者用户认证等其他配置错误。检查是否配置了 DCC 使能，是否配置 DCC 拨号列表(dialer-rule 命令)以及引用到该拨号口上，是否配置拨号串，如果采用 dialer route 命令进行配置应确保与访问的目的地址匹配。对于轮循 DCC，是否配置了用户认证等。

(4) 使用 display 和 debug 命令查看统计信息并进行调试，进一步定位故障。

3. DCC 常见故障和处理方法

在实际的拨号应用中，故障一般出现在拨号过程中，因此链路建立阶段和链路协议协商阶段为关注的重点。由于拨号遵循从链路建立、链路协商到正常数据通信的过程，因此故障处理也按照从物理连接故障、链路建立过程中的故障到链路协议协商过程中的故障的次序进行。

(1) ISDN 接口的物理故障

- PRI 接口

采用 display controller e1 命令可以查询该接口物理连接是否正确。如果该 cE1/PRI 接口处于 DOWN 状态，说明物理连接不正确，可能是接口脱落导致，或者同轴电缆接反，需要将接头插紧或者调整同轴电缆连接。如果已经确认接口的物理连接正确，但是仍然无法进入 UP 状态，则检查电缆两端的物理帧格式封装，Quidway 26/36 系列路由器默认采用 NO-CRC4 帧格式校验。只有当电缆两端帧格式校验配置一致，cE1/PRI 接口才能正常进入 UP 状态。

- BRI 接口

没有呼叫时其接口始终处于未激活状态。当路由器一上电启动，使用 display interfaces bri 命令就能查询到该接口物理状态为 UP，协议状态是 spoofing。因此，在没有呼叫时无法判断 BRI 接口物理状态是否正常。

(2) ISDN 接口的链路故障

当 PRI 接口物理状态正常时，或采用 BRI 接口进行呼叫时，如果使用 debug isdn q921 命令只显示 SABME 帧，而无法显示收发的 RR 帧，则说明 Q.921 链路建立失败。

如果确认是 Q.921 链路建立失败，由于 Q.921 链路描述了非对称设备之间的通信参数和规程，即电缆两端必须一端作用户侧，一端作网络侧，Quidway 26/36 系列路由器目前只支持用户侧，因此与之相连的交换机必须配置为网络侧，否则无法成功建立链接。

(3) Modem 的物理故障

Modem 的物理故障可能是由以下原因造成的：

① Modem 通过 V.24 同轴电缆与路由器的同步(或异步)接口相连，如果使用 debug modem at 命令后始终不显示 OK，说明 Modem 不正常，可以尝试关电源重新复位 Modem。

② 如果能看到 OK，主叫端 Modem 一直在拨号，但接收端没有摘机(伴随有“咔嗒”声)，则需要查看 Modem 的自动应答属性是否正确。有些 Modem 的属性是自动应答，路由器就应该采用 undo modem auto-answer 命令取消自动应答；如果 Modem 属性是非自动应答，路由器就需要采用 modem auto-answer 命令来配置自动应答属性。Modem 拨号成功率与 Modem 本身质量和线路质量都有关，需要耐心多尝试。

③ 如果无法确认 Modem 是否为自动应答，可以采用超级终端连接 Modem，采用 AT 命令 at&v 来查看。查看结果中 ats0=1 表示为自动应答，ats0=0 表示为非自动应答。如果需要设置 Modem 的自动应答属性，则使用 ats0=0 命令设置为非自动应答，或者采用 ats0=1 设置为自动应答，并且用 at&w 命令来保存配置。

④ 如果已经确认 Modem 正常，并且呼叫总是出现忙音，说明被叫端占线，可能对端线路正在使用；或者两端同时在尝试呼叫对端，从而出现呼叫冲突。对于被呼线路正在使用的情况，可以等待对端挂断后再尝试呼叫；如果出现呼叫冲突，可以采用配置 dialer timer enable 命令将两端的呼叫间隔设置为不同的值，从而避免再次发生呼叫冲突。

(4) 同/异步 Modem 拨号的配置问题

首先确定采用同步拨号，还是异步拨号。

对于同步拨号，其接口必须是同步拨号接口；对于异步拨号，如果采用同/异步接口(即 Serial 接口)，则必须先使用命令 physical-mode asynchronous 命令把该接口设置为异步口，同时采用命令 modem 设置 Modem 拨号属性。对于异步接口(即 Async 接口)，直接采用 modem 命令设置 Modem 拨号属性。

(5) 无法发起拨号

拨号接口的 IP 或者 IPX 路由失败。

如果使用 debug ip packet 命令打开调试开关后显示路由失败的提示，则使用 display ip route 命令查看路由是否正确，使用 display current-configuration 查看拨号接口的配置，检查拨号接口上的 IP 或者 IPX 地址是否配置正确。

(6) 拨号接口没有使能

使用 debug dialer event 命令打开拨号调试开关，如果显示 DCC:DCC must be Configured on the interface 的提示，则采用 display current-configuration 命令查看拨号接口配置，如果是轮循 DCC，

则必须采用 dialer enable-circular 命令使能 DCC；如果是共享 DCC(拨号接口采用 PPP 封装)，则必须采用 dialer user 命令和 dialer bundle 命令来使能。

(7) 未配置拨号触发条件

使用 debug dialer event 和 debug dialer packet 命令打开 DDR 相应的调试开关，如果能看到 DCC:The interface has no dialer-group 或 DCC:it is an uninteresting packet 提示信息，则采用 display current-configuration 命令查看拨号口配置，如果没有在拨号口上配置 dialer-group 命令，则需添加配置；如果已经配置了 dialer-group，则查看 dialer-group 的序号与 dialer-rule 对应的序号是否一致，并且 dialer-rule 设置的触发报文类型或者条件是否正确(切记 dialer-rule 默认是禁止触发拨号，除非配置为 permit)。只有出现 DCC:it is an interesting packet 时才可能正确拨号。

(8) 未配置拨号串

使用 debug dialer event 和 debug dialer packet 命令打开 DDR 相应的调试开关，如果出现 DCC:there is not a dialer route matching this address 和 DCC:there is not a dialer number on the interface,failed,discard packet 调试信息，则使用 display current-configuration 命令查看拨号口配置。如果在呼出的接口上既没有配置 dialer route 命令又没有配置 dialer number 命令，则说明没有配置拨号串(对于共享 DCC 必须采用配置 dialer number；对于轮循 DDR 采用二者之一来配置)。对于被呼的接口，如果是同步拨号口，则必须同样配置拨号串；如果是其他接口，则可以省略该配置。

(9) 拨号串设置错误

主呼端已经发起呼叫，使用 debug dialer packet、debug dialer event、debug modem at、debug isdn q931 命令打开对应的调试开关，如果在被呼端没有接收到呼叫的信息提示，则首先检查被呼端的物理连接是否正确。如果连接正确，则需要确认被呼端的中继号、BRI 号或者电话号与主呼端配置的拨号串是否一致。

(10) 呼叫的连接过程失败

主呼端已经发起呼叫，使用 debug dialer packet 和 debug dialer event 命令打开 DDR 调试开关后，如果提示信息正常，而使用 debug ppp packet(如果物理接口封装为 PPP)没有任何 PPP 报文输出，并提示 DCC:wait-for-carrier-timeout on a link on interface ***，shutdown! start enable-time，然后呼叫挂断。按照如下步骤进行分析：

① 如果采用 Modem 拨号，使用 debug modem at 和 debug modem event 命令打开 Modem 调试开关，如果提示线路忙，说明设置的呼叫号码是自己。如果提示 DCC:wait-for- carrier-timeout on a link on interface ***，shutdown!start enable-time，则可能对端正在使用，或者出现呼叫冲突，也有可能是线路质量比较差。

② 如果采用 ISDN 拨号，使用 debug isdn q921 和 debug isdn q931 命令打开 ISDN 调试开关，如果出现 RR 帧，则说明物理连接和 Q.921 协议运行正常，再通过查看 Q.931 消息 Disconnect 或者 Release、Release Complete 中的 Cause 原因值来获取呼叫挂断的原因，然后根据具体原因进行修改。

③ 在采用 ISDN 拨号时交换机的最小和最大号码长度判断很严格。如果在发起呼叫的 Setup 消息之后，交换机返回 Disconnect 消息，并且 Cause 原因值为 9c，则表明呼叫号码不正确，需要确认交换机配置的最小号长或者最大号长是否正确。

(11) 呼叫冲突

两台路由器同时向对端发起呼叫时，按照如下步骤进行分析：

① 两端同时发起呼叫，如果对端正在被使用，则只有等待对端挂断。

② 两端采用自动呼叫间隔，并以同样的时间发起呼叫，需要调整自动拨号间隔(命令 dialer

autodial-interval)或者两次拨号使能时间间隔(命令 dialer timer enable)，使两端的间隔不一致。

③ 两端都配置了 DCC 接口负载阈值(命令 dialer threshold 0)，一个通道呼叫成功后，其他通道的呼叫本应该几乎同时 UP，却每次都参差不齐，没有规律，甚至其他通道都可能无法呼叫成功。此时，需要取消一端的 dialer threshold 配置。

(12) 用户认证失败

主呼端已经发起呼叫，使用 debug dialer packet 和 debug dialer event 命令打开 DDR 调试开关，查看到呼叫正常；使用 debug ppp packet 命令打开 PPP 调试开关，已经有 PPP 报文收发。按照如下步骤进行分析：

① 查看 PPP 协商报文，如果有 PAP 或者 CHAP 认证报文，但是认证过程失败，则使用 display current-configuration 命令查看两端配置的用户名和密码是否匹配。

② 如果在拨号口配置的 dialer route 命令中有 name 选项，也要确认该用户名与对端的 IP 是否对应。

③ 对于共享 DCC 来说，由于是通过用户名来区分每个 Dialer 口，因此如果作为主呼端，必须在 Dialer 接口上配置 ppp authentication 命令来要求对端发送用户名和密码。如果共享 DCC 作为被呼端，需要通过对端的用户名来查找所属的父接口，因此必须在共享 DCC 采用的物理接口上配置 ppp authentication 命令来要求对端发送用户名和密码。

(13) IP 地址协商错误

呼叫开始且 PPP 协商成功，但呼叫被挂断。按照如下步骤进行分析：

① 使用 debug dialer event 和 debug dialer packet 命令打开 DDR 调试开关，如果看到 DCC:peeraddr matching error on interface ***，shutdown link 的提示，说明对端的 IP 地址与本端 dialer map 配置的 IP 地址一致，所以呼叫被拒绝。

② 采用 dialer string 命令进行配置，问题解决。

(14) ISDN 回呼失败

PPP 回呼的 Client 端呼叫成功，但 Server 端没有挂断呼叫也没有回呼。按照如下步骤进行分析：

① 使用 debug dialer event 和 debug dialer packet 命令打开 DDR 调试，如果没有出现 DCC:Link layer transfer callback request with name and dialstring to DCC on interface 信息，则查看 Client 端是否配置 ppp callback client 命令，或者 Server 端是否配置 ppp callback server 命令。

② 如果出现 DCC:Link layer transfer callback request with name and dialstring to DDR on interface 信息，但没有出现 DCC:Ready to callback, disconnect the income-call first 信息，则需要查看 Server 端是否配置 dialer callback server 命令。如果配置为 dialer callback-center user，则表明采用 dialer route 中与 username 匹配的拨号串回呼；如果配置为 dialer callback-center dial-number，则表明采用 local-user 命令中的 callback-dialstring 来回呼，因此需要查找对应的回呼拨号串是否存在并且正确。

ISDN 被呼端接收到呼叫，但没有挂断呼叫并回呼。按照如下步骤进行分析：

① 使用 debug isdn q931 和 debug dialer event 命令打开调试开关，显示出 DDR:Receive CALL_CONN_IND 和 DDR:Received a Caller with ID in interface 信息，如果 ID 为空或者 ID 与 Server 端的 dialer call-in 配置的 ID 不一致，回呼就会失败。

② ISDN 回呼需要交换机的配合，需要在交换机上配置成将主叫号码前转并发送给被呼端，这样 ISDN 回呼才能成功。

(15) 呼叫挂断后，再次呼叫失败

使用 debug dialer event 和 debug dialer packet 命令打开 DDR 调试开关，显示 DDR:

Enable-timeout is effective,failed 的提示，则为了防止呼叫过于频繁，DDR 要求两次呼叫之间必须有间隔，如果提示 DDR:Enable-timeout is effective,failed，则说明该间隔时间还没有超时，只需等待即可。如果设置的时间比较长，可以使用 dialer timer enable 命令进行修改。

6.3　VPN 虚拟专用网故障诊断与排除

6.3.1　VPN 虚拟专用网概述

虚拟专用网(Virtual Private Network，VPN)指在一个共享基干网上采用与普通专用网相同的策略连接用户，如图 6-7 所示。共享基干网可以是服务提供者 IP、帧中继、ATM 主干网或 Internet。VPN 有以下三种类型。

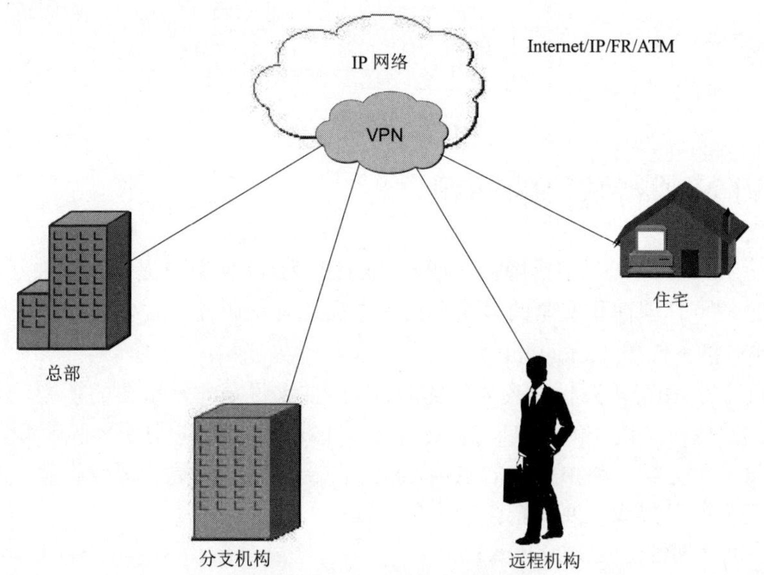

图 6-7　VPN 的逻辑拓扑结构图

(1) 访问型 VPN(Access VPN)——像其他专用网一样，在具有相同规则的共享设施上提供对公司内部或外部网的远程访问，用户利用它可随时随地访问公司的资源。访问型 VPN 包含模拟型、数字型、ISDN、数字用户线路(DSL)、移动 IP 和电缆技术，可安全地连接移动用户、远程通信或分支机构。

(2) Intranet 型 VPN——在专用连接的共享设施上连接公司总部、远程机构和分支机构的 VPN。企业与传统专用网一样部署，同样也关注 VPN 的安全性、服务质量(QoS)、可管理性和可靠性。

(3) Extranet 型 VPN——在专用连接的共享设施上连接用户、提供者、合伙人或公司内部网感兴趣的通信 VPN。企业与传统专用网一样部署，同样也关注 VPN 的安全性、服务质量(QoS)、可管理性和可靠性。

IP VPN 用户将具有以下优势：

① 降低成本

无论访问 Internet 还是打本地电话，或者本部门本单位的日常管理，都能明显降低运行成本费用。

② 改善连接

能够以更快捷、更简单的方式进行连接。

③ 简化广域网

简化广域网有两个明显的作用：一是简化了服务商管理的服务；二是简化了网络系统的管理服务。

它的服务分类如图 6-8 所示。

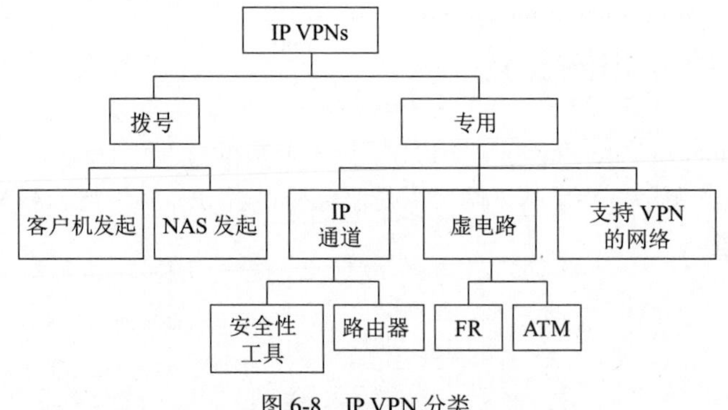

图 6-8　IP VPN 分类

6.3.2　IP VPN 亟待解决的问题

由于使用了 Internet VPN，不仅降低了成本，而且能为 VPN 用户提供全球性互联。但是 IP VPN 在有关通信质量的可管理性和安全的策略等技术方面还有待研究，主要表现在以下几个方面。

(1) 系统的可扩充性(Expandability)

VPN 间的互联性和可扩充性对企业间的联合、兼并来说是非常重要的功能，要实现不同 VPN 间的互联，以构筑成一个统一的 VPN，需要确立、开发新技术，以便能平滑、快速、简洁地进行内部子系统地址的再分配、路由结构的重构、安全保密策略和变更、通信质量控制策略的变更，整个系统的管理界面可集成，要有较强的可扩充性。

(2) 系统的可管理性(Manageability)

改善系统的可管理性使其变得简洁、灵活，是当前重要的研究课题，主要表现为 4 点。

① QoS/CoS

无论哪种系统结构，其应用都会要求提供不同的通信质量，而且要求会越来越高。VPN 在 1994 年被列入了 ST-2(IETF 的实验项目)。此后，在 IFTF(Internet 工程任务组)上又研讨了 Int-Serve、RSVP 和 Diff-Serve，探讨了在 Internet 上用于提供多个 QoS/CoS 的协议。

RSVP 和 Int-Serve 原来的体系结构是：按不同应用进行状态管理，提供 QoS/CoS。为了适用于 SP 的主干网，实现 IP VPN，在 IETF 上提出了信息流聚合(Flow Aggregation)的提案。也就是说，在 IP VPN 系统中，以后要将 RSVP、Diff-Serve 功能导入上述网络设备中，以便加以运用。

② 策略控制

各 VPN 具有不同的系统控制、运用策略。为了用统一的接口和技术来实现各种策略，以便降低成本、高效地导入 VPN 系统，IETF 正在探讨 COPS(Common Open Policy Service)和 PIB(Policy Information Base)有关技术。COPS 和 PIB 的确立会为管理控制各个 VPN 中不同系统运用策略奠定好基础框架。

③ 3A 控制

要构筑 VPN 系统，安全保密功能是必需的，而要由 SP 来提供 VPN 功能时，还要确立起完整的计费系统，以便能统一提供认证(Authentication)、许可(Authorization)和计费(Accounting)，即 3A 控制。

④ 健壮性(Robustness)

VPN 系统支撑着整个企业的业务活动，必须要有与之相适应的健壮性。采用标号交换技术来提供多个路径，实现保护交换(Protection Switching)功能等，对于 VPN 系统来说，不仅是由于将包分散到多个路径从而更有效地利用了数据链路，而且可以视之为提高 VPN 系统健壮性的重要技术措施。同样，在 OSPF(Open Shortest Path First，最短路径优先)中所研讨的 CR(Constrained Routing，约束路由)，由于能提供多个 OSPF 路径，也可以看作是能提高 VPN 系统健壮性的重要技术。

(3) 移动性(Mobility)

上述的 VPN 系统都是以园区网络互联为前提而构筑的。但随着便携式计算机的普及，在 Internet 上和跨 VPN 的移动用户对在计算机上实现 VPN 服务的要求日益高涨。也就是说，从静态 VPN 逐渐走向动态 VPN，而移动范围则是全球规模的可伸缩性技术。目前有两个技术：一个是基于用户主导的移动支持，如 Mobile IP 技术；另一个是基于服务商的 ISP 的移动支持，如追踪技术。另外，Mobile IP 如果用 ISP 来实现本地代理(Home Agent，HA)就变成了基于 ISP 的服务。特别是在移动环境支持中，由本地代理来实现移动支持功能。一般来讲，要求系统的可伸缩性要好。

(4) 虚拟专用网络

关于虚拟网络，至今多数是以企业系统规模为前提。VPN 用户的移动，从构成 VPN 站点的大小(包容的用户数)来说，也包括家庭的小站点。

随着 Internet 技术的发展和普及，VPN 的构成单位从公司/园区逐渐转向个人，深度越来越广。在深度越来越广的 VPN 构成的系统中，以前 VPN 系统中的 Proxy 服务器的安全保密管理和成员管理是否还能起作用？作为另一种解决方案，很有可能要由终端主机来进行 VPN 的成员管理和安全保密管理。换句话说，VPN 的管理、运用朝两个方向发展：一个是由 Proxy 服务器来承担，另一个是由终端主机来承担。

(5) 地址(Address)

VPN 系统的地址分配和管理对整体系统影响极大，用只有 32 位长的地址空间的 IPv4 为 VPN 提供必要的地址空间已非常困难。为了将专用地址(Private Address)用于 VPN，实现与 VPN 以外的网络互联，一般是采用 NAT(网络地址转换)和 Socks 这样的应用网关(Application Gateway)。但是这些方法几乎不可能进行端到端的系统管理，在可伸缩性、可管理性和安全性方面也存在问题。

为了能实现端到端安全管理的系统，在 VPN 系统的节点也要分配全局地址，这就需要使用 IPv6。

6.3.3　故障诊断与排除

通常情况下，VPN 服务器位于一个可以实现路由的 LAN 网段上，并处在防火墙后方；客户端连接则使用一个同样包含路由器与防火墙的 ISP 网络。

通常情况下，VPN 故障诊断数据需要通过防火墙、ISP 网络甚至其他 ISP 网络从客户端传送至 ISP 路由器，再由 ISP 路由器依次传送至企业路由器、防火墙或代理服务器，并最终到达目标 PPTP 服务器。

当客户端与某个 ISP 建立连接时，ISP 将为客户端分配一个 TCP/IP 地址、一个 DNS 服务器地址以及一个默认网关。当客户端发起一个 PPTP 连接时，这项操作将创建第二个 TCP/IP 会话，并将其嵌入到用以提供数据包加密与封装功能的第一个会话。当客户端连接成功后，VPN 服务器将为客户端分配第二个 IP 地址、第二个 DNS 服务器地址、可选 WINS 服务器以及另一个默认网关。在上述连接过程中均有可能出现故障。

故障现象 1：客户端无法连接 PPTP 服务器

原因：客户端无法连接 PPTP 服务器，可能有以下三个原因。

(1) VPN 服务器 Internet 连接可能存在某种问题。

在完成客户端配置工作后，需要验证 VPN 服务器具备一条 Internet 连接。验证这种连接的最简单方式是从设置服务器 TCP/IP 地址的客户端上对服务器执行 ping 操作。

如果 ping 指令显示消息请求超时，则说明服务器 Internet 连接可能存在某种问题。

(2) ISP 所分配的地址可能存在某种问题。

使用拨号连接的服务器很有可能在每次与 ISP 建立连接时获得不同的地址。如需通过地址进行连接，则必须了解服务器每次建立拨号连接时由 ISP 所分配的地址。通常情况下，RAS 服务器将使用一个永久地址，从而消除连接过程中的一些细微可变因素。

如果对服务器通过地址执行 ping 操作，服务器无法通过名称进行响应，原因可能有两种：

- 服务器可能不具备注册域名。
- ISP DNS 服务器可能处于停机状态或无法正常工作。

(3) PPTP 过滤功能可能存在某种问题。

当服务器上的 PPTP 过滤功能处于启用状态时，可能会看到消息“错误 678：无法应答”或“错误 650：远程访问服务器无法响应”。此时，服务器上的 PPTP 过滤功能存在某种问题。

- 如果在过滤功能处于禁用状态的情况下建立连接，请检查服务器的过滤器设置。
- 如果禁用了编号为 137 和 138 的 UPD 端口或者编号为 139 的 TCP 端口，NetBIOS 数据包将无法通过网络。
- 如果服务器能够通过地址和名称进行响应但仍然无法建立连接，那么，所使用的 ISP 路由器、内部路由器或防火墙可能过滤掉了 GRE 数据包。请确保在 VPN 连接两端均启用了编号为 47 的 IP 协议端口(GRE) 以及编号为 1723 的 TCP 端口。

故障现象 2：客户端能够连接但无法登录

原因：客户端能够连接但无法登录，可能有两个原因。

(1) 配置域和服务器账号可能存在某种问题。

配置域和服务器账号可能存在某种问题，可以将 RAS 服务器配置为域控制器或独立系统。

(2) 用户的域账号拨入权限可能存在某种问题。

确保用户的域账号具备拨入权限。如果服务器并非域控制器，默认情况下，RAS 将通过本地 SAM 对客户端授权凭证进行验证。用户可以通过两种方式在独立服务器上实现身份验证：利用 RAS 服务器上的本地账号或利用强制服务器通过域 SAM 对证书进行验证注册表项。无论采用何种方式，所提供的账号都必须具备拨入权限。

故障现象 3：DNS 服务设置不当造成 Socket 的错误

原因：DNS 服务设置不当造成 Socket 的错误，多半是外部网络工作站系统中没有正确设置好 DNS 服务引起的外部网络不能通过 VPN 连接方式与单位局域网连接通信。但外部网络由于连接在其他子网中，在外部网络中的某台工作站上访问内部 Intranet 服务器主机时，发现 Socket 错误，无法找到内部 Intranet 服务器主机。要消除这样的故障现象，只要在单位内部的 Intranet 主机名称，提供一个属于 Intranet 自己的 DNS 服务就可以了。如在远程工作站系统中，打开系统运行对话框，并在其中输入字符串命令“winipcfg”，单击“确定”按钮后，再从弹出的对话框中单击“详细信息”按钮，随后打开 IP 配置(如图 6-9 所示的界面)，可知道当前工作站系统使用的 DNS 服务器是来自于 Internet 上的还是 Intranet 中的；如果远程工作站系统使用的是 UNIX 系统，可以在命令行中输入字符串命令“nslookp”，按 Enter 键后也能查看到当前工作站系统默认的 DNS 服务究竟是否来自 Intranet。

远程工作站系统能够以主机名义并通过 VPN 隧道来与单位内部的 Intranet 服务器进行通信。

故障现象 4：不能同时实现 Internet 和 VPN 连接共享

原因：在服务器系统中未安装或未设置好代理服务器软件。

在创建 VPN 共享连接时：

(1) 依次单击 IE 菜单栏中的“工具”→“Internet 选项”命令，打开 Internet 属性设置窗口。

(2) 在该窗口中，单击“连接”标签。

(3) 在对应的标签页中单击“局域网设置”按钮，打开如图 6-10 所示界面。

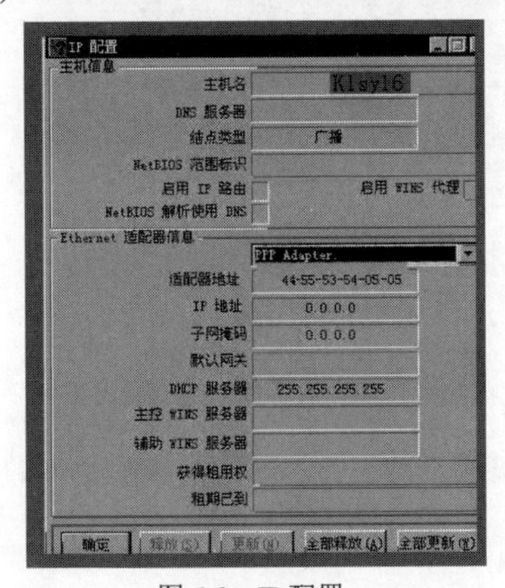

图 6-9　IP 配置

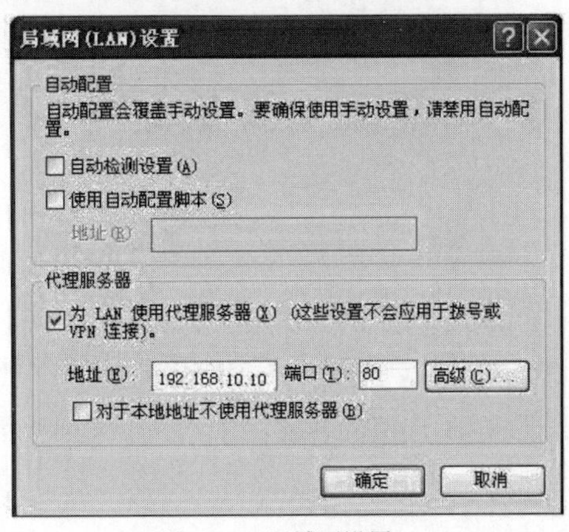

图 6-10　局域网设置

(4) 在界面的“代理服务器”设置项处，输入 Windows 服务器的 IP 地址以及 Wingate 使用的默认代理端口号“80”。

(5) 返回到 Windows 服务器所在的计算机系统。

(6) 对 Wingate 进行设置，使远程工作站都能通过代理服务器访问到 Internet 中的内容。

(7) 在设置代理参数时，可以依次单击“开始”→“程序”→Wingate→Gatekeeper 命令，在出现的账号登录窗口中，输入超级管理员的管理密码并登录管理系统界面。

(8) 单击 Users 标签，并用鼠标双击其中的 Assumed users，在随后的窗口中单击 By IP Address 标签，然后在 By IP Address 标签页中单击 Add 按钮，看到一个标题为 Location 的设置窗口。在该窗口中输入远程工作站的 IP 地址，同时选中 Guest 选项，再单击 OK 按钮，远程工作站就能顺利通过代理服务器来访问 Internet 了。

故障现象 5：远程工作站可以登录进本地局域网但无法访问本地局域网

原因：远程工作站可以登录进本地局域网的指定域中，但不能访问该域中的任意一台计算机，是因参数设置不正确。这一故障现象可按照如下步骤来排查：

(1) 打开远程工作站的网络参数设置窗口，检查该窗口是否安装了 NetBEUI 协议，如果没有安装：可单击“安装”按钮，在弹出的如图 6-11 所示的“选择网络组件类型”对话框中，选中“协议”选项，再单击“添加”按钮，然后将 NetBEUI 协议选中，并按照向导提示来完成安装任务。

(2) 在网络参数设置窗口中，检查远程工作站的 TCP/IP 设置，是否和面向本地局域网连接的 TCP/IP 设置方式相同，如果不相同，必须将其修改过来。

(3) 返回到远程工作站的系统桌面中，用鼠标右键单击“我的电脑”图标，并从弹出的快捷菜单中执行“属性”命令，在打开的属性设置窗口中检查当前工作站的域是否为本地局域网指定的域名；倘若不一致，可以单击“计算机”标签，再在对应的标签页中单击“更改”按钮，然后在如图 6-12 所示的设置窗口中，选中“域”单选按钮，同时在对应的文本框中输入特定的域名称，最后单击“确定”按钮。

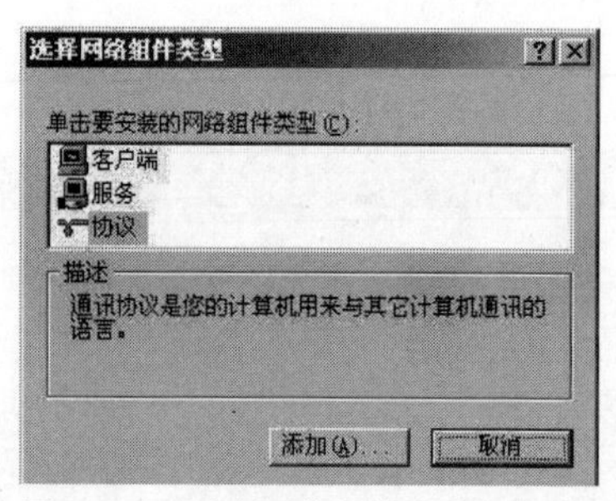

图 6-11 “选择网络组件类型”对话框

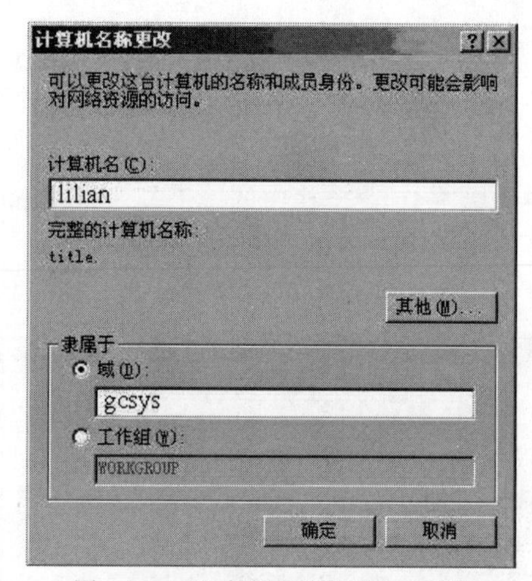

图 6-12 “计算机名称更改”对话框

重新启动远程工作站系统，这样就能消除可以登录但无法访问本地局域网的故障现象。

故障现象 6：连接向导窗口中的“拨号到专用网络”和“VPN 连接”这两个选项都失效，VPN 连接无法创建

原因：系统文件受损。

遇到这种现象时，首先需要对系统的相关文件进行恢复。

在恢复系统文件时，可以依次单击“开始”→“运行”命令，在弹出的系统运行对话框中，输入字符串命令 sfc /scannow，单击“确定”按钮后，Windows 操作系统就会自动对受损的系统文件进行恢复。等到系统文件恢复完毕后，再将计算机系统重新启动一下，然后再尝试打开 VPN 连接创建向导窗口，并检查该窗口中的“拨号到专用网络”和“VPN 连接”这两个选项是否已经生效。

如果该窗口中的“拨号到专用网络”和“VPN 连接”没有生效，那就表明当前故障不是由系统文件受损引起的，可能与 VPN 网络连接有关的远程服务被意外停止了。一旦 Remote Access Connection Manager 服务被暂时停止，就会导致 VPN 连接无法创建。

在检查 Remote Access Connection Manager 服务是否关闭时，可以依次单击“开始”→“程序”→“管理工具”→“服务”命令，在弹出的系统服务列表界面中，找到并选中 Remote Access Connection Manager 服务选项，并用鼠标右键单击该选项，从弹出的快捷菜单中执行“属性”命令，在其后出现的属性设置窗口中(图 6-13)检查该服务

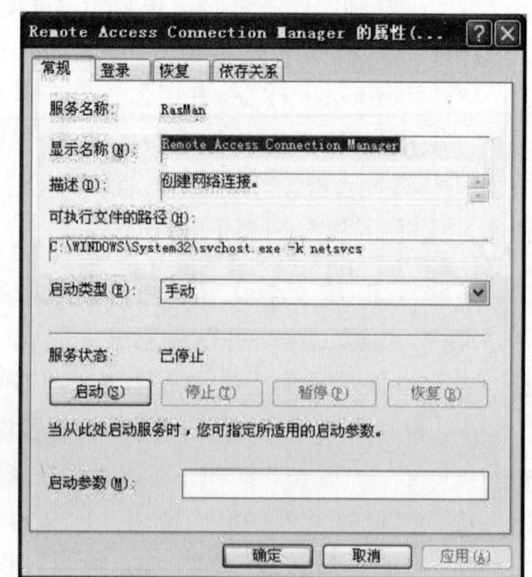

图 6-13 Remote Access Connection Manager 服务的属性对话框

的状态是否为已启动。如果没有启动，则可以单击“启动”按钮将它启动起来，同时将启动类型设置为“自动”，最后单击“确定”按钮。

Remote Access Connection Manager 服务成功启动后，不妨再次打开 VPN 连接创建向导窗口，此时的“拨号到专用网络”和“VPN 连接”这两个选项已经生效。

故障现象 7：用户不能从 NAT 设备连接到 VPN 服务器

原因：绝大部分防火墙和 NAT 路由器支持 NAT 设备的 PPTP VPN 协议。然而，一些高端的网络设备却没有为 PPTP VPN 协议设置 NAT 编辑器。如果用户是在这样一个设备中使用 PPTP 进行 VPN 连接就会失败。

用户要能从 NAT 设备连接到 VPN 服务器，那么，所有的 NAT 设备和防火墙都支持基于 IPSec 的 VPN 协议 IPSec pass through。

故障现象 8：用户抱怨 VPN 速度太慢

原因：VPN 速度太慢，有很多种可能的原因，如线路问题、性能问题、连接问题、病毒问题等。性能差是最难解决的问题之一。

6.4　帧中继故障诊断与排除

6.4.1　帧中继概述

帧中继(Frame Relay)是 20 世纪 80 年代中期在 X.25 协议的基础上发展起来的，它是用于在光纤介质或高质量同轴电缆线路上传送可变长度的数据包时，减少在中间节点上的纠错措施。其速率可达到 T3(44.7Mbps)，每个通信端口可达到 2Mbps，又称为快包技术。目前在欧美、日本等发达国家，帧中继是公共广域网络上传输数据信息的主要技术。

帧中继是一种数据包交换技术。交换网络可以支持终端工作站动态地共享网络介质和带宽。可变长数据包使网络传输更灵活和高效。数据包在不同的网段进行交换，直到到达目的地。统计多路复用技术控制数据包交换网络中的网络访问，这一技术的优点是提高了使用网络带宽的灵活性和有效性。现在大多数流行的 LAN(如以太网和令牌环)都是数据包交换网络。

帧中继适应了现在 WAN 的应用，如实现 LAN 的互联。

1. 帧中继的基本原理

自从 1991 年帧中继技术出现以来，帧中继对突发性通信需求的有效支持导致了市场活动的急剧增长和用户满意度的迅速提高，公用帧中继业务已迅速在世界范围内普及。

帧中继是基于分组交换的原理发展起来的，但它只包括开放系统互联 OSI 7 层模式的物理层和链路层的一部分。它是根据 ITU-TQ.992 建议的核心层(链路层)组织的，智能终端设备把数据发送到链路层，封装在链路层 LAPD 帧结构中，实现以帧为单位的信息传送(帧不需要分组交换中的第 3 层分组层，也称网络层)的处理。由于帧中继只做差错检查，不做分组的重发处理，加之分组层的流量控制等规则均留给双方的智能终端去处理，因而大大简化了处理过程，提高了效率，但是它必须以优质的电路条件为基础。帧中继业务通常的帧信息长度远比分组交换要长，即 1024 字节/帧～4096 字节/帧，其通信速度也比分组交换高，用户的传输速率一般为 64Kbps～2Mbps，个别情况下也有使用 9600bps 的，近期帧中继的速率已提高到 8Mbps～10Mbps。

2. 帧中继的特点

帧中继作为一种快速的、经济的广域网传输技术，非常适用于包括局域网互联、SNA 传输和远程流向在内的数据应用。目前，帧中继的使用变得日益广泛起来，已成为日常商业应用在广域网中传输的重要手段。

帧中继适用于各种具有数据突发业务的用户，其最大的特点在于允许用户有效利用预先约定的带宽，即约定的信息速率(CIR)，还允许用户的突发数据“占用”其未预定的带宽。因此，帧中继带宽管理和拥塞管理是建立帧中继网中十分关键的技术，用以提高整个网络的经济性和实用性。帧中继技术与传统的电路交换和分组交换相比具有独特的优点。与电路交换相比，帧中继具有虚电路复用、端口分享、能适应突发业务、传输速度高等优点；与分组交换相比，帧中继具有协议透明、高吞吐量、高速率、低时延等优点，特别适用于计算机通信。目前的帧中继业务只能提供永久性虚电路(PVC)功能，交换性虚电路(SVC)的设备已经问世，并得到了应用。帧中继的特点可归纳为以下几点。

(1) 传输效率高

由于帧中继使用统计复用技术，因此大大提高了网络的传输效率，简化了协议处理和实现成本。在传输突发性数据的应用中能按需使用带宽，无须长期租用专用传输线路，降低了使用费用。

(2) 计费方式灵活

① 固定月租方式——用户按月缴纳固定费用，适用于每月常有突发业务的用户。

② 按信息量收费——按实际在网络上传送信息的比特数收取费用，适用于偶有信息发送的用户。

③ 单向 CIR 收费——CIR 是一个传送速率的门限，适用于往一个方向传送大量信息的用户。

(3) 可靠灵活

由于帧中继使用高质量的通信线路和智能终端，因此帧中继的传输非常可靠，且可灵活地分配带宽和计费。

6.4.2 故障诊断与排除

1. 处理帧中继故障的步骤

(1) 检查物理层，线缆或接口问题。

(2) 检查接口封装。

(3) 检查 LMI 类型。

(4) 校验 DLCI 到 IP 的映射。

(5) 校验 Frame Delay 的 PVC。

(6) 校验 Frame Delay 的 LMI。

(7) 校验 Frame Delay 映射。

(8) 校验环路测试。

2. 处理帧中继故障的命令

(1) 处理帧中继故障的 show 命令

show interface

- show frame-relay lmi：显示 LMI 相关信息(LMI 类型、更新、状态)。
- show frame-relay pvc：输出 PVC 信息、每条 DLCI 的 LMI 状态。
- show frame-relay map：提供 DLCI 号信息和所有 FR 接口的封装。

(2) 处理帧中继故障的 debug 命令

- debug frame-relay lmi：显示 LMI 交换信息。
- debug frame-relay events：显示协议和应用程序使用 DLCI 的细节。

3. 帧中继网络常见的故障现象

帧中继网络常见的故障有五大现象。

故障现象 1：无连接

原因：

- 可能是线缆或连接器损坏。
- 路由器、帧中继交换机的供电系统出现故障。
- 路由器或交换机的配置有错。
- 噪声、高误码率。
- 信道内信令的版本不兼容。
- 被叫号码不正确。
- 信号电平过低。
- 对等站点未被激活。

故障现象 2：响应时间过长

- CIR 过低。
- DLDI 配置错误。
- 通过帧中继传输的应用协议的窗口尺寸太小。
- 由于超时或误码率导致应用协议经常性地要求重传。
- 最大信息包尺寸太小，经常出现碎片帧现象。
- 电信运营商没有提供承诺的带宽，误码率太高。
- 无效的信息总被错误地路由到帧中继链路上。
- 帧中继网络节点出现拥塞。

故障现象 3：帧中继 Modem 故障

帧中继 Modem 常见指示灯状态：

- DCD 亮：说明 Modem 收到载波信号。
- DCD 闪烁或不亮：说明到对方端 Modem 的线路中断。
- ERR 灯亮：说明线路有误码，正常工作时不亮。

故障现象 4：帧中继接口故障

帧中继接口可以处于三种状态：

- serial x is up：说明接口已经正确连接。
- serial x is administratively down：说明接口处于关闭模式，需用“no shutdown”命令来激活。
- serial is down：说明路由器和 DSU/CSU 连接状态出错，应检查线缆和路由器的串口。

故障现象 5：串行线路可能存在某种故障

串行线路可能存在的某种故障：

① 串行链路故障

处理串行链路故障的第一步就是查看链路两端是否使用了相同的封装类型。

- 查看接口信息。
- 复位接口的计数器到 0。

正常情况下，接口和 line 都是 up 的。

② 线缆故障、载波故障和硬件故障

线缆故障、载波故障和硬件故障都可导致接口 down，通过校验电缆连接、更换硬件(包括电缆)、检查载波信令，定位问题所在。

③ 接口故障

接口 up，line down：CSU/DSU 故障、路由器接口问题、CSU/DSU 或载波的时间不一致、没有从远端路由器接收到 keepalive 信令、载波问题。应验证本地接口和远端接口的配置。

④ 接口重启故障

接口重启的原因：

- 数秒内排队的包没有被发送。
- 硬件问题(路由器接口、线缆、CSU/DSU)。
- 时钟信令不一致。
- 环路接口。
- 接口关闭；
- 接口定期重启。

检查：

- show controllers serial 0：显示接口状态、是否连有线缆、时钟速率。
- show buffers：查看系统 buffer 池，接口 buffer 设置。
- debug serial interface：显示 HDLC 或 Frame Relay 通信信息。

⑤ 串行线中的提示问题

问题 1：Interface is administratively down；line protocol is down

- 接口被从命令行关闭。
- 不允许重复的 IP 地址，两个使用相同 IP 地址的接口将 down。

问题 2：Interface is down；line protocol is down

- 不合格的线缆。
- 没有本地提供商的信令。
- 硬件故障(接口或 CSU/DSU、线缆)。
- 时钟。

问题 3：Interface is up；line protocol is down

- 未配置的接口：本地或远程。
- 本地提供商问题。
- Keepalive 序号没有增加。
- 硬件故障(本地或远端接口、CSU/DSU)。
- 线路杂音。
- 时钟不一致。

问题 4：Interface is up；line protocol is up (looped)

链路在某处环路。

问题 5：Incrementing carrier transition counter

- 来自本地提供商的信号不稳定。

- 线缆故障。
- 硬件故障。

问题 6：Incrementing interface resets

- 线缆故障，导致 CD 信号丢失。
- 硬件故障。
- 线路拥塞。

问题 7：Input drops，errors，CRC，and framing errors

- 线路速率超过接口能力。
- 本地提供商问题。
- 线路杂音。
- 线缆故障。
- 不合格线缆。
- 硬件故障。

问题 8：Output drops

接口传输能力超过线路速率。

4. 帧中继故障排除方法

(1) 线缆故障排除方法

- 检查线缆并测试接头。
- 更换线缆。

(2) 硬件故障排除方法

- 执行环路测试，以分离硬件。
- 将线缆连接到路由器的另一同样配置的接口，若完好，则需更换硬件。

(3) 本地服务提供商问题排除方法

- 如环路测试使 LMI 状态为 up，但不能连接远端站点，联系本地载波。
- 包含载波问题，就好像 FR 配置错误，如 DLCI 不一致或封装不一致。

(4) LMI 类型不一致排除方法

- 校验路由器的 LMI 类型与 PVC 上的每个设备都一致。
- 如使用公共提供商网络，不能访问 LMI，与提供商联系。

(5) keepalive 问题排除方法

- 使用 show interface 查看 keepalive 是否被禁用，或校验 keepalive 是否未正常配置。
- 如果 keepalive 设置错误，进入配置模式并在接口上指定 keepalive 间隔。

(6) 封装类型排除方法

- 校验两端路由器的封装方式相同，如有非 Cisco 路由器，必须用 IETF。用 show frame-relay 命令显示封装信息。
- 用 encapsulation frame-relay ietf 更换封装方式，用 frame-relay map 设置某个 PVC 的封装。

(7) DLCI 不一致排除方法

- 用 show running-config 和 show frame-relay pvc 显示指派给某接口的 DLCI 号。
- 如 DLCI 号配置正常，联系供应商校验 FR 交换机是否使用了相同的 DLCI。

(8) ACL 问题排除方法

- 使用 show ip interface 显示应用到接口上的 ACL。
- 分析 ACL，如有需要，删除或修改它。

6.5 X.25 分组交换网故障诊断与排除

6.5.1 X.25 分组交换网概述

X.25 是一组协议集合(或称协议栈)，它包含物理层、数据链路层和网络层协议，适用于低中速线路(如 9600bps、64Kbps 或 TI 1.44Mbps 线路)。X.25 分组交换网已成为 WAN、MAN 或 LAN 互联常用的通信子网。

分组交换采用存储/转发交换技术，分组是交换处理和传送的对象。先将发信终端发送的数据分成固定长度的分组，然后在网络中经各分组交换机“存储/转发”，最终到达收信终端。

分组交换数据网提供两类服务：

- 数据报

数据报服务类似于邮政信件传递方式，每个分组独立地存储和转发，中间节点接收到分组后，首先暂存该分组，然后从不同的路径将分组转发出去，到达目的节点。

- 虚电路服务

虚电路服务类似于电话网采用的交换方式，在发送数据之前，需要在发送方和接收方之间建立一条逻辑电路(即虚电路)，然后在这条虚电路上传输分组，传输完毕后需要拆除虚电路。

虚电路建立在 X.25 的第 3 层。在虚电路方式中，一次通信要经历建立虚电路、数据传输和拆除虚电路 3 个阶段。一旦建立虚电路，则该虚电路不管有无数据传输都要保持到虚电路拆除或因故障而中断。如果是因故障而中断，则需重新建立虚电路，以继续未完成的数据传输。

X.25 提供两种虚电路服务：

- 交换虚电路

交换虚电路类似于电话交换，即双方通信前要临时建立一条虚电路供数据传输，通信完毕后要拆除该虚电路，供其他用户使用。

- 永久虚电路

永久虚电路可在两个用户之间建立永久的虚连接，用户间需要通信时无须建立连接，可直接进行数据传输，像使用专线一样。

1. 分组交换的特点与连接方式

(1) 分组交换的特点

- 以分组为单位传输。
- 能以不同速率传输。
- 动态使用带宽。
- 延时不固定。
- 无专用线路。
- 适用于传输数据量不大的通信场合。
- 数据传输比较可靠。

(2) 分组交换的连接方式

建立分组交换和建立、拆除虚电路连接时，发送方 DTE 先向本地 DEC 发出呼叫连接请求分组，DCE 选择合适的路径将该分组通过网络传输到接收方的 DCE，并送给接收方 DTE，接收方 DTE 回送一个呼叫接收分组发送方 DTE，由此建立起虚电路后就可以传输数据了。图 6-14 给出了 X.25 帧的组装过程，分组的最大长度为1024个字节，一个接口最多可支持4095个逻辑信道。

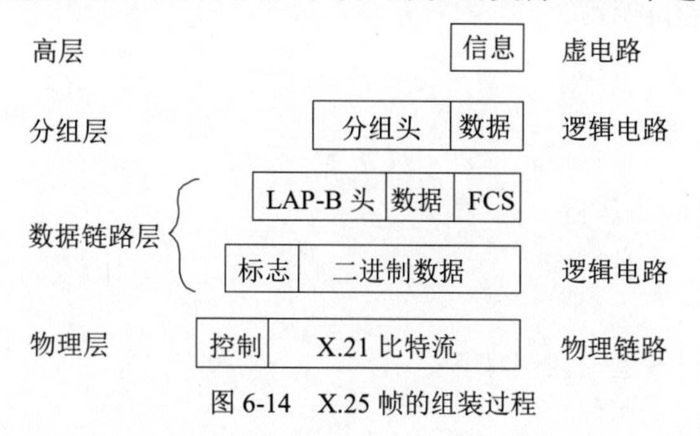

图6-14　X.25帧的组装过程

2. X.25分组格式

图6-15给出了X.25的分组格式，分组是DTE和DCE之间在分组级上传输信息的基本单位。

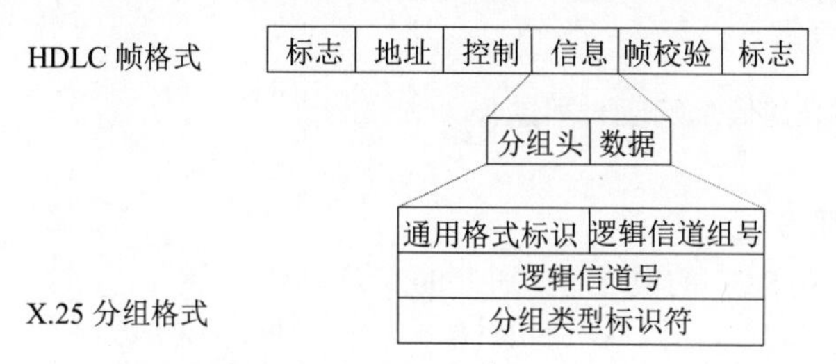

图6-15　X.25分组格式

其中：

- 通用格式标识用于指出分组头其他部分的一般格式。
- 逻辑信道组号用于标识逻辑信道(虚电路)。
- 逻辑信道号用于标识逻辑信道。
- 分组类型标识符用于区别分组的类型和功能。

3. 分组交换网的组成

X.25分组交换网由分组交换机、通信传输线路和用户接入设备组成。

(1) 分组交换机

分组交换机是分组交换网中最关键的设备，分为中间节点交换机和本地交换机。通常，分组交换机具有以下主要功能：

- 提供各种业务支持。
- 进行路由选择和流量控制。
- 提供多种协议互联，如X.25、X.75等。
- 提供网络管理、计费和统计等功能。

(2) 通信传输线路

通信传输线路分为分组交换机间的中继传输线路和用户传输线路。中继传输线路通常使用$n\times$64Kbps的数字信道。用户传输线路有模拟和数字两种形式，典型的模拟形式是使用电话线路+调制解调器。目前普通调制解调器最大通信速率可达56Kbps。

(3) 用户接入设备

用户终端是X.25分组交换网的主要用户接入设备。用户终端设备分为分组型终端(PT)和非分组型终端(NPT)。其中，非分组型终端需要使用分组组装/拆装设备(PAD)才能接入到分组交换网。

6.5.2 故障诊断与排除

故障现象 1：无连接

原因：

- 可能是线缆引脚分配不正确。
- 可能是电缆损坏。
- 可能是连接器损坏。
- 可能是 DTE 接口未被激活或已损坏。
- 可能是 DCE 掉电。
- DCE 配置有问题。
- 可能是线路忙。
- 可能是协议差错。

故障现象 2：吞吐量低，响应时间过长

原因：

- 可能是线路质量差。
- 可能是 DTE 或 DCE 的电缆超长引起的高误码率。

X.25 最常见的故障是电话网络中的 DTE 和 DCE 差错。表现为：

- 调制解调器受电磁干扰引起高误码率。
- 调制解调器设置不正确。
- 调制解调器未连接到网上。
- 调制解调器未接上电源。

6.6 DDN 数字数据网故障诊断与排除

6.6.1 DDN 数字数据网概述

DDN(Digital Data Network，数字数据网)是采用数字信道提供永久或半永久性电路来传输数据通信业务的数字传输网。其采用了数据通信、数字通信、数字交叉连接、计算机和宽带通信等技术。DDN 可提供专用的数字数据传输，用户可使用 DDN 建立自己的专用数据网。

1. DDN 的组成

DDN 由数字传输电路、数字交叉连接复用设备和网络管理系统组成。

(1) 数字传输电路

目前，数字传输电路主要采用光纤传输电路，如数字同步体系 SDH 或准同步数字体系 PDH 电路。

(2) 数字交叉连接复用设备

数字交叉连接复用设备的作用是对数字电路进行半固定交叉连接和子速率的复用。

(3) 网络管理系统

为了确保网络的正常运行和日常维护管理，需配置网络管理系统。

2. DDN 的特点和优势

1) DDN 的特点

(1) DDN 不是交换网，不具有数据交换功能，只提供专线。

(2) DDN 是一种同步数据传输网，要求全网的时钟系统保持同步。

(3) DDN 是一种透明传输网，DDN 是一种面向用户的公用数据通信网。

(4) DDN 是一种较高传输速率的网络，网络延时小。

(5) DDN 提供多种灵活的连接方式，如图 6-16 所示。

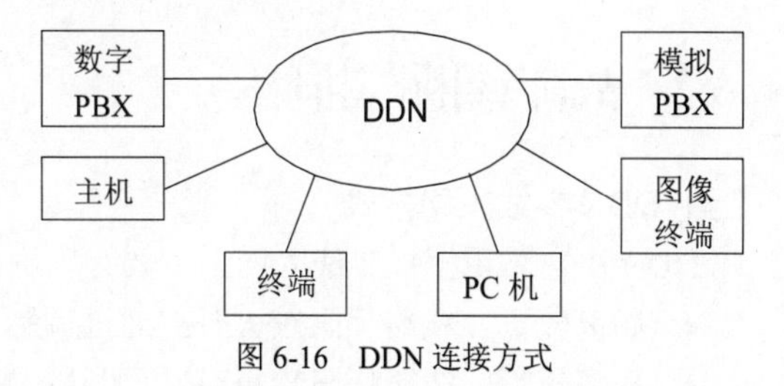

图 6-16　DDN 连接方式

2) DDN 的优势

(1) 集团用户使用DDN建设专用网能大量节省建设投资，大大减轻用户维护管理费用。

(2) DDN 能满足不同用户传输速率的要求，目前，DDN 可提供各种用户入网速率。

(3) DDN 提供安全可靠的通信线路。

通常，DDN 采取以下措施来提高其网络的安全可靠性：

(1) 数字传输电路的可靠性。网络设备之间使用数字传输电路，信道的比特差错率很小，性能稳定。

(2) 网络设备的可靠性。DDN 的关键网络设备都进行了冗余配置，以确保网络的高可靠性。

(3) 采用先进的网络管理系统，提供故障检测、自动配置、计费管理、设备管理、性能管理、安全管理等功能。

3. DDN 网络业务

1) 基本业务

所谓基本业务，即 DDN 向数据用户提供多种速率的数据专线服务。

(1) 标准传输速率

DDN 提供 2.4、4.8、9.6、19.2、$n\times64$(n=1～31)和 2048Kbps 标准传输速率。

(2) 特定传输速率

在某些限定情况下，DDN 也可提供 8、16、32、48 和 56Kbps 特定传输速率。

(3) 基本业务用户

DDN 基本业务广泛适用于银行、证券、企业公司、气象、新闻和教育科研等用户。

2) 增值业务

(1) 帧中继业务

提供帧中继业务，即提供永久虚电路 PVC 连接。支持数据用户高速数据传输，以提高通信线路的利用率。帧中继业务具有传输速率高、时延小等特点。

(2) 虚拟专用网业务

提供虚拟专用网业务，即利用 DDN 的部分网络资源所建立的一种虚拟网络(无物理网络)。支持数据、话音和图像业务等。广泛适用于银行、保险、证券、期货、铁路、交通、民航等集团用户。

(3) 一点对多点通信业务

① 广播多点通信业务

广播多点通信业务适用于一点发多点收的通信应用。例如，股市行情信息广播、新闻广播等。

② 双向多点通信业务

与广播多点通信业务不同的是，双向多点通信业务能进行双向通信，适用于集中监控、信用卡验证、电子购物等应用。

(4) 话音/G3 传真业务

DDN 可提供在一条模拟专线上传输电话和传真(G3)业务，支持标准的话音压缩。

6.6.2 故障诊断与排除

1. DDN 专线入网方式

DDN 用户采用模拟专线入网，主要有以下两种方式：

- 距离较远，线路环阻较大时，通过调制解调器(Modem)接入。
- 距离较近，线路环阻较小时，可利用 DDN 提供的数据终端设备(DTU)接入。

如果用户所属分局没有 DDN 节点机，则要跨分局接入，相应的故障处理要增加分局之间的中继测试。

2. DDN 用户专线入网速率

DDN 能满足不同用户传输速率的要求，目前，DDN 可提供各种用户入网速率，如表 6-1 所示。

表 6-1 DDN 提供的用户入网速率

连 接 方 式	用户入网速率(Kbps)
专用电路	2048 $n\times64(n=1\sim31)$ 2.4、4.8、9.6 和 19.2
帧中继	2048 $n\times64(n=1\sim31)$ 2、9.6、16、19、32、48、144
其他	可根据用户的要求提供其他传输速率

3. 用户终端接入 DDN

(1) 用户终端

DDN 用户终端主要有异步终端、计算机、图像设备、电话机、传真机等。用户终端如何接入到 DDN，主要取决于接口速率和传输距离。

(2) 通过调制解调器接入 DDN

对于通过公用电话网 PSTN 接入 DDN，需使用调制解调器，如图 6-17 所示。

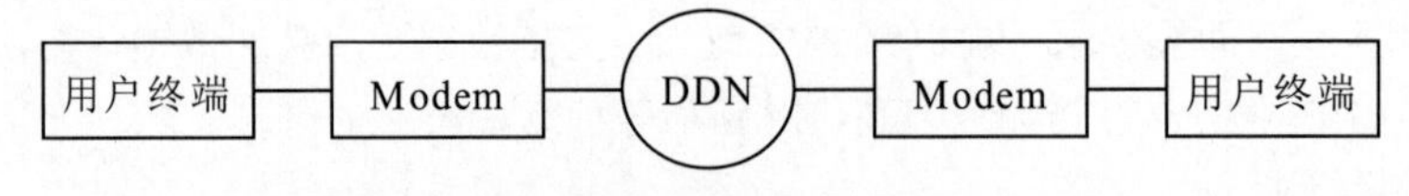

图 6-17 使用调制解调器(Modem)接入 DDN

根据收发信号占用电缆芯数的不同，调制解调器可分为二线、四线，四线适用于传输距离远、要求传输速率高的场合。

(3) 通过数据终端设备接入 DDN

数据用户可直接使用 DDN 提供的数据终端设备接入 DDN，其接口标准符合 ITU-T V.24、V.35 和 X.16，速率范围为 2.4 Kbps～128Kbps，如图 6-18 所示。

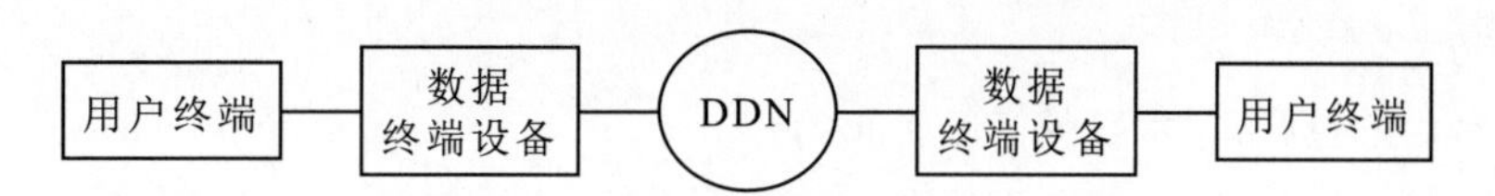

图 6-18　使用数据终端设备接入 DDN

(4) 通过用户集中设备接入 DDN

用户集中设备的作用是将多个用户数据集中起来传输。用户集中设备实际上是一种利用器，例如，零次群复用设备先将多个 2.4Kbps、4.8Kbps 和 9.6Kbps 的数据速率复用成 64Kbps 的数字流，再接入到 DDN。

除可使用零次群复用设备外，DDN 还提供一种小型复用器，不仅可支持 2.4Kbps、4.8Kbps 和 9.6Kbps 的数据速率，而且可提供更高、更灵活的数据速率。

(5) 通过模拟电路接入 DDN

适用于电话机、传真机和用户交换机 PBX 经模拟电路传输后直接接入 DDN 音频接口。

(6) 通过 2048Kbps 数字电路接入 DDN

DDN 网络中配置有标准的 G.703 2048Kbps 数字接口。

4. 常见故障现象

故障现象 1：网络连接丢失

故障原因：

- 可能是线路故障。
- 可能是设备故障。
- 可能是网络电源故障。
- 可能是网络组件的模块故障。
- 可能是网络的配置不正确。
- 可能是运行的软件发生故障。
- 可能是激光发射功率太低。

故障现象 2：设备告警

设备告警时，可能有以下几种原因：

- 网络接口的发射功率过低。
- 接头不良引起的光发射。
- 网络组件过载。
- 高压切换时引起的电涌。
- 高误码率。
- 接地不正确。
- 接头松动等。

故障现象 3：DDN 线路故障

线路故障通常可通过 DTU 的 Line 指示灯发现。

故障原因：

- 如果 Line 灯闪，说明物理线路不通。用一些专用的线路测试仪对用户外线进行测量，测量用户的环阻小于 500Ω，则表示正常，线路故障可能是用户端的接入问题，检查一下用户端电话线水晶头是否插好。

- 外线故障。
- 可能是由DTU端口本身的问题引起的。

故障现象4：用户端设备线路指示灯显示可能发生的问题

(1) 用户端设备为NTU。

NTU设备的前面板有线路指示灯：POWER、TD、RD、DTR、DCD、PATH、TEST灯。

- 当用户接上电源后POWER灯亮，若不亮用户应该检查自己的终端设备和电缆线。
- 本端TEST闪、RD灯不亮或TEST灯闪、CD灯不亮，则是外线问题，直接与当地电信部门联系。
- 本端TD灯不亮或TD和DTR灯同时不亮，那么用户应该检查自己的终端设备和电缆线。

(2) 用户端设备为Modem。

Modem的前面板有PWR、DTR、DSR、RTS、CTS、TXD、DCD、RXD、TST灯。

- 给Modem通电后 PWR灯亮，若不亮，用户应该检查自己的Modem和电缆线。
- Modem连接正常后，DTR、TXD灯亮，若这两个灯不亮，用户应检查自己的Modem和电缆。
- 连接外线后，DCD、RXD、RTS、CTS灯亮，若DCD不亮，用户应首先检查外线是否接对，如果连接无误，应该联系当地电信部门处理外线；RXD灯不亮一般为电信部门的线路问题。
- 如果发生线路障碍TST灯亮，直接联系当地电信部门。

(3) 用户端设备为HDSL。

HDSL的前面板有POWER、ALARM、LOS-LCL、LOS-RMT、RX MON、TEST、NORM、LOS#1、LOS#2灯。

- 当用户接上电源后POWER灯亮，若不亮，用户应该检查自己的Modem和电缆线。
- 当LOS#1、LOS#2灯亮时，则外线不好，用户应联系电信部门处理。
- 当LOS-LCL和ALARM灯亮时，则证明用户端电缆没有连接好或用户端数据不对，用户应检查自己的设备。
- 当LOS-RMT灯亮时，则说明电信局端设备参数或连接电缆有误，应联系当地电信部门处理。

故障现象5：DDN电源故障

DDN中的DTU对电源的要求高，要求火线电压为220V，地线电压低于5V。DTU的READY灯不亮，出现故障时：

- 检查局端的连接。
- 检查用户端的设备连接。
- 检查火线电压。
- 检查地线电压。

故障现象6：用户线良好，Modem或NTU仍显示线路断

DDN用户线各电气性能均达到要求，但Modem或NTU却仍指示线路断，不能建立连接。

- 检查设备连接，查看各插线是否有松动现象。
- 如果采用NTU入网方式，检查NTU电源块和外线插头，判断是否是设备或接头出现问题。
- 如果采用Modem入网方式，除设备本身可能发生问题外，还要检查Modem的参数设置是否达到要求。
- 可根据故障现象4进行检查。

6.7　ADSL 故障诊断与排除

6.7.1　造成 ADSL 故障的因素

ADSL 常见的硬件故障大多数是接头松动、网线断、集线器损坏和计算机系统故障等方面的问题，一般都可以通过观察指示灯来帮助定位。此外，电压不正常、温度过高、雷击等也容易造成故障。电压不稳定的地方最好为 Modem 配小功率 UPS，Modem 应保持干燥通风、避免水淋、保持清洁。遇雷雨天气时，务必将 Modem 电源和所有连线拔下。如果指示灯不亮，或只有一个灯亮，或更换网线、网卡之后 10Base-T 灯仍不亮，则表明 Modem 已损坏。线路距离过长，线路质量差，连线不合理，也是造成 ADSL 不能正常使用的原因。其表现是经常丢失同步信号、同步困难或速度经常很慢。解决的方法是：将需要并接的设备(如电话分机、传真、普通 Modem 等)放到分线器的 PHONE 口以后，检查所有接头接触是否良好，对质量不好的户线应改造或更换。

6.7.2　定位 ADSL 故障的基本方法

ADSL 的故障定位需要一定的经验，一般原则是：

- 留心指示灯和报错信息。
- 先硬件后软件。
- 先内部后外部。
- 先本地后外网。
- 先试主机后查验对故障用户的记录。

(1) 指示灯是否正常

ADSL Modem 上都有 Power 灯、Test(或 Diag)灯、CD(或 Link)灯、LAN 灯这几个指示灯，它们都有着不同的指示意义。

① Power 指示灯：电源指示灯。如果 Power 灯不亮，是电源问题，有可能是 ADSL 或 ADSL 电源适配器出问题了。这种情况建议与维修中心联系。如果用户要自行购买电源适配器，应该注意电源的输入(Input)、输出(Output)以及输入是交流(AC)还是直流(DC)。

② Test 指示灯：Test 指示灯显示“猫”自检是否成功。正常情况下，该指示灯在“猫”刚接通电源时，会有点闪烁，因为此时 ADSL“猫”正处于自检状态，一旦自检通过该指示灯将会自动熄灭，如果该灯一直处于长亮状态，说明 ADSL“猫”没有通过自检。此时，应该先关闭“猫”，然后再接通电源或直接按下复位按钮看问题是否可以解决。如果解决不了，则表明硬件设备出了问题，必须更换。

③ LAN 指示灯：LAN 指示灯显示当前与计算机连接的网络设备与计算机之间连接是否正常。正常情况下，该指示灯处于常亮状态，如果不常亮说明当前网络设备与计算机之间连接出了问题。具体表现在：

- Link 指示灯常亮，LAN 指示灯不亮。此种状态表明 ADSL“猫”与网卡之间的网络连接有故障出现，此时检查这段连线是否通畅，连线与水晶头之间是否有脱落现象，网卡是否工作正常。
- LAN 指示灯常亮，但不能正确拨号。此种情况可能是拨号出现了问题，可以将拨号软件从系统中彻底删除，重新正确安装拨号软件并进行相关的设置。

④ CD 指示灯(或 Link)：同步灯。这个指示灯表示线路连接情况。CD 灯在开机后会很快常亮，如果 CD 灯一直闪烁，表示线路信号不好或线路有问题。检查一下入户后的分离器是否接好；分离器之前是否接有其他设备，如分机、防盗器；电话线是否有损坏，如户内没有问题，可以请线路检修人员检查一下户外线路是否有问题。在确认线路没问题的情况下，有可能是 ADSL 与服务提供商的中心交换机不兼容，建议更换不同型号或不同品牌的 ADSL。

指示灯一般有以下几种故障现象和故障排除方法：

- 一直闪烁不停而无法恢复

此种状态代表通信线路有故障存在，此时可以测试一下电话是否正常工作。如果电话可以正常工作，说明线路工作很正常；如果电话工作不正常，说明线路可能出现短接或断路现象。

- 指示灯闪烁不停

此状态表示当前线路上的通信信号不稳定，是由电信公司的内部线路调整引起的，等电信部门调整完毕后即可恢复正常。

- 检查电源指示灯是否正常

电源指示灯位于用户 Modem 三个指示灯的最左边，持续亮为正常；如果电源指示灯不亮，则电源不正常。

- 检查数据指示灯是否正常

数据指示灯为位于用户 Modem 三个指示灯靠右边的两个，持续亮为正常；如果该指示灯不亮，说明线路有问题，需由电信部门现场解决。

(2) 用户网卡、网线是否正常

用户 PC 网卡经网线连接 Modem 后，其指示灯会闪亮，如果该指示灯不能正常闪亮，说明用户网卡或网线有故障。

6.7.3 解决 ADSL 线路故障的方法

1. 解决线路不稳定的方法

(1) 如果住所离电信局太远(5km 以上)可以向电信部门申报，确保线路连接正确(不同的话音分离器的连接方法有所不同，务必按照说明书指引正确连接)。

(2) 确保线路通信质量良好，没有被干扰。

(3) 检查接线盒和水晶头有没有接触不良以及是否与其他电线串绕在一起。

(4) 用标准电话线，电话线入户后就分开。一条线接电话，一条线接计算机。

(5) 如果安装电话分机，最好选用质量好的分线盒。

(6) PC 与 ADSL Modem 连接正确。连接图如图 6-19 所示。

2. 解决 ADSL Modem 同步异常的方法

(1) 检查电话线和 ADSL 连接的地方是否接触不良，或者是否电话线出现了问题。

(2) 分离器损坏或 ADSL Modem 损坏。

(3) 保证分离器与 ADSL Modem 的连线不应该过长，太长的话同步很困难。如果排除上述情况，只要重启 ADSL Modem 就可以解决同步问题。

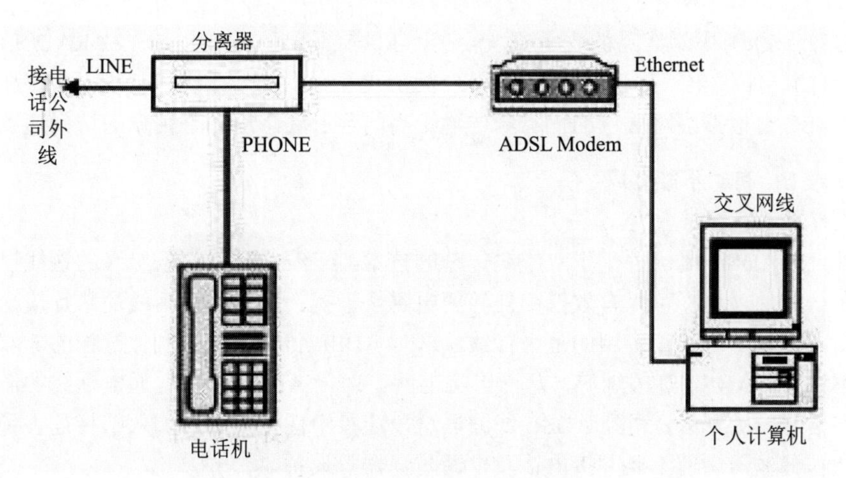

图 6-19　PC 与 ADSL Modem 连接图

6.7.4　ADSL 使用过程中的故障诊断与排除

故障现象 1：局域网上的计算机无法使用 PPPoE

一台 ADSL 连接所使用的是 10/100Mbps 的 Hub，而在局域网上的计算机却无法使用 PPPoE。

分析处理：ADSL 使用的是 10Mbps，它连接 10/100Mbps 的 Hub 是不会有问题的，但是如果计算机和 Hub 的连接速率是 100Mbps，Hub 的 10/100Mbps 交换模块目前对 PPPoE 支持并不是很好，那么 PPPoE 就有可能无法在 100Mbps 网速下找到 ADSL 信号，也就不能使用了。解决办法就是将用于 PPPoE 拨号的计算机的网卡强行设置工作在 10Mbps 速度。

故障现象 2：数据流量大时出现死机

一台 ADSL，当数据流量增大时出现死机现象。

分析处理：一般情况下，这是因为网卡的品质或者兼容性不好引起的，特别是老式 ISA 总线网卡。由于 PPPoE 是比较新的一项技术，这类网卡兼容性可能会有问题，并且速度较慢，造成冲突，最终线路锁死，甚至死机。

故障现象 3：不能列出 ISP 的服务项目

PPPoE 软件安装和工作都正常，但不能列出 ISP 的服务项目。

分析处理：

- 检查硬件的连接是否正确，ISP 是否在提供服务。
- 观察 ADSL Modem 同步工作灯显示状态，如果同步工作灯显示正常工作，那就检查计算机内其他设备是否干扰了 ADSL 的工作。
- 驱动程序升级。
- ISP 是否开通了相应的服务。由于 ADSL 还有一些特殊编号捆绑在电话交换机中，ISP 需要认证这些编号后才能视为用户的线路合法可用。

故障现象 4：ADSL 上网速度慢

ADSL 访问速度并不比普通拨号 Modem 快。

分析处理：

- 访问国外站点会受到出口带宽和对方站点配置情况等因素的影响。

- ADSL技术对电话线路的质量要求较高，且目前采用的ADSL是一种RADSL(速率自适应ADSL)，如果电话局所在楼宇到用户间的电话线路在某段时间受到外在因素的干扰，RADSL会根据线路质量的优劣和传输距离的远近动态地调整用户的访问速度。

故障现象5：有时不能联网

ADSL有时不能正常上网。

分析处理：ADSL是一种基于双绞线传输的技术，双绞线是将两条绝缘的铜线以一定的规律互相缠绕在一起的，这样可以有效抵御外界的电磁场干扰。大多数电话线是平行线，从电话公司接线盒到用户电话这段线大多用的是平行线，这对ADSL传输非常不利，过长的非双绞线传输会造成连接不稳定、ADSL灯闪烁等，从而影响上网。由于ADSL是在普通电话线的低频语音上叠加高频数字信号，从电话公司到ADSL滤波器这段连接中任何设备的加入都将危害到数据的正常传输，因此在滤波器之前不要并接电话及电话防盗器等设备。

故障现象6：ADSL的指示灯都正常但仍然掉线

一台ADSL Modem的指示灯为绿色，但也发生掉线现象，重新启动Modem后就好了。

分析处理：这种情况多发生在没有代理服务器，没有做防火墙或没有路由器的网络用户上。如果用户局域网内部是ADSL直接接Hub，Hub再接下面的客户机，网络内的许多与ADSL无关的数据包将占用ADSL上行通道，ADSL也无法控制局域网内的广播风暴；如果超过ADSL上行传输能力，数据包将装入ADSL的缓存；如果数据量继续增大，缓存溢出，则造成ADSL“休眠”现象。这样只有重新启动 Modem 了。解决办法是做一台双网卡的代理服务器，这样可以隔断Modem与局域网之间的直接通信，避免上述问题。

故障现象7：虚拟拨号失败

ADSL在使用虚拟拨号软件时提示错误信息，拨号失败。

分析处理：

① 如果拨号窗口显示Begin Negotiation后等待，最后直接弹出菜单time out，则表明网络不通。

- ADSL Modem端口上的网线没有连接好；
- ADSL网络不通，可以重启ADSL Modem后再试。

② 如果拨号窗口显示 Begin Negotiation，然后显示 Authenticating，最后显示 Authentication Failed，则表明用户账号或密码有误。

③ 如果拨号窗口显示Begin Negotiation，然后显示Authenticating，接着显示Receiving Network Parameter，最后弹出菜单time out，则表明拨号IP地址已经被占满，需稍后再拨。

故障现象8：ADSL Modem出现突然断流及挂死

(1) ADSL出现上网频繁中断和上网不畅，甚至无法连接到Internet，拨号上网成功后频繁地以5～10分钟间隔掉线。

(2) 出现大量丢包或完全不通。

原因：ADSL系统存在Bug或者存在漏洞而遭到了病毒攻击。

故障现象9：连接网络时出现莫名其妙的断流问题

原因：有的操作系统可能对ADSL的相关组件存在兼容性问题。遇到这种情况，最好的解决方法是给系统打补丁，可以直接连接到微软的官方网站，选择系统搜索到的补丁并下载。待补丁安装完成后，再安装虚拟拨号软件打补丁解决。

故障现象 10：拨号时总是显示“Connect communication service”

原因：这种情况往往是 ADSL Modem 本身的连接参数没有设置正确所导致的。接入 ADSL 服务时，不仅要获得用户名与密码，还要获得 ADSL 的安装协议名称、配置协议名称及 VCI、VPI 的数值。因此，可以打开 ADSL Modem 本身的设置选项，看一看这些设置参数是否同中国电信所提供的参数一致。如果不一致，拨号也是不能成功的。

故障现象 11：拨号无法响应，提示错误 678、远程计算机无法响应或连接超时

情况 1：用户查看本地连接是否正常,显示屏右下角连接图标是否存在。如有红色小叉，则为网络硬件连接有问题，并且主机网卡灯不亮。分析：

(1) 楼道交换机断电。

(2) 水晶头与网卡接触不良。

(3) 网线断。

处理：(1)的问题，一般该楼道有多个用户报障，报宽带维修人员处理；(2)的问题，重新插拔水晶头，如水晶头坏，由宽带维修人员处理；(3)的问题，报宽带维修人员处理。

情况 2：用户查看右下角时如无本地连接图标，则用户网卡或者网卡驱动有问题。

处理：重新插拔网卡并手动安装网卡驱动程序，完成以后重新配置拨号软件。

情况 3：用户本地连接正常，网卡灯亮。

处理：网卡是否被禁用或者重新安装网卡驱动，并重新配置拨号软件。如问题依旧，则查看该楼道是否有多个用户报障，如有，则楼道交换机有问题。

故障现象 12：拨号提示错误 691，密码账号错

原因：用户忘记密码，密码输错或者其他原因。

处理：由用户自己到营业厅修改或者到客服中心重置。

故障现象 13：拨号通过但无法打开网页

处理：建议用户重装 IE 或者操作系统。

故障现象 14：掉线较频繁，本地连接有时候会显示断开

原因 1：线路老化，需更换线路(内线或外线)。

原因 2：网卡或网线接触不良。重新插拔网线。

原因 3：交换机端口问题或者交换机问题。首先判断是否为交换机问题，如是单个故障，则更换端口后解决。如是多个故障，则更换交换机。

故障现象 15：上网高峰时拨号无法响应

原因1：IP 地址不够，看该区域(不同楼道)是否在同一大致时间上有多个用户存在相同问题。需报宽带或者数据中心处理。

原因 2：新增交换机后 IP 地址忘记配置。需报宽带或者数据中心补配 IP 地址。

故障现象 16：ADSL 单机用户设备无信号(DSl/Link 灯闪烁或不亮)

处理：把电话总线直接插入 ADSL 设备中，如问题依旧，则需要检查电话线路。如信号灯稳定常亮，则需检查连接 ADSL 设备的电话线与分离器连接是否正确，位置是否插错。

故障现象 17：ADSL 单机用户设备 LAN 灯不亮

处理：检查网线是否连接正常。如网线连接及水晶头没问题，检查网卡是否被禁用，网卡是否松动，具体操作同 LAN 用户处理方式一样。

故障现象 18：ADSL 单机用户设备有信号，LAN 灯常亮，拨号无法响应

处理：先禁用再启用网卡，更换网卡插槽，重新安装网卡驱动程序并配置拨号软件。如问题依旧，则需要维修人员上门测试，更换设备或者端口。

故障现象 19：宽带上网显示"错误 691"

处理：账号密码输入错误或欠费，处理方法如下。

如有路由器，先断电重启。若仍不能使用，请去掉路由器进行下面操作检测。

请先确认宽带是否欠费或到期，如有捆绑手机，请确认手机是否欠费、停机、暂停、拆机，如有以上情况请续费或缴清欠费后再试；请尝试重新输入宽带用户名、密码，或重建宽带连接。

如仍无改善，请拨打人工客服热线，联系专人处理。

故障现象 20：宽带上网显示“Error 797”，ADSL Modem 连接设备没有找到

处理：检查电源、连接线；检查网络属性，与 PPPoE 相关的协议是否正确安装并正确绑定；检查拨号连接的属性，查看是否使用了一个“ISDN channel-Adapter Name?xx”设备，该设备为一个空设备，应该选择正确的 PPPoE 设备代替它，或者重新创建拨号连接。

故障现象 21：宽带上网显示“Error 645”，网卡没有正确响应

处理：检查网卡，重新安装网卡驱动程序。

故障现象 22：宽带上网显示“Error 678”，与 ISP 服务器不能连接

处理：检查 ADSL 信号灯是否能正确同步。

故障现象 23：宽带上网显示“Error 602、Error 633”，是由于拨号网络设备安装错误或正在使用，不能进行连接

处理：卸载所有 PPPoE 软件、协议，重新安装。

故障现象 24：宽带上网，网页无法打开

出现此问题可能是因为没有点击“宽带连接”，或 IE 浏览器出现故障等造成的。

处理方法如下：

第一步：查看是否已经点击“宽带连接”，且是否已正常连接。

第二步：查看是所有网页都打不开，还是个别网页打不开?

个别网页打不开：尝试关闭防火墙或上网助手，以及计算机是否设置了过滤功能等；如果其他网页也打不开，有可能是对方网站服务器出现问题，请换个时间段再试或咨询对方网站提供商。

所有网页打不开：尝试登录除 IE 以外的在线程序(如 QQ)，如登录正常，可能是 IE 浏览器故障引起的，请修复 IE 浏览器；如在线程序也无法登录，请使用 ping 命令测试网络连接。

习题

1. 目前组建广域网时使用的技术主要有哪些？
2. ISDN 综合业务数字网故障现象有哪些？
3. 简述 ISDN DCC 常见的故障。
4. VPN 虚拟专用网故障现象有哪些？
5. 简述处理帧中继故障的步骤。

6. 处理帧中继故障的命令有哪些？

7. 帧中继网络常见的故障有哪 5 大现象？

8. 简述帧中继故障排除方法。

9. 简述 X.25 故障现象。

10. 简述 DDN 故障现象。

11. ADSL 故障定位的一般原则是什么？

12. 简述 ADSL 故障现象。

第 7 章

TCP/IP 故障诊断与排除

本章重点介绍以下内容：

- TCP/IP 协议发展模型。
- TCP/IP 体系结构。
- TCP/IP 网络会话。
- DNS 协议和故障。
- Internet 控制报文协议。
- BIND 问题。
- DHCP 问题。
- TCP/IP 常见故障诊断与排除。

7.1 TCP/IP 协议发展模型

TCP/IP 架构的出现源于 1964 年，当时美国国防部要组建一个“美国本土范围的智慧的网络”，美国一家资讯公司 RAND 公司为了满足国防部的要求而提出了一个解决方案。在这一方案中，有两项非常独特的见解：

- 网络没有中控点，除非敌人将整个系统破坏掉，否则系统在不完全破坏下仍可以继续运作。
- 当网络传输过程中资料传输有问题时，系统可以自动检测错误重新传输，而将资料完整地传输完。

美国于 1969 年便赋予 ARPA(Advanced Research Projects Agency，美国国防部高级研究计划署)这一任务，于是在 1971 年研究出了 NCP 协议(Network Control Protocol)，并真正架构出 23 个节点的网络系统。但随着网络的进步，网络的传输设备也不断更新，从网线一直发展到卫星传输系统。NCP 协议已无法满足人们的要求，不同的网络系统无法顺利地传输资料。为此美国斯坦福大学、BNN 公司与英国伦敦大学共同研究 TCP(Transmission Control Protocol)协议，这个协议可以让不同的网络系统通过网线、无线电波或卫星传输等方式连起来，并彼此沟通，即传递信息。

虽然 TCP 协议较稳定而且也很少出错，但有时传输的封包资料仍然会遗失而要求系统重新传输，这样会大大降低系统的效率，浪费传输时间。为了解决这一问题，便将 TCP 协议再度细分为两层：上层称为 TCP 协议，主要工作为管理封包的切割、整合与重传；而下一层称为 IP(Internet Protocol)协议，主要工作为管理数据包的资料传输与传输位置。因此，这样的协议便称为 TCP/IP 协议。

1982 年，美国正式使用 TCP/IP 协议，并将此协议当成整个国防部网络的标准协议。1983 年，所有 ARPANet 的网络系统也正式启用 TCP/IP 协议。至此，正式奠定了 TCP/IP 协议的地位。后来的 Internet 也正式启用 TCP/IP 协议为标准通信协议。TCP/IP 协议发展模型如图 7-1 所示。

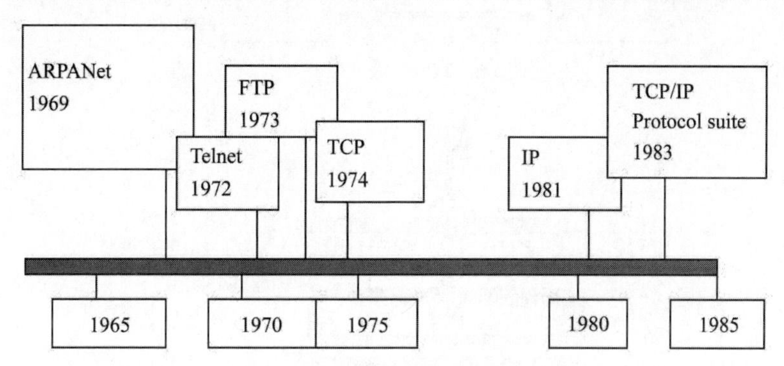

图 7-1　TCP/IP 协议的发展模型

7.2　TCP/IP 体系结构

ARPANet 是由美国国防部赞助的研究网络。逐渐地，它通过租用的电话线连接了数百所大学和政府部门。当卫星和无线网络出现以后，现有的协议在和它们互联时出现了问题，所以需要一种新的参考体系结构，能无缝隙地连接多个网络。这个体系结构被称为 TCP/IP 参考模型。

为了防止主机、路由器和互联网关可能会突然崩溃，网络必须实现的另一个主要目标是网络不受子网硬件损失的影响，已经建立的会话不会被取消。换句话说，只要源端和目的端机器都在工作，连接就能保持住，即使某些中间机器或传输线路突然失去控制。而且，整个体系结构必须相当灵活，因为已经具有从文件传输到实时声音传输的需求。

所有的这些需求导致了基于无连接互联网络层的分组交换网络。这一层被称作互联网层(Internet Layer)，它是整个体系结构的关键部分。它的功能是使主机可以把分组发往任何网络并使分组独立地传向目标(可能经由不同的网络)。这些分组到达的顺序和发送的顺序可能不同，因此如果需要按顺序发送和接收时，高层必须对分组排序。必须注意到这里使用的“互联网”是基于一般意义的，虽然因特网中确实存在互联网层。

互联网层定义了正式的分组和协议，即 IP 协议。互联网层的功能就是把 IP 分组发送到应该去的地方。分组路由和避免阻塞是这里主要的设计问题。由于这些原因，我们有理由说 TCP/IP 互联网层和 OSI 网络层在功能上非常相似。图 7-2 显示了它们的对应关系。如图 7-2 中描述，对应于 OSI 模型的 7 层结构，TCP/IP 协议组可大致分为 4 层，如图 7-3 所示。

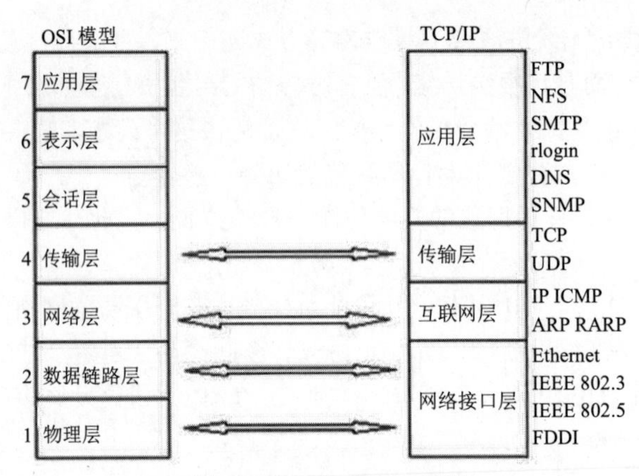

图 7-2 TCP/IP 与 OSI 模型

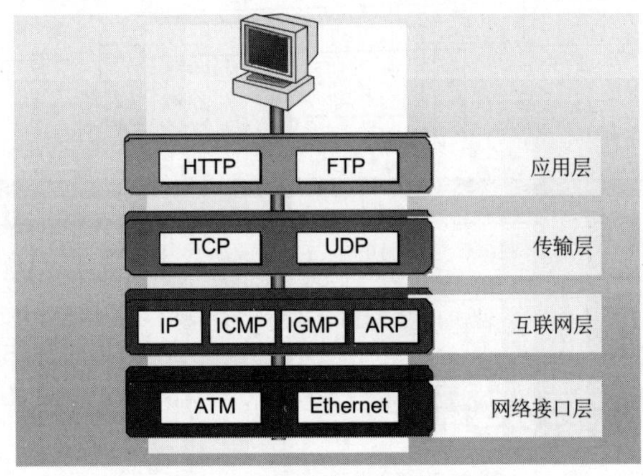

图 7-3 TCP/IP 协议组分为 4 层

1. 应用层

应用层对应于 OSI 模型的应用层、表示层和会话层，借助于协议如 Winsock API、FTP(文件传输协议)、TFTP(普通文件传输协议)、HTTP(超文本传输协议)、SMTP(简单邮件传输协议)和 DHCP(动态主机配置协议)，应用程序通过该层利用网络。

2. 传输层

传输层对应于 OSI 模型的传输层，包括 TCP(传输控制协议)和 UDP(用户数据报协议)，这些协议负责提供流控制、错误校验和排序服务，所有的服务请求都使用这些协议。网络协议如图 7-4 所描述。

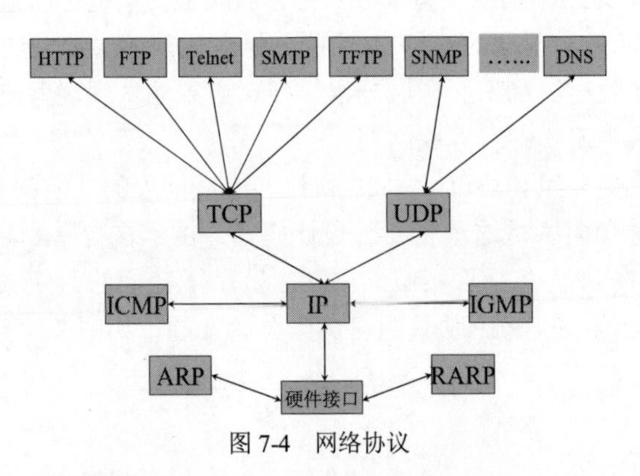

图 7-4 网络协议

在 TCP/IP 模型中，位于互联网层之上的那一层，现在通常被称为传输层。它的功能是使源端和目标端主机上的对等实体可以进行会话，和 OSI 的传输层一样。传输层的基本作用是管理源和目的之间的报文传输，在 TCP/IP 的传输层中主要有两个协议——TCP 协议和 UDP 协议。

第一个是传输控制协议(TCP)。它是一个面向连接的协议，允许从一台机器发出的字节流无差错地发往互联网上的其他机器。它把输入的字节流分成报文段并传给互联网层。在接收端，TCP 接收进程把收到的报文再组装成输出流。TCP 还要处理流量控制，以避免快速发送方向低速接收方发送过多报文而使接收方无法处理。

第二个是用户数据报协议(UDP)。它是一个不可靠的无连接协议，用于不需要 TCP 的排序和流量控制能力而是自己完成这些功能的应用程序。它也被广泛地应用于只有一次的、客户—服务器模式的请求—应答查询，以及快速递交比准确递交更重要的应用程序，如传输语音或影像。TCP/IP 传输流程如图 7-5 所示。

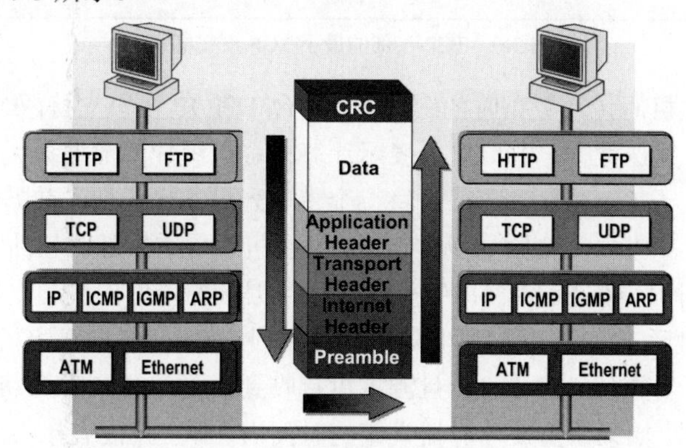

图 7-5　TCP/IP 传输流程

(1) TCP 协议

TCP 全称为 Transmission Control Protocol，即传输控制协议，是 TCP/IP 传输层的重要协议。在分组交换的 IP 网络中提供主机之间的互联。它是一个高可靠性的传输协议，可以保证数据到达目的地，提供可靠的、面向连接的分组传输服务。

TCP 的一个主要功能是分段和重组、差错重传、流量控制。在发送方大的数据会被分割成为小的数据块，把每一个小块数据分别传输，在接收方再把收到的很多小数据块重新组装成一个大的数据包。TCP 连接一旦建立，应用程序就不断地把数据送到 TCP 发送缓存(TCP Send Buffer)，TCP 把数据流分成块(Chunk)，再装上 TCP 协议包头(TCP Header)以形成 TCP 分组(TCP Segment)。这些分组封装成 IP 数据包(IP Datagram)之后发送到网络上。当对方接收到 TCP 分组后会把它存放到 TCP 接收缓存(TCP Receive Buffer)中，应用程序就不断地从这个缓存中读取数据。

(2) TCP 报文格式

TCP 报文分为头部和数据区两个部分。头部的前 20 个字节是固定的，后面有 $4\times N$ 字节的可选项。TCP 头部的最小 TCP 报文格式如图 7-6 所示。

TCP 为需要传输大量数据或需要接收数据许可的应用程序提供连接定向和可靠的通信。

TCP 连接是一个全双工的数据通道，一个连接的关闭必须由通信双方共同完成。当通信的一方没有数据需要发送给对方时，可以 FIN 段向对方发送关闭连接的请求。这时，它虽然不再发送数据，但并不排斥在这个连接上继续接收数据。只有当通信的对方也递交了关闭连接的请求后，这个 TCP 连接才会完全关闭。在关闭连接时，既可以由一方发起而另一方响应，也可以双方同时发起。无论怎样，收到关闭连接请求的一方必须使用 ACK 段给予确认。实际上，TCP 连接的关闭过程也是一个三次握手的过程。

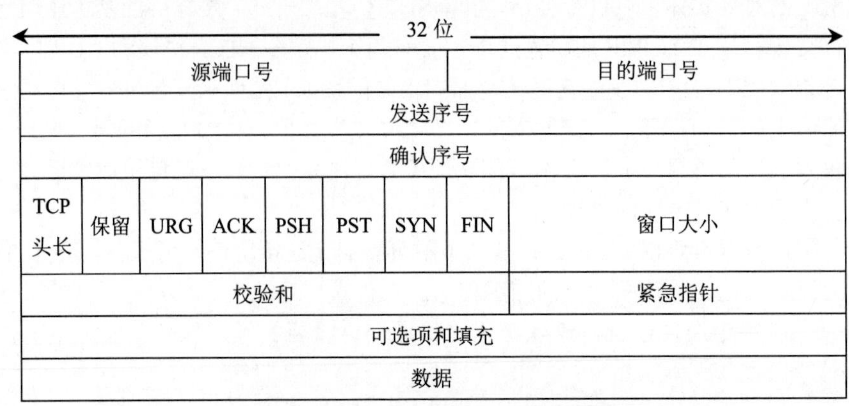

图 7-6　TCP 头部的最小 TCP 报文格式

滑动窗口是两台主机间传送数据时的缓冲区。每台 TCP/IP 主机支持两个滑动窗口：一个用于接收数据，另一个用于发送数据。窗口尺寸表示计算机可能缓冲的数据量大小。当 TCP 从应用层中接收数据时，数据位于 Send 窗口。TCP 将一个带序列号的报头加入数据包并将其交给 IP，由 IP 将它发送到目标主机。当每一个数据包传送时，源主机设置重发计时器(描述在重新发送数据包之前将等待 ACK 的时间)。在 Send 窗口中有每一个数据包的备份，直到收到 ACK。当数据包到达服务器 Receive 窗口后，它们按照序列号放置。当接收完成时就向源主机发送一个关于数据的认可(ACK)，其中带有当前窗口尺寸。一旦源主机接收到认可，Send 窗口将由已获得认可的数据滑动到等待发送的数据。如果在重发计时器设定的时间内，源主机没有接收到对现存数据的认可，数据将重新传送。重发数据包将加重网络和源主机的负担。如果 Receive 窗口接收数据包的顺序错乱，那么将强制启动，延迟发送认可。TCP 报文各字段含义如表 7-1 所示。

表 7-1　TCP 报文各字段含义

报头字段名	位　数	含　义
源端口号	16	本地通信端口，支持 TCP 的多路复用机制
目的端口号	16	远地通信端口，支持 TCP 的多路复用机制
发送序号	32	数据段第一个数据字节的序号(除含有 SYN 的段外)，指 SYN 段的 SYN 序号(建立本次连接的初始序号)
确认序号	32	表示本地希望接收的下一个数据字节的序号
TCP 头长	4	该字段是针对变长的选项字段设计的
控制字段 URG	1	紧急指针字段有效标志，即该段中携带紧急数据
控制字段 ACK	1	确认号字段有效标志
控制字段 PSH	1	PSH 操作的标志
控制字段 PST	1	要求异常终止通信连接的标志
控制字段 SYN	1	建立同步连接的标志
控制字段 FIN	1	本地数据发送已结束，终止连接的标志
窗口大小	16	本地接收窗口尺寸，即本地接收缓冲区大小
校验和	16	包括 TCP 报头和数据在内的校验和
紧急指针	16	从段序号开始的正向位移，指向紧急数据的最后一个字节

(续表)

报头字段名	位　　数	含　　义
可选项	可变	提供任选的服务
填充	可变	保证 TCP 报头以 32 位为边界对齐

(3) TCP 的连接和帧格式

TCP 是面向连接的协议。面向连接的意思是在一个应用程序开始传送数据到另一个应用程序之前，它们之间必须相互沟通，也就是它们之间需要相互传送一些必要的参数，以确保数据的正确传送。接收数据时 TCP 接收缓存中读出的数据是否正确，是通过检查传送的序列号(Sequence Number)、确认(Acknowledgement)和出错重传(Retransmission)等措施给予保证的。由于 Internet 的不同部分可能具有不同的拓扑结构、带宽、延迟、分组大小等传输特性，TCP 有很强的适应能力和健壮性，适应各种不同的需求。TCP 协议报文的格式如图 7-7 所示。

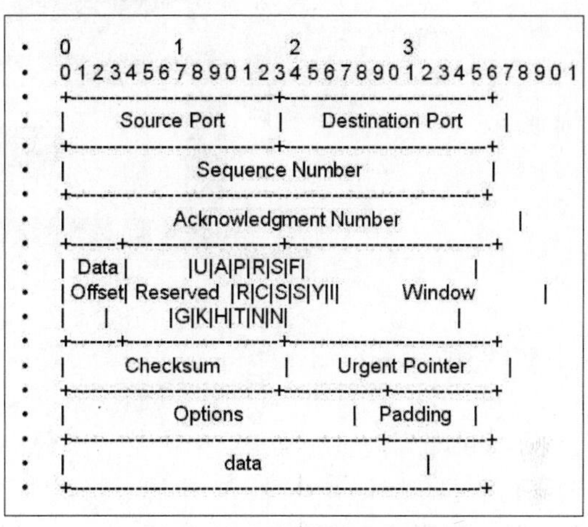

图 7-7　TCP 协议报文的格式

报文格式的具体内容和相关名词的含义如表 7-2 所示。

表 7-2　报文格式的具体内容和相关名词的含义

TCP 头 域	位数	功　　能
Source Port	16	源端口号
Destination Port	16	目标端口号
Sequence Number	32	顺序号。用于标识顺序发送的每个 TCP 包
Acknowledgment Number	32	确认号。当 ACK 被置位时，确认号包含了发送这个确认帧的主机希望结束的下一个包顺序号。也就是说，到确认号为止的数据包都已经被正确地收到
Data Offset	4	数据偏移量。标识数据的开始位置，TCP32 包头的长度一定是 32 的整数倍
Reserved	6	保留
Control Bits	6	控制位。从左到右 UGR：紧急指针域有效 ACK：确认域有效 PSH：Push 操作 RST：连接复位 SYN：同步序号 FIN：发送数据完毕
Window	16	窗口大小。数据发送方的接收缓冲区的大小
Checksum	16	效验和。TCP 的校验和比较复杂
Urgent Pointer	16	紧急数据的指针。当 UGR 置位时有效
Options	可变	选项。长度为 8 的倍数，可进行如最大分组长度的协商等
Padding	可变	将包头长度补成 32 的整数倍

在使用 TCP 协议传输数据时，通常在传输数据之前要做一些准备工作，如源主机首先向目标主机发送连接请求，然后目标主机响应源主机的请求，最后源主机向目标主机发送确认信息，之后源主机和目标主机才开始传输数据，这就是常说的 TCP 的三次握手，如图 7-8 所示。

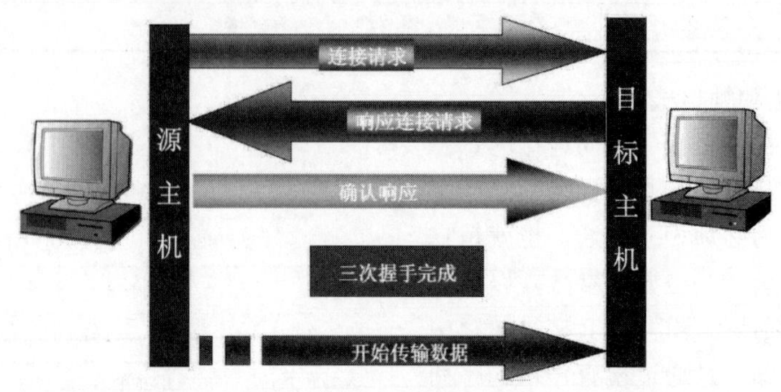

图 7-8　三次握手

(4) UDP 协议

UDP 是同 TCP 并列的另一传输层协议。它是一种面向非连接(Connectionless)的协议。UDP 协议不提供端到端的确认和重传功能，它不保证信息包一定能到达目的地，因此是不可靠协议。应用开发人员选择 UDP 时，应用层协议软件几乎是直接与 IP 通信。

UDP 有下述几个特性：

① UDP 是一个无连接协议，传输数据之前源端和目标端不建立连接，当它想传送时就简单把来自应用程序的数据尽可能快地传到线路上。在发送端，UDP 传送数据的速度仅仅是受应用程序生成数据的速度、计算机的能力和传输带宽的限制；在接收端，UDP 把每个收到的数据块放在接收缓冲区中，由应用程序以数据块为单位读取。

② 由于传输数据不建立连接，因此也就不需要维护连接状态，包括收发状态等。因此一台服务器可同时向多个客户机传输相同的消息。也就是说，UDP 有广播的功能。而 TCP 协议只能点到点传输，没有广播的功能。

③ UDP 信息包的标题很短，只有 8 个字节，相对于 TCP 的 20 个字节信息包的额外开销很小。

④ 吞吐量不受拥挤控制算法的调节，只受应用软件生成数据的速率、传输带宽、源端和终端主机性能的限制。

(5) 端口号

在上面讲到的 TCP、UDP 的包结构中已经看到，无论 TCP 还是 UDP 都把端口号作为包头中的第一个内容，足见它的重要性。那么，什么是端口呢？这里的端口不同于物理的端口的概念，它就是包头中的一个 16 位的数，范围从 0 到 65535。它用于指明是哪个应用层的应用程序发出的数据包，及该数据包应被发送给接收方的哪个应用程序。例如，浏览器在访问网站时，由浏览器发出的数据包的 TCP 包头中的目标端口都是 80，指明数据包是发给目标主机的 WWW 浏览服务的。

端口分为：固定端口、动态端口、源端口(Source Port)和目标端口。

① 固定端口

固定端口的端口号范围从 0 到 1023，这些端口号一般固定分配给一些服务。常见的端口号有 FTP 端口号 21、Telnet 端口号 23、简单邮件传输协议(SMTP)端口号 25、HTTP 端口号 80、135 端口分配给 RPC(远程过程调用)服务等等。端口号的分配定义在 RFC 1700 中，并在 1994 年成为一个标准，标准号是 STD0002。

常见的固定端口号：

```
TCP 1=TCP Port Service Multiplexer
TCP 2=Death
TCP 5=Remote Job Entry,yoyo
TCP 7=Echo
TCP 9=TCP/UDP DISCARD discard
TCP 11=Skun
TCP 12=Bomber
TCP 16=Skun
TCP 15=TCP/UDP——netstat(网络状态程序)
TCP 17=Skun
TCP 18=消息传输协议,skun
TCP 19=Skun
TCP 20=FTP Data,Amanda
TCP 21=文件传输,Back Construction,Blade Runner,Doly Trojan,Fore,FTP trojan,Invisible
    FTP,Larva, WebEx,WinCrash
TCP 22=远程登录协议
TCP 23=远程登录(Telnet),Tiny Telnet Server (= TTS)
TCP 25=电子邮件(SMTP),Ajan,Antigen,Email Password Sender,Happy 99,Kuang2,ProMail trojan,
       Shtrilitz,Stealth,Tapiras,Terminator,WinPC,WinSpy,Haebu Coceda
TCP 27=Assasin
TCP 28=Amanda
TCP 29=MSG ICP
TCP 30=Agent 40421
TCP 31=Agent 31,Hackers Paradise,Masters Paradise,Agent 40421
TCP 37=Time,ADM worm
TCP 39=SubSARI
TCP 41=DeepThroat,Foreplay
TCP 42=Host Name Server
TCP 43=WHOIS
TCP 44=Arctic
TCP 48=DRAT
TCP 49=主机登录协议
TCP 50=DRAT
TCP 51=IMP Logical Address Maintenance,Fuck Lamers Backdoor
TCP 52=MuSka52,Skun
TCP 53=DNS,Bonk (DOS Exploit)
TCP 54=MuSka52
TCP 58=DMSetup
TCP 59=DMSetup
TCP 63=whois++
TCP 64=Communications Integrator
TCP 65=TACACS-Database Service
TCP 66=Oracle SQL*NET,AL-Bareki
TCP 67=Bootstrap Protocol Server
TCP 68=Bootstrap Protocol Client
TCP 69=W32.Evala.Worm,BackGate Kit,Nimda,Pasana,Storm,Storm worm,Theef,Worm.Cycle.a
TCP 70=Gopher 服务,ADM worm
TCP 79=用户查询(Finger),Firehotcker,ADM worm
TCP 80=超文本服务器(Http),Executor,RingZero
TCP 81=Chubo,Worm.Bbeagle.q
TCP 82=Netsky-Z
TCP 88=Kerberos krb5 服务
TCP 93= TCP DCP——设备控制协议
TCP 99=Hidden Port
TCP 101= TCP HOSTNAME hostnames NIC(主机名字服务器)
TCP 102=消息传输代理
TCP 108=SNA 网关访问服务器
TCP 109=Pop2
TCP 110=电子邮件(Pop3),ProMail
TCP 111= TCP/UDP SUNRPC sunrpc Sun Microsystems RPC
TCP 113=Kazimas, Auther Idnet
TCP 115=简单文件传输协议
```

```
TCP 118=SQL Services, Infector 1.4.2
TCP 119=新闻组传输协议(Newsgroup(Nntp)), Happy 99
TCP 121=JammerKiller, Bo jammerkillah
TCP 123=网络时间协议(NTP),Net Controller
TCP 129=Password Generator Protocol
TCP 133=Infector 1.x
TCP 135=微软 DCE RPC end-point mapper 服务
TCP 137=微软 Netbios Name 服务(网上邻居传输文件使用)
TCP 138=微软 Netbios Name 服务(网上邻居传输文件使用)
TCP 139=微软 Netbios Name 服务(用于文件及打印机共享)
TCP 142=NetTaxi
TCP 143=IMAP
TCP 146=FC Infector,Infector
TCP 150=NetBIOS Session Service
TCP 156=SQL 服务器
TCP 161=Snmp
TCP 162=Snmp-Trap
TCP 170=A-Trojan
TCP 177=X Display 管理控制协议
TCP 179=Border 网关协议(BGP)
TCP 190=网关访问控制协议(GACP)
TCP 194=Irc
TCP 197=目录定位服务(DLS)
TCP 256=Nirvana
TCP 315=The Invasor
TCP 371=ClearCase 版本管理软件
TCP 389=Lightweight Directory Access Protocol (LDAP)
TCP 396=Novell Netware over IP
TCP 420=Breach
TCP 421=TCP Wrappers
TCP 443=安全服务
TCP 444=Simple Network Paging Protocol(SNPP)
TCP 445=Microsoft-DS
TCP 455=Fatal Connections
TCP 456=Hackers paradise,FuseSpark
TCP 458=苹果公司 QuickTime
TCP 513=Grlogin
TCP 514=RPC Backdoor
TCP 520=Rip
TCP 525 =UDP—timed UNIX time daemon
TCP 531=Rasmin,Net666
TCP 544=kerberos kshell
TCP 546=DHCP Client
TCP 547=DHCP Server
TCP 548=Macintosh 文件服务
TCP 555=Ini-Killer,Phase Zero,Stealth Spy
TCP 569=MSN
TCP 605=SecretService
TCP 606=Noknok8
TCP 660=DeepThroat
TCP 661=Noknok8
TCP 666=Attack FTP,Satanz Backdoor,Back Construction,Dark Connection Inside 1.2
TCP 667=Noknok7.2
TCP 668=Noknok6
TCP 669=DP trojan
TCP 692=GayOL
TCP 707=Welchia,nachi
TCP 777=AIM Spy
TCP 808=RemoteControl,WinHole
TCP 815=Everyone Darling
TCP 901=Backdoor.Devil
TCP 911=Dark Shadow
```

```
TCP 993=IMAP
TCP 999=DeepThroat
TCP 1000=Der Spaeher
TCP 1001=Silencer,WebEx,Der Spaeher
TCP 1003=BackDoor
TCP 1010=Doly
TCP 1011=Doly
TCP 1012=Doly
TCP 1015=Doly
TCP 1016=Doly
TCP 1020=Vampire
TCP 1023=Worm.Sasser.e
UDP 1=Sockets des Troie
UDP 9=Chargen
UDP 19=Chargen
UDP 53= DNS name queries
UDP 69= Trivial File Transfer Protocol (TFTP)
UDP 80=Penrox
UDP 137= NetBIOS name service
UDP 138= NetBIOS datagram service
UDP 161= Simple Network Management Protocol (SNMP)
UDP 179= Border Gateway Protocol(BGP)
UDP 371=ClearCase 版本管理软件
UDP 445=公共 Internet 文件系统(CIFS)
UDP 500=Internet 密钥交换
UDP 520= Routing Information Protocol (RIP)
```

② 动态端口

动态端口一般不固定分配给某个服务，也就是说许多服务都可以使用这些端口。只要运行的程序向系统提出访问网络的申请，那么系统就可以从这些端口号中分配一个供该程序使用。动态端口的范围从 1024 到 65535，当这个进程关闭时，同时也就释放了所占用的端口号。

动态端口分注册端口和私有端口。

- 注册端口

注册端口(Registered Ports)：从 1024 到 49151。它们松散地绑定于一些服务。也就是说有许多服务绑定于这些端口，这些端口同样用于许多其他目的。

- 私有端口

私有端口(Dynamic and/or Private Ports)：从 49152 到 65535。理论上不应为服务分配这些端口。实际上，机器通常从 1024 起分配动态端口。但也有例外：SUN 的 RPC 端口从 32768 开始。

常见的动态端口号：

```
TCP 1024=NetSpy.698(YAI)
TCP 1025=NetSpy.698,Unused Windows Services Block
TCP 1028=应用层网关服务
TCP 1029=Unused Windows Services Block
TCP 1030=Unused Windows Services Block
TCP 1033=Netspy
TCP 1035=Multidropper
TCP 1042=Bla1.1
TCP 1045=Rasmin
TCP 1047=GateCrasher
TCP 1050=MiniCommand
TCP 1058=nim
TCP 1069=Backdoor.TheefServer.202
TCP 1070=Voice,Psyber Stream Server,Streaming Audio Trojan
TCP 1079=ASPROVATalk
TCP 1080=Wingate,Worm.BugBear.B,Worm.Novarg.B
TCP 1090=Xtreme, VDOLive
```

```
TCP 1092=LoveGate
TCP 1095=Rat
TCP 1097=Rat
TCP 1098=Rat
TCP 1099=Rat
TCP 1109=Pop with Kerberos
TCP 1110=nfsd-keepalive
TCP 1111=Backdoor.AIMVision
TCP 1155=Network File Access
TCP 1243=SubSeven
TCP 1245=Vodoo
TCP 1269=Maverick s Matrix
TCP 1352=Lotus Notes
TCP 1433=Microsoft SQL Server
TCP 1434=Microsoft SQL Monitor
TCP 1441=Remote Storm
TCP 1492=FTP99CMP(BackOriffice.FTP)
TCP 1503=NetMeeting T.120
TCP 1512=Microsoft Windows Internet Name Service
TCP 1509=Psyber Streaming Server
TCP 1524= ingreslock
TCP 1570=Orbix Daemon
TCP 1524= ingreslock
TCP 1600= Shiv
TCP 1720=NetMeeting H.233 call Setup
TCP 1731=NetMeeting 音频调用控制
TCP 1745=ISA Server proxy autoconfig, Remote Winsock
TCP 1801=Microsoft Message Queue
TCP 1807=SpySender
TCP 1906=Backdoor/Verify.b
TCP 1907=Backdoor/Verify.b
TCP 1966=Fake FTP 2000
TCP 1976=Custom port
TCP 1981= ShockRave
TCP 1990=stun-p1 cisco STUN Priority 1 port
TCP 1990=stun-p1 cisco STUN Priority 1 port
TCP 1991=stun-p2 cisco STUN Priority 2 port
TCP 1992=stun-p3 cisco STUN Priority 3 port,ipsendmsg IPsendmsg
TCP 1993=snmp-tcp-port cisco SNMP TCP port
TCP 1994=stun-port cisco serial tunnel port
TCP 1995=perf-port cisco perf port
TCP 1996=tr-rsrb-port cisco Remote SRB port
TCP 1997=gdp-port cisco Gateway Discovery Protocol
TCP 1998=x25-svc-port cisco X.25 service (XOT)
TCP 1999=BackDoor
TCP 2000=黑洞(木马) 默认端口
TCP 2001=黑洞(木马) 默认端口
TCP 2002=W32.Beagle.AX @mm
TCP 2003=Transmisson scout
TCP 2004=Transmisson scout
TCP 2005=Transmisson scout
TCP 2011=cypress
TCP 2015=raid-cs
TCP 2023=Ripper,Pass Ripper,Hack City Ripper Pro
TCP 2049=NFS
TCP 2053=knetd
TCP 2115=Bugs
TCP 2121=Nirvana
TCP 2140= Deep Throat.10 或 Invasor
TCP 2155=Nirvana
TCP 2208=RuX
TCP 2234=DirectPlay
```

```
TCP 2255=Illusion Mailer
TCP 2283=Rat
TCP 2300=PC Explorer
TCP 2311=Studio54
TCP 2556=Worm.Bbeagle.q
TCP 2565=Striker
TCP 2583=WinCrash
TCP 2600=Digital RootBeer
TCP 2716=Prayer Trojan
TCP 2745=Worm.BBeagle.k
TCP 2773=Backdoor,SubSeven
TCP 2774=SubSeven2.1&2.2
TCP 2801=Phineas
TCP 2967=SSC Agent
TCP 2989=Rat
TCP 3024=WinCrash trojan
TCP 3074=Microsoft Xbox game port
TCP 3127=Worm.Novarg
TCP 3128=RingZero,Worm.Novarg.B
TCP 3129=Masters Paradise.92
TCP 3132=Microsoft Business Rule Engine Update Service
TCP 3150=Deep Throat 1.0
TCP 3198=Worm.Novarg
TCP 3210=SchoolBus
TCP 3268=Microsoft Global Catalog
TCP 3269=Microsoft Global Catalog with LDAP/SSL
TCP 3332=Worm.Cycle.a
TCP 3333=Prosiak
TCP 3535=Microsoft Class Server
TCP 3389=超级终端(或远程登录端口)
TCP 3456=Terror
TCP 3459=Eclipse 2000
TCP 3700=Portal of Doom
TCP 3791=Eclypse
TCP 3801=Eclypse
TCP 3847=Microsoft Firewall Control
TCP 3996=Portal of Doom,RemoteAnything
TCP 4000=腾讯 QQ 客户端
TCP 4060=Portal of Doom,RemoteAnything
TCP 4092=WinCrash
TCP 4242=VHM
TCP 4267=SubSeven2.1&2.2
TCP 4321=BoBo
TCP 4350=Net Device
TCP 4444=Prosiak,Swift remote
TCP 4500=Microsoft IPsec NAT-T, W32.HLLW.Tufas
TCP 4567=File Nail
TCP 4661=Backdoor/Surila.f
TCP 4590=ICQTrojan
TCP 4899=Remote Administrator 服务器
TCP 4950=ICQTrojan
TCP 5000=WindowsXP 默认启动的 UPNP 服务
TCP 5001=Back Door Setup, Sockets de Troie
TCP 5002=cd00r,Shaft
TCP 5011=One of the Last Trojans (OOTLT)
TCP 5025=WM Remote KeyLogger
TCP 5031=Firehotcker,Metropolitan,NetMetro
TCP 5032=Metropolitan
TCP 5190=ICQ Query
TCP 5321=Firehotcker
TCP 5333=Backage Trojan Box 3
TCP 5343=WCrat
```

```
TCP 5400=BackConstruction1.2 或 BladeRunner
TCP 5401=Blade Runner,Back Construction
TCP 5402=Blade Runner,Back Construction
TCP 5471=WinCrash
TCP 5512=Illusion Mailer
TCP 5521=Illusion Mailer
TCP 5550=Xtcp
TCP 5554=Worm.Sasser
TCP 5555=rmt - rmtd
TCP 5556=mtb - mtbd
TCP 5557=BO Facil
TCP 5569=Robo-Hack
TCP 5598=BackDoor 2.03
TCP 5631=PCAnyWhere data
TCP 5632=PCAnyWhere
TCP 5637=PC Crasher
TCP 5638=PC Crasher
TCP 5678=Remote Replication Agent Connection
TCP 5679=Direct Cable Connect Manager
TCP 5698=BackDoor
TCP 5714=Wincrash3
TCP 5720=Microsoft Licensing
TCP 5741=WinCrash
TCP 5742=WinCrash
TCP 5760=Portmap Remote Root Linux Exploit
TCP 5880=Y3K RAT
TCP 5881=Y3K RAT
TCP 5882=Y3K RAT
TCP 5888=Y3K RAT
TCP 5889=Y3K RAT
TCP 5900=WinVnc
TCP 6000=Backdoor.AB
TCP 6006=Noknok8
TCP 6073=DirectPlay8
TCP 6129=Dameware Nt Utilities 服务器
TCP 6272=SecretService
TCP 6267=广外女生
TCP 6400=The Thing
TCP 6500=Devil 1.03
TCP 6661=Teman
TCP 6666=TCPshell.c
TCP 6667=NT Remote Control,Wise 播放器接收端口
TCP 6668=Wise Video 广播端口
TCP 6669=Vampyre
TCP 6670=DeepThroat
TCP 6671=Deep Throat 3.0
TCP 6711=SubSeven
TCP 6712=SubSeven1.x
TCP 6713=SubSeven
TCP 6723=Mstream
TCP 6767=NT Remote Control
TCP 6771=DeepThroat 3
TCP 6776=SubSeven
TCP 6777=Worm.Bbeagle
TCP 6789=Doly Trojan
TCP 6838=Mstream
TCP 6883=DeltaSource
TCP 6912=Shit Heep
TCP 6939=Indoctrination
TCP 6969=Gatecrasher.a
TCP 6970=RealAudio,GateCrasher
TCP 7000=Remote Grab,NetMonitor,SubSeven1.x
```

```
TCP 7001=Freak88
TCP 7201=NetMonitor
TCP 7215=BackDoor-G, SubSeven
TCP 7001=Freak88,Freak2k
TCP 7300=NetMonitor
TCP 7301=NetMonitor
TCP 7306=网络精灵(木马)
TCP 7307=ProcSpy
TCP 7308=X Spy
TCP 7323=Sygate 服务器端
TCP 7626=冰河(木马) 默认端口
TCP 7424=Host Control
TCP 7511=聪明基因
TCP 7597=Qaz
TCP 7609=Snid X2
TCP 7626=冰河
TCP 7777=The Thing
TCP 7789=ICQKiller
TCP 7983=Mstream
TCP 8000=腾讯 OICQ 服务器端,XDMA
TCP 8010=Wingate,Logfile
TCP 8011=WAY2.4
TCP 8080=WWW 代理,Ring Zero,Chubo,Worm.Novarg.B
TCP 8102=网络神偷
TCP 8181=W32.Erkez.D@mm
TCP 8520=W32.Socay.Worm
TCP 8594=I-Worm/Bozori.a
TCP 8787=BackOrifice 2000
TCP 8888=Winvnc
TCP 8897=Hack Orifice,Armageddon
TCP 8989=Recon
TCP 9000=Netministrator
TCP 9325=Mstream
TCP 9400=InCommand
TCP 9401=InCommand
TCP 9402=InCommand
TCP 9535=Remote Man Server
TCP 9537=mantst
TCP 9872=Portal of Doom
TCP 9873=Portal of Doom
TCP 9874=Portal of Doom
TCP 9875=Portal of Doom
TCP 9876=Cyber Attacker
TCP 9878=TransScout
TCP 9989=InIkiller
TCP 9898=Worm.Win32.Dabber.a
TCP 9999=Prayer Trojan
TCP 10000=bnews
TCP 10001=queue
TCP 10002=poker
TCP 10067=Portal of Doom
TCP 10080=Worm.Novarg.B
TCP 10084=Syphillis
TCP 10085=Syphillis
TCP 10086=Syphillis
TCP 10101=BrainSpy
TCP 10167=Portal Of Doom
TCP 10168=Worm.Supnot.78858.c,Worm.LovGate.T
TCP 10520=Acid Shivers
TCP 10607=Coma trojan
TCP 10666=Ambush
TCP 11000=Senna Spy Trojans
```

```
TCP 11050=Host Control
TCP 11051=Host Control
TCP 11223=ProgenicTrojan
TCP 11320=IMIP Channels Port
TCP 11831=TROJ_LATINUS.SVR
TCP 12076=Gjamer 或 MSH.104b
TCP 12223=Hack'99 KeyLogger
TCP 12345=NETBUS 木马 默认端口
TCP 12346=netbus 木马 默认端口
TCP 12349=BioNet
TCP 12361=Whack-a-mole
TCP 12362=Whack-a-mole
TCP 12363=Whack-a-mole
TCP 12378=W32/Gibe@MM
TCP 12456=NetBus
TCP 12623=DUN Control
TCP 12624=Buttman
TCP 12631=WhackJob.NB1.7
TCP 12701=Eclipse2000
TCP 12754=Mstream
TCP 13000=Senna Spy
TCP 13010=Hacker Brazil
TCP 13013=Psychward
TCP 13223=Tribal Voice 的聊天程序 PowWow
TCP 13700=Kuang2 The Virus
TCP 14456=Solero
TCP 14500=PC Invader
TCP 14501=PC Invader
TCP 14502=PC Invader
TCP 14503=PC Invader
TCP 15000=NetDaemon 1.0
TCP 15092=Host Control
TCP 15104=Mstream
TCP 16484=Mosucker
TCP 16660=Stacheldraht (DDoS)
TCP 16772=ICQ Revenge
TCP 16959=Priority
TCP 16969=Priority
TCP 17027=提供广告服务的 Conducent"adbot"共享软件
TCP 17166=Mosaic
TCP 17300=Kuang2
TCP 17490=CrazyNet
TCP 17500=CrazyNet
TCP 17569=Infector 1.4.x + 1.6.x
TCP 17777=Nephron
TCP 18753=Shaft (DDoS)
TCP 19191=蓝色火焰
TCP 19864=ICQ Revenge
TCP 20000=Millennium II (GrilFriend)
TCP 20001=Millennium II (GrilFriend)
TCP 20002=AcidkoR
TCP 20034=NetBus 2 Pro
TCP 20168=Lovgate
TCP 20203=Logged,Chupacabra
TCP 20331=Bla
TCP 20432=Shaft (DDoS)
TCP 20808=Worm.LovGate.v.QQ
TCP 21335=Tribal Flood Network,Trinoo
TCP 21544=Schwindler 1.82,GirlFriend
TCP 21554=Schwindler 1.82,GirlFriend,Exloiter 1.0.1.2
TCP 22222=ProsiakTCP 22784=Backdoor.Intruzzo
TCP 23432=Asylum 0.1.3
```

```
TCP 23444=网络公牛
TCP 23456=Evil FTP 或 UglyFtp 或 WhackJob
TCP 23476=Donald Dick
TCP 23477=Donald Dick
TCP 23777=INet Spy
TCP 26274=Delta
TCP 26681=Spy Voice
TCP 27374=Sub Seven
TCP 27444=Tribal Flood Network,Trinoo
TCP 27665=Tribal Flood Network,Trinoo
TCP 29431=Hack Attack
TCP 29432=Hack Attack
TCP 29104=Host Control
TCP 29559=TROJ_LATINUS.SVR
TCP 29891=The Unexplained
TCP 30001=Terr0r32
TCP 30003=Death,Lamers Death
TCP 30029=AOL trojan
TCP 30100=NetSphere
TCP 30101=NetSphere 1.31,NetSphere 1.27a
TCP 30102=NetSphere 1.27a,NetSphere 1.31
TCP 30103=NetSphere 1.31
TCP 30303=Socket23
TCP 30722=W32.Esbot.A
TCP 30947=Intruse
TCP 30999=Kuang
TCP 31336=Bo Whack
TCP 31337=BackOriffice
TCP 31338=NetSpy,Back Orifice,DeepBO
TCP 31339=NetSpy
TCP 31554=Schwindler
TCP 31666=BO Whackmole
TCP 31778=Hack Attack
TCP 31785=Hack Attack
TCP 31787=Hack Attack
TCP 31789=Hack Attack
TCP 31791=Hack Attack
TCP 31792=Hack Attack
TCP 32100=PeanutBrittle
TCP 32418=Acid Battery
TCP 33333=Prosiak
TCP 33577=Son Of Psychward
TCP 33777=Son Of Psychward
TCP 33911=Trojan Spirit 2001a
TCP 34324=TN 或 Tiny Telnet Server
TCP 34555=Trin00 (Windows) (DDoS)
TCP 35555=Trin00 (Windows) (DDoS)
TCP 36794=Worm.Bugbear-A
TCP 37651=YAT
TCP 40412=TheSpy
TCP 40421=Masters Paradise.96
TCP 40422=Masters Paradise
TCP 40423=Masters Paradise.97
TCP 40425=Masters Paradise
TCP 40426=Masters Paradise 3.x
TCP 41666=Remote Boot
TCP 43210=Schoolbus 1.6/2.0
TCP 44444=Delta Source
TCP 44445=Happypig
TCP 45576=未知代理
TCP 47252=Prosiak
TCP 47262=Delta
```

```
TCP 47624=Direct Play Server
TCP 47878=BirdSpy2
TCP 49301=Online Keylogger
TCP 50505=Sockets de Troie
TCP 50766=Fore 或 Schwindler
TCP 51966=CafeIni
TCP 53001=Remote Shutdown
TCP 53217=Acid Battery 2000
TCP 54283=Back Door-G, Sub7
TCP 54320=Back Orifice 2000
TCP 54321=SchoolBus 1.6
TCP 57341=NetRaider
TCP 58008=BackDoor.Tron
TCP 58009=BackDoor.Tron
TCP 58339=ButtFunnel
TCP 59211=BackDoor.DuckToy
TCP 60000=Deep Throat
TCP 60068=Xzip 6000068
TCP 60411=Connection
TCP 60606=TROJ_BCKDOR.G2.A
TCP 61466=Telecommando
TCP 61603=Bunker-kill
TCP 63485=Bunker-kill
TCP 65000=Devil
TCP 65432=Th3tr41t0r, The Traitor
TCP 65530=TROJ_WINMITE.10
TCP 65535=RC,Adore Worm/Linux
TCP 69123=ShitHeep
TCP 88798=Armageddon,Hack Office
UDP 1025=Maverick's Matrix 1.2 - 2.0
UDP 1026=Remote Explorer 2000
UDP 1027=HP 服务,UC 聊天软件,Trojan.Huigezi.e
UDP 1028=应用层网关服务,KiLo,SubSARI
UDP 1029=SubSARI
UDP 1031=Xot
UDP 1032=Akosch4
UDP 1104=RexxRave
UDP 1111=Daodan
UDP 1116=Lurker
UDP 1122=Last 2000,Singularity
UDP 1183=Cyn,SweetHeart
UDP 1200=NoBackO
UDP 1201=NoBackO
UDP 1342=BLA trojan
UDP 1344=Ptakks
UDP 1349=BO dll
UDP 1512=Microsoft Windows Internet Name Service
UDP 1561=MuSka52
UDP 1772=NetControle
UDP 1801=Microsoft Message Queue
UDP 1978=Slapper
UDP 1985=Black Diver
UDP 2000=A-trojan,Fear,Force,GOTHIC Intruder,Last 2000,Real 2000
UDP 2001=Scalper
UDP 2002=Slapper
UDP 2015=raid-cs
UDP 2018=rellpack
UDP 2130=Mini BackLash
UDP 2140=Deep Throat,Foreplay,The Invasor
UDP 2222=SweetHeart,Way,Backdoor/Mifeng.t
UDP 2234=DirectPlay
UDP 2339=Voice Spy
```

```
UDP 2702=Black Diver
UDP 2989=RAT
UDP 3074=Microsoft Xbox game port
UDP 3132=Microsoft Business Rule Engine Update Service
UDP 3150=Deep Throat
UDP 3215=XHX
UDP 3268=Microsoft Global Catalog
UDP 3269=Microsoft Global Catalog with LDAP/SSL
UDP 3333=Daodan
UDP 3535=Microsoft Class Server
UDP 3801=Eclypse
UDP 3996=Remote Anything
UDP 4128=RedShad
UDP 4156=Slapper
UDP 4350=Net Device
UDP 4500=Microsoft IPsec NAT-T, sae-urn
UDP 5419=DarkSky
UDP 5503=Remote Shell Trojan
UDP 5555=Daodan
UDP 5678=Remote Replication Agent Connection
UDP 5679=Direct Cable Connect Manager
UDP 5720=Microsoft Licensing
UDP 5882=Y3K RAT
UDP 5888=Y3K RAT
UDP 6073=DirectPlay8
UDP 6112=Battle.net Game
UDP 6666=KiLo
UDP 6667=KiLo
UDP 6766=KiLo
UDP 6767=KiLo,UandMe
UDP 6838=Mstream Agent-handler
UDP 7028=未知木马
UDP 7424=Host Control
UDP 7788=Singularity
UDP 7983=MStream handler-agent
UDP 8012=Ptakks
UDP 8090=Aphex's Remote Packet Sniffer
UDP 8127=9_119,Chonker
UDP 8488=KiLo
UDP 8489=KiLo
UDP 8787=BackOrifice 2000
UDP 8879=BackOrifice 2000
UDP 9325=MStream Agent-handler
UDP 10000=XHX
UDP 10067=Portal of Doom
UDP 10084=Syphillis
UDP 10100=Slapper
UDP 10167=Portal of Doom
UDP 10498=Mstream
UDP 10666=Ambush
UDP 11225=Cyn
UDP 12321=Protoss
UDP 12345=BlueIce 2000
UDP 12378=W32/Gibe@MM
UDP 12623=ButtMan,DUN Control
UDP 11320=IMIP Channels Port
UDP 15210=UDP remote shell backdoor server
UDP 15486=KiLo
UDP 16514=KiLo
UDP 16515=KiLo
UDP 18753=Shaft handler to Agent
UDP 20433=Shaft
```

```
UDP 21554=GirlFriend
UDP 22784=Backdoor.Intruzzo
UDP 23476=Donald Dick
UDP 25123=MOTD
UDP 26274=Delta Source
UDP 26374=Sub-7 2.1
UDP 26444=Trin00/TFN2K
UDP 26573=Sub-7 2.1
UDP 27184=Alvgus trojan 2000
UDP 27444=Trinoo
UDP 29589=KiLo
UDP 29891=The Unexplained
UDP 30103=NetSphere
UDP 31320=Little Witch
UDP 31335=Trin00 DoS Attack
UDP 31337=Baron Night, BO client, BO2, Bo Facil, BackFire, Back Orifice, DeepBO
UDP 31338=Back Orifice, NetSpy DK, DeepBO
UDP 31339=Little Witch
UDP 31340=Little Witch
UDP 31416=Lithium
UDP 31787=Hack aTack
UDP 31789=Hack aTack
UDP 31790=Hack aTack
UDP 31791=Hack aTack
UDP 33390=未知木马
UDP 34555=Trinoo
UDP 35555=Trinoo
UDP 43720=KiLo
UDP 44014=Iani
UDP 44767=School Bus
UDP 46666=Taskman
UDP 47262=Delta Source
UDP 47624=Direct Play Server
UDP 47785=KiLo
UDP 49301=OnLine keyLogger
UDP 49683=Fenster
UDP 49698=KiLo
UDP 52901=Omega
UDP 54320=Back Orifice
UDP 54321=Back Orifice 2000
UDP 54341=NetRaider Trojan
UDP 61746=KiLO
UDP 61747=KiLO
UDP 61748=KiLO
UDP 65432=The Traitor
```

查看端口有两种方式：一种是利用系统内置的命令，一种是利用第三方端口扫描软件。

① 用“netstat-an”查看端口状态

在 Windows XP/7/10 中，可以在命令提示符下使用“netstat-an”查看系统端口状态，可以列出系统正在开放的端口号及其状态。

② 用第三方端口扫描软件

扫描端口的软件非常多，从很多工具软件网站上都能找得到各种各样的扫描端口工具。

③ 源端口

源端口是对发出数据包的应用程序的标识。

④ 目标端口

目标端口是对要接收数据包的应用程序的标识。

TCP/IP 模型没有会话层和表示层。由于没有需要，所以把它们排除在外。来自 OSI 模型的经验已经证明，它们对大多数应用程序都没有用处。

传输层的上面是应用层。它包含所有的高层协议。最早引入的是虚拟终端协议(Telnet)、文件传输协议(FTP)和电子邮件协议(SMTP)，虚拟终端协议允许一台机器上的用户登录到远程机器上并且进行工作。文件传输协议提供了有效地把数据从一台机器移到另一台机器的方法。电子邮件协议最初仅是一种文件传输，但是后来为它提出一个专门的协议，这些年来又增加了不少的协议。例如，域名系统服务(Domain Name Service，DNS)用于把主机名映射到网络地址，NNTP 协议用于传递新闻文章，HTTP 协议用于在万维网(WWW)上获取主页等。

3. 互联网层

互联网层(Internet Layer)俗称 IP 层，它处理机器之间的通信。它接收来自传输层的请求，传输某个具有目的地址信息的分组。该层把分组封装到 IP 数据报中，填入数据报的首部(也称为报头)，使用路由算法来选择是直接把数据报发送到目标机还是把数据报发送给路由器，然后把数据报交给下面的网络接口层中的对应网络接口模块。该层还处理接收到的数据报，检验其正确性，使用路由算法来决定对数据报是在本地进行处理还是继续向前传送。

4. 网络接口层

网络接口层处理报文的路由管理。这一层根据接收报文的信息决定报文的去向。

网络接口层的主要工作是在网络接口层进行有大小限制的数据包的正确传输，它有两个主要功能——寻址(Addressing)和路由(Routing)。另外，在 TCP/IP 的网络接口层的 IP 协议中还有数据包的分段的功能。在 TCP/IP 的网络接口层中主要有 4 个协议，最重要的协议是 IP 协议，还有用于寻址的 ARP 协议，用于报错的 ICMP 协议，用于组播的 IGMP 协议。

(1) IP 协议

IP 协议是 TCP/IP 协议在进行数据传输时的核心，TCP/IP 协议集中的大多数协议都是基于 IP 协议进行传输的。IP 是 Internet Protocol 的缩写，这里的 Internet 是 TCP/IP 模型中第 3 层 Internet 层(与网络层对应)的名字，不是通常所指的互联网。

IP 协议是被设计用来在分组交换(Packet Switching)的计算机中用定长的地址实现系统互联的。Internet 层的最主要的两个功能是寻址(Addressing)和路由(Routing)，IP 协议会帮助它实现这个功能。另外，它还有对数据包进行分段和重组(Fragmentation and Reassembly)的能力。IP 是一个无连接、不可靠的传输协议，无连接意味着在交换数据之前没有确定一个对话，不可靠则意味着传送不能被保证。IP 协议只负责将数据包从源端发到目的端，如果有错误发生，IP 并不试图从错误中进行恢复，恢复工作由更高层次的协议来负责，如 TCP。

(2) IP 数据报格式

IP 数据报有两层含义：第一是指 IP 层的无连接数据报传输机制和 IP 提供的无连接服务，第二是指 IP 数据报格式。

一个数据报携带的数据量不固定，发送方根据特定的用途选择合适的数据量，允许数据量可变使 IP 可以适应各种应用。在 IP 的版本 4 中，一个数据报的数据量可以小到 1 个字节，而数据报本身可以大到 64KB(包括头部在内)。在大部分的数据报中，头部比数据区要小得多。在数据传输中，头部是一种开销，而真正要传输的是数据。很明显，当数据报大时，数据传输的效率较高。

IP 支持最长为 65 535 字节的数据报，大多数网络不能处理如此大的数据报，因而需要一些手段。

被分割的大数据报的第一个报文到达信宿时，接收计算机的 IP 层启动重组计时器，如果计时器达到某一预定值，而还没有接收到数据报的所有分段报文，就丢弃接收到的所有该数据报的报文。接收计算机根据 IP 头标中的信息就能知道重组各段的顺序。分段的数据报安全到达信宿的概率比不分段的数据报安全到达信宿的概率低，所以应用程序应尽可能地不将数据报分段。

IP 数据报文由头部和数据区两部分组成，头部由一个长度为 20 字节的固定项和一个长度任意的可选项组成，如图 7-9 所示。

头部	数据

(a) IP 数据报的一般格式

版本号	头标长度	服务类型	数据报长度			
标识				DF	MF	标志偏移量
生存时间	协议类型		头标校验和			
发送地址						
信宿地址						
选项			填充			

(b) IP 头标构成

图 7-9　IP 数据报的一般格式和头标构成

其中：

① 版本号

版本号具有 4 位字段，表示协议所支持的 IP 版本，它指明了如何对头标的其他信息进行译码。使用最多的版本是 4，版本 6 目前正在测试。

② 头标长度

这也是一个 4 位字段，表示由发送计算机生成的 IP 头标的长度，所表示的单位为 4 字节，32 位。最短的头标长度为 5，即 20 字节；最长的头标长度为 6，即 24 字节。IP 必须知道头标何时开始，何时结束，才能对头标进行正确的译码，头标长度就是用来表明头标何时开始、何时结束的。

③ 服务类型

服务类型为一个 8 位字段，用它来表明 IP 应该如何处理数据报。图 7-10 显示了 IP 头标中服务字段的格式，协议可以对它赋值，也可以读出。头 3 位表明数据报的优先权，该值在 0～7 之间变化。数值越大，则数据报越重要，数据报传送到信宿的速度也就越快。但大多数的 TCP/IP 产品和实际应用的所有硬件都忽略这个字段，用相同的优先权去处理所有的数据报。

优先权	延迟	处理能力	可靠	未用

图 7-10　8 位服务类型字段的构成

接下来的是控制延迟、处理能力和数据报的可靠性的 1 位特征位。如果位设置为 0，则表明是正常情况；如果位设置为 1，则分别表明是短延迟、高处理能力和高可靠性。该字段最后 2 位未用。这些位中的大部分被当前的 IP 执行所忽略，所有数据报都是用相同的延迟、处理能力和可靠性设置来处理的。

④ 数据报长度(或包长度)

该字段给出数据报的总长度，包括头标，用字节表示。数据本身的长度可用此项减去头标的长度来计算。数据报长度共 16 位，因此数据报的最大长度为 65 535 字节。

⑤ 标识

该字段是由发送接点创建的数据报的唯一标识符，在重组数据报的各分段时需要这个标识。每个分段都具有这个标识符，标识符相同的各分段属于同一个数据报。

⑥ 标志

该标志字段是 3 位，第一位未用，另两位分别称为 DF 和 MF，其作用是在数据报分段时控制对数据报的处理。

如果 DF 值为 1，则表示当前数据报后面还跟着更多的数据报(常称作子包)，这些子包可重组，以拼装成一个完整的报文。最后一个分段的 MF 为 0，从而使接收设备知道整个数据报已经结束。由于数据报的各分段到达的顺序可能与发送时的顺序不一致，所以 MF 标志和段偏移字段一起用来表明接收报文的上下完整性。

⑦ 标志偏移量

如果 MF 为 1，表明分段未完，则分段偏移包含当前的子报文在整个数据报中的位置，借此 IP 可以用正确的顺序重组数据报。

偏移总是相对于报文开头的位置而给的，它是一个 13 位的字段，偏移以 8 个字节为单位来计算，所对应的最大数据报长度为 65 535 字节，接收计算机的 IP 可根据分段偏移来重组数据报。

⑧ 生存时间 TTL

该字段给出了数据报被抛弃前保存在网络中的时间(以秒计)，时间(通常为 15s 或 30s)是由发送接点在组装数据报时设置的。

TCP/IP 标准规定每个处理数据报的接点必须至少将生存时间减少 1s，同时，当网关接收数据报时，必须标记到达时间，以便当数据报的处理要等待一段时间时，可以在此基础上计算。如果网关过度超载，不能及时处理数据报，等待处理的时间超时，便会丢弃该数据报。超时是指生存时间为 0，此时接点必须丢弃该数据报，并需发送一个报文给发送设备，通知它数据报传输失败。生存时间的使用，可避免数据报在网上无休止地循环。

⑨ 协议类型

协议类型是由管理 Internet 的网络信息中心(NIC)制定的。当前定义和分配了协议号的协议大约有 50 种，两个最重要的协议是 ICMP 和 TCP，ICMP 为 1 号，TCP 为 6 号。

⑩ 头标校验和

因为生存字段是在每个接点处被减 1，校验和也将随数据报通过每台机器而变化，计算校验和的算法取所有 16 位字的 16 位和的补参数。这是一个快速而有效的算法，但是有时候可能错过一些罕见的故障。例如，丢失全为 0 的 16 位字。

⑪ 发送地址和信宿地址

这些字段包含发送设备和接收设备的 IP 地址，它们是在数据报创建时建立的，在路由过程中保持不变。

⑫ 选项

选项字段是任选的，由一些长度可变的不同代码组成。如果数据报中使用不止一种选项，由这些选项相继出现在 IP 的头标中。所有选项共占用一个字节，该字节被分为 3 个字段：1 位是复制标志，2 位是选项类型，5 位是选项号。复制标志供网关在分段时决定如何处理选项。若该位为 0，则选项仅复制到第一个数据报而不复制随后的数据报；若该位为 1，则该选项要复制到所有的数据报。

目前，只设置了两种选项类型。当值为 0 时，用于数据报和网络控制；当值为 2 时，用于测试和管理操作，1 和 3 未用。当前支持的选项类型和选项号如表 7-3 所示。

表 7-3　IP 头标注有效的选项类型和选项号

选项类型	选项号	描述
0	0	标志选项列表末尾
0	1	无选项(只用于填充)
0	2	安全性选项(仅用于军事目的)
0	3	松散源路由
0	7	激活路由记录(增加字段)
0	9	严格源路由
2	4	时戳激活(增加字段)

对我们来讲，最有用的是记录路由和时间戳。它们用于提供数据报在网上的传输记录，这对于诊断是很有帮助的。

在选项字段中有两种路由方式：自由的和严格的。自由路由给出的设备必须经过一串 IP 地址，但是它赋予了任何路由到达这些地址之一的权限(通常指网关)。严格路由指的是对指定路由不能有丝毫偏差。如果没有指定路由，就要丢弃数据报。严格路由通常用于测试路由，而很少用于用户的数据报传输，因为它很容易丢失和遗弃数据报。

(3) IP 数据结构

IP 数据结构如图 7-11 所示。

版本号	长度	服务类型	总长度	
标识符			标志	偏移
生存时间		协议	分组头校验和	
源地址				
目的地址				
选项				
数据				

图 7-11　IP 数据结构

标志位如图 7-12 所示。

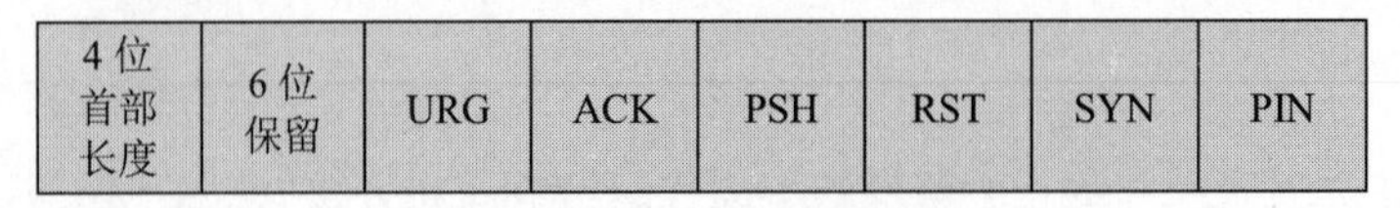

图 7-12　标志位

6 个标志位：

- URG：紧急指针有效。
- ACK：确认号有效。
- PSH：接收方应尽快将此段交给应用层。
- RST：重建连接。
- SYN：用来发起一个连接。
- FIN：发端完成发送任务。

(4) ARP/RARP 协议

ARP(Address Resolution Protocol)是地址解析协议，是用以将 IP 地址映像为物理地址的机制。当主机想对通信节点的物理地址进行了解时，可通过 ARP 机制进行处理。是 IPv4 中网络层必不可少的协议，不过在 IPv6 中已不再适用，并被邻居发现协议(NDP)所替代。而 RARP(Reverse Address Resolution Protocol，反向地址解析协议)是进行与 ARP 机制相反的地址映像处理，也就是将硬件地址映像到 IP 地址。

① ARP 消息格式

ARP 给出了消息的通用形式，并规定了怎样确定每个网络硬件的细节，为网络的硬件地址和 IP 地址引入了一个地址长度域，以便使实际使用的硬件地址和 IP 地址的长度可变。当在以太网中使用 ARP 时，硬件地址长度为 6 字节，可满足以太网地址 48 位长的要求。同样为 IP 地址引入了一个地址长度域，因而，在理论上 ARP 不仅可以用于 IP 地址和特定的物理地址，也可用于一个任意的高层地址和一个任意的硬件地址的映射。表 7-4 画出了 ARP 的消息格式。表 7-4 中的每一行对应于 ARP 消息中的 32 位。硬件类型是指硬件接口的类型，如 1 表示以太网、2 表示实验以太网、3 代表 x.25，7 代表 ARCnet 等。协议类型是指发送设备所使用的协议类型，如 2048 代表网际协议 IP，2049 代表 x.75，32823 代表 AppleTalk 等。硬件地址长度和协议地址长度则分别规定了硬件地址和协议地址的字节数。操作域规定了此消息是请求还是应答。

表 7-4　ARP 的消息格式

硬件地址类型		协议地址类型
硬件地址长度	协议地址长度	操　　作
发送方地址(字节 0~3)		
发送方硬件地址(字节 4~5)		发送方协议地址(字节 0~1)
发送方协议地址(字节 2~3)		目的地硬件地址(字节 0~1)
目的地硬件地址(字节 2~5)		
目的地协议地址(字节 0~3)		

真正令人感兴趣的是 ARP 信息中用于镜像的两对地址域。一对对应于发送方，另一对对应于接收方。接收方在消息中叫做目的地。当一个请求发出后，发送方并不知道目的地的硬件地址(这就是要请求的消息)。因此 ARP 请求中的目的地硬件地址域可以被填 0，因为这个值没有用。在应答中，目的地的一对地址指向发送请求的计算机。因而，应答中提供的目的地消息也毫无用处。

② RARP

RARP 以与 ARP 相反的方式工作。RARP 发出要反向解析的物理地址并希望返回其对应的 IP 地址，应答包括由能够提供所需信息的 RARP 服务器发出的 IP 地址。

ARP 和 RARP 都是用在广播网中的，在 ARP 协议中每个主机都知道自己的 IP 和 MAC 地址，可以回答相应的请求，但 RARP 要求有专门的响应 RARP 请求的服务器才能工作。

③ ARP 协议的硬件地址

ARP 协议的硬件地址通常被隐藏，因此可以被定义成接口签名或名片，如图 7-13 所示。

④ ARP 封装格式

ARP 封装格式如图 7-14 所示。

⑤ ARP 地址冲突故障

ARP 地址冲突故障是由操作、ARP 欺骗、ARP 攻击造成的。

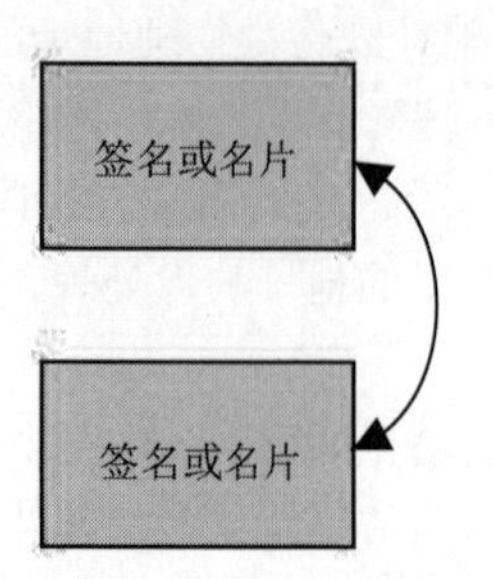

图 7-13　隐藏 ARP 协议硬件地址

硬件类型		协议类型
硬件长度	协议长度	操作字段
ARP 发送者硬件地址(0～3 字节)		
ARPSdMAC		ARPSdIP
ARPSdIP		RARPDsMAC
RARP 发送者目标硬件地址(2～5 字节)		
RARP 发送者目标 IP 地址(0～3 字节)		

图 7-14　ARP 封装格式

由操作不当引起的 ARP 地址冲突现象可能是最为常见的，这种现象往往会频繁出现于以下几个场合：

- 一些用心不良的上网用户为了偷偷获得某台重要主机系统的管理员权限，而有意偷用目标重要主机系统的 IP 地址，从而造成上网地址冲突现象。
- 局域网中的非法破坏分子，为了实现破坏局域网稳定运行的目的，故意制造 IP 地址冲突故障，如他们只要将自己的计算机 IP 地址设置成与局域网核心计算机或核心网络设备的 IP 地址相同，就会造成局域网访问不正常的现象。
- 普通上网用户在网络访问过程中，由于无意中的操作不当，造成了上网地址发生冲突现象。如在反复安装、卸载杀毒软件或应用程序的时候，在频繁查杀网络病毒的时候，在不断调整上网参数的时候，很容易会发生无法上网的故障。对待这样的网络故障，很多上网用户会自己动手，随意调整自己系统的配置参数，这样一来发生地址冲突现象的几率就大。

ARP 欺骗分为两种，一种是对路由器 ARP 表的欺骗；另一种是对内网 PC 的网关欺骗。

对路由器 ARP 表的欺骗是截获网关数据。它通知路由器一系列错误的内网 MAC 地址，并按照一定的频率不断进行，使真实的地址信息无法通过更新保存在路由器中，结果路由器的所有数据只能发送给错误的 MAC 地址，导致正常 PC 无法收到信息。

对内网 PC 的网关欺骗是伪造网关，建立假网关，让被它欺骗的 PC 向假网关发数据，而不是通过正常的路由器途径上网。

ARP 欺骗现象表现为：使用局域网时会突然掉线；用户频繁断网；IE 浏览器频繁出错以及一些常用软件出现故障等。ARP 欺骗木马只需成功感染一台电脑，就可能导致整个局域网都无法上网，严重的甚至带来整个网络的瘫痪。ARP 欺骗木马发作时除了会导致同一局域网内的其他用户上网出现时断时续的现象外，还会窃取用户密码，如盗取 QQ 密码、盗取各种网络游戏密码和账号去做金钱交易，盗窃网上银行账号来做非法交易活动等，给用户造成了很大的不便和经济损失。

ARP 攻击现象表现为：网上银行、游戏及 QQ 账号的频繁丢失；网速时快时慢，极其不稳定；局域网内频繁性区域或整体掉线，重启计算机或网络设备后恢复正常。

⑥ ARP 问题的排除

防止 ARP 攻击是比较困难的，修改协议也是不大可能的。但是有一些工作可以提高本地网络的安全性。

- 解决方案

对解决 ARP 问题，有 4 种方案。

方案 1：

◇ 过滤局域网的 IP，关闭高危险的端口，关闭共享。

◇ 升级系统补丁，升级杀毒软件。

◇ 安装防火墙，设置防 ARP 的选项。

方案 2：

通过路由器、硬件防火墙等设备在网关上阻止与其他主机通信。迅速找到主机，断开其网络连接。

方案 3：

通过高档路由器进行双向绑定，即从路由器方面对从属客户机 IP-MAC 地址进行绑定，同时从客户机方面对路由器进行 IP-MAC 地址绑定，双向绑定让 IP 不容易被欺骗。

这种方案的实施比较烦琐，在客户机或路由器更改硬件时，需要对全网重新进行 MAC 地址扫描并重新绑定，工作量巨大。所取得的效果，仅仅可以防御住一些低端的 ARP 欺骗，对于攻击型 ARP 软件则无任何作用。

方案 4：

使用 ARP 防护软件。针对 ARP 欺骗攻击的软件在网络中很多，但具体的效果却一直不理想。多数软件单单针对 ARP 欺骗攻击的某一方面特性进行抵御，并没有从根本上去考虑 ARP 欺骗攻击的产生与传播方式。所以，这些软件在 ARP 防范领域影响甚微。

- 绑定

采用客户机及网关服务器上进行静态 ARP 绑定的办法来解决。

◇ 在所有的客户端机器上做网关服务器的 ARP 静态绑定。

◇ 在网关服务器(代理主机)的电脑上做客户机器的 ARP 静态绑定。

◇ 以上 ARP 的静态绑定最后做成一个 Windows 自启动文件，让电脑一启动就执行以上操作，保证配置不丢失。

◇ 有条件的可以在交换机内进行 IP 地址与 MAC 地址绑定。

◇ IP 和 MAC 进行绑定后，更换网卡需要重新绑定，因此建议在客户机安装杀毒软件来解决此类问题。

- 主动维护

如果一个错误的记录被插入 ARP 或者 IP route 表，可以用两种方式来删除。

◇ 使用 arp-d <IP address>命令。

◇ 自动过期，由系统删除。

- 管理 ARP 缓存列表

ARP 缓存表是<IP 地址，硬件地址>对的列表，根据 IP 地址索引，该表可以用命令 arp 来管理。其语法包括：

◇ 向表中添加静态表项——arp -s <IP address> <hardware address>

◇ 从表中删除表项——arp -d <IP address>

◇ 显示表项——arp -a

(5) ICMP 协议

ICMP(Internet Control Message Protocol，Internet 控制消息协议)是用于在 TCP/IP 中传输控制信息的相关协议，与 IP 一起工作。在把数据包从发送端传输到接收端的过程中可能会出现许多问题，ICMP 定义了五种差错报文和两种信息报文，五种 ICMP 差错报文分别是：

① 源抑制(Source Quench)

当一个路由器收到太多的数据报以至用尽了缓冲区，就发送一个抑制报文。也就是说，当一个路由器用尽了缓冲区时，因为要丢弃后来的数据报，所以在丢弃一个数据报时，就会向创建该数据报的主机发送一个源抑制报文。当一台主机收到源抑制报文时，就要降低发送率。

② 超时(Time Exceeded)

有两种情况会发送超时报文，当一个路由器将一个数据报的生存时间减到零时，路由器就会丢弃这一数据报，并发送一个超时报文。另外，在一个数据报的所有分段到达之前，重组计时器到时，则主机会发送一个超时报文。

③ 目的不可达(Destination Unreachable)

无论何时，当一个路由器检测到数据报无法传递到它的最终目的地时，就向创建这一数据报的主机发送一个目的不可达报文，报文指明了是目的主机不可达还是目的主机所连的网络不可达。换句话说，这一差错报文能让我们区分是某个网络暂时不在因特网上，还是某一特定主机暂时断线。

④ 重定向(Redirect)

当一台主机创建了一个数据报发往远程网络时，主机先将这个数据报发给一个路由器，由路由器转发到它的目的地。如果路由器发现主机错误地将发给另一路由器的数据报发给了自己，则使用重定向报文通知主机应改变它的路由。一个重定向报文能指出一台特定主机或一个网络的变化，后者更为常见。

⑤ 要求分段(Fragmentation Required)

一台主机产生一个数据报时，可以在头部中设置某一位，规定这一数据报不允许分段。如果一个路由器发现这个数据报比它要到达的网络所要求的尺寸大时，路由器向发送方发送一个要求分段报文，然后丢弃这一数据报。

除了差错报文，ICMP 还定义了两种信息报文：

① 回应请求和应答(Echo Request/Reply)

一个回应请求报文能发送给任意一台计算机上的 ICMP 软件。对收到的一个回应请求报文，ICMP 软件要发送一个回应应答报文。应答携带了与请求一样的数据。

② 地址屏蔽请求和应答(Address Mask Request/Reply)

当一台主机启动时，会广播一个地址屏蔽码请求报文，路由器收到这一请求就会发送一个地址屏蔽码应答报文，其中包含了本网使用的 32 位的子网屏蔽码。地址屏蔽的目的是提取 IP 地址的网络标识部分。

ICMP 头标和 IP 的头标格式不一样，格式随报文类型而稍有不同。无论如何，所有 ICMP 头标都以三个相同的字段开始：报文类型、代码字段和 ICMP 报文校验和。ICMP 的报文结构如图 7-15 所示。

类型(8 位)	代码(8 位)	校验和(16 位)
参数		
数据		

图 7-15　ICMP 报文格式示意图

通常，ICMP 错误报文还要包括产生问题的数据报头标和数据字段的前 64 位，利用此原始数据报的 64 位完成两件事情：一件是让发送设备通过比较使数据报分段与原数据报相匹配；另一件是因为所涉及的许多协议都声明在数据报的起始位置，包含原数据报分段则便于接收 ICMP 报文的计算机进行某些诊断。

ICMP 的主要功能是报告错误，最熟悉的使用 ICMP 的场景就是用 ping 命令测试网络的连通性。在用 ping 命令测试与其中某一主机的连通状态时，发起 ping 命令的主机会向目标主机发送一个 ICMP 的 Echo 包(ICMP 的一种类型)。目标主机如果能正确地收到，会向源主机回应一个 ICMP 的 Echo Reply 包，Echo Reply 被源主机收到后便会认为网络能够连通，完成了 ping 的过程。应该注意到，ping 的过程是一个双向的过程，只有双向都可以传输才能说明网络是正常的。

① ICMP 重定向报文产生的错误

如果一台计算机向网络中的另一台计算机发送 ICMP 重定向报文，在另一台计算机上可能会产生无效的路由表。ICMP 重定向报文产生的错误如图 7-16 所示。

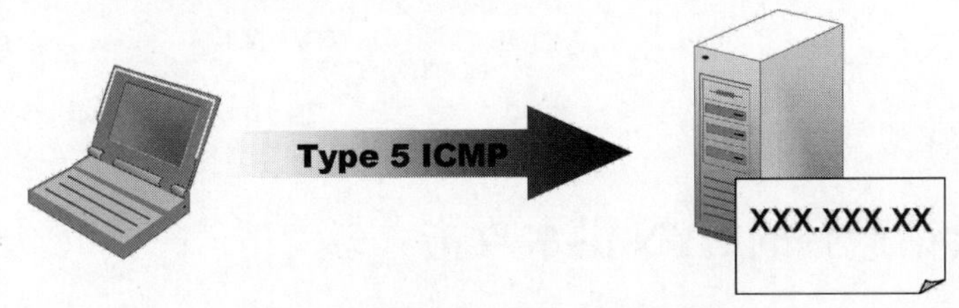

图 7-16 ICMP 重定向报文产生的错误

② ICMP 数据报类型

ICMP 数据报类型共有 0、3、4、5、8、11~18 等 13 种不同的类型，主要执行查询控制或错误通知的工作。其中 0、8、9、10、13~18 属于 ICMP 的查询工作，各类型的请求信号必定搭配有回复信号使用，而其余的 ICMP 信息则属于错误通知工作。

- Type0——回声应答
- Type3——目标无法到达
- Type4——源抑制
- Type5——路由重定向
- Type8——回声请求
- Type11——数据报超时
- Type12——数据报参数问题
- Type13——时间戳请求
- Type14——时间戳应答
- Type15——信息请求
- Type16——信息应答
- Type17——地址掩码请求
- Type18——地址掩码应答

③ ICMP 的作用

ICMP 的作用有：

- 通知节点目的地不可达。
- 发送关于特定路由或路由器的差错或状态信息。
- 对可达节点状态的请求/应答。
- 关于超时(生存期终止)数据报的通知。

7.3 TCP/IP 网络会话

7.3.1 网络会话

TCP/IP 网络会话首先是客户发送一个 SYN(synchronize)报文给服务端，然后这个服务端发送一个 SYN-ACK 包以回应客户，接着，客户就返回一个 ACK 包来实现一次完整的 TCP 连接(三次握手)。这样，客户到服务端的连接就建立了，这时客户和服务端就可以互相交换数据了。

SYN 是 TCP 连接的第一个包，非常小的一种数据包。

TCP/IP 网络会话如图 7-17 所示。

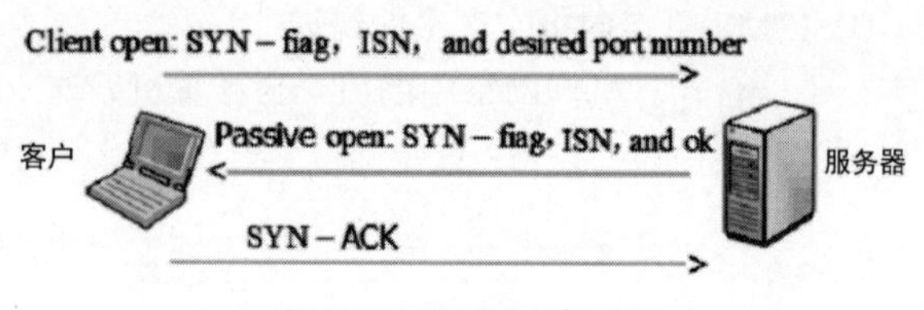

图 7-17　TCP/IP 网络会话

7.3.2　网络会话遭到的 SYN 洪水攻击

SYN 攻击属于 DOS 攻击的一种，它利用 TCP 协议缺陷，通过发送大量的半开放式连接请求，耗费 CPU 和内存资源。SYN 攻击除了能影响主机外，还可以危害路由器、防火墙等网络系统。

网络会话的 SYN 洪水(大量的半连接)攻击是恶意者在短时间内，伪造大量不存在的 IP 地址，通过创建半开放式连接来发动 SYN 的攻击。恶意者向服务器不断地发送 SYN 包，服务器要回复确认包，并等待客户的确认，由于源地址是不存在的，服务器需要不断地重发直至超时，这些伪造的 SYN 包将长时间占用未连接队列，正常的 SYN 请求被丢弃，系统运行缓慢，严重者引起网络堵塞甚至系统瘫痪。

SYN 洪水对网络造成的危害如图 7-18 所示。

关于 SYN 攻击防范技术，人们研究得比较早，归纳起来，主要有两大类：一类是通过防火墙、路由器等过滤网关防护，另一类是通过加固 TCP/IP 协议栈防范。但 SYN 攻击不能完全被阻止，所做的是尽可能地减轻 SYN 攻击的危害。

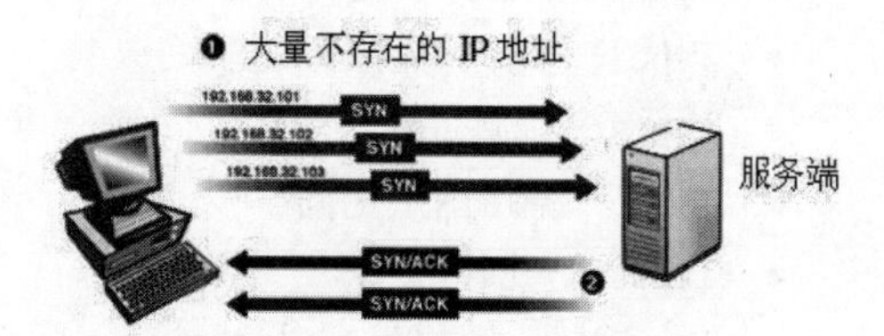

图 7-18　SYN 洪水对网络造成的危害

7.4　DNS 协议和故障

7.4.1　DNS 协议

DNS 是用来进行域名到 IP 地址翻译的协议，在进行网络访问时一般都会把目标主机的全主机名翻译成 IP 地址，然后才能访问。DNS 系统分为两部分，域名解析系统和域名查询系统。DNS 协议使用 UDP 的 53 端口。

7.4.2　DNS 故障的原因

DNS 故障发生的主要原因：

(1) 病毒

病毒具有 DNS 攻击、DNS 欺骗和 DNS 劫持的能力，使 DNS 服务发生故障。

(2) 不良软件

不良软件会发出大量的 DNS 访问请求。

(3) 域名对应的 IP 地址不正确

打开 IP 地址时设置了错误的 DNS 地址，导致无法解析网站的 IP 地址，造成无法浏览网页。

7.4.3 DNS 故障处理步骤

(1) 检查是否有病毒

若有病毒，部署网络杀毒软件，杜绝病毒爆发的可能。若没有病毒，执行第(2)步。

(2) 检查是否有不良软件

若有不良软件，通过内网桌面管理等工具，控制内网中安装软件的种类。哪种软件不适合在内网，网管一般都很清楚。没有不良软件，执行第(3)步。

(3) 检查静态域名是否正确

- 是否存在需要解析的域名，且域名和 IP 地址是否匹配正确。
- 如果存在该域名，但域名对应的 IP 地址不正确，执行命令 ip host 或 ipv6 host，使域名和 IP 地址匹配正确。
- 如果不存在该域名，执行第(4)步。

(4) 检查动态域名缓存区信息是否存在域名

执行命令 display dns dynamic-host 或 display dns ipv6 dynamic-host，查看动态域名表项中是否存在需要解析的域名。

如果不存在该域名，执行第(5)步。

(5) 检查 DNS 服务器 IP 地址是否正确

执行命令 display dns server，检查 DNS Client 端所配置的 DNS 服务器 IP 地址是否正确。

- 如果配置的 DNS 服务器的 IP 地址不正确，则执行命令 dns server ip-address 或 dns server ipv6 ipv6-address [interface-type interface-number]，重新配置 DNS 服务器的 IP 地址。如果 RouterA 仍然不能正确解析到 IP 地址，执行第(6)步。
- 如果配置的 DNS 服务器的 IP 地址正确，执行第(6)步。

(6) 检查是否使用了动态域名解析

系统视图下执行命令 display current-configuration，检查 RouterA 是否使用了动态域名解析功能。

- 如果没有使用动态域名解析，则执行命令 dns resolve，使用动态域名解析功能。如果 RouterA 仍然不能正确解析到 IP 地址，执行第(7)步。
- 如果动态域名解析已使用了，执行步骤第(7)步。

(7) 检查域名后缀是否正确

执行 display dns domain 命令，检查域名后缀是否正确。

7.4.4 DNS 协议故障

故障现象 1：本地的 DNS 服务器无法解析外部地址

故障现象具体表现为：

- 在服务器上使用 nslookup 解析内部地址，正反向都通过，无问题。(DNS 本身的简单查询和递归查询测试也通过)。
- 在服务器上解析外部网站地址，有些地址能解析，有些地址不能解析，有些地址有时能解析有时不能解析。

- 在客户端上不能解析外部地址。

解决方法：

- 首先检查该服务器的配置。IP 地址、掩码、网关、DNS，这些配置都要正确配置。
- 检查缓存，使用 ipconfig/flushdns 命令将该服务器的缓存清除；然后使用 DNSCMD/clearcache 命令清除 DNS 服务器本身的缓存。
- 杀毒。DNS 中毒，则杀毒。

故障现象 2：从属服务器不能加载区域数据

如果一个从属服务器不能从其主控服务器获取某个区域的当前序列号，那么最初它是不会发警告消息的。然而，如果该问题一直存在而且从属服务器在有效期时间内无法确定其数据是否是最新的，那么该区域就会过期。

在 Microsoft DNS 服务器上，将在事件查看器中看到类似的一条消息：在获得成功区域复制或从这个区域作为其源的主服务器获得成功区域复制之前 movie.edu 区域就超时了。该区域已经被关闭。

区域过期后，当向名称服务器查询该区域中的数据时，就会收到 SERVFAIL 错误消息：

```
C:\>nslookup Robocop wormhole.movie.edu
Server: wormhole.movie.edu
Addresses: 192.249.249.1, 192.253.253.1
wormhole.movie.edu can't find robocop.movie.edu: Server failed
```

出现此问题的主要原因有：

- 网络故障与主控服务器的连接断开。
- 主控服务器配置的 IP 地址不正确。
- 主控服务器上的区域数据文件中有语法错误。

解决方法：

(1) 应使用 DNS 控制台检查该从属服务器在尝试从中加载数据的那些主控服务器的地址。

(2) 查看常规选项卡，显示出主控服务器的区域属性窗口。

(3) 确认它是否真是主名称服务器的 IP 地址。如果是，检查到此 IP 地址的连接，如果无法连接到主控服务器，确定该服务器的主机是否真的在运行(例如，已通电)，或检查网络问题。

(4) 可能还需要检查主控服务器对于对该区域中数据的查询是否返回权威性响应。如果主控服务器的响应对于该区域不是权威性的，则从属服务器就不从该主控服务器中复制此区域。

故障现象 3：DNS 不能使用

故障现象具体表现为：

- 域名本身已经过期或被停止。
- 域名的 DNS 服务器记录不正确。
- 域名的 DNS 服务器记录本身没有作解析。
- 域名的 DNS 服务器上 named 服务没有启动。
- 域名的 DNS 服务器上未解析。
- 域名的多个 DNS 服务器上的解析不一致。
- 域名的 DNS 服务器网络设置禁止了 53 端口 TCP/UDP 协议。
- 本地 DNS cache 未更新，与 DNS 服务器上的记录不同步。

解决方法：

检查该服务器的配置。IP 地址、掩码、网关、DNS，这些配置都要正确配置。

故障现象 4：不能清空 DNS 缓存

故障现象：系统弹出了无法清空 DNS 缓存的错误。

解决方法：

单击“开始”→“运行”，执行“services.msc”命令，打开系统服务列表窗口。用鼠标双击“DNS Client”服务选项，切换到目标服务的选项设置对话框，如图 7-19 所示。

在图 7-19 中先单击“停止”按钮，将该服务临时停用，之后单击“启动”按钮，对目标系统服务执行重新启动操作。启动成功后，则对本地连接进行了修复操作。

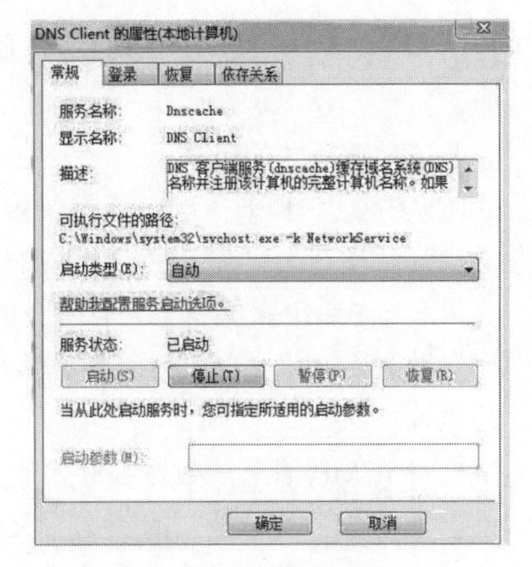

图 7-19　DNS Client 属性对话框

故障现象 5：不能访问某个网站

故障现象：网页无法打开。

解决方法：

可能是该系统的 DNS 缓存内容已经过时，将 DNS 缓存中的内容强制清空。

在强制清空 DNS 缓存内容时，可以依次单击“开始”→“运行”命令，弹出系统运行对话框，输入“cmd”命令，按 Enter 键后，在该窗口中执行字符串命令“ipconfig/flushdns”，如图 7-20 所示。

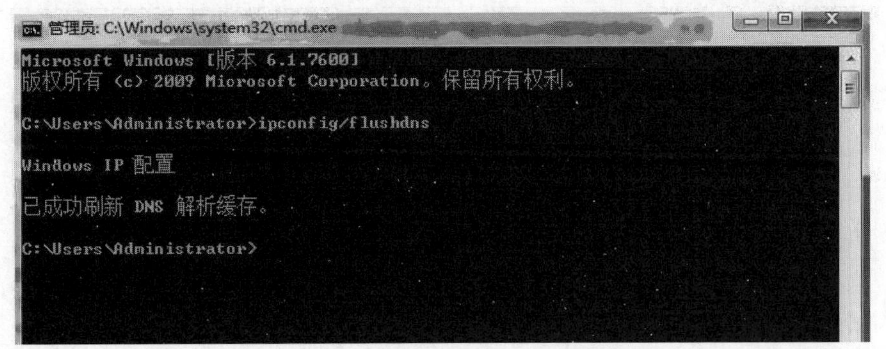

图 7-20　执行字符串命令 ipconfig/flushdns

此时就能强制清空 DNS 缓存内容。如果执行字符串命令不能解决问题，那需要打开本地系统的资源管理器窗口，切换到“C:\Windows\System32\drivers\etc”文件夹窗口，用记事本打开“host”文件，保留“127.0.0.1”这一行的内容，将其他内容全部删除，再执行文件保存操作。

7.5　Internet 控制报文协议

7.5.1　Internet 控制报文

在从发送者向接收者路由报文的过程中可能会出现许多问题，TTL 计时器到时，分段数据报可能没有完整无缺地到达，网关可能错误地路由数据报等。让发送者了解数据报的传输状况很重要，这样，在网络自身可行的范围内，就能正确地处理错误。ICMP 协议就是基于这种考虑而开发的。

ICMP 是一个差错报告系统，尽管差错报告最早提出是为了让发送方了解为什么数据无法传送，但现在研究人员已发现利用这种控制信息系统的另外几条途径并开发了一些工具。利用这些工具，可以通过发送数据报时产生的差错信息来收集有关网络的信息。IP 和 ICMP 是相互依赖的，IP 在需要发送一个差错报文时要使用 ICMP，而 ICMP 利用 IP 来传送报文。

7.5.2 ICMP 报文的传送和利用

1. ICMP 报文的传送

ICMP 使用 IP 来传送一个差错报文，当路由器有一个 ICMP 报文要传送时，对这个要传送的报文进行两次封装：先合并到正规的 IP 数据报中，然后再加入网络帧。

每一个 ICMP 报文都要对应于一个数据报，在每个数据报头标中都含有它的源主机的 IP 地址，当要发送 ICMP 报文时，就从数据报头标中取出这个 IP 地址，放到 ICMP 报文的数据报的头标的目的地址中。

携带 ICMP 消息的数据报并没有什么优先权，它们像其他数据报一样转发。但有一个例外：如果携带 ICMP 差错报文的数据报又出了错，就不再有差错报文发送。原因很简单，设计者想要避免因特网被携带差错的报文塞满。

2. 用 ICMP 报文探测可达性

很多工具通过发送探测报文并等待 ICMP 回应来得到有关网络的一个信息，其中最有名的使用 TCP/IP 的诊断工具是一个称为 ping 的程序。ping 可以测试一个给定的目的地是否可达，它通过发送一个数据报给目的地并等待回答，依据目的地是否回答来报告探测报文的结果。

ping 利用了 ICMP 的回应报文，一个用户使用 ping 程序时要给它一个远程计算机的 IP 地址或名字。ping 发送一个包含 ICMP 回应请求报文的数据报给目的地，目的地负责发回一个 ICMP 的应答报文。发过请求之后，ping 会等待一会儿，如果应答回来，ping 再发送一次请求，如果仍无应答(或者来了一个目的不可达报文)，ping 将宣布该远程计算机不可达。

3. 用 ICMP 跟踪路由

为了避免数据报沿着路由环永远走个不停，每一个路由器都要将数据报头标中的生存时间计时器减 1。如果计时器到 0，路由器就丢弃该数据报，并向源主机发回一个 ICMP 超时错误。

一种叫做跟踪路由(Trace Route)的工具已经出现，它利用 ICMP 超时报文来发现去往目的地的一条路径上的路由器列表。跟踪路由程序发送一系列的数据报并等待响应。在发送第一个数据报前，将它的生存时间置为 1。在第一个路由器收到这个数据报并将生存时间减 1 之后，显然会丢弃这一数据报，并发送另一个 ICMP 超时报文。由于 ICMP 报文是通过 IP 数据报传送的，因此跟踪路由可以从中取出 IP 源地址，也就是去往目的地的路径上的第一个路由器地址。

在得到第一个路由器的地址之后，跟踪路由会发送生存时间为 2 的数据报。第一个路由器将计时器减 1 并转发这一数据报，第二个路由器会丢弃这个数据报并发回一个超时报文。类似地，一旦跟踪路由程序收到距离为 2 的路由器发来的超时报文，它就发送生存时间为 3 的数据报，依此类推。

在实现跟踪路由程序时还要考虑几个细节。在用 IP 传送数据报时，数据报可能丢失、重复或顺序混乱，因而，跟踪路由程序必须准备处理重复响应和重发丢失的数据报。选择一个等待重发的定时时间是非常困难的，因为跟踪路由程序无法知道应对一个响应等待多久，跟踪路由程序允许用户自己决定等待时间。

跟踪路由程序还面临着另外一个问题：路由可能动态地发生变化。如果在两个探测报文中间路由发生变化，与第一个探测报文相比，则第二个探测报文可能会走另一条较长或较短的路径。更重要的是，跟踪路由程序发现的路由器系列并不对应于互联网中一条合法的路径。因而，跟踪路由程序在一个稳定的互联网中非常有用。

跟踪路由程序也需要处理生存时间大到足以达到目的主机的情况。为了知道什么时候数据报成功地到达目的地，跟踪路由程序发送一个目的主机必须响应的数据报。尽管它可以发送一个ICMP 回应请求报文，但跟踪路由程序并不这样做。取而代之，跟踪路由程序使用用户数据报协议(User Datagram Protocol，UDP)。这一协议允许应用程序发送和接收单独的报文。跟踪路由程序发送一个数据报给目的主机上一个不存在的程序时，ICMP 会发送一个目的不可达报文。因此，每次跟踪路由发送一个数据报后，要么会从路径上具有的一个路由器收到一个 ICMP 超时报文，要么收到一个从最终目的地发出的 ICMP 目的不可达报文。

7.5.3　用 ICMP 发现路径 MTU

在一个路由器中，IP 软件需要将要去往的网络的最大传输单元 MTU 大的数据报进行分段。尽管分段解决了网络的异构问题，但经常是与性能相抵触，因为路由器要消耗内存和 CPU 时间来进行分段。类似地，目的主机要消耗内存和 CPU 时间收集分段并重新避免分段。例如，一个文件传输应用可能在数据报中发送任意大小的数据，如果应用选择了一个小于或等于沿去往目的地路径上的最小网络的 MTU，则路径上的路由器就不需要对数据报进行分段。

从技术上讲，从源到目的地的一条路径上的最小的 MTU 叫做路径 MTU。当然，如果路由发生变化，路径也会变化，MTU 也跟着变化。然而，对于 Internet 的很多部分，路由经常保持几天或几个星期不变，在这种情况下，一台计算机了解路径 MTU 就非常有意义，可以依此产生足够小的数据报。以主机使用什么样的机制来了解路径 MTU 呢？答案是使用 ICMP 差错报文和一个导致该差错报文的探测报文。当一个路由器发现数据报必须被分段时，它就检测头部中用于规定是否允许分段的标志位，如果这一位为 1，路由器就不能分段，并返回一个 ICMP 要求分段的报文给源主机，然后丢弃报文。

为了确定路径 MTU，主机上的 IP 软件发送一系列的探测报文，每个探测报文均阻止分段。如果所探测的路径上有一个网络的 MTU 大于所规定的 MTU，则连接在该网络上的路由器就会丢弃探测报文并返回一个要求分段的报文给源主机。源主机收到这一报文后，发送一个要求较小的 MTU 探测报文。此过程可进行多次，直到探测成功为止。

7.5.4　ICMP 的应用

1. IP 标头、ICMP 标头与 ICMP 信息的关系

ICMP 属于网络层的通信协议，它无法单独动作，必须与 IP 协议标头一起使用。它们之间的关系如图 7-21 所示。

IP 标头 PROT=1	ICMP 标头	ICMP 信息

图 7-21　IP 标头、ICMP 标头与 ICMP 信息的关系

- IP 标头内的 PROT 字段值，必须是代表 ICMP 协议的 1。
- ICMP 与 IP 协议紧密联系，ICMP 也时常被当成是 IP 协议的一部分。

- ICMP 信息共有 0、3、4、5、8、11～18 等 13 种不同的类型，主要执行查询控制或错误通知的工作。其中 0、8、13～18 属于 ICMP 的查询工作，各类型的请求信号必定搭配有回复信号使用，而其余的 ICMP 信息则属于错误通知工作。

2. 回声请求(类型 8)/回声回复(类型 0)

通常在网络上以 ping 或 tracert 命令方式，对网络联机状况或路径进行检测追踪。ping 命令用于查询该节点是否畅通，每次查询送出 32 个字节信号执行 4 次的回声请求；如果网络联机出了问题，需要了解联机的连通过程、路径与响应，便可运用 tracert 命令对行进路径进行追踪查询。

3. 目的端无法抵达(类型 3)

ICMP 类型 3 属于错误信息包，当路由器无法将包数据送达目的端节点时，会向传送端节点发出此类信息，发生信息无法抵达目的节点的原因有多种情况。

4. 来源端抑制(类型 4)

来源端抑制为 ICMP 的类型 4 信息，它属于 ICMP 的错误信息包。此类型的主要功用是对网络流通的容量进行控制。当来源端主机传送包的数据太快，以致路由器无法实时处理，或路由器内部的暂时存放数据缓冲区已满载，容易使得来源端所传送的包数据发生遗失的情况时，路由器便会对来源端主机发出 Source Quench 信息，要求来源主机降低数据包的传输速率，或者暂停传输数据的动作，直到来源端主机不再接收 Source Quench 信息为止。

5. 路径重新定向(类型 5)

路径重新定向为 ICMP 类型 5，它属于 ICMP 的错误信息包，它提供相关信道 IP 地址的信息。路由器根据寻址表选择适当的路径传送包数据，当路由器有比原先更佳的路径信息或网络上主机、信道有所变更时，路由器便会发出一个 ICMP 路径重新定向信息给来源端主机，提供路径重新定向的相关信息。

6. 传输超时(类型 11)

传输超时为 ICMP 类型 11，它属于 ICMP 的错误信息。当包在网络中传输时间太久时，路由器便会将包丢弃，并对包的传输发一个传输超时信息，告知包已被舍弃。造成超时传输的原因如下：

- 因循环问题造成超时传输(代码为 0)。
- 因包重组超时设定时间而造成超时传输(代码为 1)。

7. 参数问题(类型 12)

参数问题信息为 ICMP 类型 12，它属于 ICMP 的错误信息。在包数据传输过程中，路由器若发现所传输包 IP 标头内某字段值发生错误或缺乏某数据选项，使其无法正常处理包时，路由器便会将此包丢弃，并给来源端主机送出参数信息。

造成参数问题的原因如下：

- 某数据域位发生错误(代码为 0)。
- 遗失某数据选项(代码为 1)。

8. 时戳请求(类型 13)/时戳回复(类型 14)

时戳请求与时戳回复分别是 ICMP 类型 13 和类型 14，为 ICMP 查询信息。

时戳请求与回复的主要功能如下：

- 在网络主机间进行系统时间同步的调整工作。
- 测量信号在主机间的传输延迟。

- 查询网络某主机的系统时间。

9. 地址信息请求(类型 15)/地址信息回复(类型 16)

网络地址信息请求与回复分别是 ICMP 类型 15 和类型 16，它属于 ICMP 查询信息。这两类信息可在来源主机想要知道 IP 地址时对地址服务器进行查询工作。

10. 地址屏蔽请求(类型 17)/地址屏蔽回复(类型 18)

网络屏蔽请求与回复分别是 ICMP 类型 17 和类型 18，它属于 ICMP 查询信息，用以向信道查询网络主机的子网掩码地址。当某主机想要知道某网络的子网掩码地址时，可向此网络路由器送出 ICMP 网络屏蔽请求信息，如果该路由器知道其网络子网掩码地址，便会以网络屏蔽回复信息传回子网络的屏蔽地址给主机。

7.6 BIND 问题

Berkeley Internet Name Domain(BIND)是域名软件，它具有广泛的使用基础，Internet 上的绝大多数 DNS 服务器都是基于这个软件的。BIND 目前由 ISC(Internet Software Consortium)负责维护，具体的开发由 Nominum(www.nominum.com)公司来完成。下面介绍常见的问题和解决办法等。

1. BIND 版本过低导致的问题

升级 BIND 到最新版本，因为最新的 BIND 版本会解决在以前版本中发现的 bug 或安全漏洞。

2. 出现 No default TTL set using SOA minimum instead 提示

从 BIND 8.2 开始，需要一条$TTL 指示来设置域的默认 TTL。可在域的 SOA 记录之前添加一条$TTL XXXXXX 指示(XXXXXX 表示计算到秒的默认 TTL)。

3. 在本域中的一台主机上使用 nslookup 时得到答复 non-authoritative

这通常发生在域(Zone)文件中有错误出现的时候。可以检查系统日志文件 messages 以查证错误。

4. 已经修改了自己的域，但是在 Internet 的其他地方看不到这种改变

每当修改了域文件，例如当添加或者修改主机记录时，必须更新域的 SOA 记录的文件版本，或者 serial number，因为名字服务器从服务器检索信息时需要知道发生了修改。如果从上次查询之后版本号没有修改，就不会执行更新。举例如下：

```
; foo.com.
$TTL 14400
@ IN SOA
someplace.foo.com. admin.foo.com. (
1 ; this file's version -- change
43200 ; refresh twice a day
1800 ; retry refresh every 15 minutes
604800 ; expire after 1000 hours (over week)
259200 ) ; minimum TTL of 3 day
```

可以看到，带 file's version 的行是需要修改的。版本序号可以为任何数字：1、2、3、4 或者 2001、2002、2003 等。唯一的限制是版本号不能多于 10 位。在这个示例中，如果对域文件做了修改，则需要将版本序号改为 2。

5. 在日志文件中出现的 lame server 错误是什么

lame server 指的是不能确信其是否具有域的授权的服务器。如果有 lame server，或者是授权

给了 lame server 的域，那么 lame server 消息很有用。如果要清除 lame server 消息，可以使用 logging 语句丢弃它们。

```
logging {
category lame-servers{ null; };
};
```

7.7 DHCP 问题

7.7.1 DHCP 概述

DHCP(Dynamic Host Configuration Protocol，动态主机配置协议)是一个局域网的网络协议，使用 UDP 协议工作。

DHCP 主要有两个用途：给内部网络或网络服务供应商自动分配 IP 地址，给用户或者内部网络管理员作为对所有计算机进行中央管理的手段。

DHCP 有 3 个端口，其中 UDP67 和 UDP68 为正常的 DHCP 服务端口，分别作为 DHCP Server 和 DHCP Client 的服务端口；546 号端口用于 DHCP v6 Client，而不用于 DHCP v4，是为 DHCP failover 服务的，DHCP failover 是用来做“双机热备”的。

DHCP 通常应用在大型的局域网络环境中，主要作用是集中管理、分配 IP 地址，使网络环境中的主机动态地获得 IP 地址、Gateway 地址、DNS 服务器地址等信息，并能够提升地址的使用率。

当前的 DHCP 定义可以在 RFC 2131 中找到，而基于 IPv6 的建议标准(DHCP v6)可以在 RFC 3315 中找到。

DHCP 协议采用客户端/服务器模型，主机地址的动态分配任务由网络主机驱动。当 DHCP 服务器接收到来自网络主机申请地址的信息时，才会向网络主机发送相关的地址配置等信息，以实现网络主机地址信息的动态配置。DHCP 具有以下功能：

- 保证任何 IP 地址在同一时刻只能由一台 DHCP 客户机所使用。
- DHCP 应当可以给用户分配永久固定的 IP 地址。
- DHCP 应当可以与用其他方法获得 IP 地址的主机共存(如手工配置 IP 地址的主机)。
- DHCP 服务器应当向现有的 BOOTP 客户端提供服务。

BOOTP 原本是用于无磁碟主机连接的网络上面的网络主机，使用 BOOT ROM 而不是磁碟启动并连接上网络 BOOTP，则可以自动地为那些主机设定 TCP/IP 环境。

DHCP 可以说是 BOOTP 的增强版本，它分为两个部分，一个是服务器端，另一个是客户端。所有的 IP 网络设定资料都由 DHCP 服务器集中管理并负责处理客户端的 DHCP 要求，而客户端则会使用从服务器分配下来的 IP 环境资料。

DHCP 有三种机制分配 IP 地址。

- 自动分配方式(Automatic Allocation)。DHCP 服务器为主机指定一个永久性的 IP 地址，一旦 DHCP 客户端第一次成功地从 DHCP 服务器端租用到 IP 地址，就可以永久性地使用该地址。
- 动态分配方式(Dynamic Allocation)。DHCP 服务器给主机指定一个具有时间限制的 IP 地址，时间到期或主机明确表示放弃该地址时，该地址可以被其他主机使用。
- 手工分配方式(Manual Allocation)。客户端的 IP 地址是由网络管理员指定的，DHCP 服务器只是将指定的 IP 地址告诉客户端主机。

三种地址分配方式中，只有动态分配可以重复使用客户端不再需要的地址。

7.7.2 DHCP 租约

租约是客户机可使用指派的 IP 地址期间 DHCP 服务器指定的时间长度。租用给客户时，租约是活动的。在租约过期之前，客户机一般需要通过服务器更新其地址租约指派。当租约期满或在服务器上被删除时，租约是非活动的。租约期限决定租约何时期满以及客户需要用服务器更新它的次数。

DHCP 租约如图 7-22 所示。

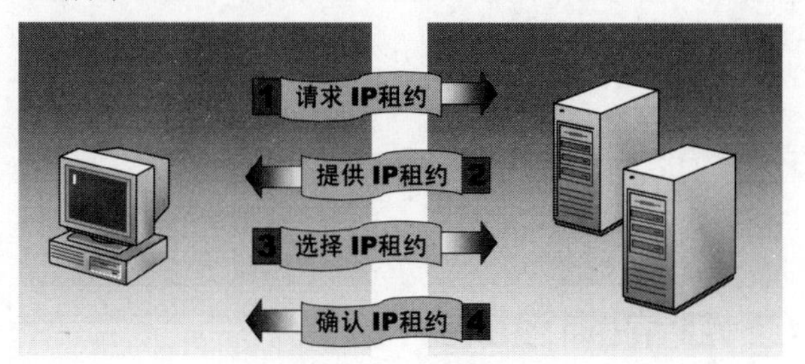

图 7-22 DHCP 租约

7.7.3 DHCP 地址池错误

DHCP 的地址分配以及给客户端传送的 DHCP 各项参数，都需要在 DHCP 地址池中进行定义。如果没有配置 DHCP 地址池，即使启用了 DHCP 服务器，也不能对客户端进行地址分配；但是如果启用了 DHCP 服务器，不管是否配置了 DHCP 地址池，DHCP 中继代理总是起作用的。

如果 DHCP 请求包中没有 DHCP 中继代理的 IP 地址，就分配与接收 DHCP 请求包接口的 IP 地址同一子网或网络的地址给客户端。如果没有定义这个网段的地址池，地址分配就失败。

如果 DHCP 请求包中有中继代理的 IP 地址，就分配与该地址同一子网或网络的地址给客户端。如果没有定义这个网段的地址池，地址分配就失败。

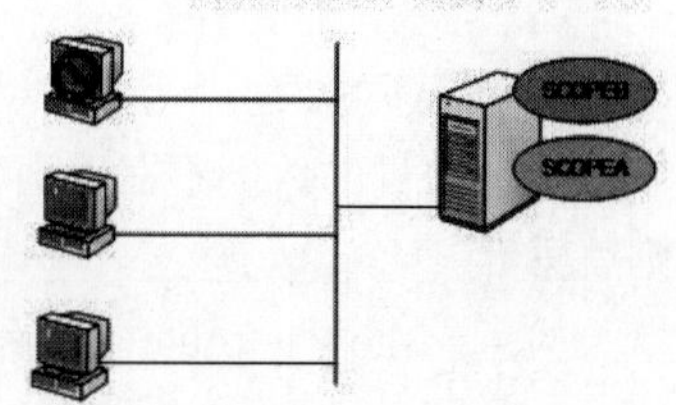

图 7-23 DHCP 地址池错误

DHCP 地址池错误如图 7-23 所示。

在定义地址池时，一定不能包含静态的 IP 地址，否则非常容易造成 IP 冲突，导致不能正常获得 IP 地址。

使用 DHCP 分配 IP 地址时，有可能发生地址用尽的情况。

为了避免地址用尽，需执行以下步骤：

(1) 当设置为自动获得 IP 地址时，确保用于远程访问服务器所连接到的子网的 DHCP 范围包括足够的地址，以便为可能同时连接到网络的远程访问客户端分配地址。

(2) 当从静态池获得 IP 地址时，确保该地址池具有足够的地址，以便为可能同时连接到网络的远程访问客户端分配地址。

另外，有时主机不能正常上网，而“网络连接”正常。在 DHCP 网络环境中，有两种原因可以引起这种情况，第一种只是本主机没有正确获得 IP 地址而整个网络正常，另一种可能就是主机以外的网络环境(网络通道或服务器)产生了故障。可以借助 ipconfig 来诊断和排除，利用 ipconfig 输出查看网络配置信息，我们发现主机没有获得正确的 IP 信息，可以使用 ipconfig/renew 来刷新配置。如果还不能解决问题，那就要查找 DHCP 伺服服务器，因为可能是服务器出了问题。

有些用户有时会碰到这样一种现象：主机系统能到达远程主机进行各种网络操作但不能到达本地子网中的其他主机，这是由于主机没有获取正确子网掩码引起的。用 ipconfig 输出查看网络配置信息如下：

```
IP Address. . . . . . . . . :  10.10.10.10
Subnet Mask. . . . . . . . :   255.255.0.0
Default Gateway. . . . . . :   10.10.10.1254
```

发现子网掩码由正常的 255.255.255.0 变为 255.255.0.0，因此导致了主机不能正常使用本地子网中的资源。先使用 ipconfig/release 释放主机的当前 DHCP 配置，然后用 ipconfig/renew 刷新租约，这样就可以解决问题。需要注意的是，如果不先释放主机的 IP，单纯使用 ipconfig/renew 有时不能达到目的，获得的还是错误的子网掩码。

7.8 TCP/IP 常见故障诊断与排除

7.8.1 传统的 TCP /IP 故障诊断方法

传统的 TCP /IP 故障诊断方法大体涉及如下几个方面：

(1) 输入 ipconfig，检查 IP 地址、子网掩码、默认网关是否正确。

(2) 运行 ping 命令检查网络适配器是否正在工作。

(3) 运行 ping 命令检查本机的 IP 地址是否正确或合法。

(4) 运行 ping 命令检查同一子网内的任何一台计算机的 IP 地址，看是否 ping 通。

(5) 运行 ping 命令检查默认网关，看是否 ping 通。

(6) 运行 ping 命令检查不同子网的一台计算机的 IP 地址。

(7) 运行 ping 命令检查外网的一台计算机的 IP 地址。

7.8.2 思科网络 TCP/IP 连接故障处理

1. 默认网关

当包的目的地址不在路由器的路由表中，如路由器配置了默认网关，则转发到默认网关，否则就丢弃。

检查：show ip route；查看 Cisco 路由器的默认网关。

2. 检查静态路由和动态路由

(1) 处理 RIP 故障

RIP 是距离矢量路由协议，度量值是跳数。RIP 最大跳数为 15，如果到目标的跳数超过 15，则为不可到达目标。

RIP V1 是有类别路由协议，RIP V2 是非分类路由协议，支持 CIDR、路由归纳、VLSM，使用多播(224.0.0.9)发送路由更新。

处理 RIP 故障相关的 show 命令：

```
Show ip route rip；仅显示 RIP 路由表
Show ip route；显示所有 IP 路由表
Show ip interface；显示 IP 接口配置
Show running-config
```

```
Debug ip rip events
```

常见的 RIP 故障：RIP 版本不一致。

(2) 处理 IGRP 故障

处理 IGRP 故障的相关的 show 命令：

```
Show ip route igrp；显示 IGRP 路由表
Debug ip igrp events
Debug ip igrp transactions
```

常见的 IGRP 故障：访问列表不正确的配置、到相邻路由器的 line down。

(3) 处理 EIGRP 故障

EIGRP 使用 3 种数据库：路由数据库、拓扑数据库、相邻路由器数据库。

EIGRP 相关的 show 命令：

```
Show running-config
Show ip route
Show ip route eigrp；仅显示 EIGRP 路由
Show ip eigrp interface；显示该接口的对等体信息
Show ip eigrp neighbors；显示所有的 EIGRP 邻居及其信息
Show ip eigrp topology；显示 EIGRP 拓扑结构表的内容
Show ip eigrp traffic；显示 EIGRP 路由统计的归纳
Show ip eigrp events；显示最近的 EIGRP 协议事件记录
```

EIGRP 相关的 debug 命令：

```
Debug ip eigrp neighbor
Debug ip eigrp notifications
Debug ip eigrp summary
Debug ip eigrp
```

(4) 处理 OSPF 故障

OSPF 是链路状态协议，维护 3 个数据库：相邻数据库、拓扑结构数据库、路由表。

OSPF 相关的 show 命令：

```
Show running-config
Show ip route
Show ip route ospf；仅显示 OSPF 路由
Show ip ospf process-id；显示与特定进程 ID 相关的信息
Show ip ospf；显示 OSPF 相关信息
Show ip ospf border-routers；显示边界路由器
Show ip ospf database；显示 OSPF 的归纳数据库
Show ip ospf interface；显示指定接口上的 OSPF 信息
Show ip ospf neighbor；显示 OSPF 相邻信息
Show ip ospf request-list；显示链路状态请求列表
Show ip ospf summary-address；显示归纳路由的再发布信息
Show ip ospf virtual-links；显示虚拟链路信息
Show ip interface；显示接口的 IP 设置
```

OSPF 相关的 debug 命令：

```
Debug ip ospf adj
Debug ip ospf events
Debug ip ospf flood
Debug ip ospf lsa-generation
Debug ip ospf packet
Debug ip ospf retransmission
Debug ip ospf spf
Debug ip ospf tree
```

(5) 处理 BGP 故障

BGP(包括 IBGP 和 EBGP)的关键配置是邻居关系，BGP 使用 TCP 建立相邻关系。

BGP 相关的 show 命令：

```
Show ip bgp：显示 BGP 所学习到的路由
Show ip bgp network：显示特定网络的 BGP 信息
Show ip neighbors：显示 BGP 邻居信息
Show ip bgp peer-group：显示 BGP 对等组信息
Show ip bgp summary：显示所有 BGP 连接的归纳
Show ip route bgp：显示 BGP 路由表
```

BGP 相关的 debug 命令：

```
Debug ip bgp 192.1.1.1 updates
Debug ip bgp dampening
Debug ip bgp events
Debug ip bgp keepalives
Debug ip bgp updates
```

7.8.3 TCP/IP 常见故障诊断与排除方法

故障现象 1：服务器端口访问失败错误

排除方法：

对于服务器端口访问失败的错误，一般可从以下几个方面去分析和排除。

- 查看与端口对应的服务。
- 必要条件的检查。
- 检查网关、路由设定。
- 边际防火墙规则的检查。

故障现象 2：网络共享文件访问出现时通时不通的现象

故障现象：

在主机上运行“IP 地址”命令，尝试连接另外一台主机，输入正确的用户名和密码之后却提示“当前没有可用的登录服务器来服务登录请求”。

故障原因：

(1) 只配置内网访问 IP 地址，没有配置网段的网关 IP 地址。

共享文件访问有一个特点，就是有两个 IP 地址。

- 内网使用的 IP 地址。
- 网关使用的 IP 地址。

由于只是内网访问，就没有配置网段的网关。

(2) 在 Windows 系统中，文件共享是通过 SMB 协议来完成的。SMB 协议有两种工作方式，分别为 NetBIOS Over TCP/IP(简称 NetBT)和 Direct hosting。当采用 NetBT 方式通信时，会通过 NetBIOS 接口来进行连接，传递数据包，会话服务，进行文件传输。

而采用 Direct hosting 则更为简单，直接跳过 NetBIOS 接口，不需要进行名称解析，直接使用 TCP445 端口传输。

在早期的 Windows 系统之中，主要使用 NetBIOS 进行通信，但是到了 Windows 2000 后，又新增加了 Direct hosting 方式，但并没有取消 NetBT。同时 NetBT 是随网卡绑定的，并且只能绑定在网卡的第一个 IP 地址上，主机不能自动识别采用 NetBIOS Over TCP/IP 或 Direct hosting 的连接方式，而是采取“随机抢答”的方式，既可能采用 NetBT，也可能采用 Direct hosting。当选择前者时就会出现不通的故障，使用后者时则完全正常。

排除方法：

只需要取消 NetBT 方式，强制使用 Direct hosting 即可。打开本地连接的属性窗口，双击其中的“Internet 协议(TCP/IP)”，在打开的窗口中单击“高级”按钮，再切换到 WINS 选项卡，将其中的“NetBIOS 设置”设为“禁用 TCP/IP 上的 NetBIOS”选项，然后单击“确定”按钮保存设置就可以了，如图 7-24 所示。

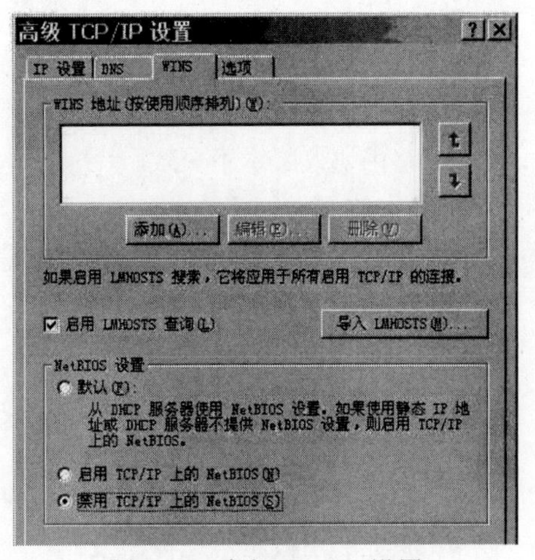

图 7-24　高级 TCP/IP 设置

故障现象 3：本地主机不能与远程主机通信

故障原因：

- DNS 工作不正常。
- 没有到远程主机的路由。
- 缺少默认网关。
- 管理拒绝(ACL)。

排除方法：

(1) DNS 工作不正常。

配置 DNS 主机和 DNS 服务器，可以使用 nslookup 校验 DNS 服务器的工作。

(2) 没有到远程主机的路由。

- 用 ipconfig /all 检查默认网关。
- 用 show ip route 查看是否有相应路由。
- 如果没有该路由，用 show ip route 查看是否有默认网关。
- 如有网关，检查到目标的下一跳；如无网关，修正问题。
- ACL 有分离的问题与 ACL 相关，必须分析 ACL 或重写 ACL 并应用。

故障现象 4：某个应用程序不能正常工作

故障原因：

网络没有正常配置处理该应用程序。

排除方法：

网络没有配置处理应用程序，查看路由器配置。

故障现象 5：Booting 失败

故障原因：

- Booting 服务器没有 MAC 地址的实体。
- 缺少 IP helper-address。
- ACL(访问控制列表)问题。
- 修改 NIC 或 MAC 地址。
- 重复的 IP 地址。
- 不正常的 IP 配置。

排除方法：

- 查看 DHCP 或 Booting 服务器，并查看是否存在故障机的 MAC 实体。
- 使用 debug ip udp 校验从主机接收的包。
- 校验 helper-address 正确配置。
- 查看 ACL 是否禁用包。

故障现象 6：缺少路由

故障原因：

- 没有正确配置路由协议。
- 没有通告路由的邻居。
- 路由协议版本不一致。

排除方法：

- 在路由器上用 show ip route 查看路由。
- 校验相邻路由器。
- 对 OSPF，校验通配符掩码。
- 检查应用到接口上的 distribute list。
- 验证邻居的 IP 配置。
- 如果路由被再次发布，验证度量值。
- 验证路由被正常地再次发布。

故障现象 7：邻居关系没有建立

故障原因：

- 不正确的路由协议配置。
- 不正确的 IP 配置。
- 没有配置 network 或 neighbor 语句。
- hello 间隔不一致。
- 不一致的 area ID。

排除方法：

- 用 show ip protocol neighbors 列表已构成的相邻关系。
- 查看没有构成相邻关系的协议配置。
- 检查路由配置中的 network 语句。

故障现象 8：计算机没有正常获得 IP 地址

此故障可通过对用户 IP 地址进行诊断来解决。

(1) 在操作系统中单击“开始”→“运行”，弹出的对话框如图 7-25 所示。

(2) 在图 7-25 中输入命令 cmd 或 command，单击“确定”按钮后进入 DOS 状态，如图 7-26 所示。

图 7-25 “运行”对话框

(3) 在图 7-26 中输入命令 ipconfig，显示当前计算机获得的 IP 地址，如图 7-27 所示。

(4) 如果 IP 地址不是要求的地址，则说明计算机没有正常获得 IP 地址，需要更新地址。输入命令 ipconfig/renew 等待一会儿后，一般能够正常获得正确的 IP 地址。如果出现 DHCP Server unreachable 提示，说明局端设备忙或线路故障，Modem 未能与局端正常连接。

图 7-26　DOS 状态

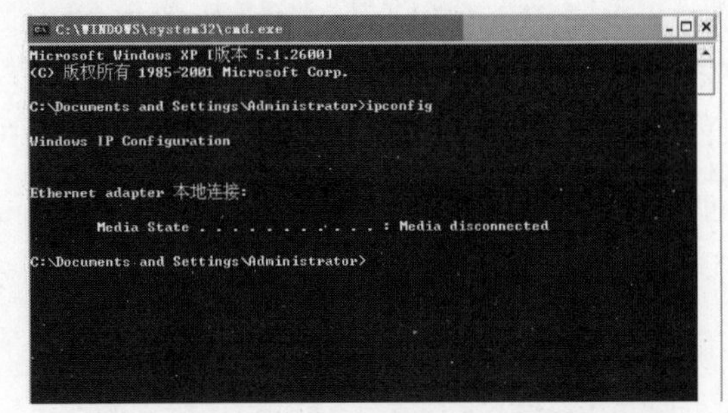

图 7-27　输入命令 ipconfig 后的 DOS 状态对话框

习题

1. 简述传统的 TCP /IP 故障诊断方法。
2. 简述思科网络 TCP/IP 连接故障处理方法。
3. 简述 TCP/IP 常见故障现象。

第 8 章

服务器故障诊断与排除

本章重点介绍以下内容：

- 服务器概述。
- 单机/服务器系统引导。
- Linux/UNIX 常见基本问题。
- 服务器常见的故障现象和解决方法。
- 服务器问答。
- Boot PROM 及其故障排除。
- Apache 服务器的故障排除。
- Apache 目录访问权限错误。
- Apache 验证模式错误。
- SAMBA 排错。
- 多 NOS 文件服务。
- 文件服务失效。
- 安装操作系统过程中需注意的问题。

8.1 服务器概述

服务器是一台被网络工作站访问的计算机系统，处理网络 80%以上的数据、信息，通常是一个高性能计算机，是网络的核心设备。服务器的概念应从下面几点来考虑。

8.1.1 服务器的类型划分

服务器的类型可以依据 4 部分进行划分：

(1) 根据整个架构可分为刀片式服务器、机架式服务器、塔式服务器、IA 服务器和 RISC 服务器。

(2) 按照硬件配置的差别可分为工作组级、部门级和企业级。

(3) 按照具体安装的应用软件可分为高端 IDC 服务器、功能服务器、通用服务器、网络服务器、打印服务器、Web 服务器、文件服务器、FTP 服务器、E-mail 服务器、数据库服务器等；

(4) 按照体系架构可分为非 x86 服务器(包括大型机、小型机和 UNIX 服务器，这种服务器价格贵、体系封闭，但是稳定性好、性能强，主要用在金融、电信等大型企业的核心系统中)和 x86 服务器(通常所讲的 PC 服务器，它是基于 PC 机体系结构，使用 Intel 或其他兼容 x86 指令集的处理器芯片和 Windows 操作系统的服务器。价格便宜、兼容性好、稳定性差、不安全，主要用在中小企业和非关键业务中)。

服务器操作系统分为 Windows 阵营、UNIX 阵营。其中按应用分类是最能给用户清晰概念的。因为用户在采购选型时，总是先想好了拿它做什么用。Intel 提出的前端(用于接入等)、中端(用于各种应用和中间件)和后端(用于数据库、在线分析等)的分类办法，也是从应用角度考虑的。

8.1.2　服务器功能体系和性能体系

1. 服务器的要求

(1) 稳定性要求

服务器用来承担企业应用中的关键任务，需要长时间的无故障稳定运行。在某些需要不间断服务的领域，如银行、电信等领域，需要服务器 24(小时)×365(天)运行，一旦出现服务器宕机，后果是非常严重的。为了实现如此高的稳定性，服务器的硬件结构需要进行专门设计。比如机箱、电源、风扇这些在 PC 机上要求并不苛刻的部件在服务器上就需要进行专门的设计，并且提供冗余。

(2) 性能要求

除了稳定性之外，服务器对于性能的要求同样很高。

(3) 扩展性能要求

服务器在成本上远高于 PC，并且承担企业关键任务，一旦更新换代需要投入很多的资金和维护成本，所以相对来说服务器更新换代比较慢，应留有一定的扩展空间。服务器上相对于 PC 一般提供了更多的扩展插槽。

2. 服务器功能体

服务器功能性配置是非常重要的衡量指标。它不仅与服务器的性能表现息息相关，而且在长期的使用过程中还决定了用户总体拥有成本的水平。功能差的服务器可能在不可预知的情况下宕机而造成用户的巨大损失；也可能因不能及时升级致使效率低下，成本无形增大；更可能因为服务器的可管理性不足，不得不增加人力的投资。

服务器的功能有 4 大特性：

- 可用性。
- 可扩展性。
- 可管理性。
- 安全性。

有些厂商也把安全性和可用性合称为可靠性、容错性等，这只是名字的不同。安全性有基于硬件与软件之分，在实际应用中，更多是从软件系统去衡量。

服务器功能 4 大特性中往往包含了许多服务器独有的技术。可用性主要是考察服务器热插拔和冗余特性。热插拔技术属于 PNP 技术，是由系统 BIOS 将热插拔信息传给 BIOS 配置管理程序，并由该程序对热插拔部件进行重新配置(如中断、DMA 通道等)。由于它需要插槽和设备的断电保护设计，成本要高一些。热插拔技术有利于用户在保证业务连续运作的基础上扩展/改善系统。除了内存、硬盘、各类 PCI 卡可热插拔外，一些高端服务器的 CPU 也是可以热插拔的。冗余技术是一种部件级的“热备概念”，它能显著增强系统的容错或连续运作能力。从概率的角度看，单部件可用性是 90%，那么加一个冗余部件后，其可用性将增加到 99%。冗余部件主要包括风扇、电源、PCI 卡、PCI 控制器、RAID 控制器等，内存和 CPU 也可做成冗余设计。

可扩展性内容很广泛，但在实际应用中，两大扩展性值得关注。一是存储的扩展，它包括内部与外部的扩展，内部的存储扩展由服务器的托盘架、电源和数据线等走线设计决定，外部的存储扩展主要指服务器是否提供外部存储接口。二是 PCI 扩展，在应用中，某些特定用户需要再增加特定的 PCI 卡，如视频处理、安全认证等。

3. 服务器性能体系

服务器性能有三大指标：

- CPU 性能。
- I/O 性能。
- Web 应用性能。

8.1.3 服务器操作系统

作为服务器软件的基础，操作系统常常被人们所忽略。但是随着企业业务变得越来越复杂，选择合适的操作系统也就显得越来越重要。现在的操作系统在商务活动的组织和实施过程中发挥着支配作用。服务器操作系统有：

- Windows；
- UNIX；
- Linux。

Windows 系统类：Windows NT Server、Windows 2000/2003/XP/2008/7/10/11、Windows Server 2008/2012/2016/2022 等。

Unix 系统类：IBM AIX 和 HP-UX 等。

Linux 系统类：它的最大的特点就是源代码开放，可以免费得到许多应用程序。目前有中文版本的 Linux、Red Hat(红帽子)、Ubuntu 等。

8.2 单机/服务器系统引导

不同的服务器系统，它的系统引导是不同的，有厂家自己的引导盘。引导盘其实是引导加驱动，这些驱动是生产厂家根据自家的产品来制作的，其他公司、厂家的引导盘不能用来引导安装。

1. 单机/服务器系统引导

单机/服务器系统引导主要表现为：

(1) 磁盘引导区结构

磁盘引导使用 debug 程序来读出主引导扇区。操作：

```
—U100
Mov ax,0201
```

```
Mov bx,7c00
Mov cx,0001
Mov dx,0080
Int 13
Int 3
```

(2) 主引导扇区结构

主引导程序范围为 7C00～7C8A，接着是数据区。中间很大一部分是 7DBE～7DFD，它们之间为 4 个分区表，每个分区表占用 16B。

主引导扇区最后两个字节 55AA 是已分区的标志。分区表的 16B 数据结构如下：

- 偏移量 0

含义：引导标志(80H 表示活动分区，00H 表示非活动分区，其他非法值)。

- 偏移量 1

含义：本分区的起始磁头号。

- 偏移量 2～3

含义：本分区的起始扇区号(字节 2 的低 6 位)和起始柱号(10 位，包括字节高的高 2 位和字节 3)。

- 偏移量 4

含义：分区类型(1－DOS，12 位 FAT；2－XENIX；4－DOS，16 位 FAT，小于 32MB；5－扩展 DOS；6－DOS，16 位 FAT，大于 32MB；0DBH 并发 DOS)。

- 偏移量 5

含义：本分区的磁头结束号。

- 偏移量 6～7

含义：本分区的结束扇区号(字节 6 的低 6 位)和结束柱号(字节 6 的高 2 位和字节 7)。

- 偏移量 8～B

含义：本分区的相对扇区号。

- 偏移量：C～F

含义：本分区的总扇区数。

通过反汇编操作可了解到(00～8A)：

```
－U 7C00  7C8A
```

逻辑引导扇区为：

```
－L 7C00  101
  D 7C00  7DFF
```

磁盘系统引导扇区中，有整个逻辑磁盘的重要数据，即系统参数块(BIOS Parameter Block，BPB)在逻辑磁盘格式化时写入逻辑磁盘的引导区中，位置从引导扇区的 0BH 字节地址开始存放。FAT32 的 BPB 对 FAT16 的 BPB 进行了扩充，可以通过 debug 来读取硬盘的 BPB 参数区内容。例如：

```
C: \windows
Debug
  －L 7C00  2 0 1
  －D 7C00  7DFF
```

取的 BPB 参数为：

```
－10301
－d06F
```

2. com 文件结构

在可执行文件中，com 文件结构是最简单的，com 文件只使用一个段，文件中的程序和数据的大小限制在 64KB 内。

执行一个 com 文件时，DOS 把 com 文件装入到系统分配的一个内存块中。在内存块的最前面为该程序提供一个程序段的前缀 PSP，PSP 的大小为 100H 字节，com 文件的内容直接读入到 PSP 之后的内存中。在运行 com 文件程序前，4 个段寄存器 CS、DS、ES、SS 都初始化为 PSP 的段地址，堆栈指针 SP 设置为 FFFEH，指令指针 IP 设置为 100H，然后开始执行这个 com 程序。

3. 单机/服务器系统引导失败

单机/服务器系统引导失败的主要原因：

(1) 硬盘故障导致硬盘无法引导

在启动计算机后，看不到 Windows 启动画面，而是出现了“Non-System disk or disk error, replace disk and press a key to reboot”(非系统盘或磁盘出错)提示信息，这即是常见的硬盘故障——无法引导系统。

硬盘故障是指因为连接、电源或硬盘本身出现硬件故障而导致的硬盘故障。

① 硬盘的数据线或电源线有问题

仔细检查数据线与硬盘接口、主板 IDE 接口的接触情况，查看主板 IDE 接口和硬盘数据接口是否出现了断针、歪针等情况。如果问题确实是因数据线及电源连接造成的，一般更换数据线并排除接触不良的问题后，在 BIOS 中就能看到硬盘，此时硬盘也就可以引导了。

硬盘的数据线或电源线有问题会出现“Hard disk controller failure”，当出现这种情况的时候，应仔细检查数据线的连接插头是否存在着松动、连线是否正确或者是硬盘参数设置是否正确。

② 硬盘本身问题

当通过更换数据线、排除接触不良后，如果能够正常工作，则说明硬盘本身没有问题。如果依然不能正常工作，说明硬盘已经出现了故障，建议返回给生产厂商进行维修。

当硬盘出现以下任意一个提示时，一般都是硬盘控制电路板、主板上硬盘接口电路或者是盘体内部的机械部位出现了故障，对于这种情况只能请专业人员检修相应的控制电路或直接更换硬盘。

- 硬盘复位失败(Reset Failed)。
- 硬盘致命性错误(Fatal Error Bad Hard Disk)。
- 没有检测到硬盘(DD Not Detected)。
- 硬盘控制错误(HDD Control Error)。

(2) 软件故障导致硬盘无法引导

软件故障是由于某些设置或参数被破坏而出现故障。

① 系统文件被破坏导致无法引导

如果硬盘中没有安装操作系统，或者操作系统的引导文件遭到破坏，也会出现硬盘无法引导的现象。

② Date error(数据错误)

发生这种情况时，系统从硬盘上读取的数据存在有不可修复性错误或者磁盘上存在有坏扇区。此时可以尝试启动磁盘扫描程序，扫描并纠正扇区的逻辑性错误。假如坏扇区出现的是物理坏道，则需要使用专门的工具尝试修复。

③ No boot sector on hard disk drive(硬盘上无引导扇区)

这种情况可能是硬盘上的引导扇区被破坏，一般是因为硬盘系统引导区已感染了病毒。遇到这种情况必须先用最新版本的杀毒软件彻底查杀系统中存在的病毒，然后用带有引导扇区恢复功能的软件恢复引导记录。如果使用Windows 系统，可启动“故障恢复控制台”并调用 FIXMBR 命令来恢复主引导扇区。

④ 病毒攻击硬盘的主引导区，从而被篡改甚至被破坏。

主引导区记录被破坏后，当启动系统时，往往会出现“Non-System disk or disk error，replace disk and press a key to reboot”(非系统盘或盘出错)、“Error Loading Operating System”(装入 DOS 引导记录错误)或“No ROM Basic，System Halted”(不能进入 ROM Basic，系统停止响应)等提示信息，在比较严重的情况下，则不会出现任何信息。

(3) 文件误删除

自作聪明地把C盘根目录下的文件删除或移动到其他地方，殊不知此举会破坏系统引导文件，导致系统无法引导。这可能是最简单的、同时也是最常见的数据损坏。

单机/服务器系统引导失败的原因如图 8-1 所示。

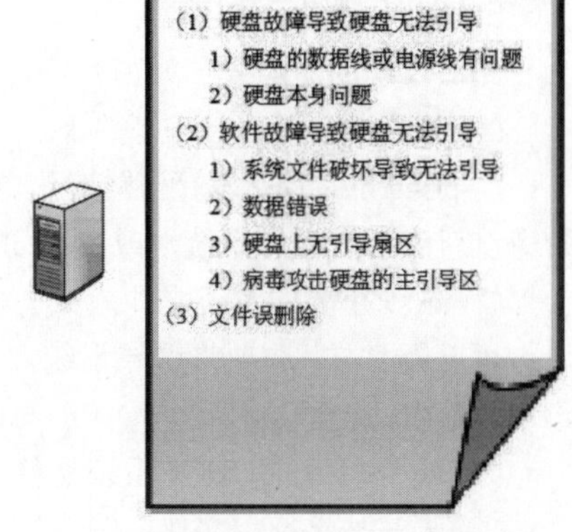

图 8-1　单机/服务器系统引导失败的原因

8.3　Linux/UNIX 常见问题

1. 脚本中定义的权限不足

脚本中定义的权限不足会出现错误消息“./foo: 0403-006 Execute permission denied”。这个消息可能源于两个问题：

- 不具有执行这个命令的足够权限。
- 无法告诉 shell 应该如何解释脚本和其中的命令。

不具有执行这个命令的足够权限最简便的检查方法是，登录服务器，然后查看 ls -l 的输出，检查是否具有“rwx”权限(即读、写和执行)。如果没有问题，考虑无法告诉 shell 应该如何解释脚本和其中命令的可能原因。

2. 文件不存在或不在您认为的目录中

同样，使用 ls 命令执行快速检查，应该会看到这个文件是否存在。

如果在目录中没有这个文件，就会收到以下消息：

```
# ls -l ~cormany/scripts/bar
ls: 0653-341 The file /home/cormany/scripts/bar does not exist.
```

如果这个文件在用户 cormany 的主目录中的其他地方，可以用 find 命令搜索它(如果您有足够的权限)：

```
# find ~cormany -name "bar" -ls
```

3. 无法动态发现新磁盘设备

iSCSI 驱动无法动态发现存储系统上的 LUN。Linux 操作系统的 SCSI 中间层负责发现 LUN。因此，通过 Fibre Channel，用户必须重新扫描 SCSI 总线以发现新添加的 LUN，用户可通过重启服务器或重新加载 iSCSI 模块实现上述操作，重新加载 iSCSI 驱动。

4. core 文件无法生成

导致 core 文件没有产生的原因：

- 对 core 文件大小做了限制，可以通过 ulimit(所有 UNIX 平台适用)的命令进行查看。

磁盘空间是否充足，通过 df 命令(所有 UNIX 平台适用)查看 Available 的空间是否充足。

- 查看信号是否被捕获。

5. UNIX 系统无法启动

无法启动的原因大致如下：

(1) 错误的引导设备。

用 printenv 显示当前配置情况，如果发现引导设备不正确，可用 setenv 来重新设置。用 reset 命令重新启动 UNIX 系统，或 set-defaults 恢复默认值。

(2) 缺少重要的系统文件，或文件无效。

可以用“-a”选项来引导系统，系统将提供交互式的引导过程，如果找不到文件，系统会提示用户给出适当的文件名。

(3) 缺少关键的 UNIX 系统文件，或文件无效。

(4) 无法挂接远程文件系统。

系统启动时，会自动执行/etc/vfstab 文件，如果在文件中有无法挂接的远程文件系统，则 UNIX 系统会一直处于等待和重试状态，无法进入登录界面。解决办法是用单用户启动，编辑/etc/vfstab 文件，删除错误的挂接内容。

8.4 服务器常见的故障现象和解决方法

8.4.1 服务器故障

服务器故障可能包括 4 个方面，即服务器的软件故障、操作系统故障、服务器硬件故障和网络服务故障。

1. 服务器的软件故障

服务器的软件故障在服务器故障中约占70%。导致服务器出现软件故障的因素很多，常见的有服务器BIOS版本太低、服务器的管理软件或服务器的驱动程序有Bug、应用程序有冲突及人为造成(非正常关机、不按操作流程操作)的软件故障等。同时还有因软件升级、病毒导致软件停止运行等原因。软件故障的诊断较为复杂，首先应确定是否为人为操作不当造成的，可以让操作人员重现一次故障出现过程以排除人为操作不当因素。然后根据警示声响、错误代码、检查相关日志及结束可疑程序等进行诊断。最难诊断的是软件冲突造成的故障，解决软件冲突故障更需要维护人员及管理人员的经验及观察。

服务器软件故障排除包括 3 个方面：

(1) 经常对 Firmware 及 BIOS 进行更新。

(2) 对服务器软件进行更新。经常更新服务器软件可以解决因 Bug 等软件自身原因所造成的软件故障。但是要注意，不正确的升级方法也会导致机器出现软件故障。

(3) 因人为因素造成的软件故障，此类故障可以通过正确实用的技能培训来解决。

2. 操作系统故障

服务器操作系统是为 7×24 小时不间断运行设计的，因此，可以保证长期稳定地正常运行，通常不会出现蓝屏、速度变慢、系统瘫痪等系统故障。然而，操作系统本身也存在着许多安全漏洞，非常容易招致蠕虫病毒或其他各种恶意攻击。

(1) 病毒侵袭

蠕虫病毒侵袭导致的网络瘫痪，对网络极具破坏性和杀伤力。可采取以下方式防范病毒攻击：

- 只提供网络服务。除非维护需要，不要直接对服务器进行操作，更不要将服务器作为普通计算机使用，不要随意使用服务器浏览 Web 网站、收发电子邮件，以避免由于访问恶意网页或邮件，而感染病毒。
- 关闭不需要的服务。关闭或删除系统中不需要的服务，只打开网络服务必须使用的端口。提供的服务和打开的端口越少，可被利用的安全漏洞也就越少，服务器就越不容易被恶意攻击，也就越安全。
- 安装系统补丁。绝大多数蠕虫病毒都是利用系统漏洞进行传播的，应及时下载并安装最新的安全补丁。
- 安装病毒防火墙。仅有系统安全补丁是不够的，还必须安装专业的防病毒软件，并打开防病毒软件的实时监控功能，及时发现并清除(或隔离)已经感染的病毒。另外，应当及时升级防病毒程序的病毒库和引擎，以确保能够识别并清除最新发现的病毒。

(2) 磁盘空间太小

作为网络服务器，往往需要 2GB 以上的空间用于存储临时文件。当剩余的硬盘空间较小时，将严重影响服务器的性能，使响应速度变慢，严重时甚至会导致系统瘫痪。系统要拥有足够的剩余空间。

(3) 垃圾文件过多

系统和网络服务在正常运行过程中会产生一些临时文件、垃圾文件和磁盘碎片。正常情况下，临时文件会被系统自动删除。然而，在非正常关机或应用程序非正常退出时，临时文件将不会被删除。随着使用时间的延长，垃圾文件会越来越多，除了会大量占用宝贵的硬盘空间，还将导致系统运行速度变慢。因此，应当定期执行系统工具中的“磁盘清理”，彻底清除不再使用的临时文件和垃圾文件。

(4) 蓝屏故障

导致蓝屏故障的原因非常多，CPU 过热或内存故障、系统硬件冲突、系统缺陷、病毒或黑客攻击、注册表中存在错误或损坏、启动时加载程序过多、程序版本冲突、虚拟内存不足造成系统多任务运算错误、动态链接库文件丢失、系统资源冲突或资源耗尽等都会产生蓝屏。另外，软/硬件存在冲突也很容易出现蓝屏。

3. 服务器硬件故障

硬件故障并不单单指硬件有问题，它也指硬件之间不兼容，服务器的正常运行需要各部件之间的大力协调。建议采购各元件时，都购买原品牌原装的配件。非原品牌非原装的配件，不能支持服务器的某些功能，严重的会影响到服务器的正常使用。

由于服务器本身在硬件选用上非常严格，所以，通常情况下，在非人为干预情况下，发生服务器故障的可能性比较小。因此，硬件故障往往是在安装新的板卡，修改系统配置文件，或者进行扩容后发生的。

一般情况下服务器硬件故障主要是：

- 服务器内部散热受阻等情况下出现的。因此，要经常检查服务器散热相关部件，查看是否有因灰尘较多影响通风等现象。
- 硬件耗损出现的硬件故障。常见故障为电源系统、CPU、内存、外部总线及负载系统。

- 接触不良在硬件故障中较为常见。其主要是因为各种卡类、内存、CPU 等与主板的接触不良，或电源线、数据线等的连接不到位。

要降低硬件故障发生频率，服务器管理人员必须注意服务器的环境温度、湿度等；电压也要符合要求；在开、关服务器时必须符合正常的流程；工作人员必须严格执行操作流程。

4. 网络服务故障

由于操作系统 Bug、应用程序缺陷、内存质量、硬盘可靠性等各种不可预知的因素，有时会导致网络服务中断。

当网络服务故障发生时，通常都会在系统日志中有记载，可以通过“管理工具”→“事件查看器”窗口查看。通常情况下，系统故障会记录在“系统”文件夹中，如果是应用程序或非 Windows 内置的网络服务发生故障，则会记录在“应用程序”文件夹中。

当发生网络故障时，可以采用以下几个步骤进行处理：

(1) 重新启动服务。依次打开“管理工具”→“服务”窗口，右击已经发生故障的服务，在弹出的快捷菜单中选择“启动”或“重新启动”命令。如果网络服务通过其他控制台管理，也可在相应的控制台中重新启动。

(2) 重新启动计算机。当重新启动服务仍然无法正常实现网络服务时，可以选择重新启动计算机，清除计算机内存，重新加载网络服务。

(3) 重新安装服务或应用程序。如果重新启动计算机仍然不能排除故障，可以考虑卸载并重新安装相应的 Windows 组件或应用程序。

8.4.2 服务器常见故障诊断与排除

故障现象 1：服务器无法启动

造成服务器无法启动的主要原因：

- 市电或电源线故障(断电或接触不良)。
- 电源或电源模组故障。
- 内存故障(一般伴有报警声)。
- CPU 故障(一般也会有报警声)。
- 主板故障。
- I/O 口连接不正常。
- 其他插卡造成中断冲突。

检查方法：

- 检查电源线和各种 I/O 接线是否连接正常。
- 检查连接电源线后主板是否加电。
- 将服务器设为最小配置(只接单块 CPU，最少的内存，只连接显示器和键盘)，直接短接主板开关跳线，看看是否能够启动。
- 检查电源，将所有的电源接口拔下，将电源的主板供电口的绿线和黑线短接，看看电源是否启动。

故障现象 2：开机自检无法通过

解决方法：

(1) 准备一个跳线帽。

(2) 切断机器电源，将机箱打开，用 CMOS CLEAR 跳线的跳线帽将 CMOS CLEAR 跳线的另外两个针短接(跳线参看主板说明书)。

(3) 机器加电，自检，等机器自检完毕，报 CMOS 已被清除，然后将机器电源关掉，把跳线复原即可。

(4) 重新开机。

故障现象 3：处理器报错或自检过程中只找到一个处理器

解决方法：

(1) 开机，按 F2 键，进入 SETUP。

(2) 依次选择 MAIN→PROCESSOR→CLEAR PROCESSOR ERRORS [ ]，将选项的值设置为 YES。

(3) 依次选择 ADVANCED→RESET CONFIGURATION DATA [ ]，将选项的值设置为 YES。

(4) 依次选择 SERVER→PROCESSOR RESET [ ]，将选项的值设置为 YES。

(5) 依次选择 SERVER→SYSTEM MANAGEMENT 按 Enter 键后选择 CLEAR EVENT LOG [ ]，将选项的值设置为 YES。

(6) 按 F10 键，保存退出。

故障现象 4：怎样格式化 SCSI 硬盘

解决方法：开机，待出现 Ctrl+A 键信息时，按 Ctrl+A 键进入，选中通道 A，再选中 SCSI UTILITY，将检测到硬盘。选中要检测的硬盘，再选中 FORMAT 可对硬盘进行全面格式化，选中 VERIFY 可对硬盘进行检测，检查是否有坏道。注意：在格式化硬盘时不能中断或停电，否则会损坏硬盘。

故障现象 5：PL400 CMOS 如何清除

解决方法：

位于 3Pin PwrLED 和 Intel NB82802AB8 芯片之间的 JBC2 跳线，将 2、3 短接即可。

故障现象 6：机器开机常见问题和解决方法

(1) 装完系统后，显示器出现花屏现象，系 AGP 显卡故障。更换后一切正常。

(2) 开机黑屏，不自检，并且报两声嘟声，系内存未插紧。重插内存，故障解决。

(3) 开机散热风扇不转，而机箱后侧风扇却转(说明主板已上电)，系 CPU 散热风扇电源线插错，插到了机箱风扇电源接口。将其插到 RIMM1 侧面的 CPU 风扇接口后故障解决。

故障现象 7：物理内存插槽报错

解决方法：开机，按 F2 键，进入 SETUP，选择 ADVANCED→MEMORY CONFIGU- RATION 后按 Enter 键，再选择 CLEARS DIMM ERRORS 后直接按 Enter 键，选择 OK 后存盘退出。

故障现象 8：CPU 报错

解决方法：开机，按 F2 键，选择 BIOS→ADVANCED→CLEAR CPU ERRORS 后直接按 Enter 键。

故障现象 9：主板不支持 USB 设备

解决方法：

(1) 开机，按 F2 键，进入 BIOS。

(2) 选择 ADVANCED→PERIPHERAL CONFIGURATION 后按 Enter 键，将 USB CONTRO-LLER 项设为 ENABLE，再将 LEAGCY USB SUPORT 设为 ENABLE 即可。

故障现象 10：机器安装系统时始终无法找到硬盘

解决方法：

(1) 确定硬盘的连接线路问题。如果连接没有问题，开机自检能够检测到硬盘，安装系统时却无法找到硬盘，此时安装与硬盘连接的设备的驱动程序。

(2) 加载硬盘的驱动程序，需详细查看服务器系统安装指南。

8.4.3 其他原因导致数据中心服务故障

目前来看，数据中心服务引发的故障是在所难免的，百分之百可靠的数据中心服务目前还不存在。导致数据中心服务故障的原因有几方面：自然灾害、火灾、人为因素、系统故障、弹性负载均衡服务故障、物理服务器磁盘损坏、网络延迟、系统 Bug、客户端软件 Bug。

1. 自然灾害

典型事件 1：亚马逊北爱尔兰柏林数据中心宕机。

故障原因：闪电击中柏林数据中心的变压器。

2011 年 8 月 6 日，在北爱尔兰都柏林出现的闪电引起亚马逊和微软在欧洲的云计算网络因为数据中心停电而出现大规模宕机。闪电击中都柏林数据中心附近的变压器，导致其爆炸。爆炸引发火灾，使所有公用服务机构的工作暂时陷入中断，导致整个数据中心出现宕机。

这个数据中心是亚马逊在欧洲唯一的数据存储地，也就是说，EC2 云计算平台客户在事故期间没有其他数据中心可供临时使用。宕机事件使得采用亚马逊 EC2 云服务平台的多家网站服务中断达两天时间之久。

典型事件 2：超级飓风桑迪袭击数据中心。

故障原因：风暴和洪水导致数据中心停止运行。

2012 年 10 月 29 日，超级飓风桑迪使纽约和新泽西州的数据中心遭受了影响，周围地区数据中心发电机运行失常。飓风桑迪所带来的影响超出了一般单一的中断事故，为受灾地区数据中心产业带来了规模空前的灾难。

2. 火灾

典型事件 1：卡尔加里数据中心火灾事故。

故障原因：数据中心发生火灾。

2012 年 7 月 11 日加拿大通信服务供应商 Shaw Communications Inc 位于卡尔加里阿尔伯塔的数据中心发生了一场火灾，造成当地医院的数百台手术延迟。由于该数据中心提供管理应急服务，此次火灾事件影响了支持关键公共服务主要的备份系统。此次事件为一系列政府机构敲响了警钟：必须确保及时的恢复和拥有故障转移系统，同时结合出台灾害管理计划。

3. 人为因素

典型事件 1：Hosting.com 服务中断事故。

故障原因：服务供应商执行断路器操作顺序不正确造成的 UPS 关闭。

2012 年 7 月 28 日 Hosting.com 停运事件，人为错误通常被认为是此事件中数据中心停机的主导因素之一，事件造成客户服务中断。服务供应商执行断路器操作顺序不正确造成的 UPS 关闭是造成数据中心机房内的设施损失的关键因素之一。

典型事件 2：微软爆发 BPOS 服务中断事件。

故障原因：微软在美国、欧洲和亚洲的数据中心的一个没有确定的设置错误造成的。

2010 年 9 月，微软在美国西部至少出现三次托管服务中断事件。这是微软首次爆出重大的云计算事件。事故当时，用户访问 BPOS(Business Productivity Online Suite)服务的时候，使用微软北美设施访问服务的客户遇到了问题，这个故障持续了两个小时。后来虽然微软工程师声称解决了这一问题，但是没有根本解决，因而又产生了 9 月 3 日和 9 月 7 日服务的再次中断。

这次服务中断事件是由于微软在美国、欧洲和亚洲的数据中心的一个没有确定的设置错误造成的。BPOS 软件中的离线地址簿在“非常特别的情况下”提供给了非授权用户。这个地址簿包含企业的联络人信息。

典型事件 3：支付宝因为杭州市某地区光纤被挖断，也出现了用户无法正常使用的问题。这起事故，导致全国许多地方的用户都无法使用支付宝，直到两个小时后才恢复正常。

典型事件 4：网易因骨干网络遭受攻击，导致了网易旗下部分服务暂时无法正常使用。

4. 系统故障

典型事件：GoDaddy 网站 DNS 服务器中断。

故障原因：系统内一系列路由器的数据表损坏造成的网络中断。

2012 年 9 月 10 日 GoDaddy 网站 DNS 服务器中断。域名巨头 GoDaddy 是一家 DNS 服务器供应商，其拥有 500 万个网站，管理超过 5000 万个域名。这是 2012 年最具破坏性的事件。GoDaddy 表示：服务中断不是由外部影响造成的，服务中断是由于内部的一系列路由器的数据表造成的网络事件损坏。

5. 弹性负载均衡服务故障

典型事件：亚马逊 AWS 断网。

故障原因：弹性负载均衡服务故障。

2012 年 12 月 24 日， 亚马逊 AWS 位于美国东部 1 区的数据中心发生故障，其弹性负载均衡服务中断，导致 Netflix 和 Heroku 等网站受到影响。

2012 年 10 月 22 日，亚马逊位于北维吉尼亚的网络服务 AWS 也中断过一次，事故影响了包括 Reddit、Pinterest 等知名大网站。这次事故让很多人认为，亚马逊应该升级其北维尼吉亚数据中心的基础设施。

2011 年 4 月 22 日，亚马逊云数据中心服务器大面积宕机，当时这一事件被认为是亚马逊史上最为严重的云计算安全事件。

6. 物理服务器磁盘损坏

典型事件：盛大云存储断网。

故障原因：数据中心一台物理服务器磁盘损坏。

2012 年 8 月 6 日，盛大云在无锡的数据中心因为一台物理服务器磁盘发生损坏，导致一些用户的数据丢失。盛大云之后尽全力协助用户恢复了数据。

7. 网络延迟

典型事件：Google App Engine 服务中断。

故障原因：网络延迟。

Google App Engine 是用于开发和托管 Web 应用程序的平台，数据中心由 Google 管理，因为突然变得反应缓慢，而且出错，中断时间持续 4 小时。受此影响，50%的服务请求均失败。

8. 系统 Bug

典型事件 1：Azure 全球服务中断。

事故原因：软件 Bug 导致闰年时间计算不正确。

2012 年 2 月 28 日，由于闰年 Bug 导致微软 Azure 在全球范围内大面积服务中断，中断时间超过 24 小时。虽然微软表示该软件 Bug 是由于闰年时间计算不正确导致，但这一事件激起了许多用户的强烈反应，许多人要求微软为此做出更合理的解释。

典型事件 2：Gmail 电子邮箱爆发全球性故障。

事故原因：数据中心例行性维护时，新程序代码产生的副作用。

2009 年 2 月 24 日，谷歌的 Gmail 电子邮箱爆发全球性故障，服务中断时间长达 4 小时。谷歌解释事故的原因为：在位于欧洲的数据中心例行性维护之时，有些新的程序代码(会试图把地理相近的数据集中于所有人身上)产生副作用，导致欧洲另一个资料中心过载，于是连锁效应就扩及其他数据中心接口，最终酿成全球性的断线，导致其他数据中心也无法正常工作。

9. 客户端软件 Bug

典型事件：5.19 断网事件。

事故原因：客户端软件 Bug，上网终端频繁发起域名解析请求，引发 DNS 拥塞。

2009 年 5 月 19 日，江苏、安徽、海南、甘肃、浙江等省份用户申告访问网站速度变慢或无法访问。经过工信部相关单位调查，此次网络中断事故，原因是国内某公司推出的客户端软件存在缺陷，在该公司域名授权服务器工作异常的情况下，安装该软件的上网终端频繁发起域名解析请求，引发 DNS 拥塞，造成大量用户访问网站慢或网页打不开。工信部指出，此次事件暴露出域名解析服务已成为目前网络安全的薄弱环节，指示各单位要加强对域名解析服务的安全保护。

数据中心以前没有出过故障，并不代表以后不会出故障，一旦出现一次严重的业务中断，对数据中心业务的影响就是多方面的，不仅仅是金钱上的损失，还有数据中心承载业务的声誉。

8.5　不同操作系统服务器故障问答

问题 1：有些基于 XEON 的服务器安装 Windows 系统后，有 PCI DEVICE 和中断控制器等未能驱动

解决方法：将随服务器发放的主板光盘放入光驱，进入 DRIVERS/对应的芯片目录(如 E7500)，安装目录内的 INF 文件即可。

问题 2：PT1300、PT2300 安装 Windows 后有一个 SCSI…I20…设备不能驱动

解决方法：这是硬盘背板未驱动，通过机箱光盘或从 www.intel.com 网站下载驱动，安装即可。

问题 3：PT1300、PT2300 安装 Windows，未能在主板光盘上找到 INF 驱动

解决方法：原装光盘未有 INF，需从 www.intel.com 网站下载。

问题 4：禁用/开启板载设备

解决方法：

(1) 开机，按 F2 键，进入 BIOS 设置画面。

(2) 选择 ADVANCED→ONBOARD DEVICE。

使用或禁止集成 IDE RAID 卡：将 ONBOARD RAID 设为 ENABLE/DISABLE。

使用或禁止集成网卡：将 ONBOARD NIC1/NIC2 设为 ENABLE/DISABLE。

使用或禁止集成 USB：将 ONBOARD USB 设为 ENABLE/DISABLE。

问题 5：机器在开机过程中报错(如 CPU，或提示事件日志已满)

解决方法：

(1) 开机，按 F2 键，进入 BIOS 设置画面。

(2) 选择 ADVANCED→EVENT LOGGING。

清除事件日志：将 CLEAR ALL EVENT LOGS 设为 YES。

启用事件日志功能：将 EVENT LOGGING 设为 ENABLE/DISABLE。

查看事件日志：在 VIEW EVENT LOG 项后按 Enter 键。

问题 6：在机器开机自检时显示机器配置(或屏蔽开机 LOGO)

解决方法：

(1) 开机，按 F2 键，进入 BIOS 设置画面。

(2) 选择 ADVANCED，将 BOOT-TIME GIAGNOSTIC SCREEN 设为 ENABLE。

问题 7：开机报警(带 RAID 卡的机器)

故障原因：磁盘阵列中的硬盘由于受意外的电流冲击、震动，或者由于硬盘自身物理损坏时会从阵列中离线，停止工作。此时，RAID 卡会自动报警，发出警报以提示尽快恢复有危险的阵列。

解决方法：启动机器进入 RAID 卡配置界面，观察一下硬盘的状态，确认故障硬盘，及时恢复。

步骤：

(1) 如果硬盘是由于冲击、震动等原因造成的简单掉线，它的状态一般是 FAILED。这时可对此硬盘做 REBUILD，一般在屏幕上会有进度条显示，做到 100%时硬盘可自动上线。

(2) 如果硬盘是由于物理损坏而造成的从阵列中离线，状态一般是 DEAD，对此硬盘无法做 REBUILD。只能更换新的硬盘，对此新硬盘做 REBUILD，直至正常。

问题 8：操作系统检测到的硬盘容量与硬盘实际容量不符

在使用计算机的过程中可能会发现这样一个现象，10GB 的硬盘在操作系统中只识别到 9GB 左右，20GB 的硬盘只有 19GB，40GB 的只有 38GB 左右，容量大的硬盘差异更大。这是因为硬盘制造商对硬盘容量的定义和操作系统对硬盘容量算法不同，导致硬盘标识容量和操作系统中显示的实际容量存在误差。

硬盘厂商的标准：1GB=1 000MB　1MB=1 000KB　1KB=1 000byte

操作系统的算法：1GB=1 024MB　1MB=1 024KB　1KB=1 024byte

以 40GB 的硬盘为例计算如下：

硬盘厂商的标准：40GB=40 000MB=40 000 000KB=40 000 000 000byte

操作系统的算法：40GB=40 960MB=41 943 040KB=42 949 672 960byte

40GB 硬盘在操作系统中显示的容量为 40000000000÷1024÷1024÷1024=37.2529GB，而且在分区和格式化后，系统会在硬盘上占用一些空间，提供给系统文件使用。所以，操作系统显示的总容量和硬盘的型号容量存在差异是正常现象。

问题 9：SCSI 硬盘常见错误与检测方法

解决方法：

(1) SCSI 控制器自检无法通过：依次检验硬盘，检测是否有硬盘无法自检通过。

(2) 硬盘检测报错：start unit failed 或 timeout。硬盘坏。

(3) 硬盘检测时无法正确显示型号及其参数。进入 SCSI 设置，进行传输率等的设置。

(4) 校验硬盘时，报错或提示有坏扇区。

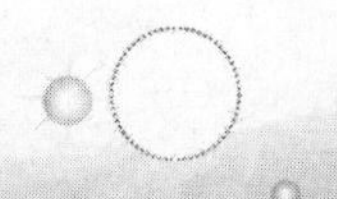

(5) 无法格式化硬盘。

(6) 硬盘盒常见故障：

- 带硬盘盒的设备，检测不到硬盘，将硬盘直接接到线缆上，自检正常，应为硬盘盒问题。
- 硬盘盒无法加电。检查硬盘盒电源连接是否正常。

问题 10：安装 Windows Server 2008 R2 系统的服务器，经常自动关机

解决方法：

正常的系统只要不是硬件问题，是不会出现自动关机的，自动关机可能是某些进程引起的，要对某些进程进行排查。

(1) 在系统进程中查看是否存在 wlms.exe。wlms.exe 文件是 Windows 操作系统的一部分，它实际的文件位置在硬盘驱动器 C:\WINDOWS\SYSTEM32\wlms.exe，它保障的是系统稳定。如果这个进程在 Windows 日志或其他位置，可能是 wlms.exe 文件被感染，它可能是间谍软件或病毒，使计算机自动关机。

(2) 在 Windows 日志或其他位置禁用 wlms.exe 文件。

(3) 修改完成后重启计算机，检查 Windows 日志或其他位置里是否还存在 wlms.exe，没有即可正常使用了。

问题 11：Windows server 2012 服务器能够 ping 通局域网中的客户端 A，但 A 不能 ping 通服务器

解决办法：

(1) 确定服务器中“系统”→“远程设置”→“远程桌面”选项下为允许选项。

(2) 选择控制面板(大图标)→设备管理器→网络适配器→本地连接的网卡，单击右键，选择“属性”。标题栏上方切换到电源管理，取消勾选“允许计算机关闭此设备以节约电源”，单击“确定”。

(3) 选择服务器管理器→高级安全→Windows 防火墙→入站规则，右键单击“文件和打印机共享(回显请求-ICMPv4-in)”，选择“启用规则”。

完成上述步骤后应该就可以 ping 通了。

问题 12：Windows Server 2012 R2 系统中，无线网卡已驱动，但不能连接无线网络上网

解决办法：

打开服务器管理器，在“添加角色和功能”中添加“无线 LAN 服务”即可。

问题 13：Windows Server 2008 和 Windows Server 2008 R2 系统无法连接无线网络

解决办法：

Windows Server 2008 和 Windows Server 2008 R2 系统本身在安装时默认是没有安装无线局域网服务的。必须手动安装才可以。

选择“开始”→“程序”→“附件”→“管理工具”→“服务管理器”，在 Features(功能)分支下，找到 Wireless LAN Service(无线局域网服务)，勾选并安装即可。

问题 14：Windows Server 2012 R2 系统中 WiFi 无法连接

解决办法：

Windows Server 2012 R2 在默认情况下，WiFi 功能是没有安装的，必须手动安装才可以，方法就是进入服务器管理器，添加 Wireless Lan Service 功能模块，然后重启系统。

问题 15：Web 服务器不能访问

可能原因：

(1) 服务器故障。

- 带宽、内存等资源已超负荷。
- 服务器宕机。
- 遭受 DDOS、DNS 劫持、ARP 攻击等。

(2) 网站程序故障。

- IIS 设置不正确。
- 网站遭受攻击。
- 网站程序出现问题。

8.6　华为服务器常见故障诊断与排除

华为服务器故障诊断与排除需要具备以下基础技能：华为服务器日常维护的基础知识、华为服务器故障诊断与排除的基本技能。

8.6.1　华为服务器日常维护的基础知识

(1) 华为服务器日常维护必读资料。

- 《华为服务器用户指南》：各型号服务器的用户指南，介绍服务器产品的结构、规格和安装。
- 《华为服务器告警参考》：各型号服务器的告警参考，介绍 iMana 200/iBMC 或管理模块所支持的服务器产品各类型告警信息及处理建议。

资料获取：访问华为服务器信息自助服务平台，进入相应的服务器目录。

(2) 日常维护软件工具。

- 软件工具 1：FusionServer Tools Toolkit，支持华为自研 V2 和 V3 服务器，参见《FusionServer Tools V2 R2 Toolkit 用户指南》。Toolkit 工具可以对服务器进行诊断和配置，支持维护问题定位。
- 软件工具 2：FusionServer Tools 2.0 SmartKit，参见《FusionServer Tools 2.0 SmartKit 用户指南》。SmartKit 工具可以用于开局交付、故障处理、固件升级等操作。
- 软件工具 3：Smart Provisioning，支持华为自研 V5 服务器，参见《Smart Provisioning 用户指南》。Smart Provisioning 工具可以用于免光盘安装操作系统、配置 RAID 以及硬件诊断等操作。
- 软件工具 4：PuTTY，支持所有服务器产品和版本，第三方软件，需自备，用于 iMana 200/iBMC 管理软件或管理模块的文件传输，需自备远程访问工具。
- 软件工具 5：WinSCP，支持所有服务器产品和版本。
- 软件工具 6：WFTPD，支持所有服务器产品和版本，第三方软件，需自备，用于交换模块以太网交换平面的文件传输。
- 软件工具 7：CoreFTPServer/msftpsrvr，支持所有服务器产品和版本，第三方软件，需自备，用于交换模块 FC 交换平面的文件传输。

资料获取：后 5 个软件工具用户指南请在华为服务器信息自助服务平台的相应服务器目录中获取。

(3) 服务器日常维护硬件工具。

- 浮动螺母安装条：用于牵引浮动螺母，使浮动螺母安装在机柜的固定导槽孔位上。
- 螺丝刀：用于拆装螺钉，一般为一字、十字、六棱套筒等。
- 斜口钳：用于剪切绝缘套管、电缆扎线扣等。
- 万用表：用于测量电阻、电压，检查导通关系等。
- 防静电腕带：用于接触或操作设备和器件，可防止静电放电。
- 防静电手套：用于插拔单板、手拿单板或其他精密仪器等，可防止静电放电。
- 绑线扣：用于绑扎线缆。
- 梯子：用于高处作业。
- PC：自备网线，用于通过网络访问管理网口或业务网口，捕获数据。
- 串口线：服务器侧串口接口一般为 DB9 或 RJ-45。
- 温度计/湿度计：用于监控机房温度、湿度是否满足设备稳定运行环境。
- 示波器：用于测量电压和时序。

(4) 华为服务器故障处理流程。

华为服务器故障处理流程如图 8-2 所示。

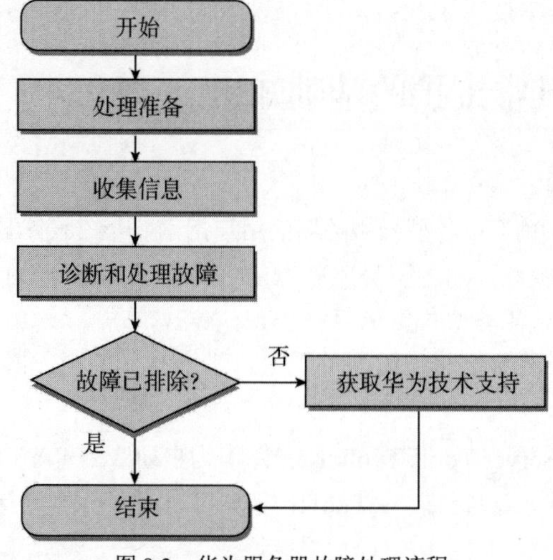

图 8-2　华为服务器故障处理流程

8.6.2　华为服务器故障诊断与排除的基本要求

进行服务器故障处理操作需要明确以下基本要求：

- 熟悉服务器产品。
- 熟悉设备危险标志和等级。
- 熟悉设备硬件架构。
- 熟悉前后面板告警指示。
- 熟悉设备上所运行的系统。
- 熟悉设备正常运行的条件。
- 熟悉硬件的常用操作，如上下电等。
- 熟悉软件的常用操作，如升级等。

● 熟悉维护设备的流程。

8.6.3　华为服务器故障诊断与排除的收集信息的技能

服务器发生故障，需要收集日志信息进行故障诊断。在服务器故障发生后的第一时间进行数据收集，保证数据原始性。收集信息前，请先获取客户书面授权，再执行操作。收集的基本信息有：

(1) 收集操作系统日志信息。

(2) 收集硬件日志信息。

硬件日志信息收集有以下两种方式。

批量收集服务器硬件信息，使用 SmartKit 工具收集信息，支持的服务器和详细操作可参考《FusionServer Tools 2.0 SmartKit 用户指南》。

收集单台服务器硬件信息，可通过 iBMC 一键收集硬件日志信息。

如只需收集硬件信息，可通过 iMana 200/iBMC 一键收集硬件日志信息。

如需同时收集硬件、Windows/Linux 日志信息，可使用 SmartKit 工具收集信息，详细操作可参考《FusionServer Tools 2.0 SmartKit 用户指南》。用户指南可在华为服务器信息自助服务平台的相应服务器目录中获取。

(3) 收集交换模块日志信息(适用于 E9000 服务器)。

(4) 收集 Qlogic HBA 卡日志。

当网卡出现故障时，要收集 HBA 卡日志信息。Qlogic HBA 卡日志收集不会影响业务。

(5) 收集其他日志信息。

其他主机日志信息收集方法如下：

当网卡出现故障时，需要收集 Emulex HBA 卡日志信息。Emulex HBA 卡日志信息收集可使用官方工具 OneCapture，使用该工具会影响业务。

录屏信息收集请参见 iMana 200/iBMC 用户指南的“录像回放”小节。用户指南可在华为服务器信息自助服务平台的相应服务器目录中获取。

(6) 建服务器故障卡。

8.6.4　华为服务器故障诊断与排除的技能

华为服务器故障诊断与排除的技能：

● 熟知故障诊断原则。
● 使用诊断工具诊断故障。
● 根据告警处理故障。
● 根据指示灯定位故障。
● 根据故障诊断数码定位故障。
● 根据现象处理故障。

1. 诊断原则

(1) 所有操作务必获得客户书面授权。

(2) 所有操作需保证业务数据不会丢失或已经备份。

(3) 在进行故障诊断时，请遵循以下基本原则：

● 先诊断外部，后诊断内部。

- 诊断故障时，应先排除外部的可能因素，如电源中断、对接设备故障等。
- 先诊断网络，后诊断网元。根据网络拓扑图，分析网络环境是否正常、互连设备是否发生故障，尽可能准确定位出是网络中哪个网元发生故障。
- 先高速部分，后低速部分。从告警信号流中可以看出，高速信号的告警经常会引起低速信号的告警。因此在故障诊断时，应先排除高速部分的故障。
- 先分析高级别告警，后分析低级别告警。
- 分析告警时，首先分析高级别的告警，如紧急告警、严重告警，然后再分析低级别的告警，如轻微告警。

2. 使用诊断工具诊断故障

使用诊断工具 FusionServer Tools Toolkit 和 Smart Provisioning 诊断故障，必须在停止服务器业务后使用，须告知客户做好备份操作。

诊断工具详情见表 8-1。

表 8-1 诊断工具详情

工具名称	支持的服务器	功能	手册链接
FusionServer Tools Toolkit	华为 FusionServer V2&V3 服务器	● 获取硬件信息 ● 快速诊断 ● CPU、硬盘和内存的专项测试 ● 提供配置和部署常用的参考工具和脚本 ● 制作可启动 U 盘，方便使用 U 盘运维 ● 针对渠道的自动配置诊断功能	《FusionServer Tools Toolkit 用户指南》
Smart Provisioning	华为 FusionServer V5 服务器	● 安装操作系统 ● 配置 RAID ● 升级固件 ● 配置导入导出 ● 硬件诊断 ● 收集日志	《Smart Provisioning 用户指南》

3. 根据告警处理故障

根据服务器的管理系统检查告警并进行诊断。请在各服务告警处理手册中检索告警码，查询对应的告警处理方法，具体各服务器告警处理手册获取方法请见表 8-2。

表 8-2 告警故障处理

服务器系列类型	参考资料
E9000	请参考 E9000 服务器 V100R001 告警处理 其中，交换模块在以太网交换平面的 CLI 执行以下命令查看告警： ● display trap buffer ● display alarm active ● display alarm history 说明： 登录交换模块的以太网交换平面请参见使用 PuTTY 登录服务器(网口方式)、使用 PuTTY 登录服务器(串口方式)和通过 SOL 登录计算节点/直通模块/交换模块
E6000	请参考 E6000 服务器 V100R002 告警参考

(续表)

服务器系列类型	参考资料
机架服务器	请参考华为机架服务器告警处理(iBMC)
X6000	请参考 X6000 服务器告警处理(iBMC)或 X6000 服务器告警处理(iMana 200)。
X8000	请参考 X8000 服务器 V100R001 告警参考
X6800	请参考 X6800 服务器 V100R003 告警处理

4. 根据服务器指示灯定位故障

服务器指示灯位置请参见各服务器用户指南的外观章节。

检查指示灯的操作流程如图 8-3 所示，该流程适用于所有服务器的指示灯。

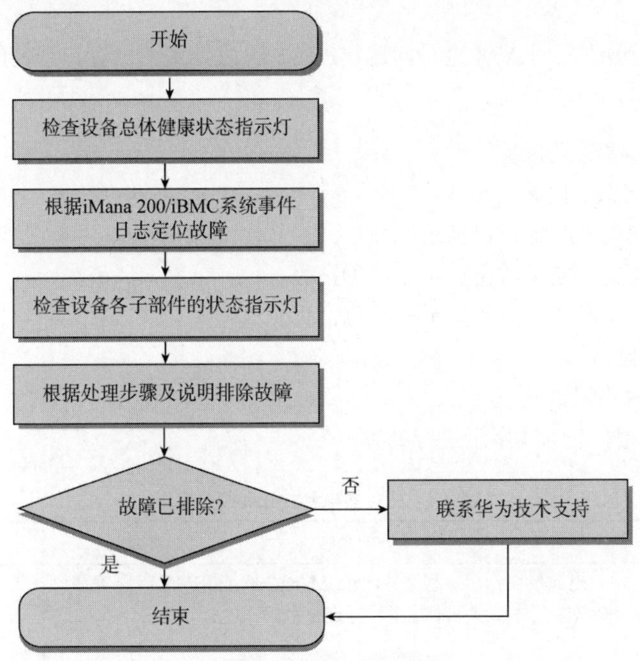

图 8-3　指示灯检查流程图

(1) 检查设备的总体状态指示灯。

(2) 检查设备硬盘状态指示灯。

(3) 检查固态硬盘指示灯。RH5885H V3 和 RH8100 V3、刀片服务器 E9000 的 CH225 V3 计算节点涉及 NVMe PCIe 固态硬盘指示灯。

(4) 检查电源模块状态指示灯。

(5) 检查网卡指示灯。

(6) 检查模块指示灯。模块指示灯仅 RH5885 V2、RH5885 V3 和 RH5885H V3 涉及的指示灯。

(7) 检查 MM910 管理模块指示灯。MM910 管理模块指示灯仅 RH8100 和 X6800 涉及的指示灯。

(8) 检查风扇模块指示灯。

(9) 检查 E9000 交换模块指示灯。

8.6.5　根据故障诊断数码定位故障

目前，支持故障诊断数码管的服务器包括：RH1288 V3、RH2288 V3、RH2288H V3、RH5885

V3、5288 V3、1288H V5、2288H V5、2488 V5、2488H V5 和 5885H V5，故障诊断数码管的显示状态及含义如表 8-3 所示。根据故障诊断数码管上显示的故障码，在对应的告警处理手册中查询对应的故障处理方法。

表 8-3　故障诊断数码

模块名称	显示状态	含义	处理步骤及说明
故障诊断数码管	显示“—”	表示服务器正常	无需任何操作
	显示故障码	表示服务器有部件故障	故障码的详细信息请参见《华为机架服务器告警处理(iBMC)》的“故障码处理”章节

8.6.6　根据设备故障现象处理故障

设备故障有：电源问题、KVM 登录问题、POST 阶段异常、内存错误问题、硬盘 IO 问题、OS(操作系统)问题。

1. 服务器电源故障现象处理

(1) 服务器电源状态术语。

- 通电：设备加电，电源按钮指示灯亮。
- 待机：设备加电，电源按钮指示灯黄色常亮。
- 上电：设备加电，电源按钮指示灯绿色常亮。
- POST：上电自检。

(2) 服务器电源故障现象处理。

服务器电源故障根据表 8-4 所示进行处理。

表 8-4　服务器电源故障现象处理

故障现象	处理步骤	快速恢复方法
单电源模块故障 (无输出，健康状态指示灯红色闪烁)	1. 检查电源模块指示灯状态并记录 iMana 200 或 iBMC 告警信息。指示灯状态具体请参见根据指示灯定位故障 说明： 对于 E9000 服务器，请记录 MM910 上的告警信息 2. 查看是否存在 AC lost 告警 是，检查电源线是否插紧，PDU 是否有电 否，执行 3 3. 更换备件电源模块，查看故障是否解决 是，处理完毕 否，执行 4 4. 更换电源背板。无电源背板产品请更换主板，查看故障是否解决 是，处理完毕 否，请联系华为技术支持工程师处理	1. 检查当前设备配置和功率是否满足供电冗余 是，说明当前故障不影响业务 否，请联系华为技术支持工程师处理 2. 拔出故障电源模块，且禁止再次插入设备，待备件到货后进行更换
机架设备不通电 (指示灯全灭)	1. 检查外部供电是否正常 是，执行 2 否，解决外部供电问题 2. 交叉验证电源模块，即更换正常的电源模块，查看故障是否解决 是，处理完毕 否，执行 3 3. 更换主板和电源背板，查看故障是否解决 是，处理完毕 否，请联系华为技术支持工程师处理	根据处理步骤进行排查，更换故障模块

(续表)

故障现象	处理步骤	快速恢复方法
刀片服务器和高密服务器：机箱不通电	1. 检查外部供电是否正常，并核算功率是否存在过载情况 2. 拔出刀片、交换模块、管理模块和风扇，并标示槽位号，检查电源连接器是否正常 3. 拔出所有电源模块，按槽位顺序依次在每个电源槽位插入原电源模块，验证是否可以通电(保证每次只有一个电源模块在位)，如果都不能通电，则更换机箱 4. 如果某个电源模块无法通电，则更换电源模块 5. 通过以上步骤验证机箱和电源模块正常的情况下，仅保留一个电源模块，按槽位顺序依次插入风扇、管理模块、交换模块、刀片，验证是否可以通电(保证每次只有一个模块在位) 6. 故障修复后，请将刀片、交换模块、管理模块和风扇插回原槽位	根据处理步骤进行排查，更换故障模块
刀片服务器和高密服务器：机箱通电但某个计算节点/服务器节点不通电	1. 拔出计算节点/服务器节点，检查电源连接器外观是否损伤 是，更换计算节点/服务器节点主板或机箱 否，执行 2 2. 请尽量避免再次插回该计算节点/服务器节点，待备	

2. KVM 登录故障现象处理

KVM 链接登录异常，推荐使用独立远程控制台登录。KVM 登录故障可根据表 8-5 所示进行处理。

表 8-5　KVM 登录故障处理表

故障现象	处理步骤	快速恢复方法
KVM 链接无法打开	1. 使用 PuTTY 等第三方工具执行 telnet IP 地址 8208(默认端口号为 8208，可通过登录 iMana 200/iBMC 界面查看服务配置中 VMM 端口设置获取)命令检查 KVM 端口是否正常；如果 Telnet 无法连接，请通过 PC 直连 iMana 200/iBMC 排查 2. 清理浏览器及 Java 缓存，并关掉所有浏览器；重新打开 iMana 200/iBMC 3. 调节 Java 安全级别为中或以下，或将 KVM 地址添加到 Java 例外站点 4. 检查客户端 OS、Java 和浏览器版本，详细参考 iMana 200/iBMC 帮助文档的运行环境要求；推荐使用 Firefox 23.0 版本	根据处理步骤进行排查，更换故障模块 重新启动 iMana 200/iBMC，更换客户端 PC 将管理网口不经过交换网络，直接连接客户端 PC
KVM 提示异常	登录用户超出最大数：可通过 iBMC WebUI 或 CLI 确认是否有其他用户正在使用，通过重启 iMana 200/iBMC 强制清理其他用户 非法用户：清理浏览器及 Java 缓存，并关掉所有浏览器，重启 iMana 200/iBMC 输入信号超出范围：检查操作系统分辨率是否超出 KVM 最大范围 1280×1024	

(续表)

故障现象	处理步骤	快速恢复方法
KVM 可登录，但使用有异常	键盘鼠标不能使用但业务正常：复位 USB，检查问题是否解决 是，处理完毕 否，重启业务系统，清除 CMOS，配套升级 iMana 200/iBMC 和 BIOS 挂载虚拟光驱报错：Telnet 远程登录检查虚拟光驱端口是否正常，使用 FusionServer Tools Toolkit 或 Smart Provisioning 工具挂载引导以确定是否是镜像源问题，检查升级 HMM/iMana 200/iBMC 和 BIOS 版本	根据处理步骤进行排查，更换故障模块 重新启动 iMana 200/iBMC，更换客户端 PC 将管理网口不经过交换网络，直接连接客户端 PC

3. POST 阶段异常现象处理

POST 阶段异常根据表 8-6 所示进行处理。

表 8-6　POST 阶段异常表

故障现象	处理步骤	快速恢复方法

通电不能进入待机状态(电源按钮指示灯黄色闪烁持续 5 分钟以上)	通过查看串口输出确认 iMana 200/iBMC 系统是否反复复位。
	当串口日志反复打印如下信息，表示 iMana 200/iBMC 系统反复复位。
	`### JFFS2 load complete: 1107083 bytes loaded to 0x8b000000`
	`## Booting kernel from Legacy Image at 8a000000 ...`
	`Image Name:   linux-2.6.34`
	`Image Type:   ARM Linux Kernel Image (uncompressed)`
	`Data Size:    1511292 Bytes = 1.4 MiB`
	`Load Address: 86008000`
	`Entry Point:  86008000`
	`Verifying Checksum ... OK`
	`## Loading init Ramdisk from Legacy Image at 8b000000 ...`
	`Image Name:   Ramdisk Image`
	`Image Type:   ARM Linux RAMDisk Image (uncompressed)`
	`Data Size: 1107019 Bytes = 1.1 MiB`
	`Load Address: 00000000`
	`Entry Point:  00000000`
	`Verifying Checksum ... OK`
	`Loading Kernel Image ... OK`
	`OK`
	
	`Starting kernel ...`
	说明：
	E9000 的 CH140 和 CH140 V3 计算节点无串口引出，请直接 ping iMana 200/iBMC 的 IP 地址，若一直 ping 不通或时通时不通，请执行快速恢复方法。若仍无法解决，请联系华为技术支持工程师。
	默认情况下，iMana 200/iBMC 启动阶段，iMana 200/iBMC 使用串口，启动完成后，切回系统串口。
	联系华为技术支持工程师查询相关案例或更换主板
		对于机架服务器，请按照以下方法处理：
		拔掉电源线后，重新插入电源线，上电服务器，确认 iMana 200/iBMC 是否可以恢复正常
		是，更新 iMana 200/iBMC 原版本或者升级到更高的版本
		否，若 iMana 200/iBMC 版本为 1.91 及以上，执行 2；否则，执行 3
		在已经拔掉电源线的前提下，将跳线帽加在主板上丝印为 Clear_BMC_PW 的针脚上(尝试恢复 iMana 200/iBMC 出厂默认配置)，重新连接电源线。
		更换主板或 BMC 板
		对于 E9000 服务器，按照以下方法处理：
		拔掉计算节点后，重新插入计算节点，确认 iMana 200/iBMC 是否可以恢复正常
		是，更新 iMana 200/iBMC 原版本或者升级到更高的版本
		否，若 iMana 200/iBMC 版本为 1.91 及以上执行 2；否则，执行 3
		在已经拔掉计算节点的前提下，将跳线帽加在主板上丝印为 Clear_BMC_PW 的针脚上(尝试恢复 iMana 200/iBMC 出厂默认配置)，重新插入计算节点。
		更换主板或 BMC 板

(续表)

故障现象	处理步骤	快速恢复方法
待机不能上电(电源按钮指示灯黄色常亮)	1. 收集 iMana 200/iBMC 日志，查询 CPLD 寄存器 2. 确认是否电源故障 3. 排查主板、CPU 和内存是否安装正确	1. 拆卸 NIC、FC HBA 卡等 PCIe 外部设备。查看故障是否解决 是，处理完毕 否，执行 2 2. 仅保留服务器最小化配置，即仅保留单个 CPU、主板和单根内存。查看故障是否解决 是，处理完毕 否，执行 3 3. 排查 CPU、主板和内存是否有故障，确认故障部件后进行更换
上电即掉电	1. 收集 iMana 200/iBMC 日志，查询 CPLD 寄存器 2. 确认是否是电源故障 说明： 对于 E9000 服务器，建议通过 MM910 一键收集日志信息 3. 排查电源背板和主板是否存在故障	1. 检查外部供电环境是否正常，包括 PDU 或电源插排、电源模块和电源线。更换故障部件，查看故障是否解决 是，处理完毕 否，执行 2 2. 更换主板或电源背板
上电即 no signal 反复上下电	1. 收集 iMana 200/iBMC 日志，查询 CPLD 寄存器 2. 确认是否电源故障。 说明： 对于 E9000 服务器，建议通过 MM910 一键收集日志信息 通过 iMana 200/iBMC 命令行开启 BIOS 全打印，重启服务器，保存系统串口打印日志，故障复现后收集 iMana 200/iBMC 日志、下载 BIOS 的 BIN 文件 开启 iMana 200/iBMC 录屏 通过 iMana 200/iBMC 命令行开启 BIOS 全打印，重启服务器，保存系统串口打印日志，故障复现后收集 iMana 200/iBMC 日志、下载 BIOS 的 BIN 文件 恢复 BIOS 默认值，查看是否正常运行 如果恢复 BIOS 默认值后恢复正常，业务侧根据实际应用修改 BIOS 相关参数 如果恢复 BIOS 默认值后无效，则收集 iMana 200/iBMC 日志、下载 BIOS 的 BIN 文件，具体请参见对应版本的 iBMC 用户指南 说明： 对于 E9000 服务器，建议通过 MM910 一键收集日志信息	1. 执行 ipmcset -d clearcmos 命令，清除 CMOS，查看故障是否解决 是，处理完毕 否，执行 2 注意： 执行 ipmcset -d clearcmos 命令会恢复 BIOS 默认配置，请谨慎执行此操作 2. 升级 iMana 200/iBMC 和 BIOS。查看故障是否解决 是，处理完毕 否，执行 3 3. 拆除 PCIe 卡、HBA 卡等外部设备。查看故障是否解决 是，处理完毕 否，执行 4 4. 仅保留服务器最小化配置，即仅保留单个 CPU、主板和单根内存。查看故障是否解决 是，处理完毕 否，执行 5 5. 排查 CPU、主板和内存是否故障，确认故障部件后进行更换

4. 内存错误处理

内存错误根据表 8-7 所示进行处理。

表 8-7 内存错误处理表

故障现象	处理步骤	快速恢复方法
系统内存少于安装的物理内存	1. 检查内存是否包含在智能计算产品兼容性查询助手中 是，执行 2 否，将内存更换为智能计算产品兼容性查询助手中包含的部件 2. 检查 BIOS 是否已设置成 memory mirror 模式 是，设置 memory mirror 后，可用内存减少一半进入 BIOS，关闭 memory mirror 模式，若问题仍未解决，执行 3 否，执行 3 3. 检查内存安装位置是否满足配置规则 是，执行 4 否，则按照配置规则重新安装内存 4. 检查 iBMC 是否产生"DIMM configuration error 紧急告警" 是，替换故障内存条，具体操作请参见"根据告警处理故障" 否，执行 5 5. 检查内存条插槽是否异常，如果异常，更换主板	如果 iBMC 产生"DIMMxxx Configuration Error"，请更换产生告警的内存 如果 iBMC、OS 显示的在位内存情况与实际物理内存情况对应关系有异常(包括无法识别内存，显示内存故障)，则更换显示有异常的内存。 如果 BIOS 已经设置 memory mirror 模式或者 memory rank sparing 模式，则操作系统中可用内存总容量会少于配置的物理总内存容量。 如果内存不满足内存配置规则，请根据华为服务器产品内存配置助手重新安装内存 如果内存安装插槽有异常，请更换主板
出现内存不可纠正错误的告警	1. 安装故障内存条到不同的通道上，使用测试工具验证 如果故障现象跟随内存条出现，更换内存条 如果故障发生在相同内存插槽，检查内存连接器，若有明显的损伤，更换主板或内存板 2. 取下与故障内存条通道连接的处理器，检查处理器插槽插针是否损伤 是，更换主板 否，执行 3 3. 替换与故障 DIMM 通道连接的 CPU 说明： 验证问题是否解决可以使用 FusionServer Tools Tookit 工具对内存进行加压测试	将故障内存与正常内存进行互换验证 如果问题跟随内存条出现，则更换内存条 如果问题跟随内存槽出现，则互换处理器进行验证 如果问题跟随处理器出现，则更换处理器，否则更换主板或内存板 如果以上步骤都无复现问题，请使用 FusionServer Tools Toolkit 或 Smart Provisioning 工具进行内存压力测试，如能复现故障现象，请根据 1 排查，否则联系华为技术支持工程师

5. OS 安装相关的故障处理

OS 安装相关的故障根据表 8-8 所示进行处理。

表 8-8 OS 安装相关故障处理表

诊断思路	诊断步骤
可安装的 OS 选择问题	通过智能计算产品兼容性查询助手检查 OS 是否与服务器兼容
OS 安装方式问题	通过智能计算产品兼容性查询助手查询 OS 是否与服务器兼容以及对应 OS 的安装说明，OS 安装说明参见《华为服务器操作系统安装指南》
ServiceCD 问题	1. 通过智能计算产品兼容性查询助手确认该 OS 是否需要 ServiceCD 引导 2. 检查使用的 ServiceCD 版本是否合适 3. 检查使用的 ServiceCD 的安装模式是否合适

(续表)

诊断思路	诊断步骤
OS 安装过程中的问题	1. 参考《华为服务器操作系统安装指南》，检查 OS 安装步骤是否正确 2. 检查 OS 是否对安装介质有特定要求，比如是否要求必须使用物理光驱 3. 检查 OS 是否要求对 OS 安装盘有特定要求，比如是否要求必须装入某些驱动 4. 检查 OS 安装盘是否是原厂光盘，是否有第三方做过修改 5. 检查是否有外部存储空间，如果有，请尝试断开外部存储 6. 检查 BIOS 配置是否经过修改，如果有，请尝试恢复 BIOS 默认值 7. 向 OS 厂商获取标准的安装支持
硬盘识别问题	1. 检查 RAID 控制卡下是否可识别到目标硬盘，通过智能计算产品兼容性查询助手查询目标硬盘是否兼容 2. 检查 BIOS 中是否可以识别到目标存储设备(包括 SATADOM、SD 卡、内置 U 盘等) 3. 检查 RAID 控制卡型号，确认是否需要配置 RAID(LSI SAS1078 扣卡、LSI SAS2108 扣卡、LSI SAS2208 扣卡、LSI SAS3008 卡、LSI SAS2308 扣卡、LSI SAS3108 卡、Avago SAS 3408 卡、Avago SAS 3416iMR 卡、Avago SAS 3416IT 卡、Avago SAS 3508 卡、软件 RAID 配置)。 说明： V5 服务器支持将 OS 安装在 RAID 标卡下的硬盘 4. 检查 RAID 控制卡配置，确认启动盘与目标盘是否为同一硬盘或者 RAID 组 5. 检查硬盘是否超过 2TB，如果是，请将 BIOS 设置成 UEFI 模式 说明： V1 和 V3 单板不支持 UEFI 模式 6. 检查硬盘是否是 4K 盘 7. 检查 RAID 控制卡型号，确认是否正确加载 RAID 控制卡驱动 8. 检查硬盘上是否有残留数据影响安装，可以尝试把硬盘格式化，或者重新配置 RAID 组

6. OS 故障处理

界定 OS 故障问题之前，请排查是否是其他故障问题，再根据表 8-9 所示进行处理。

表 8-9　OS 故障处理表

故障现象	诊断方法	诊断结论
服务器挂起或重启	关闭 BIOS 中 C、P、T、ASPM，服务器运行正常	OS 版本不支持本平台 CPU 问题
	系统挂起堆栈信息有对应挂起进程名称或者板卡厂家名称(例如“FC_XX”是 FC 的挂起等)	OS 自带驱动兼容性问题
	排查是否是 PCIe 板卡兼容性问题： 一个板卡供电问题(有时 iMana 200/iBMC 出现“cat err”) PCIe 协议不支持 驱动问题	PCIe 板卡兼容性问题
	“CPUidle”出现在 OS 最后一屏信息中 说明： G2500 服务器暂不支持	OS 内核与硬件平台兼容性问题 说明： G2500 服务器暂不支持
	通过 iMana 200/iBMC 查找硬件报错位置，例如内存位置，硬盘位置和主板部件	硬件电路部件故障问题
	OS 日志出现文件系统只读挂起，通过 FusionServer Tools Toolkit 或 Smart Provisioning 引导自检系统对硬盘打分，依据结果判断是否需要更换硬盘碟片	硬盘碟片故障问题

(续表)

故障现象	诊断方法	诊断结论
服务器挂起或重启	关闭 BIOS 中 C、P、T、ASPM，服务器运行正常	OS 版本不支持本平台 CPU 问题
	iMana 200 出现“imana cat err”告警信息，通过 iMana 200 的 fdm 日志分析对应故障部件	硬件部件故障问题
	Machine Check Exception 问题。通过查看“/var/log/mce.log”和串口挂起堆栈信息错误码，找到对应故障点	硬件故障问题 软硬件接口设置问题
	请先在现场收集以下信息： 如果是新交付的服务器，确认出现问题的服务器比例，检查异常服务器和正常服务器的配置是否一致 如果是已经上线一段时间的服务器，确认出现问题的服务器数量，查看问题出现是否具有规律性。 检查 iMana 200/iBMC 是否存在硬件告警。 通过前述信息咨询，再次确认是单机问题还是硬件问题，运行 FusionServer Tools Toolkit 或 Smart Provisioning 自检一轮，依据报告结果确认问题	依据报告结果确认硬件故障点
	近期软件升级(包括客户业务软件、数据库、中间软件、内核、主机软件 BIOS、HMM 板、iMana 200/iBMC 和存储软件变更等)开始出现规律性宕机	新版本软件 Bug 问题 裁剪原有接口，导致异常
	“update_cpu_power” 或 “divide_error”“timer_xx”出现在挂起最后一屏堆栈信息中(周期性) 说明： G2500 服务器暂不支持	OS 自身 Bug，内核设计缺陷问题
	“gethostbyname”出现在挂起最后一屏堆栈信息中(无周期性) 说明： G2500 服务器暂不支持	
	“CPUidle”出现在 OS 挂起最后一屏信息中 说明： G2500 服务器暂不支持	OS 内核与硬件平台兼容性问题

8.7 操作系统安装过程中需注意的问题

8.7.1 选择操作系统

操作系统有很多种，目前流行的大多数是 Windows 系列的操作系统，常用的有 Windows 2000 Professional、Windows 2000 Server、Windows XP/7/8/10/11、Windows Server 2003/2008/2012/2016/2022 等。目前，各有用户。

8.7.2　Windows 服务器安装过程中需注意的问题

此处以 Windows Server 2012 为例，介绍 Windows 服务器安装过程中需要注意的一些问题。

安装时应该注意是升级安装还是全新安装。如果计算机已经安装了支持升级到 Windows Server 2012 的网络操作系统，并且想保留现有的文件和参数设置，则应该选择升级安装。在升级过程中，安装替换了现有的 Windows 文件，但保留了已有的设置和应用程序。有些应用程序可能与 Windows Server 2012 不兼容，因此在更新安装后，它们可能无法正常运行。如果当前的操作系统不支持升级到 Windows Server 2012，或者不想保留现有的文件和参数设置，或者想使用 Windows Server 2012 和当前的操作系统实现多引导，则应选择全新安装。

如果实现多引导，则应该将每个操作系统安装在单独的磁盘分区中。安装多个操作系统时，应该遵循先安装较低版本，再安装较高版本的原则。例如想使用 Windows Server 2008 与 Windows Server 2012 进行双引导，则必须先安装 Windows Server 2008，然后再安装 Windows Server 2012。

必须使用可靠来源的非盗版安装盘，避免其中携带病毒、特洛伊木马等恶意程序，导致系统的不稳定。

安装过程中会涉及磁盘分区及格式化的操作，分区的大小和文件系统应该符合之前所做的规划。

安装时应该断开计算机与网络的连接，直到将所有 Windows Server 2012 的服务包和补丁以及必要的应用程序都部署完成之后，再将其接入网络。

在安装过程中，Windows Server 2012 的安装程序会占用一定的时间检测硬件设备，此时屏幕显示的安装进度可能会暂时停止并闪烁数次，属正常现象。如果屏幕长时间停止，则可能有硬件设备不兼容或出现故障的可能性，可能重新启动安装过程进行尝试。如果仍然出现相同的现象，则应该考虑检查和更换相应的硬件设备。

由于一个企业的网络中通常会有很多台硬件配置相同的客户机，所以客户机操作系统的安装成了网络管理人员非常繁重的工作之一。为了提高工作效率，在实际应用中可以用磁盘复制的方法进行安装。采用这种安装方法时，应遵循下列操作步骤：

(1) 运行系统准备工具 Sysprep.exe(通常可以在安装光盘中 Support 文件夹找到此工具的安装程序)清除模板客户机的 SID 等唯一性信息。运行了此工具之后，系统将关闭。

(2) 使用磁盘复制软件启动模板客户机并制作映像文件，然后使用映像文件到其他客户机进行安装。

1. 使用 ghost 工具

ghost 是目前最常用的一种磁盘复制工具，它功能强大，操作简单，并且具有较高的稳定性，通常不会造成数据丢失。使用 ghost 可以完成下列操作：

- 硬盘对硬盘完全复制。
- 硬盘内容备份成磁盘映像文件。
- 从磁盘映像文件复原到硬盘。
- 硬盘分区对分区完全复制。
- 硬盘分区内容备份成映像文件。
- 从映像文件复原到硬盘分区。

使用 ghost 不但可以简化客户机的安装工作，也为以后客户机的重新安装提供了便利。下面以安装客户机为例，介绍 ghost 的用法。

(1) 使用 ghost 启动模板计算机，并运行 ghost。在打开的 ghost 主界面的菜单中单击 Local→

Partition→To Image，如图8-4所示，将模板计算机已经安装的系统存成映像文件。

(2) 映像文件制作完成之后，将其复制到目标计算机上，并使用ghost启动目标计算机。运行ghost，在打开的ghost主界面的菜单中单击Local→Partition→From Image，如图8-5所示，从映像文件安装系统。

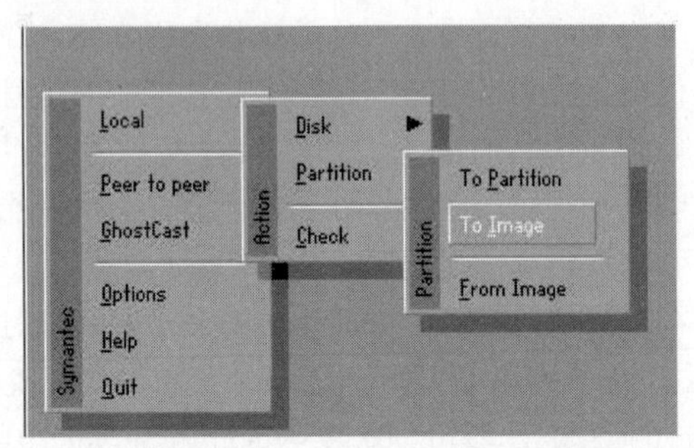

图8-4　将模板计算机已经安装的系统存成映像文件

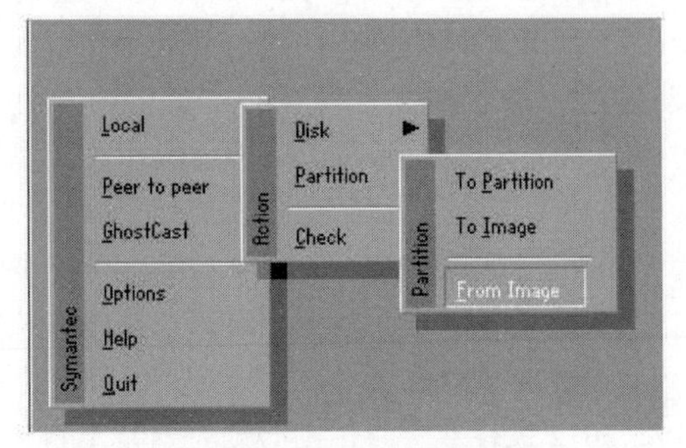

图8-5　从映像文件安装系统

2. 计算机命名与获得良好的管理性

企业信息系统中计算机的命名是很有学问的，一个好的命名方案将有助于提高网络管理的工作效率。如何在计算机名中包含尽可能多的信息以便于管理，同时又尽量做到简捷易记，成为网络工程和管理人员的一项难题。通过计算机的命名，应该能够知道该计算机所在的位置、使用者等信息。这样，在发生故障时，很容易就能够定位故障计算机。然而计算机名又不能过长，否则将不够简洁，失去了计算机名称的友好用户接口的作用。因此，在为计算机命名时，应该掌握好尺度。如果计算机名称中无法包含所有信息，可以将计算机名称及其所对应的信息列在一个电子表格中。如果有条件，可以将该表格存放于企业内部的OA服务器乃至Internet服务器上，以便随时查用。作为一名合格的网络工程和管理人员，应养成文档化管理的良好习惯。这不但有助于理清思路，提高工作效率，而且这还是不断提高个人技能的有效手段。

8.7.3　使用组策略管理用户桌面

1. 用户配置文件与工作目录

用户第一次登录到某台计算机上时，Windows即为该用户创建一个用户配置文件。该文件保存在%Systemroot%\Documents and Settings\User name文件夹中，其中User name为该用户的用户名。用户配置文件包含用户的Windows环境信息，例如桌面布局、开始菜单、我的文档等。用户在登录的计算机上对工作环境所做的修改将被保存到该文件夹下的配置文件中，并在下次进入系统时应用修改后的配置。用户配置文件包括多种类型，分别用于不同的工作环境。

(1) 默认的用户配置文件(Default User Profile)

默认的用户配置文件用于生成一个新用户的工作环境，所有对用户配置文件的修改都是在默认用户配置文件上开始进行的。默认的用户配置文件在所有基于Windows的计算机上都存在，该文件保存在C:\Documents and Settings\Default User隐藏文件夹中。当用户第一次登录到计算机上时其用户配置文件的内容就是由Default User文件夹中的内容和All Users文件夹中的内容组成的。

(2) 本地用户配置文件(Local User Profile)

当一个用户第一次登录到一台计算机上时，其创建的用户配置文件就是本地用户配置文件。一台计算机上可以有多个本地用户配置文件，分别对应于每一个曾经登录过该计算机的用户。域用户的配置文件夹的名字的形式为“用户名.域名”，而本地用户的配置文件的名字就是直接以用户命名。用户配置文件不能直接被编辑。要想修改配置文件的内容需要以该用户登录，然后手动修改用户的工作环境如桌面、“开始”菜单、鼠标设置等，系统会自动地将修改后的设置保存到用户配置文件中。

(3) 漫游用户配置文件(Roaming User Profile)

当一个用户需要经常在其他计算机上登录，并且每次都希望使用相同的工作环境时就需要使用漫游用户配置文件。该配置文件被保存在网络中的某台服务器上，并且当用户更改了其工作环境后，新的设置也将自动保存到服务器上的配置文件中，以保证其在任何地点登录都能使用相同的工作环境。所有的域用户账户默认使用的是该类型的用户配置文件，该文件是在用户第一次登录时由系统自动创建的。

(4) 强制性用户配置文件(Mandatory User Profile)

强制性用户配置文件不保存用户对工作环境的修改，当用户更改了工作环境参数之后退出登录再重新登录时，工作环境又恢复到强制用户配置文件中的设定。当需要一个统一的工作环境时该文件就十分有用。该文件由管理员控制，可以是本地的也可以是漫游的用户配置文件，通常将强制性用户配置文件保存在某台服务器上。这样不管用户从哪台计算机上登录都将得到一个相同且不能更改的工作环境。因此强制性用户配置文件有时也被称为强制性漫游用户配置文件。

2. 使用组策略管理用户环境

(1) 组策略简介

组策略是 Windows 操作系统中提供的一项重要的更新和配置管理技术。系统管理员使用组策略来为计算机和用户组管理桌面配置指定的选项。组策略很灵活，它包括如下一些选项：基于注册表的策略设置、安全设置、软件安装、脚本、计算机启动与关闭、用户登录和注销、文件重定向等。Windows 包括几百种可以配置的组策略设置。组策略设置允许企业管理员通过增强和控制用户桌面来减少总的开销。

组策略对象不是用户配置文件。用户配置文件是用来进行用户环境设置的，它允许用户进行更改。而组策略是由系统管理员管理和维护的，系统管理员使用 MMC 工具来对用户组和计算机组设置策略。

默认情况下，组策略能够从站点、域再到组织单元继承而来。应用组策略对象(把它们链接到它们的目标上)的顺序和级别决定了用户或计算机实际能收到的组策略设置。另外，组策略能够在站点、域、组织单元这些级别上被阻塞，还能够基于组策略对象强制实施。这可以通过将组策略对象链接到它们的目标上，然后将链接设置为非覆盖方式来实现。默认情况下，组策略影响站点、域或组织单元中所有用户和计算机，而不影响站点、域或组织单元中的其他对象。

(2) 管理用户环境

管理用户环境意味着控制用户在登录网络时有哪些权利，以及用户桌面上会出现哪些内容。集中配置和管理用户环境，可以执行下列任务：

① 把用户访问限制在所选择的操作系统的某些部分，可以防止用户打开控制面板和关闭计算机。通过防止用户访问一些关键的操作系统组件和配置选项，可以减少用户破坏系统的可能性。

② 限制使用 Windows 中的工具和组件。这些工具和组件包括 Internet Explorer、资源管理器和 MMC。可以不让用户看到这些工具，除非他们确实需要使用。

③ 组装用户桌面。可以确保用户有他们所需要的文件、快捷方式和网络连接。

④ 使用管理模板可以有效地配置和管理用户环境。要有效地配置和管理用户环境，应确保用户只可以访问他们工作需要的资源。利用管理模板可以简化用户环境并防止用户破坏他们的环境或把时间花在不必要的应用程序、软件和文件上。管理模板有两个部分，如图 8-6 所示，计算机的配置主要集中于 Windows 的管理，而用户的配置主要集中于控制用户如何才能影响桌面环境。

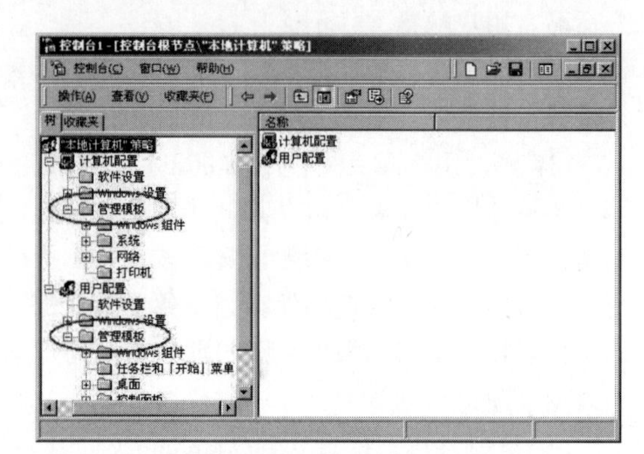

图 8-6　使用管理模板管理用户环境

管理模板设置分成 7 种类型，表 8-10 列出了管理模板扩展中不同类型的设置。

表 8-10　管理模板类型

设 置 类 型	控　　制	可 使 用 者
Windows 组件	用户可以访问的 Windows 2000 及其工具和组件部分，例如用户对 MMC 的访问	计算机和用户
系统	登录、退出过程。利用系统设置，可以管理组策略、更新间隔、磁盘配额等	计算机和用户
网络	网络连接和拨号连接的属性，包括共用网络访问	计算机和用户
打印机	打印机设置，可以使打印机自动公布在活动目录中，并使基于网络的打印无效	计算机
“开始”菜单和工具栏	用户可以从“开始”菜单中访问的功能部件。例如，如果删除“运行”菜单，用户将不能运行没有图标或快捷方式的应用程序。可以把“开始”菜单设置为只读方式，这样可以防止用户修改	用户
桌面	活动桌面。通过隐藏某些桌面图标并控制用户对 My Documents 文件夹的使用，可以控制用户对网络的访问	用户
控制面板	控制面板上的一些应用程序。包括限制对添加/删除程序，显示和打印机的使用	用户

8.7.4　备份域控制器

1. 安装另一个域控制器

DC(域控制器)在域中的作用是非常重要的，因此，出于容错和负载分担的目的，在一个域中应该至少安装两台 DC，这样可以避免由于 DC 的单点失败所带来的问题。安装额外的 DC 的过程实质上是域信息的复制过程，如果要作为额外 DC 的计算机和域中的第一台 DC 通过网络直接相连，可以通过网络进行域信息的复制。

在要作为额外 DC 的计算机上单击“开始”→“运行”，在弹出的“运行”对话框中输入 dcpromo 命令，开始活动目录的安装过程。在“域控制器类型”对话框中选择“现有域的额外域控制器”单选按钮，如图 8-7 所示。

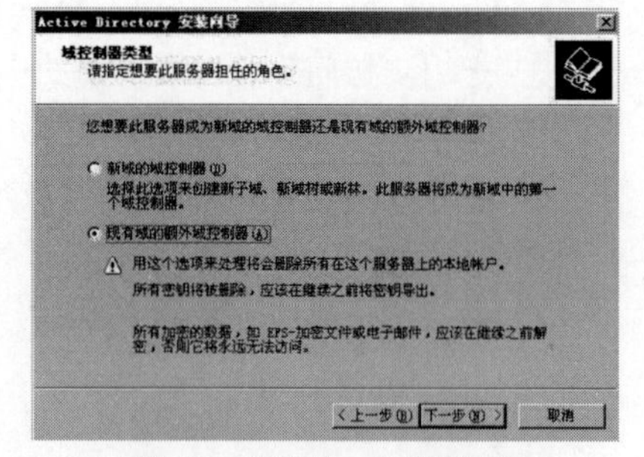

图 8-7　安装另一个域控制器

2. 目录复制与目录维护

(1) 目录复制

由于域是一种逻辑的组织形式，它可以把分布于不同地点的计算机组织起来，因此为了在网络中实现 DC 的容错和负载分担的目的，在一个域中可能会有多台 DC。每台 DC 都可以为用户提供服务，所以就要求这些 DC 之间的信息必须同步，这就是活动目录数据的复制。活动目录复制就是指在一台 DC 上的数据改变到另一台 DC 的信息更新。

Windows Server 采用多主控复制方式进行活动目录的复制。多主控复制是指多个 DC 之间没有主次之分，任何一台 DC 上的变化都会复制到其他的 DC 上。在多主控复制中所有的 DC 都是可读/可写的，网络中任何一台 DC 上的变化都要复制到其他所有的 DC 上。

多主控复制的缺点就是由于多台 DC 都是可读/可写的，容易引发活动目录复制冲突。因此，解决复制冲突是非常必要的。常见的冲突类型有以下几种。

- 属性值：当在不同的 DC 上对同一对象的同一属性设置不同的值时，就会出现这种冲突。
- 在删除的容器上添加/移动或删除容器对象：当在一个 DC 上删除一个对象，而在未同步之前，又在另一个 DC 上存储该容器下的对象时，就会发生这种冲突。
- 同属名字：当在一个 DC 上试图把一个对象移到一个容器中，而同时在另一个 DC 上刚好把另一个同名的对象也移到该容器中，就会发生这种冲突。

在活动目录中采用全局唯一印记来解决复制冲突，在复制时用印记(Stamp)跟踪更新。全局唯一印记包括下面 3 个重要性依次降低的组件。

- 版本编号(Version Number)：从 1 开始，每更新一次增加 1。
- 时间印记(Timestamp)：设置为更新的 DC 的系统时间和日期。
- 服务器 GUID：服务器的全局唯一标识符。

活动目录唯一印记分派给所有发端(发端是指首先发生变化的 DC)更新操作，如添加、修改、移动或删除，这样就可以解决冲突。针对上面提到的三种不同的冲突类型，可以有不同的解决方法。

- 属性值：有较高印记值的更新操作将取代较低印记值更新操作的属性值。
- 在删除的容器上添加/移动或删除容器对象：在解决冲突时，删除该容器对象，其子对象将存放在 Lost and Found 容器中。
- 同属名字：具有较大印记编号的对象将保持相对重要的名字。

(2) 目录维护

活动目录的作用是提供目录服务，为用户提供网络信息资源的检索服务。由于用户频繁使用活动目录中的数据，对活动目录中的数据进行添加、读取、修改等操作，因此在长时间使用后就会造成活动目录性能的下降。除此之外，如果活动目录数据库所在的硬盘发生故障，也将造成活动目录无法继续提供服务。因此，需要对活动目录进行适当的维护。

在 Windows Server 中，维护活动目录主要包括以下几个方面。

- 备份活动目录：通过 Windows Server 提供的备份工具，可以把活动目录作为系统状态的一部分进行备份。
- 恢复活动目录：当活动目录数据库损坏无法读取或者要恢复在活动目录中被删除的对象时，作为系统状态数据的一部分可以使用备份工具来恢复活动目录。
- 移动活动目录：在对活动目录数据库进行整理时，需要把活动目录数据库移动到新的位置。
- 整理活动目录：通过对活动目录数据库进行整理，可以减少因碎片而造成的数据库空间利用率低下等不足，使活动目录数据库更加优化，效率更高。

Windows Server 提供的服务如表 8-11 所示。

表 8-11　Windows Server 提供的服务

服务名称	显示名称	描　　述	可执行文件的路径
Alerter	Alerter	通知所选用户和计算机有关系统管理级警报	C:\WINNT\System32\services.exe
AppMgmt	Application Management	提供软件安装服务，如分派、发行和删除	C:\WINNT\System32\services.exe
ClipSrv	ClipBook	支持“剪贴簿查看器”，以便可以从远程剪贴簿查阅剪贴页面	C:\WINNT\System32\clipsrv.exe
EventSystem	COM+Event System	提供事件的自动发布到订阅 COM 组件	C:\WINNT\System32\svchost.exe –k netsvcs
Browser	Computer Browser	维护网络上计算机的最新列表并提供这个列表给请求的程序	C:\WINNT\System32\services.exe
Dhcp	DHCP Client	通过注册和更改 IP 地址和 DNS 名称来管理网络配置	C:\WINNT\System32\services.exe
TrkWks	Distributed Link Tracking Client	当文件在网络域的 NTFS 卷中移动时发送通知	C:\WINNT\System32\services.exe
MSDTC	Distributed Transaction Coordinator	并列事务，是分布于两个以上的数据库、消息队列、文件系统或其他事务保护资源管理器	C:\WINNT\System32\msdtc.exe
Eventlog	Event Log	记录程序和 Windows 发送的事件消息。事件日志包含对诊断问题有所帮助的信息。可以在“事件查看器”中查看报告	C:\WINNT\System32\services.exe
Fax	Fax Service	帮助发送和接收传真	C:\WINNT\System32\faxsvc.exe
MSFTPSVC	FTP Publishing Service	通过 Internet 信息服务的管理单元提供 FTP 连接和管理	C:\WINNT\System32\inetsrvinetinfo.exe
IISADMIN	IIS Admin Service	允许通过 Internet 信息服务的管理单元管理 Web 和 FTP 服务	C:\WINNT\System32\inetsrvinetinfo.exe
CISVC	Indexing Service	本地和远程计算机上文件的索引内容和属性，通过灵活查询语言提供文件快速访问	C:\WINNT\System32\cisvc.exe
Irmon	Infrared Monitor	支持安装在这台计算机上的红外设备并且检测在有效范围内的其他红外设备	C:\WINNT\System32\svchost.exe –k netsvcs
SharedAccess	Internet Connection Sharing	为通过拨号网络连接的家庭网络中所有计算机提供网络地址转换、定址和名称解析服务	C:\WINNT\System32\svchost.exe –k netsvcs
Dnscache	DNS Client	解析和缓冲域名系统(DNS)名称	C:\WINNT\System32\services.exe
PolicyAgent	IPSEC Policy Agent	管理 IP 安全策略以及启动 ISAKMP /Oakley (IKE) 和 IP 安全驱动程序	C:\WINNT\System32\lsass.exe
dmserver	Logical Disk Manager	逻辑磁盘管理器监视狗服务	C:\WINNT\System32\services.exe
dmadmin	Logical Disk Manager Administrative Service	磁盘管理请求的系统管理服务	C:\WINNT\System32\dmadmin.exe /com
Messenger	Messenger	发送和接收系统管理员或者“警报器”服务传递的消息	C:\WINNT\System32\services.exe
MSUpdate	Microsoft Windows Update Service	Microsoft® Windows Update	C:\WINNT\System32\wupdmgr32.exe
Netlogon	Net Logon	支持网络上计算机 pass-through 账户登录身份验证事件	C:\WINNT\System32\lsass.exe
mnmsrvc	NetMeeting Remote Desktop Sharing	允许有权限的用户使用 Net Meeting 远程访问 Windows 桌面	C:\WINNT\System32\mnmsrvc.exe

(续表)

服务名称	显示名称	描　述	可执行文件的路径
Netman	Network Connections	管理“网络和拨号连接”文件夹中的对象，在其中可以查看局域网和远程连接	C:\WINNT\System32\svchost.exe -k netsvcs
NetDDE	Network DDE	提供动态数据交换(DDE)的网络传输和安全特性	C:\WINNT\System32\etdde.exe
NetDDEdsdm	Network DDE DSDM	管理网络 DDE 的共享动态数据交换	C:\WINNT\System32\netdde.exe
NtLmSsp	NT LM Security Support Provider	为使用传输协议而不是命名管道的远程过程调用(RPC)程序提供安全机制	C:\WINNT\System32\lsass.exe
SysmonLog	Performance Logs and Alerts	配置性能日志和警报	C:\WINNT\System32\smlogsvc.exe
PlugPlay	Plug and Play	管理设备安装以及配置，并且通知程序关于设备更改的情况	C:\WINNT\System32\services.exe
Spooler	Print Spooler	将文件加载到内存中以便迟后打印	C:\WINNT\System32\spoolsv.exe
ProtectedStorage	Protected Storage	提供对敏感数据(如私钥)的保护性存储，以便防止未授权的服务、过程或用户对其进行非法访问	C:\WINNT\System32\services.exe
RSVP	QoS RSVP	为依赖质量服务(QoS)的程序和控制应用程序提供网络信号和本地通信控制安装功能	C:\WINNT\System32\svp.exe -s
RasAuto	Remote Access Auto Connection Manager	无论什么时候当某个程序引用一个远程 DNS 或 NetBIOS 名或者地址时就创建一个到远程网络的连接	C:\WINNT\System32\svchost.exe -k netsvcs
RasMan	Remote Access Connection Manager	创建网络连接	C:\WINNT\System32\svchost.exe -k netsvcs
RpcSs	Remote Procedure Call (RPC)	提供终结点映射程序(Endpoint Mapper)和其他 RPC 服务	C:\WINNT\System32\svchost -k rpcss
RpcLocator	Remote Procedure Call (RPC) Locator	管理 RPC 名称服务数据库	C:\WINNT\System32\locator.exe
RemoteRegistry	Remote Registry Service	允许远程注册表操作	C:\WINNT\System32\regsvc.exe
NtmsSvc	Removable Storage	管理可移动媒体、驱动程序和库	C:\WINNT\System32\svchost.exe -k netsvcs
RemoteAccess	Routing and Remote Access	在局域网和广域网环境中为企业提供路由服务	C:\WINNT\System32\svchost.exe -k netsvcs
seclogon	RunAs Service	在不同凭据下启用启动过程	C:\WINNT\System32\services.exe
SamSs	Security Accounts Manager	存储本地用户账户的安全信息	C:\WINNT\System32\lsass.exe
lanmanserver	Server	提供 RPC 支持、文件、打印和命名管道共享	C:\WINNT\System32\services.exe
Service Support	Service Support	Windows 服务支持	C:\WINNT\System32\srvsupp.exe
SMTPSVC	Simple Mail Transport Protocol (SMTP)	跨网传送电子邮件	C:\WINNT\System32\inetsrvinetinfo.exe
SCardSvr	Smart Card	对插入在计算机智能卡阅读器中的智能卡进行管理和访问控制	C:\WINNT\System32\SCardSvr.exe
SCardDrv	Smart Card Helper	提供对连接到计算机上旧式智能卡的支持	C:\WINNT\System32\SCardSvr.exe

(续表)

服务名称	显示名称	描　述	可执行文件的路径
SENS	System Event Notification	跟踪系统事件，如登录 Windows、网络和电源事件等。将这些事件通知给 COM+事件系统“订阅者(Subscriber)”	C:\WINNT\System32\svchost.exe -k netsvcs
Schedule	Task Scheduler	允许程序在指定时间运行	C:\WINNT\System32\MSTask.exe
LmHosts	TCP/IP NetBIOS Helper Service	允许对“TCP/IP 上 NetBIOS (NetBT)”服务和 NetBIOS 名称解析的支持	C:\WINNT\System32\services.exe
TapiSrv	Telephony	提供 TAPI 的支持，以便程序控制本地计算机、服务器，以及 LAN 上的电话设备和基于 IP 的语音连接	C:\WINNT\System32\svchost.exe -k netsvcs
TlntSvr	Telnet	允许远程用户登录到系统并且使用命令行运行控制台程序	C:\WINNT\System32\lntsvr.exe
UPS	Uninterruptible Power Supply	管理连接到计算机的不间断电源(UPS)	C:\WINNT\System32\ups.exe
UtilMan	Utility Manager	从一个窗口中启动和配置辅助工具	C:\WINNT\System32\UtilMan.exe
MSIServer	Windows Installer	根据包含在.MSI 文件中的指示来安装、修复或删除软件	C:\WINNT\System32\MsiExec.exe /V
WinMgmt	Windows Management Instrumentation	提供系统管理信息	C:\WINNT\System32\WBEMWinMgmt.exe
Wmi	Windows Management Instrumentation Driver Extensions	与驱动程序间交换系统管理信息	C:\WINNT\System32\Services.exe
W32Time	Windows Time	设置计算机时钟	C:\WINNT\System32\services.exe
WMDM PMSP Service	WMDM PMSP Service	WMDM PMSP 服务	C:\WINNT\System32\mspmspsv.exe
lanmanworkstation	Workstation	提供网络链接和通信	C:\WINNT\System32\services.exe
W3SVC	World Wide Web Publishing Service	通过 Internet 信息服务的管理单元提供 Web 连接和管理	C:\WINNT\System32\inetsrvinetinfo.exe

习题

1. 简述服务器故障可能性的 4 个方面。
2. 简述服务器常见的故障现象。
3. 简述不同操作系统服务器常见的故障。
4. 简述华为服务器日常维护的基础知识。
5. 简述华为服务器故障诊断与排除的基本技能。
6. 简述华为服务器故障诊断与排除的技能。
7. 简述华为服务器电源故障现象处理。
8. 简述华为服务器 KVM 登录故障。

第 9 章

其他业务故障诊断与排除

本章重点介绍以下内容：

- IPSec 概述。
- IPSec IKE。
- IPSec 管理和故障排除。
- 防火墙。
- 有关包过滤规则的几个概念。
- 地址过滤常见问题。
- 规则表。
- IP 碎片处理。
- 防火墙常见故障处理。

9.1 IPSec 概述

9.1.1 IPSec 是什么

IPSec 即因特网协议安全，是由 IETF(Internet Engineering Task Force)定义的一套在网络层提供 IP 安全性的协议。

1. IPSec 使用的模式

IPSec 可以使用两种模式：通道模式和传输模式。

(1) 通道模式

通道模式表明数据流经过通道到达远端网关，远端网关将对数据进行解密/认证，把数据从通道中提取出来，并发往最终目的地。这样，偷听者只能看到加密数据流从 VPN 的一端发往另一端。

(2) 传输模式

传输模式无法使数据流通过通道传输，因此不适用于 VPN 通道。但可以用于保证 VPN 客户端到安全网关连接的安全，如 IPSec 保护的远程配置。大多数配置中都设置为“通道”(远端网关)。远端网关(Remote Gateway)就是远端安全网关，负责进行解密/认证，并把数据发往目的地。

传输模式不适用远程网关。

2. IPSec 协议(IPSec Protocols)

IPSec 协议描述处理数据的方法。IPSec 可以选择的两种协议是 AH(Authentication Header，认证头)和 ESP(Encapsulating Security Payload，封装安全有效载荷)。

ESP 具有加密、认证的功能。建议不要仅使用加密功能，因为它会大大降低安全性。

AH 只有认证作用。与 ESP 认证之间的不同之处仅仅在于，AH 可以认证部分外发的 IP 头，如源和目的地址，保证包确实来自 IP 包声明的来源。

IPSec 协议是用来保护通过 VPN 传输数据流的。使用的协议及其密钥是由 IKE 协商的。

(1) AH

AH 是一种认证数据流的协议。它运用加密学复述功能，根据 IP 包的数据生成一个 MAC。此 MAC 随包发送，允许网关确认原始 IP 包的整体性，确保数据在通过因特网的途中不受损坏。除 IP 包数据外，AH 也认证部分 IP 头。

AH 协议把 AH 头插在原始 IP 头之后，在通道模式里，AH 头是插在外部 IP 头之后的，但在原始内部 IP 头之前。

(2) ESP

ESP 用于 IP 包的加密和认证。

ESP 头插在原始 IP 头之后，在通道模式里，ESP 头是插在外部 IP 头之后的，但在原始内部 IP 头之前。

ESP 头之后的所有数据是经过加密/认证的。与 AH 不同的是，ESP 也对 IP 包加密。认证阶段也不同，ESP 只认证 ESP 头之后的数据，因此不保护外部 IP 头。

3. IPSec 使用期限(IPSec Lifetime)

VPN 连接的使用期限用时间(秒)和数据量(千字节)表示。只要超出其中任何一个值，就要重新创建用于加密和认证的密钥。如果最后一个密钥期没有使用 VPN 连接，就会终止连接并在需要连接时从头开始重新打开连接。

IPSec 多用于企业网之间的连接，可以保证局域网、专用或公用的广域网以及 Internet 上信息传输的安全。例如，IPSec 可以保证 Internet 上各分支办公点的安全连接。公司可以借助 Internet 或公用的广域网搭建安全的虚拟专用网络，使得公司可以不必耗巨资去建立自己的专用网络，而只需依托 Internet 即可以获得同样的效果。IPSec 通过认证和密钥交换机制确保企业与其他组织的信息往来的安全性和机密性。

IPSec 的主要特征在于它可以对所有 IP 级的通信进行加密和认证，正是这一点才使 IPSec 可以确保包括远程登录、客户/服务器、电子邮件、文件传输和 Web 访问在内的多种应用程序的安全。

4. IPSec 的优点

如果在路由器或防火墙上执行了 IPSec，它就会为周边的通信提供强有力的安全保障。一个公司或工作组内部的通信将不涉及与安全相关的费用。下面介绍 IPSec 的一些优点：

- IPSec 在传输层之下，对于应用程序来说是透明的。当在路由器或防火墙上安装 IPSec 时，无须更改用户或服务器系统中的软件设置。即使在终端系统中执行 IPSec，应用程序一类的上层软件也不会受影响。

- IPSec 对终端用户来说是透明的，因此不必对用户进行安全机制的培训。
- 如果需要的话，IPSec 可以为个体用户提供安全保障，这样做就可以保护企业内部的敏感信息。

IPSec 正向 Internet 靠拢。已经有一些机构部分或全部执行了 IPSec。想要提供 IP 级的安全，IPSec 必须成为配置在所有相关平台(包括 Windows、UNIX 和 Macintosh 系统)的网络代码中的一部分。

实际上，现在发行的许多 Internet 应用软件中已包含了安全特征。例如，Netscape Navigator 和 Microsoft Internet Explorer 支持保护互联网通信的安全套层协议(SSL)，还有一部分产品支持保护 Internet 上信用卡交易的安全电子交易协议(SET)。然而，VPN 需要的是网络级的功能，这也正是 IPSec 所提供的。

IPSec 提供三种不同的形式来保护通过公有或私有 IP 网络来传送的私有数据：

- 认证。可以确定所接收的数据与所发送的数据是一致的，同时可以确定申请发送者在实际上是真实发送者，而不是伪装的。
- 数据完整。保证数据从原发地到目的地的传送过程中没有任何不可检测的数据丢失与改变。
- 机密性。使相应的接收者能获取发送的真正内容，而无意获取数据的接收者无法获知数据的真正内容。

IPSec 由三个基本要素来提供以上三种保护形式：认证协议头(AR)、安全加载封装(ESP)和互联网密钥管理协议(IKMP)。认证协议头和安全加载封装可以通过分开或组合使用来达到所希望的保护等级。对于 VPN 来说，认证和加密都是必需的，因为只有双重安全措施才能确保未经授权的用户不能进入 VPN，同时，Internet 上的窃听者无法读取 VPN 上传输的信息。大部分的应用实例中都采用了 ESP 而不是 AH。钥匙交换功能允许手工或自动交换密钥。

当前的 IPSec 支持数据加密标准(DES)，但也可以使用其他多种加密算法。因为人们对 DES 的安全性有所怀疑，所以用户会选择使用 Triple-DES(即三次 DES 加密)。至于认证技术，将会推出一个叫做 HMAC(MAC 即信息认证代码，Message Authentication Code)的新概念。

5. 安全联合(SA)

SA 的概念是 IPSec 的基础。IPSec 使用的两种协议(AH 和 ESP)均使用 SA，IKE 协议(IPSec 使用的密钥管理协议)的一个主要功能就是 SA 的管理和维护。SA 是通信对等方之间对策略要素的一种协定，例如 IPSec 协议、协议的操作模式(传输模式和隧道模式)、密码算法、密钥、用于保护它们之间数据流的密钥的生存期。

SA 是通过像 IKE 这样的密钥管理协议在通信对等方之间协商的。当一个 SA 的协商完成时，两个对等方都在它们的安全联合数据库(SAD)中存储该 SA 参数。SA 的参数之一是它的生存期，它以一个时间间隔或 IPSec 协议利用该 SA 来处理的一定数量的字节数的形式存在。

SA 由一个三元组唯一地标识，该三元组包含一个安全参数索引(SPI)，一个用于输出处理 SA 的目的 IP 地址或是一个用于输入处理 SA 的源 IP 地址，以及一个特定的协议(如 AH 或者 ESP)。SPI 是为了唯一标识 SA 而生成的一个 32 位整数，它在 AH 和 ESP 头中传输。

6. IPSec 的实现方式

IPSec的一个最基本的优点是它可以在共享网络中访问设备，甚至在所有的主机和服务器上完全实现，这在很大程度上避免了升级任何网络相关资源的需要。在客户端，IPSec架构允许使用在远程访问介入路由器上或基于纯软件方式使用普通 Modem 的 PC 机和工作站上。IPSec 通过两种模式在应用上提供更多的弹性：传输模式和隧道模式。

(1) 传输模式

通常当 ESP 在一台主机(客户机或服务器)上实现时使用，传输模式使用原始明文 IP 头，并且只加密数据，包括它的 TCP 和 UDP 头。

(2) 隧道模式

通常当 ESP 在关联到多台主机的网络访问介入装置时使用，隧道模式处理整个 IP 数据包，包括全部 TCP/IP 或 UDP/IP 头和数据，它用自己的地址作为源地址加入到新的 IP 头。当隧道模式用在用户终端设置时，它可以提供更多的便利来隐藏内部服务器主机和客户机的地址。

ESP 支持传输模式，这种方式保护了高层协议。传输模式也保护了 IP 包的内容，特别是用于两个主机之间的端对端通信(例如，客户与服务器，或是两台工作站)。传输模式中的 ESP 加密有时会认证 IP 包内容，但不认证 IP 的包头。这种配置对于装有 IPSec 的小型网络特别有用。

但是，要全面实施 VPN，使用隧道模式会更有效。ESP 也支持隧道模式，保护了整个旧包。为此，IP 包在添加了 ESP 字段后，整个包和包的安全字段被认为是新的 IP 包外层内容，附有新的 IP 外层包头。原来的(及内层)包通过“隧道”从一个 IP 网络起点传输到另一个 IP 网点，中途的路由器可以检查 IP 的内层包头。因为原来的包已被打包，新的包可能有不同的源地址和目的地址，以达到安全的目的。

隧道模式被用在两端或一端是安全网关的架构中，例如装有 IPSec 的路由器或防火墙。

使用了隧道模式，防火墙内很多主机不需要安装 IPSec 也能安全地通信。这些主机所生成的未加保护的网包，经过外网，使用隧道模式的安全联合规定(即 SA，发送者与接收者之间的单向关系，定义安装在本地网络边缘的安全路由器或防火墙中的 IPSec 软件 IP 交换所规定的参数)传输。

7. IPSec 认证

IPSec 认证算法用于保护数据流的传输。使用不经认证的 ESP(尽管建议不使用未经认证的 ESP)时不使用 IPSec 认证。

IPSec 认证包头(AH)是一个用于提供 IP 数据报完整性和认证的机制，即在所有数据包头加入一个密码。正如整个名称所示，AH 通过一个只有密钥持有人才知道的“数字签名”来对用户进行认证。这个签名是数据包通过特别的算法得出的独特结果。AH 还能维持数据的完整性，因为在传输过程中无论多小的变化被加载，数据包头的数字签名都能把它检测出来。其完整性是保证数据报不被无意的或恶意的方式改变，而认证则验证数据的来源(识别主机、用户、网络等)。AH 本身其实并不支持任何形式的加密，它不能保证通过 Internet 发送的数据的可信程度。AH 只是在加密的出口、进口或在受到当地政府限制的情况下可以提高全球 Internet 的安全性。当全部功能实现后，它将通过认证 IP 包并且减少基于 IP 欺骗的攻击机会来提供更好的安全服务。AH 使用的包头放在标准的 IPv4 和 IPv6 包头，以及下一个高层协议帧(如 TCP、UDP、ICMP 等)之间。

不过，由于 AH 不能加密数据包所加载的内容，因而它不保证任何的机密性。两个最普遍的 AH 标准是 MD5 和 SHA-1。AH 协议通过在整个 IP 数据报中实施一个消息文摘计算来提供完整性和认证服务。一个消息文摘就是一个特定的单向数据函数，它能够创建数据报的唯一的数字指纹。消息文摘算法的输出结果放到 AH 包头的认证数据(Authentication Data)区。消息文摘 MD5 算法是一个单向数学函数。当应用到分组数据中时，它将整个数据分割成若干个 128 位的信息分组。每个 128 位为一组的信息是大分组数据的压缩或摘要的表示。当以这种方式使用时，MD5 只提供数字的完整性服务。一个消息文摘在被发送之前和数据被接收到以后都可以根据一组数据计算出来。如果两次计算出来的文摘值是一样的，那么分组数据在传输过程中就没有被改变。这样就防止了无意或恶意的篡改。

在使用 HMAC-MD5 认证过的数据交换中，发送者使用以前交换过的密钥来首次计算数据报的 64 位分组的 MD5 文摘。从一系列的 16 位中计算出来的文摘值被累加成一个值，然后放到 AH 包头的认证数据区，随后数据报被发送给接收者。接收者也必须知道密钥值，以便计算出正确的消息文摘并且将其与接收到的认证消息文摘进行适配。如果计算出的和接收到的文摘值相等，那么数据报在发送过程中就没有被改变，而且可以相信是由只知道密钥的另一方发送的。

8. IPSec 加密

安全加载封装协议(ESP)提供 IP 数据报的完整性和可信性服务。通过对数据包的全部数据和加载内容进行全加密来严格保证传输信息的机密性，这样可以避免其他用户通过监听来打开信息交换的内容，因为只有受信任的用户拥有密钥。

ESP 协议是以隧道(Tunneling)模式和传输(Transport)模式工作的。两者的区别在于 IP 数据报的 ESP 负载部分的内容不同。在隧道模式中，整个 IP 数据报都在 ESP 负载中进行封装和加密。完成以后，真正的 IP 源地址和目的地址都可以被隐藏为 Internet 发送的普通数据。这种模式的典型用法就是在防火墙到防火墙之间通过虚拟专用网连接时进行的主机或拓扑隐藏。在传输模式中，只有更高层协议帧(TCP、UDP、ICMP 等)被放到加密后的 IP 数据报的 ESP 负载部分。在这种模式中，源和目的 IP 地址以及所有的 IP 包头域都是不加密发送的。

ESP 也能提供认证和维持数据的完整性。最主要的 ESP 标准是数据加密标准(DES)，DES 是一个现在使用得非常普遍的加密算法。它最早是由美国政府公布的，最初是用于商业应用。

到现在所有 DES 专利的保护期都已经到期了，因此全球都有它的免费应用。DES 最高支持 56 位的密钥，而 Triple-DES 使用三套密钥加密，相当于使用到 168 位的密钥。IPSec 要求在所有的 ESP 实现中使用一个通用的默认算法，即 DES—CBC 密码分组链方式(CBC)的 DES 算法。DES—CBC 通过在组成一个完整的 IP 数据报(隧道模式)或下一个更高的层协议帧(传输模式)的 8 位数据分组中加入一个数据函数来工作。DES—CBC 用 8 位一组的加密数据(密文)来代替 8 位一组的未加密数据(明文)。一个随机的、8 位的初始化向量(IV)被用来加密第一个明文分组，以保证即使在明文信息开头相同时也能保证加密信息的随机性。DES—CBC 主要是使用一个由通信各方公认的相同的密钥。正因为如此，它被认为是一个对称的密码算法。接收方只有使用由发送者用来加密数据的密钥才能对加密数据进行解密。因此，DES—CBC 算法的有效性依赖于密钥的安全，ESP 使用的 DES—CBC 的密钥长度是 56 位。由于 ESF 实际上加密所有的数据，因而它比 AH 需要更多的处理时间，从而导致性能下降。

9. IKE(Internet Key Exchange)

密钥管理包括密钥确定和密钥分发两个方面，最多需要 4 个密钥：AH、ESP 的发送和接收密钥。密钥本身是一个二进制字符串，通常用十六进制表示。例如，一个 56 位的密钥可以表示为 5F39DA752EOC25B4。注意全部长度总共是 64 位，包括 8 位的奇偶校验。IPSec 支持两种类型的密钥管理方式：一种是手工方式，由安全管理员在各个系统上分别配置所需的 SA，这种方式适用于小规模、静态环境；另一种是自动方式，适用于大规模、动态的环境。

IPSec 的自动管理密钥协议的默认名字是 ISAKMP/Oakley。互联网安全组织和密钥管理协议(Internet Security Association and Key Management Protocol，ISAKMP)对互联网密钥管理的架构以及特定的协议提供支持。Oakley 密钥使用的协议基于 Diffie-Hellman 算法，但它也具有额外的安全功能，特别是 Oakley 包括认证用户的机制。

Internet 密钥交换协议(IKE)用于在两个通信实体间协商和建立安全联合(SA)。密钥交换安全联合(Security Association，SA)是 IPSec 中的一个重要概念。一个 SA 表示两个或多个通信实体之间经过了身份认证，且这些通信实体都能支持相同的加密算法，成功地交换了会话密钥，可以开始利用 IPSec 进行安全通信。IPSec 协议本身没有提供在通信实体间建立安全联合的方法，而是利用 IKE 建立安全联合。IKE 定义了通信实体间进行身份认证、协商加密算法和生成共享的会话密钥的方法。具体实现时 IKE 可以采用共享密钥或数字签名的方式进行身份认证，并采用公开密钥算法中的 Diffie-Hellman 协议交换密钥。

IKE 采用 ISAKMP 协议中定义的语言，并根据 ISAKMP 中的定义将协商过程分成了两个阶段，其第一个阶段是对如何保证进一步的协商事务取得一致意见，主要是建立一个 IKE 自身的安全联合，并用它来保护这个协商；第二个阶段则利用 IKE 自身的安全联合为其他安全协议协商一个或多个安全联合。使用这个 SA，一个协议可保护许多交换的分组或数据。通常情况下，在第一阶段的协商下可进行多次第二阶段的协商。

安全联合也可以通过手工方式建立，但是当 VPN 中节点增多时，手工配置将非常困难。

10. IPSec 和 VPN

由于企业和政府用户需要把专用 WAN/LAN 架构与互联网连接，以便访问互联网的服务，所以他们非常热衷于部署安全的 IP。用户需要把他们的网络与互联网分隔，但同时要在网上发送和接收网包。安全的 IP 就可以提供网上的认证和隐私机制。

因为 IP 安全机制是独立定义，其用途与现在的 IP 或 IPv6 不同，IP 安全机制不需要依靠 IPv6 部署。可以看到，安全 IP 的功能先被广泛使用，比 IPv6 先流行起来，因为对 IP 层的安全需求远比增加 IPv6 功能的需求多得多。

有了 IPSec，管理人员就有了实施 VPN 的安全标准。此外，所有在 IPSec 中使用的加密和认证算法已经过仔细的研究和多年的验证，所以用户大可放心地将安全问题交付给 IPSec。

11. PKI(Public Key Infrastructure)

PKI 是一个用公钥概念与基础来实施和提供安全服务的安全基础设置。PKI 的基本机制是定义和建立身份认证和授权规则，然后分发、交换这些规则，并在网络之间解释和管理这些规则。PKI 对数据加密、数字签名、防抵赖、数据完整性以及身份鉴别所需要的密钥和认证实施统一集中管理，支持通信的参与者在网络环境下建立和维护平等的信任关系，保证通信的安全。

PKI 是建立在公共密钥机制基础上的，它是一种提供密钥管理和数字签名服务的平台。为了保证有效性，必须使在网上通信的双方确信他们的身份和密钥是合法的和可信赖的。

但是，在大范围的网络环境中，指望每一个用户都和其他用户建立联系是不可能的，也是不现实的。为此，PKI 引入了第三方信任和证书的概念。第三方信任是指在特定的范围内，即使通信双方以前并没有建立关系，他们也可以毫无保留地信任对方。

双方之所以相互信任，是因为他们和一个共同的第三方建立了信任关系，第三方为通信的双方提供信任担保。证书是指 PKI 用户已经注册的以数字化形式存储的身份。数字证书是由大家共同信任的第三方——认证中心(CA)颁发的，CA 有权签发并废除证书并且对证书的真实性负责。在 PKI 架构中，CA 扮演的角色很像颁发证件的权威机构，如身份证的办理机构。证书包含用户的身份信息、公钥和 CA 的数字签名。任何一个信任 CA 的通信方，都可以通过验证对方数字证书上的 CA 数字签名来建立起与对方的信任关系，并且获得对方的公钥以备使用。为了保证 CA 所签发的证书的通用性，通常证书格式遵循 X.509 V3 标准，该标准把用户的公钥与用户名等信息绑定在一起。为了建立信任关系，CA 用它的私钥对数字证书签名。CA 的数字签名提供了三个重要的保证：

(1) 认证中有效的数字签名保证了认证信息的完整性。

(2) 因为CA是唯一有权使用其私钥的实体，任何验证数字证书的用户都可以信任CA的签名，从而保证了证书的权威性。

(3) 由于CA签名的唯一性，CA不能否认自己所签发的证书，并承担相应的责任。一个较完备的PKI支持SET、SSL、IPSec/VPN等协议，支持各种安全网络应用，可以说，PKI是当今网络安全的核心技术之一。典型的PKI系统由5个基本的部分组成：证书申请者(Subscriber)、注册机构(Registration Authority，RA)、认证中心(Certificate Authority，CA)、证书库(Certificate Repository，CR)和证书信任方(Relying Party)。其中，认证中心、注册机构和证书库三部分是PKI的核心，证书申请者和证书信任方则是利用PKI进行网上交易的参与者。

9.1.2 Internet密钥交换协议

1. Internet密钥交换协议的主要任务

IKE的主要任务有三项：

- 为端点间的认证提供方法。
- 建立新的IPSec连接(创建一对SA)。
- 管理现有连接。

IKE跟踪连接的方法是给每个连接分配一组安全联盟(SA)。SA描述与特殊连接相关的所有参数，包括使用的IPSec协议、加密/解密和认证/确认传输数据使用的对话密钥。SA本身是单向的，每个连接需要一个以上的SA。大多数情况下，只使用ESP或AH，每个连接要创建两个SA，一个描述入站数据流，一个描述出站数据流。同时使用ESP和AH的情况下就要创建4个SA。

2. Internet密钥交换协议

加密和认证数据比较直接，唯一需要的是加密和认证算法，及其使用的密钥。因特网密钥交换协议IKE用于分配这些对话用密钥的一种方法，而且在VPN端点间，规定了如何保护数据的方法。

IKE提议是如何保护数据的建议。发起IPSec连接的VPN网关，作为发起者会发出提议列表，提议列表建议了不同的保护连接的方法。

协商连接可以通过VPN来保护数据流的IPSec连接，或是IKE连接，保护IKE协商本身。

响应的VPN网关，在接收到此提议表后，就会根据自己的安全策略选择最适合的提议，并根据已选择的提议做出响应。

3. IKE 参数

在IKE中要使用许多参数：

- 端点身份(Endpoint Identification)。
- 本地和远端网络/主机(Local and Remote Networks/Hosts)。
- 通道/传输模式(Tunnel/Transport Mode)。
- 远端网关(Remote Gateway)。
- 主/挑战模式(Main/Aggressive Mode)。
- IPSec协议(ESP/AH/二者兼有)。
- IKE加密(IKE Encryption)。
- IKE认证(IKE Authentication)。

- IKE DH 组(IKE DH Group)。
- IKE 使用期限(IKE Lifetime)。

下面具体介绍。

(1) 操作模式

IKE 参数中有两种操作模式：主模式和挑战模式。二者的不同之处在于，挑战模式可以用更少的包发送更多信息，这样做的优点是快速建立连接，而代价是以清晰的方式发送安全网关的身份。使用挑战模式时，有的配置参数如 Diffie-Hellman 和 PFS 不能进行协商，因此两端拥有兼容的配置是至关重要的。

(2) IKE 加密(IKE Encryption)

指定 IKE 协商使用的加密算法，如算法种类和使用的密钥长度。

(3) IKE 认证(IKE Authentication)

指定 IKE 协商使用的认证算法。

(4) IKE DH (Diffie-Hellman) 组

指定 IKE 交换密钥时使用的 Diffie-Hellman 组。

密钥交换的安全性随着 DH 组的扩大而增加，但交换的时间也增加了。

(5) IKE 使用期限(IKE Lifetime)

IKE 连接的使用期限。

使用期限以时间(秒)和数据量(KB)计算。超过其中任何一个期限时，就会进行新的阶段的交换。如果上一个 IKE 连接中没有发送数据，就不建立新连接，直到有人希望再次使用 VPN 连接。

(6) IKE 认证方法(手工，PSK，证书)

- 手工密钥

配置 VPN 最简单的办法是使用手工密钥的方法。使用这种方法时根本不需要使用 IKE，在 VPN 通道两端直接配置加密和认证密钥以及其他参数。

优点：因为该密钥很直接，所以共同操作性很大。目前大多数共同操作问题都出在 IKE 上。手册密钥完全避开 IKE，只设置自己的 IPSec SA。

缺点：这种方法陈旧，是 IKE 产生之前使用的方法，缺少 IKE 具有的所有功能。此方法有诸多限制，如总要使用相同的加密/认证密钥，无防止重放攻击服务，不够灵活，也无法保证远端主机和网关的真实性。

这种连接也易受某些重放攻击，这意味着访问加密数据流的恶意实体能够记录一些包，并把包储存下来且在以后发到目的地址。目的 VPN 端点无法辨别此包是不是重放的包。用 IKE 就可避免这种攻击。

- Pre-Shared 密钥(PSK)

Pre-Shared 密钥是 VPN 端点间共享一个密钥的方法，是由 IKE 提供的服务，所以具有 IKE 的所有优点，比手工密钥灵活许多。

优点：Pre-Shared 密钥具有比手工密钥多得多的优点。包括端点认证，PSK 是真正进行端点认证的。还包括 IKE 的所有优点。相反，在使用固定加密密钥时，一个新的对话密钥在使用后，有一定的时间周期限制。

缺点：使用 Pre-Shared 密钥时需要考虑的一件事是密钥的分配。如何把 Pre-Shared 密钥分配给远端 VPN 客户和网关呢？这个问题很重要，因为 PSK 系统的安全性是基于 PSK 的机密性的。如果在某些情况下危及 PSK 的安全性，就需要改动配置，使用新的 PSK。

● 证书

每个 VPN 网关都有自己的证书和一个或多个可信任根证书。

优点：增加了灵活性。例如，许多 VPN 客户端在没有配置相同 Pre-Shared 密钥时也能够得到管理，使用 Pre-Shared 密钥和漫游客户端时经常是这种情况。相反，如果某客户端不安全，就可以轻松地取消该客户端证书，无须对每个客户端进行重新配置。

缺点：增加了复杂性。基于证书的认证可作为庞大的公有密钥体系结构的一部分，使 VPN 客户端和网关可依赖于第三方。换言之，要配置更多内容，也可能会出现更多错误。

9.2 IPSec IKE

随着 Internet 和企业网络的发展，网络安全问题也变得日益重要。用户主要关注以下环节的通信安全问题：

● 路由时数据被修改，如图 9-1 所示。
● 数据被拦截，如图 9-2 所示。

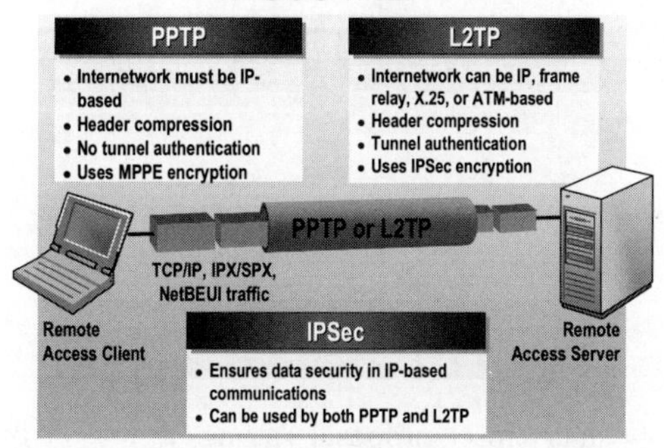

图 9-1　路由时数据被修改

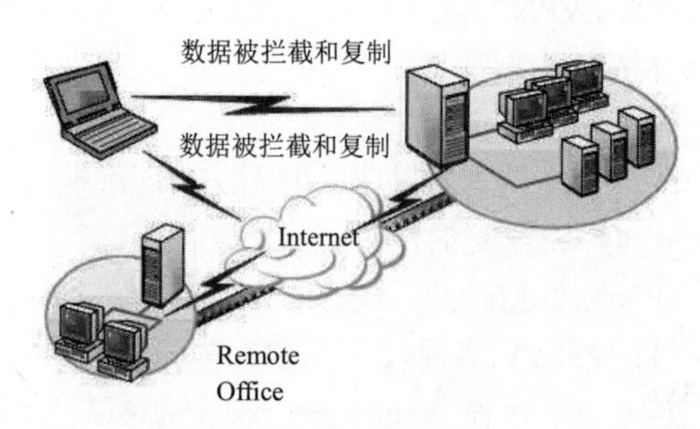

图 9-2　数据被拦截和复制

● 数据被拦截时受到查看和复制。
● 未经授权的人员非法访问数据，如图 9-3 所示。

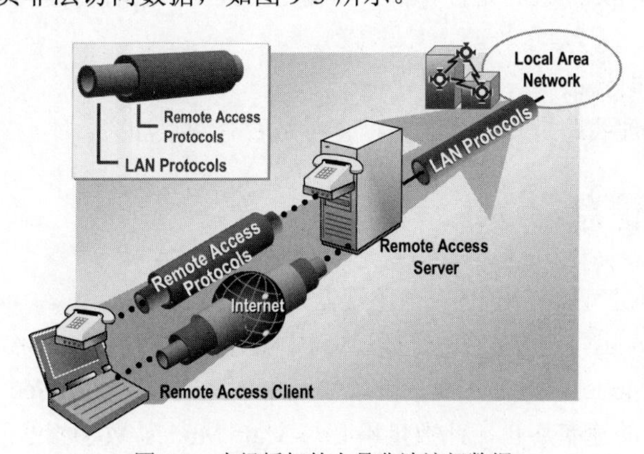

图 9-3　未经授权的人员非法访问数据

IPSec 是开放的标准的基本框架，通过使用密码安全服务，它能保证在 IP 网络上专用并安全地通信。IPSec 有两个目标。

- 保护 IP 数据包。
- 提供对网络攻击的防御。

9.3 IPSec 管理和故障排除

9.3.1 IPSec 工具和故障排除基本检测方法

1. IPSec 管理工具

(1) 管理工具

- IP Security Policy Management 管理单元创建和编辑策略(也可以使用 Group Policy Editor)。
- IPSecurity。

(2) IPSec 监控和故障排除工具

IP 安全监视器(ipsecmon.exe)在命令提示中启动。这一工具可以监控 IP SA、密钥重设、协商错误和其他 IPSec 统计信息。

2. IPSec 故障排除基本检测方法

IPSec VPN 出现故障时，最直接的表现是无法通过 IPSec VPN 访问远端内部网络。按照故障的具体情况又分为：

- IPSec 隧道无法建立。
- IPSec 隧道可以建立但无法访问远端内部网络。
- IPSec 隧道时断时连。

IPSec 故障排除基本检测方法一般有三种：

(1) IPSec VPN 隧道无法建立故障

检测方法：使用 show cry ike proposal <string>和 sh cry ipsec proposal <string>命令查看 ike 和 ipsec 的策略两端是否相同。使用 sh cry policy <string>查看两端数据流是否匹配。

(2) IPSec 隧道可以建立但无法访问远端内部网络故障

检测方法：通过 sh ipesp 查看是否有输入和输出的数据；查看访问列表是否未包含受保护的数据流。

(3) IPSec 隧道时断时连故障

检测方法：查看物理线路是否时通时断；查看是否有网点冲突。

9.3.2 IKE 统计信息

下面的 IKE 统计信息可以使用 IP 安全监视器来衡量：

- Oakley Main Modes。这是在第一阶段协商中创建的成功的 IKE SA 的总量。
- Oakley Quick Modes。这是在第二阶段协商中创建的成功的 IPSec SA 的总量。因为这些 SA 可能以不同的速率终止，此数量不必与 Main Modes 数字相匹配。
- Soft Associations。协议使用明文发送的第二阶段协商中创建的总量。这通常反映有非 IPSec 感知的计算机组成的协会的总量。

- Authention Failures。身份识别失败(Kerberos、用户证书、手工创建的密码)总量。这是与 Packets Not Authenticated(通过打散数据进行的消息身份验证)不同的统计信息。

针对上述问题，可采用以下几种措施。

1. 本地计算机 IPSec 策略

该策略使用 IPSec 传输(而不是隧道)来保护源计算机和目标计算机之间的通信安全。它并不涉及在 Active Directory 中使用组策略分发 IPSec 策略。IPSec 策略配置是非常灵活的，也是非常强大的，要想设置正确需要理解 IKE 和 IPSec 协议本身，有许多安全配置问题必须加以注意。

IPSec 策略应设计成不管配置多少策略，始终只有一个身份验证方法可以在一对主机之间使用。如果有多个规则应用到同一对计算机(只看源 IP 地址和 IP 地址)，必须确信哪些规则允许该计算机使用相同的身份验证方法。还必须确保用于该身份验证方法的凭据是有效的。例如，IPSec 管理单元能使你配置一个规则，该规则使用 Kerberos 只验证在两个主机 IP 地址之间的 TCP 数据，创建带有相同地址的第二条规则，但指定 UDP 数据使用证书进行身份验证。此策略不会正常工作，因为当出站数据通信设法查找策略中的匹配规则以便以主要模式(该模式只可以使用IKE数据包的源 IP 地址)响应时，出站数据通信可以比在目标计算机上使用的 IKE 协商更准确地选择一条规则(因为它匹配协议 UDP，而不只是地址)。因此，此策略配置在一对 IP 地址(主机)之间使用了两个不同的身份验证方法。为避免这种问题，不要使用协议或端口特有的筛选器来协商通信安全。相反，将协议和端口特有的筛选器主要用于允许和闭锁操作。

2. 不允许对通信进行单向 IPSec 保护

IPSec 策略不允许采用 IPSec 对通信进行单向保护。如果创建一条规则以保护主机 A 和 B 的 IP 地址之间的通信，那么必须在同一筛选器列表中指定从 A 到 B 之间的通信和从 B 到 A 之间的通信。可以在同一筛选器列表中创建两个筛选器来完成这件事。或者，可以到 IPSec 管理单元的筛选器规范属性对话框中选择镜像框。此选项在默认情况下是选中的，因为保护必须双向协商，即使大部分情况下数据通信本身只向一个方向流动。

可以创建单向筛选器以闭锁或允许通信，但不能用来保护通信安全。要保护通信安全，必须手工指定筛选器镜像或使用镜像选项让系统自动生成。

3. 计算机证书必须有私钥

若获取证书不当，就可能导致这样一种情况，即：证书存在，且被选择用于 IKE 身份验证，但无法发挥作用。因为在本地计算机上与证书的公钥对应的私钥不存在。

4. 验证证书是否有私钥

(1) 在“开始”菜单上，单击“运行”，然后在文本框中输入“mmc”。单击“确定”按钮。

(2) 在“控制台”菜单上，单击“添加/删除管理单元”，然后单击“添加”按钮。

(3) 在“管理单元列表”中，双击证书。单击“关闭”按钮，然后单击“确定”按钮。

(4) 展开证书—用户(本地计算机)，然后展开“个人”。

(5) 单击“证书文件夹”按钮。

(6) 在右窗格中，双击要检查的证书。

(7) 在“常规”选项卡中，应看到这样的文字：您有一个与该证书对应的私钥。如果看不到此消息，那么系统就不能顺利地将此证书用于 IPSec。

这取决于该证书的申请方式，以及在主机的本地证书存储中的填充方式，此私钥值可能不存在，或可能在 IKE 协商期间不可用。如果个人文件夹中的证书没有对应的私钥，那么证书注册失败。如果证书是从 Microsoft Certificate Server 中获得，且设置了强私钥保护选项，则每次使用私钥在 IKE

协商中给数据签名时，都必须输入 PIN 号码以访问私钥。由于 IKE 协商是在后台由系统服务执行的，服务没有窗口可用来提示用户。因此，以此选项获得的证书不能用于 IKE 身份验证。

5. 建立和测试最简单的端对端策略

大多数问题，特别是互操作性问题，都可以通过创建最简单的策略而不是使用默认策略来解决。当创建新策略时，不要启用 IPSec 隧道，或默认响应规则。在“常规”选项卡上编辑策略，编辑密钥交换，以便只有一个选项目标计算机可以接受。例如，使用 RFC2049 要求的 DES 选项 SHA1 和 Low(1) 1 Diffie Hellman 组。创建筛选器列表，并带有一个镜像筛选器，指出“我的 IP 地址”的源地址和您尝试与其安全地通信的 IP 地址的目标地址。建议通过创建只包含 IP 地址的筛选器进行测试。创建自己的筛选器操作以只使用一个安全措施来协商安全。如果想用数据包嗅探器查看采用 IPSec 格式的数据包的通信，可使用“中等安全”(AH 格式)。否则，选择自定义，并建立一个单一的安全措施。例如，使用 RFC 2049 要求的参数集，如使用选中 SHA1 的 DES 的格式 ESP，不指定生存周期，且没有“完全向前保密(PFS)”。要确保在安全措施中两个复选框都被清除，以便它为目标计算机要求 IPSec，并不会与非 IPSec 计算机通信，且不接收不安全的通信。在规则中使用预先共享的密钥的身份验证方法，并要确保在字符中没有空格。目标计算机必须使用完全相同的预先共享的密钥。

备注：

必须在目标计算机上进行相同的配置，只是源和目标的 IP 地址互换一下。

应在计算机上指派此策略，然后从该计算机 ping 目标计算机。可以看到 ping 返回协商安全。这表明在匹配策略的筛选器，IKE 应为 ping 数据包尝试与目标计算机协商安全。如果从 ping 目标计算机的多次尝试中继续看到协商 IP 安全，那么可能没有策略问题，而是可能有 IKE 问题。

6. 排除 IKE 协商中的故障

IKE 服务作为 IPSec 策略代理程序服务的一部分运行。要确保此服务在运行。

要确保为审核属性审核登录事件启用了成功和失败审核。IKE 服务将列出审核项目，并在安全事件日志中提供协商为什么失败的解释。

(1) 清除 IKE 状态：重新启动 IPSec 策略代理程序服务

要想完整地清除 IKE 协商的状态，当作为本地管理员登录时，必须使用下面的命令，从命令行解释器提示符停止和启动策略代理程序服务：

```
net stop policyagent
net start policyagent
```

(2) 反复尝试这些步骤以保护通信安全

注意：

当停止 IPSec 策略代理程序服务时，IPSec 筛选器保护将被停用。活动的 VPN 隧道将不再受到 IPSec 保护。如果也在运行路由或远程访问服务，或启用了传入 VPN 连接，那么在重新启动 IPSec 策略代理程序服务之后，必须停止和重新启动远程访问服务，命令为 net start remoteaccess。

(3) 使用安全日志以查看 IKE 错误

当 IKE 协商失败时，安全事件日志会记录失败的原因。使用这些消息以检测失败的协商及其原因，必须使用本指南开始时的步骤启用审核。

(4) 使用数据包嗅探器

为进行更详细的调查，可使用数据包嗅探器(如 Microsoft 网络监视器)，以捕获正在交换的数据包。记住，在 IKE 协商中使用的数据包的大多数内容都是加密的，且不能由数据包嗅探器解释。另外，还应嗅探计算机上所有来来往往的通信，以确保您看到应该看到的通信。Windows Server 上提供了 Microsoft 网络监视器的有限制的版本，在默认情况下它不安装，因此必须依次选择“控制面板”→“添加/删除 Windows 组件”→“管理和监视工具”，然后选择“网络监视工具”，按照所要求的步骤操作。

(5) 使用 IKE 调试追踪(专家用户)

安全日志是判断 IKE 协商失败原因的最好位置。但是，对于 IKE 协议协商方面的专家来说，应使用注册表项启用 IKE 协商的调试追踪选项。日志在默认情况下是被禁用的。要启用调试日志，必须停止 IPSec 策略代理程序服务，然后再启动。

(6) 启用由 IKE 进行的调试日志

① 从 Windows 桌面，选择“开始”→“运行”，然后在文本框中输入 regedit32。单击“确定”按钮就启动了注册表编辑器。

② 浏览到本地机器上的 HKEY_LOCAL_MACHINE。

③ 浏览到下列位置：System\CurrentControlSet\Services\PolicyAgent。

④ 双击 PolicyAgent。

⑤ 如果 Oakley 项不存在，选择“编辑”→“添加”项。

⑥ 输入项名称(区分大小写)：Oakley。

⑦ 让类别保留空白，然后单击“确定”按钮。

⑧ 选择新项 Oakley。

⑨ 在编辑菜单上，单击添加数值。

⑩ 输入值名称(区分大小写)：EnableLogging。

⑪ 选择数据类型 REG_DWORD，并单击“确定”按钮。

⑫ 输入值 1。

⑬ 选中十六进制作为基数，单击“确定”按钮。

⑭ 从注册表编辑器退出。

⑮ 在 Windows 命令提示符下，输入 net stop policyagent，然后输入 net start policyagent 以重新启动与 IPSec 相关的服务。

⑯ 在默认情况下该文件将被写到 windir\debug\oakley.log，在策略代理程序服务重新启动之后，文件 oakley.log.sav 是日志的上一个版本。

日志中的项目限于 50 000 条，这样通常可将文件大小限制到 6MB 以下。

(7) IPSec 工具和信息

在 Windows 操作平台上，用于策略配置的 IPSec 管理单元显示活动状态的 IPSecmon.exe 监视器会显示：

- 网络连接 UI IPSec 属性。
- 事件日志管理单元。
- 本地安全审核策略的组策略管理单元。
- oakley.log 中的 IKE 日志。
- 联机帮助。
- 上下文相关的帮助。

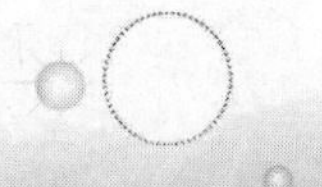

9.3.3 IPSec VPN 调试命令参数解释

1. debug crypto ike 命令

命令说明：打开 IKE 调试开关。

命令格式：

```
    vpn#debug crypto ike {all | crypt | dns | downloaded-script | emitting | event | kernel
| lifecycle | natt |
    normal | parsing | private | raw | syslog}
    vpn#no debug crypto ike {all | crypt | dns | downloaded-script | emitting | event | kernel
| lifecycle | natt |
    normal | parsing | private | raw | syslog}
```

参数说明：

- all：所有 IKE 调试信息。
- crypt：IKE 算法相关的调试信息。
- dns：IKE 协商过程中与 DNS 相关的调试信息。
- downloaded-script：配置下载过程的调试信息。
- emitting：IKE 协商过程中发出报文的详细内容。
- event：IKE 的时钟事件相关调试信息。
- kernel：IKE 与内核之间的调试信息。
- lifecycle：IKE 协商过程中与生存期相关的调试信息。
- natt：IKE 协商过程中与 NAT 穿越相关的调试信息。
- normal：IKE 协商过程中通常使用的调试信息。
- parsing：IKE 协商过程中接收到的报文内容调试信息。
- raw：IKE 协商报文的原始内容调试信息。
- syslog：IKE 发送给 SYSLOG 服务器的调试信息。

2. debug crypto ipsec 命令

命令说明：显示 IPSec 调试信息。

命令格式：

```
vpn#debug crypto ipsec {all | normal | pfa | ipcomp | address [tx|rx] | packet [tx|rx]
|fragment}
vpn#no debug crypto ipsec
```

参数说明：

- all：打开所有 IPSec 调试信息。
- normal：打开通常使用的 IPSec 调试信息。
- pfa：打开 IPSec PFA 的调试信息。
- ipcomp：打开 IPComp 的调试信息。
- address [tx|rx]：打开 IP 报文地址调试信息。tx 显示外出报文地址信息；rx 显示内入报文地址信息，不指定则显示双向地址信息。
- packet [tx|rx]：打开 IP 报文内容调试信息。tx 显示外出报文内容信息；rx 显示内入报文内容信息，不指定则显示双向内容信息。
- fragment：打开 IP 报文为分片时的调试处理信息。

9.3.4　IPSec VPN 常见故障处理

故障现象 1：IPSec VPN 隧道无法建立

可能的原因：

(1) 两端 VPN 设备无法互通。

判断方法和解决方案：

从一端 VPN 设备 ping 另外一端，看能否 ping 通。如果不通，检查网络连接情况。

(2) 两端 VPN 可以 ping 通，但是相互收不到 IKE 协商报文。

判断方法和解决方案：

- 检查 VPN 是否配置 ACL 或者前端是否有防火墙，禁止了 IKE 协商报文，需要在 ACL 或者防火墙上开放 UDP500/4500 端口。
- 检查发起方 VPN 的内网口是否 UP，特别是 3005C-104 以 SW 接口作为内网口，LAN 口上没有接 PC，SW 口无法 UP，将导致扩展 ping 不通对端。

(3) 两端 VPN 采用证书认证方式，但是没有证书或者证书无效；采用预共享密钥方式认证没有配置密码。

判断方法和解决方案：

- 通过 show cry ike sa 查看 IKE 隧道状态没有任何信息。
- 打开 debug cry ike normal，提示%IKE-ERR：can't initiate, no available authentication material (cert/psk)。
- sh crypto ca certificates，查看证书是否有效。

(4) 两端 IKE 和 IPSec 策略不一致。

判断方法和解决方案：

- 如果采用主模式，查看 IKE 状态停止在 STATE_MAIN_I1，采用积极模式，IKE 状态停止在 STATE_AGGR_I1，说明可能是两端策略不一致，通过 show cry ike proposal 和 show cry ipsec proposal 查看两端策略是否相同。
- 打开 debug cry ike normal，提示 ignoring notification payload, type NO_PROPOSAL_CHOSEN。

(5) 两端 VPN 设备配置了 ID 不是 IP 地址作为身份标识，而是域名或者其他，但是采用 IKE 协商采用主模式。

判断方法和解决方案：

- 查看 IKE KEY 配置了 identity，但是 tunnel 配置中配置了 set mode main。
- 查看 IKE 状态停止在 STATE_MAIN_I1 状态。

(6) 对端 VPN 设备配置错误 ID 或者没有配置 ID。

判断方法和解决方案：

- 查看 IKE KEY 配置了 identity，但是 tunnel 配置中没有配置 ID。
- 查看 IKE 状态停止在 STATE_AGGR_I1 状态。
- 有%IKE-ERR：Aggressive Mode packet from 20.0.0.2:500 has invalid ID 报错。

(7) 两端 VPN 设备不支持 NAT 穿越。

判断方法和解决方案：

如果采用主模式，查看 IKE 状态停止在 STATE_MAIN_I2 状态，说明有可能 VPN 不支持 NAT

穿越，一般 VPN 默认支持，可能其他厂家 VPN 不支持。

(8) 两端 VPN 设备预共享密钥不一致。

判断方法和解决方案：

- 如果采用主模式，查看 IKE 状态停止在 STATE_MAIN_I3 状态，说明有可能两端 VPN 预共享密钥配置不一致。
- 通过 show run cry key 查看两端的 KEY 是否相同。

(9) 两端保护数据流不匹配。

判断方法和解决方案：

- 查看 IKE 状态停止在 STATE_QUICK_I1 状态，说明有可能两端 VPN 预共享密钥配置不一致。
- 通过 show cry ipsec sa 查看没有 ipsec 隧道。
- 日志中有报错：%IKE-ERR：cannot respond to IPsec SA request for instance-65666: 30.0.0.0/8:0/0 === 20.0.0.2 (20.0.0.2)... 20.0.0.1 (20.0.0.1)=== 192.168.0.0/16:0/0。

故障现象 2：VPN 隧道通，无法办理业务

可能的原因：

(1) 业务数据走 NAT，没有走 VPN 隧道。

判断方法和解决方案：

- 设备配置了 NAT 转换，访问列表没有将 VPN 的业务数据排除，可以通过查看访问列表来判断。
- 可以通过 show cry ipsec sa 或者 show ip esp 查看 output 的数据是否一直没有增加。
- 修改访问列表，拒绝 VPN 数据走 NAT 转换。

(2) 要访问的服务器没有路由指向对端 VPN 网关或者网关设置不对。

判断方法和解决方案：

- 在中心端 VPN 设备上 ping 服务器看能否 ping 通。
- 第一步可以 ping 通，则可以在客户端 VPN 设备上通过 show cry ipsec sa 或者 show ip esp 查看到 output 的数据有所增加，但是 input 的数据一直没有增加，在中心端 VPN 设备相反，有 input 的数据，但是没有 output 的数据。
- 设置服务器对应的下端网段路由应该指向中心 IPSec VPN 设备的内网口。

(3) 线路 PMTU 导致大数据包丢弃。

判断方法和解决方案：

- 某些业务软件(例如一些财务软件或者登录需要下载大量数据的应用程序)可以出现登录界面，但是输入用户名和密码后一直没有反应。
- 客户端采用默认 ping 包可以 ping 通服务器，ping 大包不通。
- 可以修改服务器网卡的 MTU 为线路 PMTU。

故障现象 3：VPN 时通时断

可能的原因：

(1) 公网连接不稳定。

判断方法和解决方案：

- 通过 ping 命令检测物理线路问题。
- 直接用 PC 接在公网线路测试看看是否会断。
- 如果是动态拨号，可以更改 idle－timeout 为 0。

(2) 某次线路故障造成两端的 IPSec SA 不能同步。

判断方法和解决方案：

- 查看两端 VPN 设备是否关闭了 DPD。
- 通过 show cry ipsec sa 查看两端 SPI 是否相同。
- 在两端手工清除隧道重新建立或者设置 DPD 来解决不同步问题。

(3) 分支机构 VPN 配置重复。

判断方法和解决方案：

- 隧道时断时连表现为当只有一个下端的时候一切正常，但当第二个或某个特定下端连接上来的时候，出现只有一个能正确建立 IPSec 隧道或时断时连。
- 在中心 VPN 设备检查某个分支机构不能建立 VPN 隧道时却有相关的 IPSec 数据流。
- 可以在分支机构 VPN 上更换网段测试或者配置使用积极模式，配置不同的标识 ID。

9.3.5　IKE 错误信息及原因

以下只是信息的关键语句。

信息 1：

```
00:24:20:%IKE-DBG-received Vendor ID payload [draft-ietf-ipsec-nat-t-ike-03]
00:24:20:%IKE-DBG-ignoring Vendor ID payload [draft-ietf-ipsec-nat-t-ike-02]
00:24:20:%IKE-DBG-ignoring Vendor ID payload [draft-ietf-ipsec-nat-t-ike-00]
00:24:20:%IKE-DBG-received Vendor ID payload [Dead Peer Detection]
00:24:20:%IKE-ERR-no acceptable Oakley Transform
```

原因：由于对方提议的 SA 载荷中的变换算法(如加密算法)与本地策略不符，因而拒绝对方的协商请求，协商失败，删除产生的状态信息。

信息 2：

```
00:26:24:%IKE-ERR-next payload type of ISAKMP Identification Payload has an unknown
value:201
00:26:24:%IKE-ERR-probable authentication failure (mismatch of preshared secrets?):
malformed payload
in packet
```

原因：预共享密钥不匹配，就必然导致双方使用的加密密钥和验证密钥不相同，从而引起解密失败(出现的现象是发现接收到的 ISAKMP 消息格式不正确)。

信息 3：

```
00:35:51:%IKE-DBG-sending encrypted notification NO_PROPOSAL_CHOSEN to 128.255. 40.223:500
```

原因：双方关于进行 IPSec 封装所采用的算法或协议没有达成一致，就会导致快速模式协商失败。

信息 4：

```
00:38:53:%IKE-ERR-requested flow is not matched by any flow of ours, not accepted
00:38:53:%IKE-ERR-cannot respond to IPSec SA request for instance-65545: 1.1.1.0/24:0/0
    === 128.255.40.222 (128.255.40.222)... 128.255.40.223 (128.255.40.222)===
     2.2.2.0/24:0/0
```

原因：双方就提议的受 IPSec 保护的数据流协商不一致就会直接导致协商失败。

信息 5：

```
2w3d:22:41:26:%IKE-ERR: we require peer to have ID '3005B.maipu.com', but peer declares '20.0.0.2'
2w3d:22:41:26:%IKE-ERR: Aggressive Mode packet from 20.0.0.2:500 has invalid ID
```

原因：对端 ID 无效导致 IKE 协商失败。

说明：本节内容参考引用了迈普技术服务中心的 IPSec VPN 故障排除手册和技术资料，作者对此表示感谢。

9.4 防火墙

9.4.1 防火墙的定义

防火墙是在两个网络之间强制执行访问控制策略的一个或多个系统，它常常安装在受保护的内部网络连接到 Internet 的点上，所有来自 Internet 的传输信息或从内部网络发出的信息都穿过防火墙。逻辑上，防火墙是分离器、限制器、分析器，它可以根据企业的安全策略控制(允许、拒绝、监测)出入网络的信息流，所以实际上它是在开放与封闭的界面上构造了一个保护层，属于内部范围的业务。依照安全策略在授权许可下进行内部对外部的联系，在安全策略约束下进行外部对内部网络的访问受到防火墙的限制，从而保护内部网络不受来自外部的入侵。防火墙不能完全保证网络不受外界非法侵入，但仍起到明显的保护隔离作用。此外，防火墙是一种被动防卫技术，由于假设了网络的边界和服务，因此对内部的非法访问难以有效地控制。

目前密码技术常在防火墙中采用，如身份识别和验证、信息的保密性保护、信息的完整性校验、系统的访问控制机制、授权管理等技术。

9.4.2 防火墙的原理

防火墙最基本的功能是确保网络流量的合法性，并在此前提下将网络的流量快速地从一条链路转发到另外的链路上。原始的防火墙是一台双网卡主机，即具备两个网络接口，同时拥有两个网络层地址。防火墙将网络上的流量通过相应的网络接口接收上来，按照 TCP/IP 协议栈的 7 层结构顺序上传，在适当的协议层进行访问规则和安全审查，然后将符合通过条件的报文从相应的网络接口送出，而对于那些不符合通过条件的报文则予以阻断。

因此，从这个角度上来说，防护墙是一个类似于桥接或路由器的、多端口的(网络接口大于等于 2)转发设备。它跨接于多个分离的物理网段之间，并在报文转发过程之中完成对报文的审查工作，如图 9-4 所示。

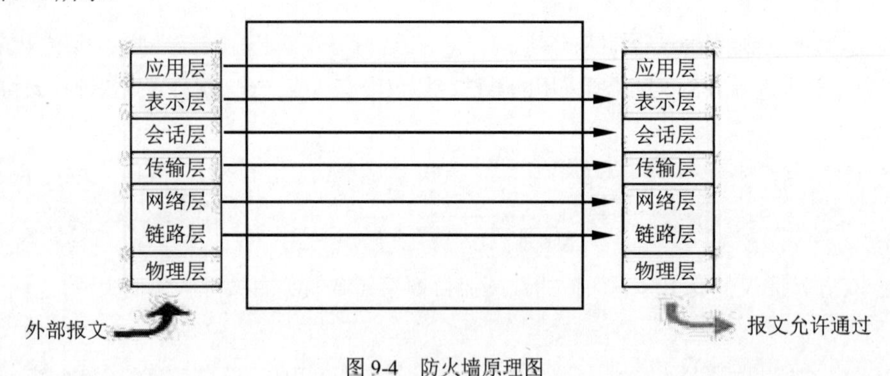

图 9-4　防火墙原理图

9.4.3　防火墙能做什么

1. 防火墙是网络安全的重点

一个防火墙能极大地提高内部网络的安全性，把防火墙看做阻塞点，所有进出的信息必须穿过唯一的、狭窄的检查点，防火墙为网络安全起到了把关的作用，能够集中安全防范检查点，即将网络连接到 Internet 的点。防火墙通过过滤不安全的服务而降低风险，保护内部网络。

2. 防火墙能强制安全策略

Internet 的许多服务是不安全的，防火墙执行站点的安全策略，仅仅允许“认可的”和符合规则的服务穿过。通过以防火墙为中心的安全方案配置，能将所有安全软件(如口令、加密、身份认证、审计等)配置在防火墙上。

3. 防火墙能有效地记录 Internet 活动

因为所有的传输信息穿过防火墙，防火墙非常适合于收集关于系统和网络使用、误用的信息。作为访问的唯一点，防火墙能在被保护的内部网络和外部网络之间进行记录。

4. 防火墙能限制内部信息的暴露

通过利用防火墙对内部网络进行划分，可实现内部网重点网段的隔离，从而限制了局部重点或敏感网络安全问题对全局网络造成的影响。再者，隐私是内部网络非常关心的问题，一个内部网络中不引人注意的细节可能包含了有关安全的线索而引起外部攻击者的兴趣，甚至因此而暴露了内部网络的某些安全漏洞。使用防火墙就可以隐藏那些透漏内部细节(如 Finger、DNS 等)的服务。

9.4.4　防火墙不能做什么

防火墙对网络威胁具有较好的防范，但不是安全解决方案的全部，某些威胁是防火墙力所不及的。需要弄清楚防备这些威胁的其他方法(物理安全、主机安全和用户教育)。这些也必须包括在全面安全计划内。

1. 防火墙不能防范恶意的知情者

若侵袭者来自防火墙内部，防火墙实际上无能为力，内部用户能偷窃数据、破坏硬件和软件，并且巧妙地修改程序而从不接近防火墙。

2. 对不通过防火墙的连接无能为力

防火墙能有效地控制穿过它的传输信息，但对不通过它的传输信息无能为力。例如，站点允许防火墙后面的内部系统拨入访问怎么办？防火墙绝对没有办法防止入侵者通过这样一种调制解调器进入。所以必须有严格的安全管理制度。

3. 防火墙不能防备所有新的威胁

防火墙被用来防备已知的威胁，但一个好的设计也可以防备新的威胁，没有防火墙能自动防御所有新的威胁。

4. 防火墙不能防备病毒

防火墙不能消除网络上的病毒，虽然许多防火墙扫描所有通过的信息，以决定是否允许穿过防火墙到达内部网络，但扫描多半是针对源与目标的地址和端口号，而非扫描数据细节，且病毒多半隐藏在数据中，检查随机数据包中的病毒穿过防火墙是十分困难的。

9.4.5 防火墙应遵循的准则

1. 未经说明允许的就是拒绝

防火墙阻塞所有流经的信息，每一个服务请求或应用的实现都基于逐项审查的基础。这是一个值得推荐的方法，它将创建一个非常安全的环境。当然，该理念的不足在于过于强调安全而减弱了可用性，限制了用户可以申请的服务的数量。

2. 未说明拒绝的均为许可的

约定防火墙总是传递所有的信息，此方式认定每一个潜在的危害总是可以基于逐项审查而被杜绝。当然，该理念的不足在于它将可用性置于比安全更为重要的地位，增加了保证私有网络安全性的难度。

9.4.6 防火墙遵循的安全策略

在一个企业网中，防火墙应该是全局安全策略的一部分，构建防火墙时首先要考虑其保护的范围。企业网的安全策略应该在细致的安全分析、全面的风险假设和商务需求分析基础上来制定。构筑防火墙和加强网络安全应遵循一些基本的策略。

1. 最小特权原则

设计网络安全产品最根本的安全原则就是最小特权原则，最小特权是说任一对象(用户、管理员、程序、系统等)应当且仅应当具有该对象完成指定任务所需要的特权。这样一方面能尽量避免网络遭受侵袭，并减少侵袭造成的损失；另一方面便于审计追踪，定位责任。

2. 纵深防御原则

构建安全的网络不能只依靠单一的安全机制，而是要尽量建立多层机制，互相支撑以达到比较满意的效果。防火墙的作用不可忽视，但又不能把防火墙作为因特网安全问题的唯一解决方法。通过建立多层机制可互相提供备份和冗余，如网络安全、主机安全和人员安全。所有机制都很重要，但不要对任何一个抱有绝对的信任。

3. 阻塞点原则

阻塞点强迫侵袭者通过一个受到监控的窄小通道。在因特网安全系统中，位于局域网和因特网之间的防火墙就是这样一个阻塞点，任何一个因特网上的侵袭者都必须通过这个防御侵袭的通道，管理员应仔细监视这条通道，并在发现侵袭时做出响应。

4. 最薄弱环节原则

防火墙的强度取决于系统中最薄弱的环节，要尽量消除系统中的薄弱环节，如口令保护、加密通道、角色划分等。对消除不掉的薄弱环节要严加防范。

5. 失效保护状态

防火墙系统应明确当系统崩溃时所采取的保护措施应该保证系统的安全，即如果系统运行错误，那么应该拒绝用户访问。通常有两种策略可供选择。

(1) 默认拒绝状态：除了明确允许的都被禁止。

(2) 默认许可状态：除了明确禁止的都被允许。

从安全角度讲，默认拒绝状态是最佳选择；从方便用户访问的角度讲，默认许可状态比较合适，管理员需要根据实际情况选择相应的安全策略。

6. 简单化原则

简单化也是一个安全保护策略，这是因为简单的事情易于理解，如果你不了解某事，就不了解它是否安全。复杂化必然会存在隐藏的角落，并且复杂的程序有更多的小毛病，任何小毛病都可能引发安全问题。

9.4.7　防火墙如何能防止非法者的入侵

防火墙是 Internet 上公认的网络存取控制最佳的安全解决方案，网络公司正式将防火墙列入信息安全机制。防火墙是软硬件的结合体，架设在网络之间以确保安全的连接。因此可以当做 Internet、Intranet 或 Extranet 的网关器，以定义一个规则组合或安全策略，来控制网络间的通信，并可有效率地记录各种 Internet 应用服务的存取信息、隐藏企业内部资源、减少企业网络暴露的危机等。所以，正确安全的防火墙架构必须让所有外部到内部或内部到外部的封包都通过防火墙，且唯有符合安全政策定义的封包，才能通过防火墙。既然防火墙是 Internet/Intranet 相关技术服务进出的唯一信道，要正确地使用防火墙就必须先了解防火墙的技术。

一般来说，采用一些功能强大的反黑软件和防火墙来保证系统的安全，在这里通过限制端口来帮助防止非法入侵。

1. 非法入侵的方式

简单来说，非法入侵的方式可分为 4 种。

(1) 扫描端口，通过已知的系统 Bug 攻入主机。

(2) 种植木马，利用木马开辟的后门进入主机。

(3) 采用数据溢出的手段，迫使主机提供后门进入主机。

(4) 利用某些软件设计的漏洞，直接或间接控制主机。

非法入侵的主要方式是前两种，尤其是利用一些流行的黑客工具，通过第一种方式攻击主机的情况最多，也最普遍；而对后两种方式来说，只有一些手段高超的黑客才利用，涉及面并不广泛，而且只要这两种问题一出现，软件服务商很快就会提供补丁，及时修复系统。因此，能限制前两种非法入侵方式，就能有效防止利用黑客工具的非法入侵。而且前两种非法入侵方式有一个共同点，就是通过端口进入主机。

端口就像一所房子(服务器)的门一样，不同的门通向不同的房间(服务器提供的不同服务)。常用的 FTP 默认端口为 21，而 WWW 网页一般默认端口是 80。但是有些马虎的网络管理员常常打开一些容易被入侵的端口服务，如 139 等；还有一些木马程序，如“冰河”、BO、“广场”等都是自动开辟一个不为用户察觉的端口。

2. 限制端口的方法

对于个人用户来说，可以限制端口对外提供任何服务；而对于对外提供网络服务的服务器，需把必须利用的端口(例如，WWW 端口 80，FTP 端口 21，邮件服务端口 25、110 等)开放，其他的端口则全部关闭。

对于 Window 系统服务器来说，不需要安装任何其他软件，可以利用 TCP/IP 功能限制服务器的端口。具体设置如下：

(1) 右击“网上邻居”，在弹出的快捷菜单中选择“属性”命令，然后双击“本地连接”(拨号上网用户选择“我的连接”图标)，弹出“本地连接状态”对话框，如图 9-5 所示。

(2) 单击“属性”按钮，弹出“本地连接属性”对话框。选择“此连接使用下列项目”列表中的“Internet 协议(TCP/IP)”，然后单击“属性”按钮，弹出“Internet 协议(TCP/IP)属性”对话框，如图 9-6 所示。

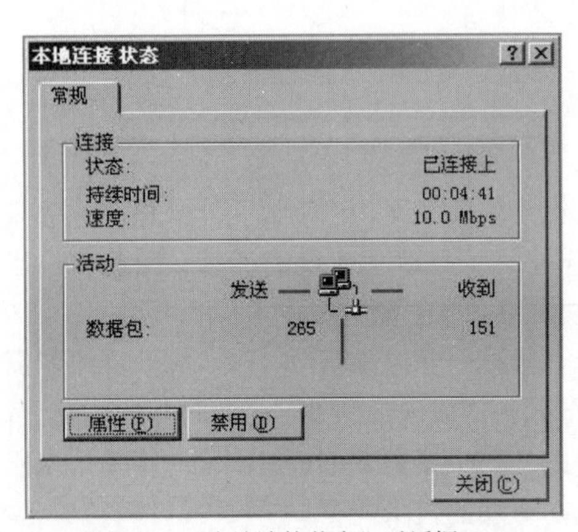

图 9-5 “本地连接状态”对话框

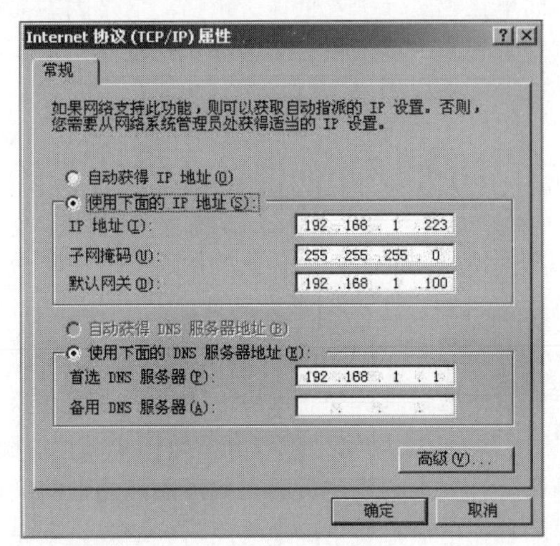

图 9-6 “Internet 协议(TCP/IP)属性”对话框

(3) 单击“高级”按钮，在弹出的“高级 TCP/IP 设置”对话框中，选择“选项”标签，选中“TCP/IP 筛选”，然后单击“属性”按钮，如图 9-7 所示。

(4) 在弹出的“TCP/IP 筛选”对话框中选择“启用 TCP/IP 筛选”复选框，然后选中“端口”上的“只允许”单选按钮，就可以自己添加/删除 TCP、UDP 或 IP 的各种端口了，如图 9-8 所示。

添加或者删除完毕，重新启动系统以后，服务器就被保护起来。

最后，提醒个人用户，若只上网浏览，可以不添加任何端口。但是若要利用一些网络联络工具，如 QQ，就要打开 4000 端口。同理，发现某个常用的网络工具不能起作用时，应搞清主机所开的端口，然后在“TCP/IP 筛选”中添加端口即可。

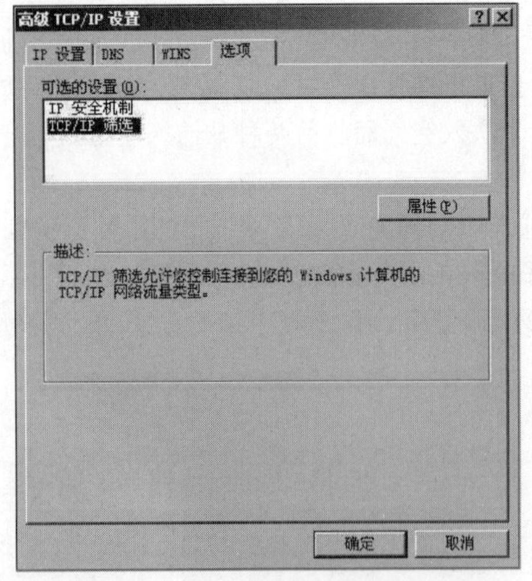

图 9-7 “高级 TCP/IP 设置”对话框

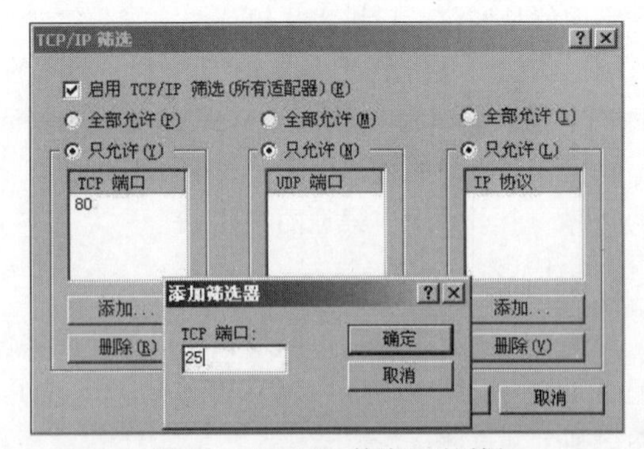

图 9-8 “TCP/IP 筛选”对话框

9.4.8 常用的防火墙

防火墙用来保护敏感的数据、重要信息资源不被窃取或篡改等非法访问。作为一个中心控制点，它将局域网的安全管理集中起来，管制内网与外网的安全互联互访。

防火墙管理内部局域网示意图如图 9-9 所示。

常用的防火墙包括包过滤防火墙、应用级网关防火墙和状态检测防火墙。

1. 包过滤防火墙

包过滤防火墙根据定义好的过滤规则审查每个数据包，以便确定其是否与某一条包过滤规则匹配，过滤规则是根据数据包的报头信息进行定义的。包过滤防火墙按照网络安全策略对 IP 包进行选择，确定同意或拒绝包的通过。

包过滤示意图如图 9-10 所示。

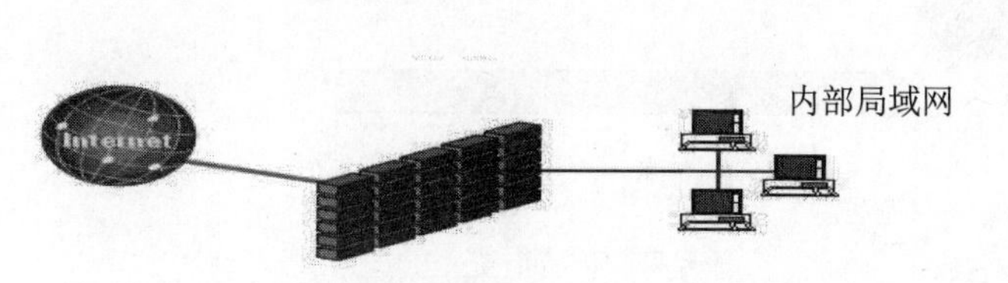

图 9-9　防火墙管理内部局域网

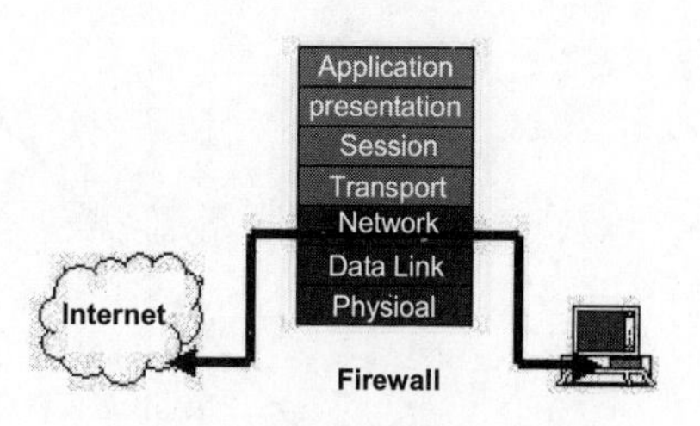

图 9-10　包过滤示意图

包过滤工作图如图 9-11 所示。

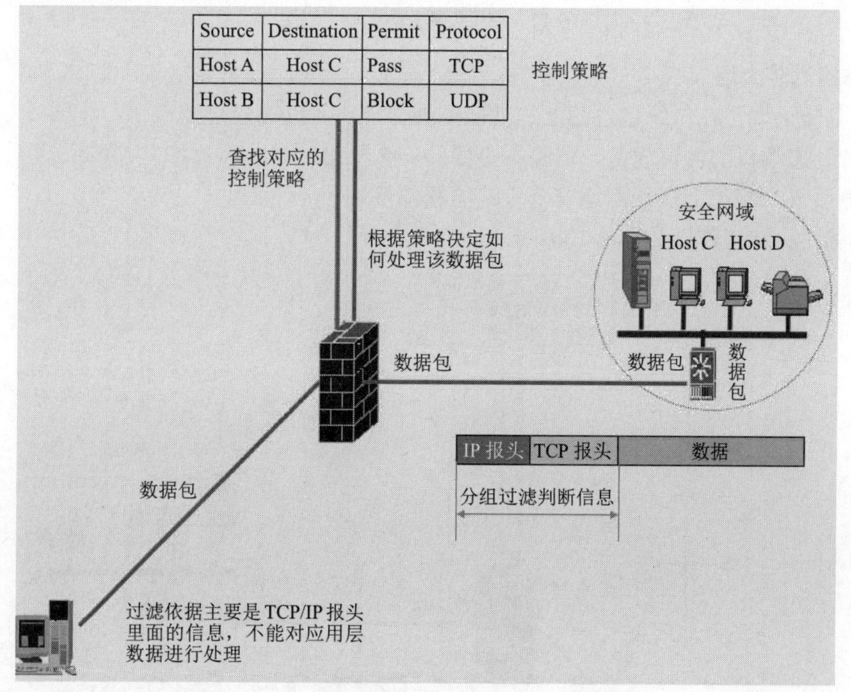

图 9-11　包过滤工作图

2. 应用级网关防火墙

应用级网关防火墙工作在 TCP/IP 协议的应用层，起网关作用。

通过自身(网关)复制传递数据，防止在内部主机与外部主机间直接建立通信联系。

基本工作过程为 Internet-S/C…S/C-Intranet。

高速缓存，相同内容重发。

应用级网关防火墙工作图如图 9-12 所示。

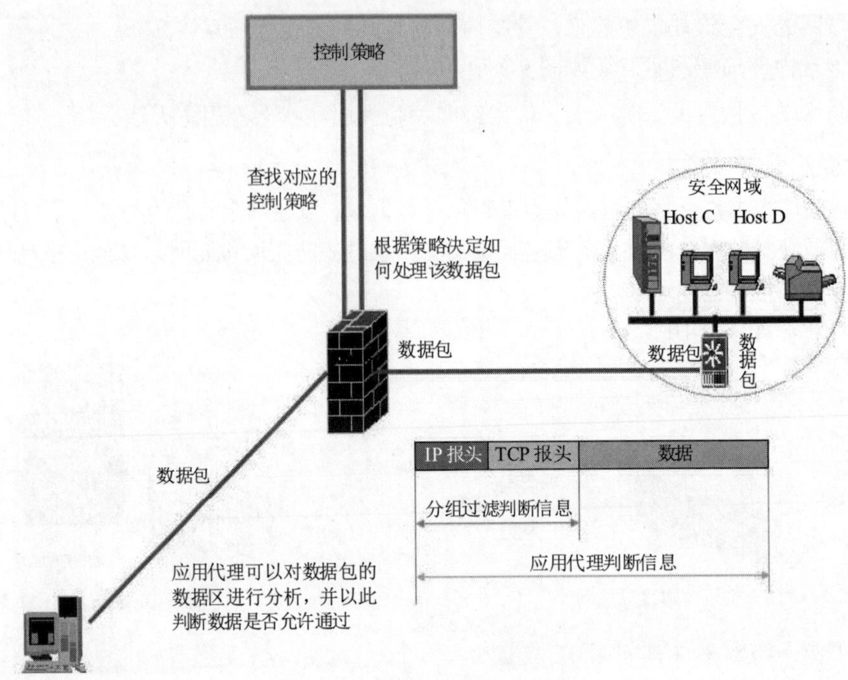

图 9-12　应用级网关防火墙工作图

3. 状态检测防火墙

状态检测防火墙是在传统包过滤上的功能扩展，能进行动态包过滤：

- 符合动态端口的协议规范，消除不必要的安全隐患。
- 监测引擎，网关上执行网络安全策略的软件模块。

状态检测防火墙工作图如图 9-13 所示。

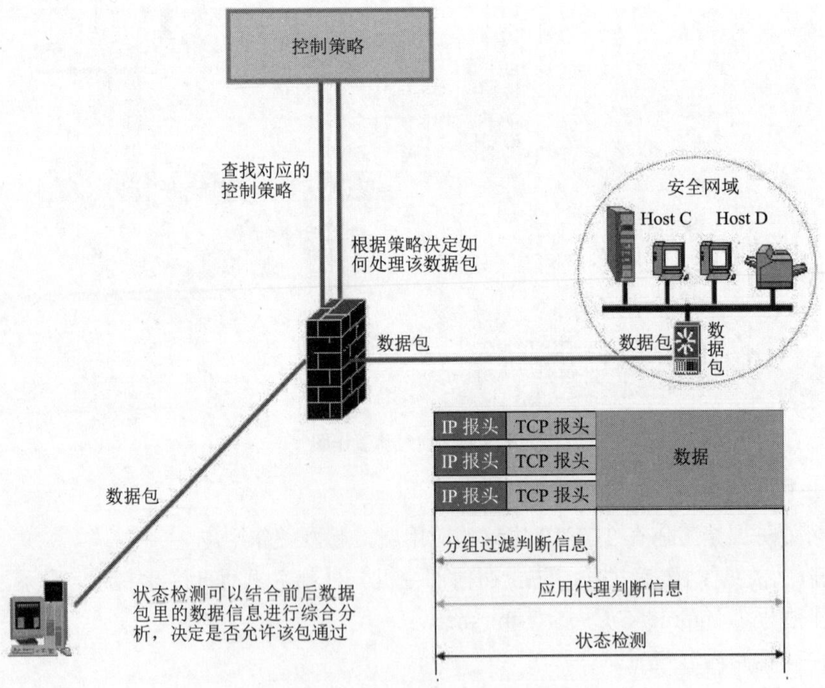

图 9-13　状态检测防火墙工作图

9.4.9　防火墙的缺陷

防火墙的缺陷主要有：

- 防火墙不能防范不经过防火墙的攻击。
- 防火墙不能防止感染了病毒的软件或文件的传输。
- 防火墙不能防止数据驱动式攻击。
- 防火墙需要其他的安全策略配合。

9.5　有关包过滤规则的几个概念

在配置包过滤路由器时，首先要确定哪些服务允许通过而哪些服务不允许通过，并将这些规定翻译成有关的包过滤规则，但不必对包的内容予以关心。例如，允许站点接收来自于因特网的邮件，而该邮件是由什么工具制作的，具体内容则与我们无关。路由器只关注包中的“包头”一小部分内容。为了便于叙述，下面介绍将服务翻译成包过滤规则时几个非常重要的概念。

1. 协议总是双向的

协议总是双向的，协议包括一方发送一个请求而另一方回送一个应答。在指定包过滤规则时，要注意包是从两个方向来到路由器的。例如，只允许向外的 Telnet 包将我们的输入信息送达远程主机，而不允许返回的显示信息包通过相同的连接，这种规则是不正确的。同时，拒绝半个连接往往也是不起作用的。在许多攻击中，入侵者往内部网发送包，他们甚至不用返回信息就可完成对内部网的攻击，因为他们可以对返回信息进行推测。

2. 准确理解“往内”与“往外”的语义

在制定包过滤规则时，必须准确理解“往内”与“往外”的包和“往内”与“往外”的服务这几个词的语义。一个往外的服务(如上面提到的 Telnet)同时包含往外的包(输入的信息)和往内的包(屏幕显示的信息)。虽然大多数人习惯用“服务”来定义规则，但在实际制定包过滤规则时也一定要弄清“往内”与“往外”的包和“往内”与“往外”的服务这几个词之间的区别。

3. 准确设置“默认允许”与“默认拒绝”

安全策略中有两种方法：默认拒绝(没有明确地被允许就应该拒绝)与默认允许(没有明确地被拒绝就应该允许)。从安全角度来看，用默认拒绝应该更合适。正如前面所讨论过的一样，首先应该从拒绝任何传输来开始设置包过滤规则，然后再对某些应被允许传输的协议设置允许标志，这样系统的安全性会更好一些。

协议过滤常见问题如图 9-14 所示。

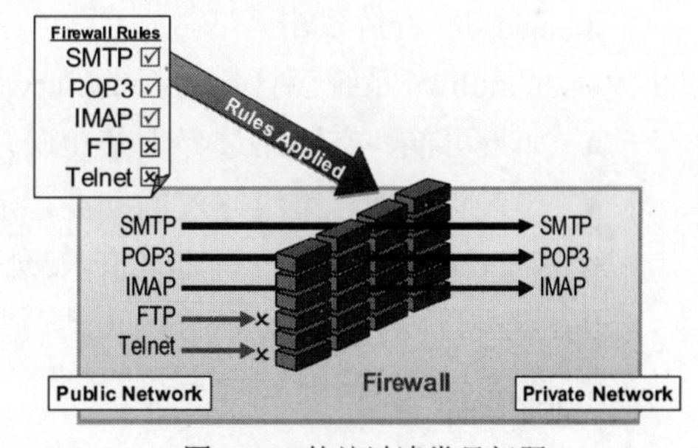

图 9-14　协议过滤常见问题

9.6　地址过滤常见问题

地址过滤常见问题如图 9-15 和图 9-16 所示。

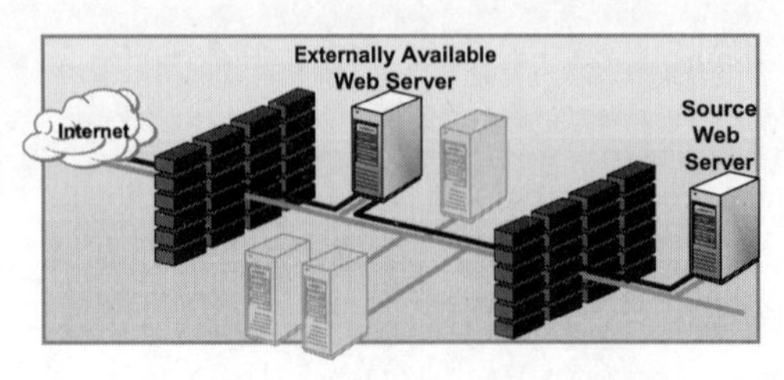

图 9-15　地址过滤常见问题(1)

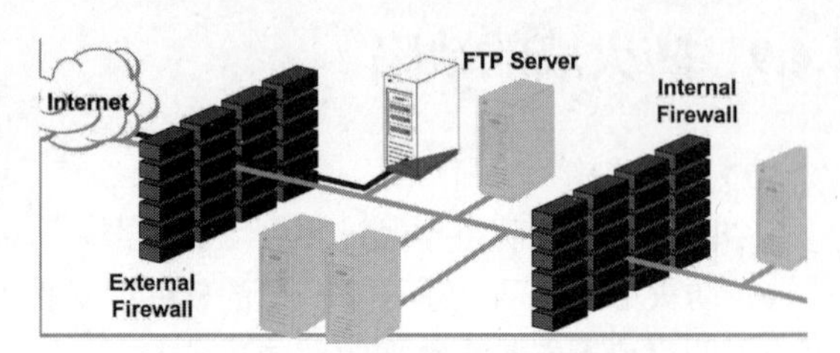

图 9-16　地址过滤常见问题(2)

9.7　规则表

规则表如图 9-17 所示。

Protocol	Source	Source Port	Destination	Destination Port
HTTP	**Any**	**Any**	**Web Server**	**TCP 80**
HTTPS	**Any**	**Any**	**Web Server**	**TCP 443**
FTP Data	**Any**	**Any**	**FTP Server**	**TCP 20**
FTP Data	**FTP Server**	**TCP 20**	**Any**	**Any**
FTP Control	**Any**	**Any**	**FTP Server**	**TCP 21**
FTP Control	**FTP Server**	**TCP 21**	**Any**	**Any**

图 9-17　规则表

9.8　IP 碎片处理

1. 为什么存在 IP 碎片

链路层具有最大传输单元 MTU 特性，它限制了数据帧的最大长度，不同的网络类型都有一个上限值。以太网的 MTU 是 1500 字节，可以用 netstat -i 命令查看这个值。如果 IP 层有数据包要传，而且数据包的长度超过了 MTU，那么 IP 层就要对数据包进行分片(Fragmentation)操作，使每一片的长度都小于或等于 MTU。假设要传输一个 UDP 数据包，以太网的 MTU 为 1500 字节，一般 IP 首部为 20 字节，UDP 首部为 8 字节，数据的净荷(Payload)部分预留是 1500－20－8=1472 字节。如果数据部分大于 1472 字节，就会出现分片现象。

2. IP 碎片攻击

IP 首部有两个字节表示整个 IP 数据包的长度，所以 IP 数据包最长只能为 0xFFFF，就是 65 535 字节。如果有意发送总长度超过 65 535 的 IP 碎片，一些老的系统内核在处理时就会出现问题，导致崩溃或者拒绝服务。另外，如果分片之间偏移量经过精心构造，一些系统就无法处理，导致死机。

3. 阻止 IP 碎片攻击

- Windows 系统应打上最新的 Service Pack，目前的 Linux 内核已经不受影响。
- 如果可能，在网络边界上禁止碎片包通过，或者用 iptables 限制每秒通过碎片包的数目。
- 如果防火墙有重组碎片的功能，应确保自身的算法没有问题，否则就会影响整个网络。
- Windows 系统中，自定义 IP 安全策略，设置“碎片检查”。

IP 碎片可以利用 iptables 命令处理。

4. iptables 命令

iptables 是用来设置、维护和检查 Linux 内核的 IP 包过滤规则的。

iptables 的基本用法：

```
iptables [-t table] -[AD] chain rule-specification [options]
iptables [-t table] -I chain [rulenum] rule-specification [options]
iptables [-t table] -R chain rulenum rule-specification [options]
iptables [-t table] -D chain rulenum [options]
iptables [-t table] -[LFZ] [chain] [options]
iptables [-t table] -N chain
```

```
iptables [-t table] -X [chain]
iptables [-t table] -P chain target [options]
iptables [-t table] -E old-chain-name new-chain-name
```

(1) 对链或者表操作的各个选项的作用如下：

- -t，--table

table 对指定的表进行操作，table 必须是 raw、nat、filter、mangle 中的一个。如果不指定此选项，默认的是 filter 表。

- -A，--append chain rule-specification

在指定链 chain 的末尾插入指定的规则，也就是说，这条规则会被放到最后，最后才会被执行。规则是由后面的匹配来指定的。

- -D，它有两种格式的用法：

  -D，--delete chain rule-specification

  -D，--delete chain rulenum

在指定的链 chain 中删除一个或多个指定规则。

- -I，--insert chain [rulenum] rule-specification

在链 chain 中的指定位置插入一条或多条规则。如果指定的规则号是 1，则在链的头部插入。

- -R，--replace chain rulenum rule-specification

用新规则替换指定链 chain 上面的指定规则，规则号从 1 开始。

- -L，--list [chain]

列出链 chain 上面的所有规则，如果没有指定链，列出表上所有链的所有规则。

- -F，--flush [chain]

清空指定链 chain 上面的所有规则。如果没有指定链，清空该表上所有链的所有规则。

- -Z，--zero [chain]

把指定链或者表中的所有链上的所有计数器清零。

- -N，--new-chain chain

用指定的名字创建一个新的链。

- -X，--delete-chain [chain]

删除指定的链，这个链必须没有被其他任何规则引用，而且这个链上必须没有任何规则。如果没有指定链名，则会删除该表中所有非内置的链。

- -E，--rename-chain old-chain new-chain

用指定的新名字去重命名指定的链。这并不会对链内部造成任何影响。

- -P，--policy chain target

为指定的链 chain 设置策略 target。注意，只有内置的链才允许有策略，用户自定义的链是不允许的。

(2) 对规则进行操作的基本选项：

- -p，--protocol [!] proto

指定使用的协议为 proto，其中 proto 必须为 TCP、UDP、ICMP 或者 all，或者表示某个协议的数字。如果 proto 前面有“!”，表示取反。

- -j，--jump target

指定目标，即满足某条件时该执行什么样的动作。target 可以是内置的目标，比如 ACCEPT，也可以是用户自定义的链。

● -s，--source [!] address[/mask]

把指定的一组地址作为源地址，按此规则进行过滤。当后面没有 mask 时，address 是一个地址，比如：192.168.1.1；当 mask 指定时，可以表示一组范围内的地址，比如：192.168.1.0/255.255.255.0。

● -d，--destination [!] address[/mask]

地址格式同上，但这里是指定地址为目的地址，按此进行过滤。

● -i，--in-interface [!] name

指定数据包来自的网络接口，比如最常见的 eth0。注意：它只对 INPUT、FORWARD、PREROUTING 这三个链起作用。如果没有指定此选项，说明可以来自任何一个网络接口。同前面类似，"!" 表示取反。

● -o，--out-interface [!] name

指定数据包出去的网络接口。只对 OUTPUT、FORWARD、POSTROUTING 三个链起作用。

● --source-port，--sport port[:port]

在 TCP/UDP/SCTP 中，指定源端口。冒号分隔的两个 port 表示指定一段范围内的所有端口，大的小的哪个在前都可以，比如："1:100" 表示从 1 号端口到 100 号(包含边界)，而 ":100" 表示从 0 到 100，"100:" 表示从 100 到 65 535。

● --destination-port，--dport port[，port]

指定目的端口，用法和上面类似，但如果要指定一组端口，格式可能会因协议不同而不同，注意浏览 iptables 的手册。

命令：

```
iptables -A FORWARD -p tcp -s 192.168.1.0/24 -d 192.168.2.100 -j ACCEPT
```

iptables 指定用 TCP 协议发送 IP 碎片处理的一组地址 192.168.1.0/24(作为源地址)到指定目标 192.168.2.100，192.168.2.100 按此规则进行过滤，满足过滤条件时，接受、认可、执行。

```
iptables -A -f  FORWARD -p tcp -s 192.168.1.0/24 -d 192.168.2.100 -j ACCEPT
```

iptables 指定清空所有 IP 碎片，用 TCP 协议发送 IP 碎片处理的一组地址 192.168.1.0/24(作为源地址)到指定目标 192.168.2.100，192.168.2.100 按此规则进行过滤，满足过滤条件时，接受、认可、执行。

IP 碎片处理如图 9-18 和图 9-19 所示。

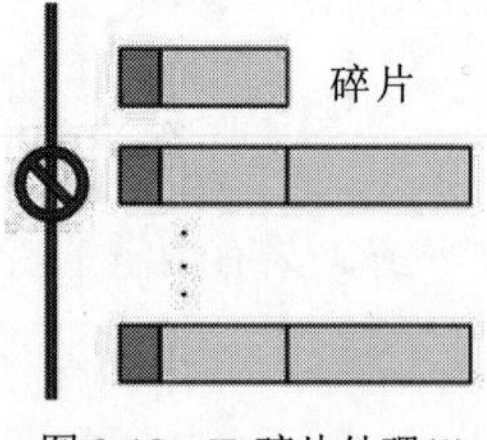

图 9-18 IP 碎片处理(1)

图 9-19 中，安全加密链路服务器(Tunnel Server)用 iptables 对协定、协议(IKE、IPSec ESP、IPSec AH)，对提供消息者(any)的目的地端口(UDP 500、PROT ID 50、PROT ID 51)指定清空所有 IP 碎片；内部防火墙内安全加密链路服务器的 SQL Server、IAS Server 用 iptables 对协定、协议(RADIUS SQL Data)，对提供消息者(Tunnel Server、Address Pool)的目的地端口(UDP1812、TCP14331)指定清空所有 IP 碎片。

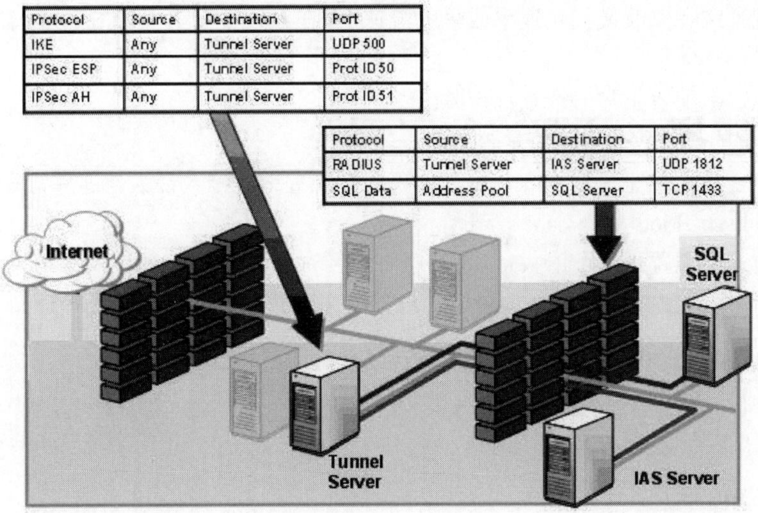
Protocol
Source
Destination
Port
IKE
Any
Tunnel Server
UDP 500
IPSec ESP
Any
Tunnel Server
Prot ID 50
IPSec AH
Any
Tunnel Server
Prot ID 51
Protocol
Source
Destination
Port
RADIUS
Tunnel Server
IAS Server
UDP 1812
SQL Data
Address Pool
SQL Server
TCP 1433
Internet
SQL Server
Tunnel Server
IAS Server

图 9-19　IP 碎片处理(2)

9.9　防火墙常见故障处理

故障现象 1：用户通过流量监测工具发现网络中存在大量的 SYN 报文

SYN 是 TCP/IP 建立连接时使用的握手信号。由于资源的限制，TCP/IP 栈只能允许有限个 TCP 连接。

出现大量的 SYN 报文，可能的原因有：

(1) SYN Flood 攻击。

SYN Flood 攻击是指攻击者发送一个 SYN 报文，其源地址是伪造的，或者是用一个不存在的地址向服务器发起连接，服务器在收到报文后用 SYN-ACK 应答，而此应答发出去后，收不到 ACK 报文，造成一个半连接。如果攻击者发送大量这样的报文，会在被攻击主机上产生大量的半连接，耗尽其资源，使正常的用户无法访问，直到半连接超时。

(2) 未能使用 SYN Flood 攻击防范功能。

(3) 防火墙上配置的最大流速率或者最大包速率阈值太大。

故障处理：

(1) 检查是否使用了 SYN Flood 攻击防范功能。

执行 display firewall defend flag 命令，检查 SYN Flood 攻击防范功能是否使用。SYN Flood 对应的 Flag 的值如果为 Enable，说明已经使用 SYN Flood 攻击防范功能；如果 SYN Flood 攻击防范功能没有使用，在系统视图下执行 firewall defend syn-flood enable 使用攻击防范功能。如果 SYN Flood 攻击防范功能已经使用，执行步骤(2)。

(2) 检查配置的最大包速率。

执行 display firewall defend syn-flood ip 或者 display firewall defend syn-flood zone 命令检查用户配置基于 ip 的或者基于 zone 的最大流速率和最大包速率。

显示信息中 MR(cps)表示最大流速率，即每秒最多允许多少条信息流通过，FR(pps)表示最大包速率，即每秒内最多允许多少个目的 IP 地址相同包通过。如果 FR(pps)表项无值，说明用户未配置最大包速率。

如果需要配置或者修改最大包速率或最大流速率，在系统视图下执行 firewall defend syn-flood 命令。

如果最大包速率配置正常，请执行步骤(3)。

(3) 检查配置的最大包速率阈值是否太大。

默认情况下，最大包速率为1000 pps。如果需要配置或者修改最大包速率，在系统视图下执行 firewall defend syn-flood 命令。

如果最大包速率配置正常，请执行步骤(4)。

(4) 请收集设备的配置文件、日志信息、告警信息，并联系技术支持工程师。

故障现象 2：ACL(访问控制列表)不起作用引起包过滤防火墙失效

常见原因：

- 引用了错误的 ACL 编号。
- ACL 类型配置不正确。
- ACL 的规则定义错误。

故障处理：

(1) 检查 ACL 的类型是否与防火墙的类型相匹配。

对于基于 MAC 的 ACL(编号取值范围是4000～4999)，只有防火墙配置为透明防火墙的情况下可以起作用。且对于透明防火墙，如果域间没有配置基于 MAC 的 ACL，当设备收到非以太报文时，报文会直接丢弃。

如果防火墙的类型为非透明防火墙，基于 MAC 的 ACL 将无法起作用。执行 display firewall interzone 可以检查包过滤引用的 ACL 的编号，从而可以判断 ACL 的类型。

如果 ACL 的类型与防火墙的类型不匹配，请重新配置 ACL。如果 ACL 的类型与防火墙的类型匹配，请执行步骤(2)。

(2) 检查包过滤引用的 ACL 是否配置正确。

执行 display firewall interzone 可以检查包过滤引用的 ACL 序列号及应用方向。设备上可能存在多个 ACL，引用时需要注意引用到正确的 ACL。

如果引用的 ACL 编号错误或者 ACL 应用方向错误，请在安全域间视图下，执行 undo packet-filter { acl-number | default { deny | permit }} { inbound | outbound } 取消配置包过滤后，执行 packet-filter { acl-number | default { deny | permit }} { inbound | outbound } 命令重新配置 ACL 的应用方向。

如果引用的 ACL 编号正确，应用方向也正确，请执行 display acl 命令检查 ACL 的规则配置是否正确。如果规则配置错误，请修改 ACL 的配置规则。如果规则正确，请执行步骤(3)。

(3) 收集设备的配置文件、日志信息、告警信息，并联系技术支持工程师。

故障现象 3：虚拟防火墙故障

常见原因：

- VPN 配置错误。
- 包过滤规则引用的 ACL 中未携带 VPN 配置。
- 没有 VPN 路由。

故障处理：

(1) 检查 VPN 配置是否正确。

① 执行命令 display ip vpn-instance 显示 VPN 实例状态，检查 VPN 实例是否配置 RD(route-distinguisher)，属于同一 VPN 实例的 RD 是否一致。

② 如果未配置 RD，在 VPN 实例视图下，执行 route-distinguisher route-distinguisher 命令配置 RD。

③ 如果配置了错误的 RD，执行 undo ip vpn-instance 删除 VPN 实例的配置后，重新配置 VPN 实例及 RD。

④ 如果 VPN 配置正确，请执行步骤(2)。

(2) 检查包过滤中引用的 ACL 是否配置了正确的 VPN 信息。

① 执行 display firewall interzone 可以检查包过滤引用的 ACL 编号。获得 ACL 编号后，可以执行 display acl 查看 ACL 中的规则配置。

② 如果 ACL 的类型为基础 ACL，请检查配置的 rule 的动作中是否携带了 vpn-instance 参数。如果没有配置或者配置的 vpn-instance 参数错误，请重新配置 rule。

③ 如果 ACL 的类型为高级 ACL，请检查配置的 rule 的动作中是否携带了 ip vpn-instance 参数，如果没有配置或者配置的 vpn-instance 参数错误，请重新配置 rule。

④ 如果规则中已经配置正确的 vpn-instance 参数，请执行步骤(3)。

(3) 检查是否有正确的 VPN 路由。

① 执行 display ip routing-table vpn-instance 检查 VPN 路由表中是否有到达目的地址的路由，如果没有，请配置路由。

② 如果存在到达目的地的路由，流量仍然不通，请执行步骤(4)。

(4) 收集设备的配置文件、日志信息、告警信息，并联系技术支持工程师。

故障现象 4：黑名单故障处理

常见原因：

- 未配置静态黑名单表项。
- 黑名单表项老化。
- 黑名单功能未使用。
- 防火墙功能未使用。

故障处理：

(1) 查看配置的黑名单信息是否正确。

- 执行命令 display firewall blacklist all 查看黑名单表项信息，检查已经加入黑名单表项的 IP 地址及 VPN 信息是否正确。
- 如果黑名单信息配置错误，请执行 undo firewall blacklist 删除错误的配置后，重新执行 firewall blacklist，重新配置黑名单。
- 如果黑名单信息配置正确，请执行步骤(2)。

(2) 查看黑名单是否使用。

- 执行 display firewall blacklist configuration 命令，查看黑名单是否使用。
- 如果黑名单功能未使用，请执行 firewall blacklist enable 命令将黑名单功能使用。
- 如果黑名单功能已经使用，请执行步骤(3)。

(3) 查看黑名单表项是否已经老化。

- 执行 display firewall blacklist all 命令，若需要加入黑名单的 IP 地址没有出现在显示信息中，说明此黑名单已老化。

- 如果静态黑名单表项已经老化，请执行 firewall blacklist 命令重新配置该静态黑名单表项的老化时间。如果用户需要黑名单永远有效，可以配置黑名单的老化时间为 0 或者在添加黑名单表项时不指定老化时间。
- 如果是配置地址扫描攻击防范后生成的黑名单，请执行 firewall defend ip-sweep 命令配置黑名单的老化时间。
- 如果是配置端口扫描攻击防范后生成的黑名单，请执行 firewall defend port-scan 命令配置黑名单的老化时间。
- 如果黑名单表项未老化，请执行步骤(4)。

(4) 查看域间防火墙是否使用。

- 执行命令 display firewall interzone，查看域间防火墙是否使用，如果显示信息中包含 firewall disable，说明域间防火墙功能未使用。
- 如果域间防火墙功能未使用，则在域间视图上使用命令 firewall enable 使用域间防火墙。
- 如果域间防火墙功能已经使用，请执行步骤(5)。

(5) 收集设备的配置文件、日志信息、告警信息，并联系技术支持工程师。

故障现象 5：物理故障

常见原因：线路故障、端口故障和主机故障。

故障处理：线路故障用网线测试器测量网线的好坏；端口故障通常包括插头松动和端口本身的物理故障，此类故障通常会影响到与其直接相连的其他设备的信号灯。因为信号灯比较直观，所以可以通过信号灯的状态大致判断出故障的发生范围和可能原因；主机故障通常包括网卡松动、网卡物理故障、主机的网卡插槽故障和主机本身故障。故障处理方法同于网卡故障诊断与排除。

习题

1. IPsec VPN 调试命令有哪些？
2. 简述 IPsec VPN 常见故障。
3. 简述 IPDCC 故障处理的一般办法。
4. 简述 IPDCC 常见故障和处理方法。
5. 简述 IPSec VPN 常见故障。
6. 简述防火墙常见故障。

第 10 章

网络故障管理和数据备份

本章重点介绍以下内容：

- 故障管理。
- 网络维护制度。
- 网络防病毒体系规划。
- 数据备份和恢复。
- RAID 基础。
- IDE RAID 简介。
- 数据备份的常见故障诊断排除。

10.1 故障管理

网管员经常会遇到网络故障，遇到故障后，如果凭借以前的网管经验能立刻解决最好，若解决不了，可以向有经验的网管员请教。假如还解决不了，可以查看帮助。一般应用程序(如 Outlook、IE)、操作系统、路由器和交换机都有大量的帮助文档，这些帮助文档中含有大量有用的技术信息。在安装软件、购买设备时一般都能获取到这些帮助文档，厂家的网站上也有免费下载。还可以通过搜索引擎来获取信息。另外，也可以把遇到的问题发表在论坛上，在论坛里有很多网络高手乐于回答别人的问题。

10.1.1 故障管理的一般步骤

故障管理的一般步骤如下：

(1) 对网络进行监测，提前预知故障。

(2) 发生故障后，找到故障发生的位置。

(3) 解决故障。

(4) 记录故障产生的原因和解决方法。

(5) 故障分析预测。

10.1.2 网络故障管理软件的功能

在一些大型网络中一般使用网络故障管理软件，一个网络的故障管理系统不但能反应网络平常运行时的故障情况，更应该在发生重大网络故障时，快速准确地报告、定位和排除故障，从而帮助运营商快速地解决问题，并为将来针对故障的多发部分进行网络优化和升级提供真实可靠的参考。这样可以节约运营成本，提高用户满意度，在竞争中取得优势。能够提供实时故障监测和相关处理、快速定位故障、关联故障，并可提供多厂家、多技术和多业务区的集中管理。

对于如此关键的网络故障管理系统来说，最重要的、也常常未受到足够重视的一点就是它自身的质量，它和系统的功能一样至关重要，不可忽视。设想一下，当网络发生严重故障时，系统将集中上报大量的告警，如果一个故障管理系统不够强壮，它将随着大量告警的来临而不堪重负，自己也发生故障，无法完成其应承担的任务。

因此，网络故障管理系统的质量至关重要。这里所谓的质量包含可靠性、可扩展性、稳定性、开放性和可恢复性等。

10.2 网络维护制度

10.2.1 网络运行管理制度

我国有关部门关于网络运行管理所制定的相关法规如下：

- 互联网络信息中心域名注册实施细则。
- 互联网络域名管理办法。
- 网络出版服务管理规定。
- 通信工程质量监督管理规定。
- 软件产品管理办法。
- 计算机信息系统集成资质管理办法。

中华人民共和国公安部制定的相关法规如下：

- 中华人民共和国计算机信息系统安全保护条例。
- 中华人民共和国计算机信息网络国际联网管理暂行规定。
- 计算机信息网络国际联网安全保护管理办法。
- 计算机病毒防治管理办法。
- 互联网信息服务管理办法。
- 互联网电子公告服务管理规定。
- 计算机信息系统安全专用产品检测和销售许可证管理办法。
- 计算机病毒防治产品评级准则。

10.2.2　网络运行管理

1. 网络运行管理制度的依据和目的

(1) 为了保护网络的安全，促进网络的应用和发展，保证网络的正常运行和网络用户的使用权益，依据《互联网信息服务管理办法》等有关法律、法规，制定了网络运行管理制度。

(2) 所有用户(含部门和个人，下同)必须遵守本管理办法。

(3) 各用户必须接受并配合有关部门依法进行的检查与监督，采取必要的防护措施。

2. 管理机构

(1) 网络中心，是本网络的管理机构。其职责是：

- 负责网络的规划、建设、管理、运行和维护，保障网络系统的设备完好、线路通畅。
- 协助用户建立、维护本单位内部的局域网。
- 提供用户入网的登记、咨询服务。
- 提供网络浏览、电子邮件等信息服务。
- 负责网络主页内容的创意、收集、发布和修改。
- 负责网络信息系统的规划、建设、维护和运行，保证应用系统的数据完整、信息通畅。
- 协助用户建立、维护本单位内部的数据库和管理客户端应用程序。
- 设备的检修、调试等。
- 从事网络技术与信息技术的研究、普及和培训。
- 负责网络系统与信息系统的引进、改造和开发。

(2) 各部门要配备系统管理员，负责管理本单位计算机网络的安全和维护。

3. 网络用户管理

(1) 接入网络的集体用户和个人用户必须向网络中心提出书面申请并按要求提供所需资料，经网络中心核准备案后，方可接入网络。

(2) 不准发展外单位用户接入网络，不准利用网络开展经营性活动。

(3) 各用户在使用网络时，必须遵守国家的有关法律、行政法规，严格执行安全保密制度，不得利用网络从事危害国家安全、泄露国家秘密等违法犯罪行为，不得查阅、复制、传播妨碍社会治安和淫秽色情的信息。

(4) 用户在网络上公布有关信息，应经有关职能部门审批。

4. 网络费用管理

(1) 使用网络的部门和个人应按规定及时足额交纳有关网络服务费用。

(2) 网络中心负责记录网络用户网络通信和信息等费用的发生情况。

(3) 网络中心应按各用户使用情况，定期通知各用户使用及缴费情况。各用户应按网络中心的通知及时到指定地点交费。无特殊原因逾期不交者，网络中心有权停止其使用网络。

(4) 未经单位批准，其他部门和个人不得利用网络收取各种费用。

5. 网站管理制度

(1) 网站的建设和运行应严格遵守国家有关互联网信息安全保密要求，建立健全系统安全保密管理组织和各项管理制度，采取有效安全措施，加强网上互动内容的监管，确保信息安全。

(2) 网站的信息和相应的服务遵循“谁发布，谁负责；谁承诺，谁办理”的原则。

(3) 各部门要建立网站信息更新维护责任制，明确分管领导、承办部门和具体责任人员，确保网站的信息全面、准确、及时、实用。

(4) 各部门要定期、及时、准确地报送上网材料，每周报送不少于 2 次，每月信息量不少于 15 条，且报送的材料应为电子文档。

(5) 各部门为网站提供的信息应经本部门主管负责人或分管负责人审查同意。各部门应制定上网信息发布审核制度，规范上网信息发布工作。网上信息出现安全问题，要追究提供信息的部门和部门负责人的责任。

(6) 未经领导允许，任何单位或个人不得在网站上开设交互式栏目，不得设立游戏站点或纯娱乐性站点，一经发现，即从网上隔离，并追究有关人员的责任。

(7) 凡需开设电子公告栏(BBS)的部门必须建立信息审核员、站长和栏目主持人组成的三级管理、分级负责制；填写《BBS 开设申请表》，明确所开办的栏目内容和范围；建立栏目主持人资格审定制度、用户登记制度、日志备份制度。BBS 开放期间必须有专人管理，采取有效的身份识别、安全防护和有害信息过滤保存技术，并具有安全审计功能。

(8) 网络中心要建立健全网络安全管理制度，对网站的各个层面采取相应的安全措施，确保网站安全。

(9) 网络中心要制定完善的应急措施，一旦出现突发情况，应急系统要确保所有数据不丢失，网站能够在短时间内恢复正常。

6. 信息安全保密管理制度

(1) 网络中心负责网络系统的运行、管理和维护工作，任何用户未经同意不得擅自变动网络系统中的各类设备和线路。

(2) 任何用户不得利用联网设备从事危害网络和网上用户的一切行为，不得危害或侵入未经授权的所有网上设备。

(3) 任何用户不得利用各种软硬件技术从事网上侦听、盗用活动。

(4) 任何用户未经允许，不能对计算机信息网络中存储、处理或者传输的数据和应用程序进行删除、修改或者增加。

(5) 任何用户不能故意制作、传播计算机病毒等破坏性程序，不能使用来历不明的软件。

(6) 禁止非工作人员操纵服务器，不使用服务器时，应注意锁屏。

(7) 每周检查主机登录日志，及时发现不合法的登录情况。

(8) 对网络管理员、系统管理员和系统操作员所用口令每十五天更换一次，口令要无规则，重要口令要多于八位。

(9) 管理员口令只被系统管理员掌握，尽量不直接使用管理员口令登录服务器。

(10) 涉密信息不得进入国际互联网传输或存储；处理涉密信息的计算机信息系统也不得接入国际互联网，必须采取与国际互联网完全隔离的保密技术措施。

7. 网络维护管理制度

(1) 本单位网络的维护工作由网络中心负责。

(2) 网络中心负责对网络的传输质量和运行情况进行监控，及时处理和解决网络故障；定期组织系统的检修、测试工作；组织实施线路和设备的大修、更新改造工作。

(3) 网络中心定期维护的内容如下：

- 病毒防治。
- 数据备份。
- 数据整理。

- 故障排除。
- 硬件清洗。
- 维修计算机硬件。
- 调试。

(4) 当遇有危及网络安全的情况或网络发生故障时，网络中心必须立即采取措施消除危险，排除故障，不得以任何理由拖延、推诿和隐瞒。

(5) 网络中心必须建立严格的网络安全管理制度，确保网络安全可靠，严禁在网络设备上安装、使用无关的软件和设备。

10.3　网络防病毒体系规划

10.3.1　单机版防病毒软件与网络防病毒软件

当前企业局域网的防病毒措施主要是单机防病毒软件和网络防病毒软件。相对而言，一般用户或多或少都会使用单机防病毒软件，而使用网络防病毒软件的比例并不高。其中一个重要原因是，用户并没有认识到防病毒软件是一个和管理密切相关的产品。

大家都知道，要保证一台计算机不受病毒侵害，需要安装防病毒软件，至于软件品牌则不是重要的，重要的是要保证定期升级病毒代码，并为运行的操作系统和程序打上最新的补丁。要想对抗蠕虫病毒，对于单机而言，还需要安装单机防火墙。对于一个具备良好计算机防护知识的使用者来说，利用上述手段，可以有效地保护自己的计算机不受病毒的侵扰。但在现实应用中，并不是所有企业员工都具备安全防护意识的，更多的员工只是计算机的使用者而不是维护者，尽管企业内似乎每台计算机都安装了防病毒软件，可是大部分的计算机仍然处于完全不设防状态。

因此，对于局域网的防病毒，使用网络防病毒软件是非常重要的，它可以大大减轻网管人员的工作负担。与单机版相比，网络版杀毒软件的最大区别是网络版杀毒软件的网络管理功能十分强大，能够解决单机版无法解决的问题，整体提高网络安全性。例如，某单位局域网一直使用单机版杀毒软件，但局域网中总有病毒出现，这时最有效的处理方式，不是断掉网线，逐个查杀，而是应该安装并使用网络版杀毒软件，进行全网统一杀毒，最大限度地保护整个企业局域网的安全。

1. 特征库与杀毒引擎

防病毒软件采用最多、最可靠的主要是特征码查毒。绝大多数的人都以为安装了一套防病毒软件之后，可以高枕无忧，这是一个错误的观念。因为病毒的种类和形态一直在改变，新病毒也不断产生，如果不经常更换最新的病毒代码和杀毒引擎，再强悍的防毒软件也会有失灵的一天。

病毒代码和扫描引擎是防毒工作中相当重要的一环，目前一些比较大的防毒软件厂商都将病毒代码和杀毒引擎放在网站上供使用者免费下载。

2. 用户客户机防毒

病毒最后的入侵途径就是客户机桌面用户。由于网络共享的便利性，某个感染病毒的客户机可能随时会感染其他的机器，或是被种上了黑客程序而向外传送机密文件。因此，在网络内对所有的客户机进行防毒控制很有必要。

3. 客户端的病毒防护步骤

(1) 减小攻击面。应用程序层上的第一道防护是减小计算机的攻击面。应该在计算机上删除或禁用所有不需要的应用程序或服务，以最大限度地减少攻击者可以利用系统的方法数。

(2) 应用 Windows Update 进行安全更新。对于小型组织和个人，Windows Update 服务同时提供了手动过程和自动过程来检测和下载 Windows 系统的最新安全和功能修改。另外，Software Update Service 服务能够为企业中的 Windows 客户端提供安全更新解决方案。

(3) 启用基于主机的防火墙，使用漏洞扫描程序进行测试。这些防火墙会筛选试图进入或离开特定主机的所有数据。

(4) 安装防病毒软件。在同一计算机上同时运行多个防病毒应用程序，可能会因防病毒应用程序之间的互操作性而产生问题。因此，不建议在同一计算机上使用多个防病毒应用程序。可以考虑的一种方法是，为局域网中的客户端、服务器和网络防护使用来自不同供应商的防病毒软件。

4. 客户端应用程序的防病毒设置

(1) 电子邮件客户端

通常，如果用户直接从电子邮件程序打开电子邮件附件，则为恶意软件在客户端上的传播提供了可能。如有可能，应考虑在企业的电子邮件系统中限制此能力。

- 使用 Internet Explorer 安全区域，禁用 HTML 电子邮件中的活动内容。
- 用户只能以纯文本格式查看电子邮件。
- 阻止程序在未经特定用户确认的情况下发送电子邮件。

(2) 即时消息应用程序

即时消息技术改进了全世界用户的通信方式。但是同时，它还提供了有可能允许恶意软件进入系统的一种可能。虽然文本消息不会构成直接的恶意软件威胁，但是大多数即时消息软件客户端提供另外的文件传输功能以提高用户的通信能力。允许文件传输提供了进入组织网络的直接路由，使客户端有可能遭受恶意攻击。

网络防火墙可以阻止通过即时消息应用程序的恶意攻击。

(3) Web 浏览器

从 Internet 下载或执行代码之前，确保知道它来自已知的、可靠的来源，不应该仅依赖于站点外观或站点地址，因为网页和网址都可以伪造。

10.3.2 服务器防病毒

服务器防护与客户端防护有许多共同之处。两者的主要差异在于，服务器防护在可靠性和性能方面的预期级别通常高得多。此外，基于服务器在企业网络中的专门作用，通常需要制定专门的防护解决方案。

1. 服务器的病毒防护步骤

防护服务器的基本防病毒步骤与防护客户端的步骤基本相同。

(1) 减小攻击面。从服务器中删除不需要的服务和应用程序，将其攻击面减到最小。

(2) 应用安全更新。尽可能确保所有服务器运行的都是最新的安全更新。根据需要执行测试以确保新的更新不会对关键任务服务器产生负面影响。

(3) 使用基于主机的防火墙。使用基于主机的防火墙可以减小服务器的攻击面以及删除不需要的服务和应用程序。

(4) 安装防病毒软件。服务器的防病毒配置有很大差异，具体取决于特定服务器的角色和根据设计所提供的服务。将攻击面减到最小的过程通常称为“强化”。

为客户端环境设计的防病毒应用程序和为服务器环境设计的防病毒应用程序之间的主要差异在于，基于服务器的扫描程序和任何基于服务器的服务(如消息服务或数据库服务)之间的集成级别。许多基于服务器的防病毒应用程序还提供了远程管理功能，以最大限度地减少物理访问服务器控制台的需要。

2. 评估防病毒软件

在为服务器环境评估防病毒软件时应该考虑的主要问题包括：

(1) 扫描期间的 CPU 使用率。在服务器环境中，CPU 使用率是服务器在组织中发挥其主要作用的关键组成部分。防病毒软件应尽量小地占用 CPU 使用率。

(2) 应用程序可靠性。重要的数据中心服务器上的系统崩溃所产生的影响比单个工作站崩溃要大得多。因此，建议全面测试所有基于服务器的防病毒应用程序，以确保系统可靠性。

(3) 管理开销。防病毒应用程序的自我管理能力，可以帮助组织中的服务器管理小组减小管理开销。

(4) 应用程序互操作性。测试防病毒应用程序时使用的基于服务器的服务和应用程序应该与产品服务器运行的相同，以确保不存在互操作性问题。

3. 不同类型服务器的病毒防护

现在有许多可用于企业中特定服务器的专用防病毒配置工具和应用程序，我们可以结合实际环境进行应用。

(1) 文件服务器。文件资源共享是网络提供的基本功能。文件服务器大大提高了资源的重复利用率，并且能对信息进行长期有效的存储和保护。但是一旦文件服务器本身感染了病毒，就会对所有的访问者构成威胁。因此，文件服务器需要设置防病毒保护。

(2) Web 服务器。所有类型的 Web 服务器都是安全攻击的目标。不管攻击来自恶意软件，还是来自试图破坏企业网站的黑客，充分配置 Web 服务器上的安全设置以最大限度地防御这些攻击都是很重要的。

(3) 邮件服务器。为组织中的电子邮件服务器设计有效的防病毒解决方案时，要牢记两个目标。第一个目标是防止服务器本身受到恶意软件的攻击。第二个目标是阻止任何恶意软件通过电子邮件系统进入组织中用户的邮箱。

现在，许多防病毒供应商为特定的电子邮件服务器提供其软件的专用版本，这些版本设计用于扫描经过电子邮件系统的电子邮件，以确定是否包含恶意软件。常用的基本类型的电子邮件防病毒解决方案包括 SMTP 网关扫描程序和集成的服务器扫描程序。

(4) 数据库服务器。在考虑数据库服务器的病毒防护时，需要保护以下 4 个主要部分：主机(运行数据库的一个或多个服务器)、数据库服务(在主机上运行的为网络提供数据库服务的各种应用程序)、数据存储区(存储在数据库中的数据)和数据通信(网络上数据库主机和其他主机之间使用的连接与协议)。

由于数据存储区内的数据不能直接执行，因此通常认为数据存储区本身不需要扫描。目前，没有专为数据存储区编写的主要防病毒应用程序。但是，在进行防病毒配置时，应该仔细考虑数据库服务器的主机、数据库服务和数据通信这些元素。

4. 邮件系统与网关防毒

如果网络内采用了邮件/群件系统实施办公和信息自动化，那么一旦有某个用户感染了病毒，通过邮件方式该病毒将以几何级数在网络内迅速传播，并且很容易导致邮件系统负荷过大而瘫痪。因此，在邮件系统上进行防病毒部署也非常重要。

其实，邮件服务器本身不会受到邮件病毒的破坏，只是转发染毒邮件至客户信箱中，但是当客户机染毒并产生几何数量级的信件时，邮件服务器由于在短时间内需转发大量邮件，会导致性能迅速下降，直至瘫痪。

国际计算机安全协会 2001 年的数据表明，99%的病毒都是通过 SMTP 或 HTTP 进入用户的计算机的。网关防毒技术是一种采用在 Internet 入口就封杀“毒源”的技术。目前，采用该类技术的防毒产品已经比较普及。网关防毒技术的特点是：

- 传统的防病毒软件无法抵御新型蠕虫的攻击。网关防毒产品在企业网络的入口提供了简单的“即插即忘”式的保护，病毒在进入网络之前被直接拦截，避免了由于病毒入侵到服务器和工作站所引起的一系列的典型问题。
- 在病毒传播事件中，邮件服务器可能会由于超负荷而瘫痪或拒绝服务，或者仅仅因为担心被感染而关机。网关防毒是唯一的一种能够减小这种风险的解决方案，因为它可以避免由于病毒传播而对邮件服务器造成的额外负载。
- 从采用与防火墙集成的防病毒软件和采用网关防毒两种方案的对比来看，在新病毒的传播事件中，一台集成了防病毒软件的防火墙将消耗其大部分的资源用于拦截病毒，而将它的主要任务——防止网络攻击放在了从属的地位。从投入来看，网关防毒要大大优于与防火墙集成的防病毒软件。

目前技术领先、品质优良的网关防毒产品一般都具备以下特征：

- 采用世界领先厂商的防毒引擎。
- 支持对通用的 Internet 协议进行病毒扫描，支持包括 POP3、SMTP、IMAP、FTP 和 HTTP 在内的多种协议。
- 自动更新病毒特征库，及时获取最新的病毒信息，从而能够在最快的时间内为企业提供第一时间的病毒防范。同时，定期更新 Sophos 防病毒引擎，使产品具有扫描最新病毒品种的能力，并不断提高病毒扫描的效率。
- 提供给客户进行扫描配置的选项，允许产品对相关的文件类型不进行扫描，同时对某些文件类型自动清除，这样提高了病毒扫描的速度。
- 在提供网关级病毒防范的同时提供先进的在线杀毒功能，帮助最终用户对其桌面 PC 或者服务器进行全面的病毒查杀，从而将从其他途径进入到网络内部的病毒进行清除，确保内部网络的安全性。

5. 集中管理与控制

由于企业局域网内网络节点多，且分布较散，要管理好整个防病毒系统，必须具有一个良好的管理控制系统。好的管理控制系统能够通过浏览器方式实现远程异地管理防病毒软件，监视该软件的运行状况参数(如防病毒软件病毒库、扫描引擎更新日期、系统配置等)；能够实现病毒集中报警，准确定位病毒入侵节点，让管理员对病毒入侵节点做出适当处理以防危险扩大；控制中心能够与其他网络安全系统实现联动，协同管理工作。

对于网关、邮件服务器、文件服务器等服务系统，更必须注意系统效能的问题。一个好的网关和邮件服务器防毒软件必须能够有效地防止病毒进入企业，同时不能降低服务器的效能。如果企业可以在网关和邮件服务器端做好防毒杀毒的工作，那么自然可以减少客户机的防毒需求。如果需要桌面 PC 上的防毒软件，也必须选择具有集中控管能力的防毒软件，由网管人员通过中央控制管理，由单点或多个控管端部署病毒事件处理策略和安全维护工作。

10.4　数据备份和恢复

10.4.1　数据备份的意义

数据备份是指为防止系统出现操作失误或系统故障导致数据丢失，而将全系统或部分数据集合，从应用主机的硬盘或磁盘阵列复制到其他的存储介质的过程，其目的在于保障系统的高可用性和系统的正常运行。

数据备份作为保证数据安全的一个重要组成部分，其在网络系统中的地位和作用是不容忽视的。对一个完整的企业信息系统而言，备份工作是其中必不可少的组成部分。其意义不仅在于防范意外事件的破坏，而且还是历史数据保存归档的最佳方式。自从美国的 9 • 11 恐怖事件以来，数据备份的重要意义已经逐步被用户所接受，备份被誉为是保证数据安全的最后一道防线，同时也是确保能恢复大部分信息的方法。

10.4.2　数据备份与安全策略

1. 数据备份策略

数据备份的策略需要考虑很多因素：

- 使用的介质，是磁带还是磁盘。
- 备份的周期，是选择每周、每日还是每时进行备份。
- 选择人工备份还是选择设计好的备份程序自动备份。
- 选择静态备份还是动态备份。
- 选择全备份还是增量备份(差异备份)。

2. 数据安全策略

数据是现代企业最宝贵的资产，甚至是企业的生命。因此，保护数据不被丢失、损坏和系统发生灾难后的数据能够迅速恢复，已成为现代企业为保证业务连续性所必须进行的基础设施建设。数据备份是一种数据安全策略，也是数据保护中的关键一环，是数据保护的基础。

安全策略对于网络安全建设，起着举足轻重的作用，所有安全系统建设的后续工作都是围绕安全策略展开的。安全策略的制定是比较烦琐而复杂的工作，根据网络的具体需求，可能会包含不同的内容。安全策略是由一系列安全策略文件所组成的。策略文件的繁简程度与网络的规模有关。有些基本策略文件是多数网络都应该制定并执行的，对一个中型规模的企业网络来说，网络的安全策略一般包含安全方针、物理安全策略、数据备份策略、病毒防护策略、系统安全策略、身份认证和授权策略等。

数据备份恢复策略是安全策略的一个重要组成部分，完善的数据备份恢复策略是建立在对网络环境、主机环境、业务数据等信息的详细分析的基础之上的。一个完整的数据备份系统包括备份硬件、备份软件、备份制度和灾难恢复计划等 4 个部分。

10.5　数据存储技术和网络存储技术

在以数据为中心的信息时代，存储已成为 IT 基础设施的核心之一。数据存储技术发展也很快，先后出现了多种技术，本节仅围绕网络讨论存储技术。

10.5.1　数据存储技术概述

数据存储技术目前有多种，如网络存储技术、混合存储技术、虚拟存储技术、硬盘存储技术、磁盘阵列存储技术、磁带存储技术、闪存存储技术、光盘存储技术、矩阵存储技术、云存储技术、量子存储技术等，它们各有特点和应用的范围。这里仅作简要介绍供读者参考。

1. 网络存储技术

网络存储技术是基于数据存储的一种通用网络术语。网络存储结构大致分为三种：直连式存储(DAS，Direct Attached Storage)、网络存储(NAS，Network Attached Storage)和存储网络(SAN，Storage Area Network)。目前在众多行业得到了成功的应用。

2. 混合存储技术

混合存储技术是将异种存储介质整合成一个逻辑存储设备，为用户提供统一的接口，自动完成对上层应用程序透明的热点数据识别、数据负载的自动缓存或迁移等操作，而不需要管理员手动完成。

混合硬盘的概念是将 NAND 闪存芯片嵌入到硬盘或是主板之中，结合硬盘和 NAND 闪存两者所长来增加个人电脑的性能，尤其是笔记本电脑产品。

混合驱动器的主要优点：

(1) 由于使用闪存芯片，启动以及休眠恢复速度加快了。

(2) 由于盘片的机械寻址动作减少了，从而节省了电力并且延长了电池寿命。

(3) 盘片的机械动作减少也延长了硬盘的寿命，由于数据采集于闪存，盘片不需要旋转，系统耐用性以及寿命都得到延长。

3. 虚拟存储技术

所谓虚拟存储，就是把内存与外存有机结合起来使用，从而得到一个容量很大的“内存”，这就称为虚拟存储。

虚拟技术并不是一件很新的技术，它的发展，应该说是随着计算机技术的发展而发展起来的，最早始于 20 世纪 70 年代。

目前虚拟存储的发展尚无统一标准，从虚拟化存储的拓扑结构来讲主要有两种方式：即对称式与非对称式。对称式虚拟存储技术是指虚拟存储控制设备与存储软件系统、交换设备集成为一个整体，内嵌在网络数据传输路径中；非对称式虚拟存储技术是指虚拟存储控制设备独立于数据传输路径之外。从虚拟化存储的实现原理来讲也有两种方式；即数据块虚拟与虚拟文件系统。

虚拟存储技术的特点：

(1) 将不同物理硬盘阵列中的容量进行逻辑组合，实现虚拟的带区集，将多个阵列控制器端口绑定，在一定程度上提高了系统的可用带宽。

(2) 在交换机端口数量足够的情况下，可在一个网络内安装两台虚拟存储设备，实现 Strip 信息和访问权限的冗余。

但也存在如下一些不足：

(1) 带区集——磁盘阵列结构，一旦带区集中的某个磁盘阵列控制器损坏，或者这个阵列到交换机路径上的铜缆、GBIC 损坏，都会导致一个虚拟的 LUN 离线，而带区集本身是没有容错能力的，一个 LUN 的损坏就意味着整个 Strip 里面数据的丢失。

(2) 由于带宽提高是通过阵列端口绑定来实现的，而普通光纤通道阵列控制器的有效带宽仅在 40Mb/s 左右，因此要达到几百兆的带宽就意味着要调用十几台阵列，这样就会占用几十个交换机端口，在只有一两台交换机的中小型网络中，这是不可实现的。

(3) 由于各种品牌、型号的磁盘阵列其性能不完全相同，如果出于虚拟化的目的将不同品牌、型号的阵列进行绑定，会带来一个问题：即数据写入或读出时各并发数据流的速率不同，这就意味着原来的数据包顺序在传输完毕后被打乱，系统需要占用时间和资源去重新进行数据包排序整理，这会严重影响系统性能。

使用虚拟存储的目的是有效支持多道程序系统的实现和大型程序运行的需要，从而增强系统的处理能力。

4. 硬盘存储技术

从硬盘出现以来，不管是容量、体积还是生产工艺都较之前有了重大革新和改进。硬盘存储器是磁盘存储器的一个分类，是计算机主要的存储介质。

硬盘是利用磁记录技术在涂有磁记录介质的旋转圆盘上进行数据存储的辅助存储器。具有存储容量大、数据传输率高、存储数据可长期保存等特点。它提高了存储容量，提高了数据传输速率，减少了存取时间，并力求轻、薄、小。目前出现了存取速度更快的固态硬盘。

5. 磁盘阵列存储技术

“RAID(Redundant Array of Independent Disk，独立冗余磁盘阵列)技术是组合小的廉价磁盘来代替大的昂贵磁盘，在磁盘失效时不会使对数据的访问受损失的数据保护技术。RAID 就是一种由多块廉价磁盘构成的冗余阵列，在操作系统下作为一个独立的大型存储设备出现。RAID 可以充分发挥出多块硬盘的优势，可以提升硬盘存取速度，增大容量，提供容错功能，确保数据安全，并易于管理。在任何一块硬盘出现问题的情况下仍可以继续工作，不会受到损坏硬盘的影响。

磁盘阵列技术的发展也很快，出现了低、中、高端产品和相关的软件产品。具体地说，中低档磁盘阵列由柜式和卡式组成，高档磁盘阵列是一种在线式的产品，它的系统容量大，数据传输速率高，光纤接口可靠性高，有较好的冗余性。

6. 磁带存储技术

当前的磁带机(库)支持的备份技术主要有 DAT、8mm、DLT、LTO、AIT 及 VXA 等。

(1) DAT 技术

DAT(Digital Audio Tape)技术又称为数码音频磁带技术，也叫 4mm 磁带机技术。DAT 技术主要应用于用户系统或局域网。

(2) 8mm 技术

8mm 技术由 Exabyte(安百特)公司在 1987 年开发，采用螺旋扫描技术，其特点是磁带容量大，传输速率高，它在较高的价位上提供了相对较高容量的存储解决方案。

(3) DLT 技术

DLT(Digital Linear Tape，数字线性磁带)技术源于 1/2 英寸磁带机。1/2 英寸磁带机技术出现很早，主要用于数据的实时采集，如程控交换机上话务信息的记录，地震设备的震动信号记录等。

(4) LTO 技术

LTO(Linear Tape Open)技术即线性磁带开放协议，是由 HP、IBM、Seagate 这三家厂商在 1997 年 11 月联合制定的，其结合了线性多通道、双向磁带格式的优点，基于服务系统、硬件数据压缩、优化的磁道面和高效率纠错技术，来提高磁带的能力和性能。LTO 是一种开放格式技术，用户可拥有多项产品和多规格存储介质，还可提高产品的兼容性和延续性。

(5) AIT 技术

AIT 是指先进智能磁带，英文为 Advanced Intelligent Tape，具有螺旋扫描、金属蒸发带等先进技术，AIT 的数据保护性能比较突出，AIT 已经发展到目前的 AIT-3，目前开发 AIT 技术的索尼公司和专注在 AIT 技术上开发产品的 Spectra Logic 公司都在大力推广采用 AIT 的产品。现已成为磁带机工业标准。AIT 使用一种磁带盒上含有记忆体晶片的磁带，通过在微型晶片上记录磁带上文件的位置，大大减少了存取时间。

(6) VXA 技术

VXA 技术是由 Exabyte(安百特)公司开发的磁带备份技术，VXA 技术不依赖于精确的磁头和磁道位置来保证读写的可靠性，它不像流式磁带设备为定位磁道而需要昂贵的高精度的部件和精确的机械零件。不同于传统的磁带驱动器，VXA 通过自动调节磁带移动速度从而和主机的传输速率相匹配而完全消除磁带“回扯”问题，能够显著提高介质和驱动器的可靠性，进而优化了备份和存储。

7. 闪存存储技术

闪存(Flash Memory)是一种长寿命的非易失性(在断电情况下仍能保持所存储的数据信息)的存储器，数据的删除不是以单个的字节为单位而是以固定的区块为单位，区块大小一般为 256KB 到 20MB。闪存是电子可擦除只读存储器(EEPROM)的变种，闪存与 EEPROM 不同的是，EEPROM 能在字节水平上进行删除和重写而不是整个芯片擦写，而闪存的大部分芯片需要块擦除。由于其断电时仍能保存数据，闪存通常被用来保存设置信息，如在电脑的 BIOS(基本程序)、PDA(个人数字助理)、手机、数码相机中保存资料等。

8. 光盘存储技术

光盘存储技术，是目前电子文档存储的一种技术。电子信息量的增长，使得对信息的存储、查阅、快速提取显得非常重要，需要建立一套对光盘存储媒介的管理系统，以便能快速检索。

可擦写光盘驱动器主要用于数据存档，包括可擦写 CD-ROM 容量为 700MB；可擦写数字视频光盘(DVD，也称数字通用光盘)，单面单层的存储容量为 4.7GB，双面双层的存储容量为 17GB；16 层蓝光光盘的存储容量最高可达 400GB。

9. 矩阵存储技术

矩阵存储技术利用矩阵把二维数组存储变成以一维数组存储，对零元素不分配存储单元。把多个磁盘组成一个阵列，当作单一磁盘使用，它将数据以分段的方式存储在不同的磁盘中。存取数据时，阵列中的相关磁盘一起动作，大幅减少了数据的存取时间，同时具有更佳的空间利用率，为用户全面提升计算机平台存储能力，改进存储子系统的性能、电源管理和数据保护。

10. 云存储技术

2006 年“云”的概念及理论被正式提出，随后各云存储技术公司宣布了各自的“云计划”，云存储、云安全等相关的云概念相继诞生。

云时代的存储系统需要的不仅仅是容量的提升，对于性能的要求同样迫切，与以往只面向有限的用户不同，在云时代，存储系统将面向更为广阔的用户群体，用户数量级的增加使得存储系统也必须在吞吐性能上有飞速的提升，只有这样才能对请求作出快速反应，这就要求存储系统能够随着容量的增加而拥有线性增长的吞吐性能，这显然是传统的存储架构无法达成的目标。

传统的存储系统由于没有采用分布式的文件系统，无法将所有访问压力平均分配到多个存储节点，因而在存储系统与计算系统之间存在着明显的传输瓶颈，由此而带来单点故障等多种后续问题，而集群存储正是解决这一问题，满足新时代要求的一剂良药。

云存储具备以下优势：

(1) 存储管理可以实现自动化和智能化，所有的存储资源被整合到一起，客户看到的是单一存储空间。

(2) 提高了存储效率，通过虚拟化技术解决了存储空间的浪费，可以自动重新分配数据，提高了存储空间的利用率，同时具备负载均衡、故障冗余功能。

(3) 云存储能够实现规模效应和弹性扩展，降低运营成本，避免资源浪费。

目前的云存储模式主要有两种：一种是文件的大容量分享。有些 SSP 甚至号称无限容量，用户可以把数据文件保存在云存储空间里。另一种模式是云同步存储模式。

在我们身边能够看得到、用得着的“云”就有 115 网盘、金山快盘、迅雷网盘、百度网盘，还有众多品牌的智能手机和网络电视机上的云存储。目前国内云产业尚处于起步阶段，市场的发展还不够成熟，面临的挑战还很多。

11. 量子存储技术

量子是指物理学中一个不可分割的基本个体，代表“相当数量的某物质”。

量子一词来自拉丁语 quantum，意为“有多少”。“光的量子”是光的单位，延伸出的量子力学、量子光学等已成为不同的专业研究领域。

量子通信是利用量子叠加态和纠缠效应进行信息传递的新型通信方式。

量子存储技术是在处理量子信息和通信时，用以存储、变换及控制量子信息的技术，目前量子信息最长存储时间为 10 小时。

我国的量子通信研究稳居国际领先地位，2017 年 6 月成功实现了千公里级的星地双向量子通信，为构建覆盖全球的量子保密通信网络奠定了坚实的科学和技术基础。目前，量子通信主要应用于国家保密部门、银行、证券系统等。未来我们的手机通信、光纤网络都有可能采用量子加密的方式来保证信息安全。

几十年来，存储行业一直在研究和开发多种存储技术，许多技术项目试图成为“通用”存储器。随着云计算、大数据和物联网等新一代信息技术的涌现，对海量存储系统的低能耗、高速及高可靠性的需求日益凸显，以新型存储取代传统存储介质的呼声越来越高，鉴于磁盘存储、内存存储在面临大数据管理与分析时的困难，学术界和工业界开始将目光转向新型存储技术。

目前，学术界针对基于大数据存储提出了多种设计，包括基于闪存的固态盘存储技术、Open-Channel SSD 存储技术、NVM 存储技术、3D NAND 存储技术、3D XPoint 存储技术、PCM 存储技术、纠删码存储技术及量子存储技术等。

10.5.2　网络存储技术基础知识

1. 网络存储技术简述

网络存储技术是在服务器附属存储 SAS 和直接附属存储 DAS 的基础上发展起来的，表现为两大技术——SAN 和 NAS。

20 世纪 90 年代以前，存储产品大多作为服务器的组成部分之一，这种形式的存储被称为 SAS(Server Attached Storage，服务器附属存储)或 DAS(Direct Attached Storage，直接附属存储)，如图 10-1 所示。

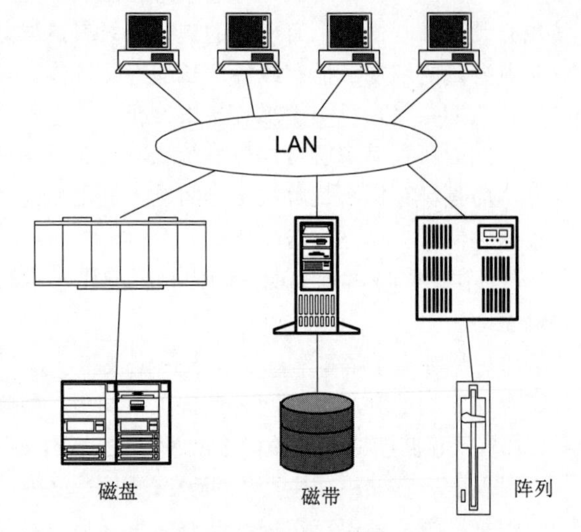

图 10-1　DAS 存储方式

直接附属存储是直连方式存储设备，它通过电缆(通常是 SCSI 接口电缆)直接到服务器，I/O 请求直接发送到存储设备。这种方式是连接单独的或两台小型集群的服务器，它的特点是初始费用可能比较低。可是这种连接方式下，对于多个服务器或多台 PC 的环境，每台 PC 或服务器单独拥有自己的存储磁盘，容量的再分配较为困难；对于整个环境下的存储系统管理，工作烦琐而重复，没有集中管理解决方案，所以整体的管理成本较高。

随着技术的发展，20 世纪 90 年代以后，人们逐渐意识到 IT 系统的数据集中和共享成为一个亟待解决的问题。于是，网络化存储的概念被提出并得到了迅速发展。从结构上看，网络化存储系统主要包括 SAN(Storage Area Network，存储区域网)和 NAS(Network Attached Storage，网络附加存储)两大类，如图 10-2 和图 10-3 所示。

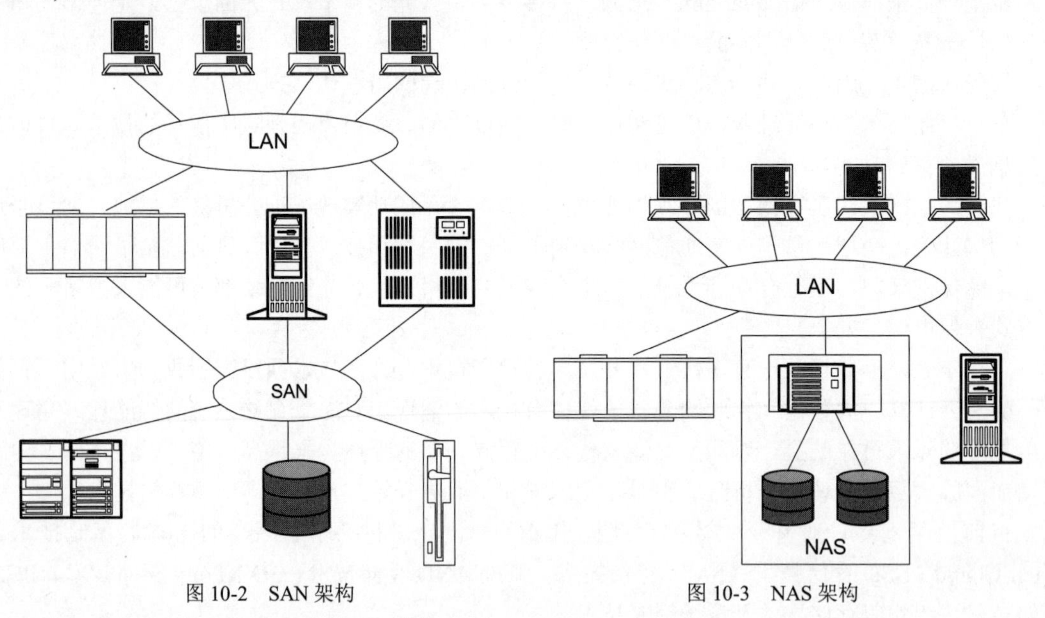

图 10-2　SAN 架构　　　图 10-3　NAS 架构

在 SAN 存储网络的主要设备包括光纤通道交换机和光纤通道卡。

2. SAN 的技术特点

SAN 是指在网络服务器群的后端，采用光纤交换机等存储专用协议连接成高速专用网络，使网络服务器与多种存储设备直接连接。光纤通道技术已经成为实现存储区域网络的必不可少的一部分。存储用的光纤交换机是一种存储设备，网络用的光纤交换机是一种网络设备，它们不能通用。存储用的光纤交换机和网络用的光纤交换机并不是不可融合的，在支持 FCoE 的设备上可以有效地使 SCSI 协议的以太网，达到存储网络和以太网的融合。

光纤交换机端口是光纤接口的，和普通的电缆接口的外观一样，但接口类型不同。SAN 的最大特点就是可以实现网络服务器与存储设备之间的多对多连接，而且，这种连接是高速连接。

光纤通道技术在介质上传输的常用速率为 1.0625Gb/s，此速率又称为全速(Full Speed)。除此之外还有该速率的 1/2、1/4、1/8 倍速率，当然也有该速率的 2 倍数据传输速率(2.125Gb/s)以及 4 倍数据传输速率(4.25Gb/s)。

不同的 SAN 交换机支持的接口类型并不完全一样，而各种接口类型的性能也不一样，选购时一定要看清楚。如 SCSI 接口我们知道的 Ultra 320 可达到 320MB/s，传输距离最长只有 20 米，通常是磁盘设备连接的专用接口；光纤通道(FC)可以提供 1~4GB/s 的传输速率(最高可达 10GB/s)，至少比 SCSI 快 3 倍，通常用于服务器主机与 SAN 交换机的连接，也有一些磁盘支持 FC 接口。

在光纤连接的 SAN 结构中有 7 种端口：N 端口、NL 端口、F 端口、FL 端口、E 端口、TE 端口和 G 端口。

- N 端口：节点端口(Node Port)，可连接通信终端。
- NL 端口：节点环路端口(Node Loop Port)，通过 NL 端口可连接到其他端口，或是 NL 端口连接到 F 端口再到 N 端口(通过交换机)。
- F 端口：光纤端口(Fabric Port)，一种交换连接端口，也就是两个 N 端口连接的“中间端口”。
- FL 端口：光纤环路端口(Fabric Loop Port)，一种共享的为 AL 设备提供进入光纤网络服务的端口。
- E 端口：扩展端口(Expansion Port)，用于通过 ISL(内部交换链接)连接多个交换机。
- TE 端口：汇聚的扩展端口(Trunked Expansion Port)；为了获得高流量而将多个 E 端口连接在一起。
- G 端口：通用端口(Generic Port)，可根据连接方式在 F 端口和 E 端口之间进行切换。

光纤交换机分为 FC-SAN 光纤通道交换机和 IP-SAN 光纤通道交换机。

(1) FC-SAN 光纤通道交换机

FC-SAN 光纤通道交换机在逻辑上是 SAN 的核心，它连接着主机和存储设备。FC-SAN 光纤通道交换机将接收到的串行高速传输数据进行串并转换和 10B/8B 解码以及比特同步和字同步等操作后，与和它连接的服务器和存储设备之间建立链路，接收到数据并查找转发表后从相应端口送给相应的设备。

FC-SAN 光纤通道交换机有着许多不同的功能，包括支持 GBIC、冗余风扇和电源、分区、环操作和多管理接口等。

优点：传输带宽高，可达 8Gb/s，性能稳定可靠，技术成熟，应用于大规模存储网络。

缺点：成本高，需要大量的光纤布线。

(2) IP-SAN 光纤通道交换机

IP-SAN 光纤通道交换机基于以太网技术，底层是 TCP/IP 协议。IP-SAN 交换机的主要功能包括自配置端口、环路设备支持、交换机级联、自适应速度检测、可配置的帧缓冲、分区(基于物理端口和基于 WWN 的分区)、IPFC(IP over Fiber Channel)广播、远程登录、Web 管理、简单网络管理协议(SNMP)以及 SCSI 接口独立设备服务(SES)等。

IP-SAN 光纤通道交换机在很多中小规模存储网络中使用，但是在 SAN 中，传输的指令是 SCSI 的读写指令，不是 IP 数据包。

iSCSI(互联网小型计算机系统接口)是一种在 TCP/IP 上进行数据块传输的标准。iSCSI 可以实现在 IP 网络上运行 SCSI 协议，使其能够在高速千兆以太网上进行快速的数据存取备份操作。为了与之前基于光纤技术的 FC-SAN 区分开来，这种技术被称为 IP-SAN。iSCSI 继承了两大传统技术：SCSI 和 TCP/IP 协议。这为 iSCSI 的发展奠定了坚实的基础。

IP-SAN 的优势：

- 组建成本低廉，甚至可以利用现有网络组建 SAN。
- 部署简单，管理难度低。
- 万兆以太网的出现使得 IP-SAN 在与 FC-SAN 竞争时不再逊色于传输带宽。

(3) 光纤通道卡的优势

- 在一个 arbitrated 环路上可连接最多 126 个设备。
- 通过交换结构最多可连接 1600 万个设备。
- 低 CPU 占用。
- 在服务器不关机时就可增加和配置所连设备。
- 易于扩展以加大存储容量。
- 利用 SCSI 至光纤桥可实现对现有 SCSI 硬盘的高速连接。
- 可实现光纤和铜缆的连接。
- 全双工传输速率达 2000Mb/s。

3. SAN 的关键特性

SAN作为网络基础设施，是为了提供灵活、高性能和高扩展性的存储环境而设计的。SAN 通过在服务器和存储设备(例如磁盘存储系统和磁带库)之间实现连接来达到这一目的。

高性能的光纤通道交换机和光纤通道网络协议可以确保设备连接既可靠又有效。这些连接以本地光纤或 SCSI(通过 SCSI-to-Fibre Channel 转换器或网关)为基础。一个或多个光纤通道交换机以网络拓扑形式为主机服务器和存储设备提供互联。

由于 SAN 是为在服务器和存储设备之间传输大块数据而进行优化的，因此 SAN 有 5 点应用环境是比较理想的：

- 关键任务数据库应用，其中可预计的响应时间、可用性和可扩展性是基本要素。
- 集中的存储备份，其中性能、数据一致性和可靠性可以确保企业关键数据的安全。
- 高可用性和故障切换环境可以确保更低的成本、更高的应用水平。
- 可扩展的存储虚拟比，可使存储与直接主机连接相分离，并确保动态存储分区。
- 改进的灾难容错特性，可在主机服务器及其连接设备之间提供光纤通道高性能和可扩展的距离(达到 150km)。

4. SAN 的主要优点

面对迅速增长的数据存储需求，大型企业和服务提供商渐渐开始选择 SAN 作为网络基础设施。

(1) SAN 具有出色的可扩展性。事实上，SAN 比传统的存储结构具有更多显著的优势。例如，传统的服务器连接存储通常难于更新或集中管理，每台服务器必须关闭才能增加和配置新的存储。相比较而言，SAN 不必宕机和中断与服务器的连接即可增加存储。SAN 还可以集中管理数据，从而降低了总体拥有成本。

(2) 利用光纤通道技术，SAN 可以有效地传输数据块。通过支持在存储和服务器之间传输海量数据块，SAN 提供了数据备份的有效方式。因此，传统上用于数据备份的网络带宽可以节约下来用于其他应用。

(3) 开放性。业界标准的光纤通道技术还使得 SAN 非常灵活。SAN 克服了传统上与 SCSI 相连的线缆限制，极大地拓展了服务器和存储之间的距离，从而增加了更多连接的可能性。改进的可扩展性还简化了服务器的部署和升级，保护了原有硬件设备的投资。

(4) 传送数据块到企业级数据密集型应用的能力。光纤通道 SAN 在传送大数据块时非常有效，这使得光纤通道协议非常适用于存储密集型环境。

SAN 已经渐渐与 NAS 环境相结合，以提供用于 NAS 设备的高性能海量存储。事实上，许多 SAN 目前都用于 NAS 设备的后台，满足存储扩展性和备份的需要。

SAN 的一个优点是极大地提高了企业数据备份和恢复操作的可靠性与可扩展性。基于 SAN 的操作能显著减少备份和恢复的时间，同时减少企业网络上的信息流量。

通过将 SAN 拓展到城域网基础设施上，SAN 还可以与远程设备无缝连接，从而提高容灾的能力。以 SAN 部署城域网基础设施可以增加 SAN 设备间的距离(可达到 150km)，企业可以利用这一点，通过部署关键任务应用和用于关键应用服务器的远程数据复制来提高容灾能力。备份和恢复设备是实现远程管理的需要。

5. SAN 存在的问题

互操作性仍是 SAN 实施过程中存在的主要问题。因为 SAN 本身缺乏标准，尤其在管理上更是如此。虽然光纤通道(Fibre Channel)技术标准的确存在，但客户厂商却有不同的解释，标准难以统一。当然，一些 SAN 厂商通过 SNIA 等组织来制定标准，还有一些厂商则着手大力投资兴建互操作性实验室，在推出 SAN 之前进行测试。另一种途径便是外包 SAN，尽管 SAN 厂商在解决互操作性问题上已经取得了进步，但许多专家仍建议用户采用外包方式，不要自己建设 SAN。

6. NAS 的特点

NAS 是一种将分布、独立的数据整合为大型集中化管理的数据中心，以便于对不同主机和应用服务器进行访问的技术。

(1) NAS 的关键特性

NAS 解决方案通常配置为作为文件服务的设备，由工作站或服务器通过网络协议(如 TCP/IP)和应用程序[如网络文件系统(NFS)或者通用 Internet 文件系统(CIFS)]来进行文件访问。大多数 NAS 连接在工作站客户机和 NAS 文件共享设备之间进行，这些连接依赖于企业的网络基础设施来正常运行。

为了提高系统性能和不间断用户访问，NAS 采用了专业化的操作系统用于网络文件的访问，这些操作系统既支持标准的文件访问，也支持相应的网络协议。

NAS 使文件访问操作更为快捷，并且易于向基础设施增加文件存储容量。因为 NAS 关注的是文件服务而不是实际文件系统的执行情况，所以 NAS 设备经常是自包含的，而且相当易于部署。

NAS 设备与客户机之间主要是进行数据传输。在 LAN/WAN 上传输的大量数据被分成许多小的数据块。传输的处理过程需要占用处理器资源来中断和重新访问数据流。如果数据包的处理占用太多的处理器资源，则在同一服务器上运行的应用程序会受到影响。由于网络拥堵影响 NAS 的性能，所以，其性能局限性之一是网络传输数据的能力。

NAS 存储的可扩展性也受到设备大小的限制。增加另一台设备非常容易，但是要像访问一台机器上的数据那样访问网络环境中的内容并不容易，因为 NAS 设备通常具有独特的网络标识符。由于上述这些限制，NAS 环境中的数据备份不是集中化的，因此仅限于使用直接连接设备(如专用磁带机或磁带库)或者基于网络的策略。在该策略中，设备上的数据通过企业或专用 LAN 进行备份。

(2) NAS 的主要优点

NAS 为那些访问和共享大量文件系统数据的企业环境提供了一个高效、性能价格比优异的解决方案。数据的整合减少了管理需求和开销，而集中化的网络文件服务器和存储环境(包括硬件和软件)确保了可靠的数据访问和数据的高可用性。可以说，NAS 提供了一个强有力的综合机制。

NAS 技术能够满足特定的用户需求。例如，当某些企业需要应付快速数据增长的问题，或者是解决相互独立的工作环境所带来的系统限制时，可以采用新一代 NAS 技术，利用集中化的网络文件访问机制和共享来解决这些问题，从而达到减少系统管理成本，提高数据备份和恢复功能的目的。

NAS 适用于那些需要通过网络将文件数据传送到多台客户机上的用户。NAS 设备在数据必须长距离传送的环境中可以很好地发挥作用。

此外，NAS 设备非常易于部署，可以使 NAS 主机、客户机和其他设备广泛分布在整个企业的网络环境中。正确地进行配置之后，NAS 可以提供可靠的文件级数据整合，因为文件锁定是由设备自身来处理的。尽管其部署非常简单，但是企业仍然要确保在 NAS 设备的配置过程中提供适当的文件安全级别。

NAS 应用于高效的文件共享任务中，例如 UNIX 中的 NFS 和 Windows NT 中的 CIFS，其中基于网络的文件级确定提供了高级并发访问保护的功能。NAS 设备可以进行优化，以文件级保护向多台客户机发送文件信息。

在某些情况下，企业可以有限地为数据库应用部署 NAS 解决方案。这些情况一般只限于以下的应用：大量的数据访问是只读的，数据库很小，要访问的逻辑卷也很少，所要求的性能也不高。在这些情况下，NAS 解决方案有助于减少用户的总体拥有成本。

7. SAN 与 NAS 的比较

SAN 与 NAS 之间存在着差异，业界许多人认为它们是两种互补的存储技术。下面对它们做一个简单的比较，如表 10-1～表 10-3 所示。

表 10-1　SAN 与 NAS 关键特性比较

关 键 特 性	SAN	NAS
协议	Fibre Channel Fibre Channel-to-SCSI	TCP/IP
应用	● 关键任务，基于交易的数据库应用处理 ● 集中的数据备份 ● 灾难恢复 ● 存储集中	● NFS 和 CIFS 中的文件共享 ● 长距离的小数据块传输 ● 有限的只读数据库访问
优点	● 高可用性 ● 数据传输的可靠性 ● 减少网络流量 ● 配置灵活 ● 高性能 ● 高可扩展性 ● 集中管理	● 距离的限制少 ● 简化附加文件的共享容量 ● 易于部署和管理

表 10-2 NAS 与 SAN 的比较

比较项	NAS	SNA
互通性	通过文件系统的集中化管理能够实现网络文件的访问	只能通过与之连接的主机进行访问
共享性	用户能够共享文件系统并查看共享的数据	每一个主机管理它本身的文件系统，但不能实现与其他主机共享数据
可靠性	专业化的文件服务器与存储技术相结合，为网络访问提供高可靠性的数据	只能依靠存储设备本身为主机提供高可靠性的数据

表 10-3 SAN 与 NAS 特点的比较

特　点	SAN	NAS
数据集中的实现	好	较好
数据共享的实现	一般	好
系统成本	较高	较低
系统复杂程度	高	低
系统性能	好	受网络环境影响
系统配置	复杂	简单
系统使用	简单	简单
系统灵活性	好	较好
系统扩展性	好	一般
应用限制	无	视频、测绘等大文件传输受限
数据保护能力	好	较好

10.5.3 RAID 基础知识

RAID(Redundant Array of Independent Disks)即独立磁盘冗余阵列，简称磁盘阵列。简单地说，RAID 就是在一个或多个磁盘上，以不同的方式存储数据的技术。而以 RAID 形式组合到一起的这多个磁盘，作为一个磁盘组(Array)在用户看起来就像一个磁盘。

RAID 中主要有三个关键概念和技术：镜像(Mirroring)、数据条带(Data Stripping)和数据校验(Data parity)。

- 镜像：镜像是一种冗余技术，为磁盘提供保护功能，防止磁盘发生故障而造成数据丢失。将数据复制到多个磁盘，一方面可以提高可靠性，另一方面可并发从两个或多个副本读取数据来提高读性能。
- 数据条带：数据条带，将数据分片保存在多个不同的磁盘，多个数据分片共同组成一个完整数据副本，这与镜像的多个副本是不同的，它通常用于性能考虑。当访问数据时，可以同时对位于不同磁盘上的数据进行读写操作，从而获得 I/O 性能提升。
- 数据校验：数据校验利用冗余数据进行数据错误检测和修复，冗余数据通常采用海明码、异或操作等算法来计算获得。利用校验功能可提高磁盘阵列的可靠性和容错能力。

不同等级的 RAID 可采用 1~3 种技术，来获得不同的数据可靠性、可用性和 I/O 性能。

RAID 存储数据的不同方式称为 RAID 级别(RAID Levels)。不同的 RAID 级别可以提供不同的存储性能和数据安全性保障。通常最为常用的 RAID 级别包括 RAID 0、RAID 1、RAID 5 和 RAID 10。下面将对以上提到的 RAID 级别进行简单的介绍。

1. RAID 0

RAID 0 通常又称为 Stripe。在 RAID 0 中，数据以数据块(Strip)为单位，被顺序存放到组成 RAID 0 的成员磁盘上。

RAID 0 的这种数据存储方式使得对 Stripe 的数据请求可以被组成 RAID 0 的各个磁盘并行执行，从而提高了整体的数据访问性能。

RAID 0 的缺点是不提供数据安全性方面的保障。

RAID 0 容量=组成 Stripe 的最小成员磁盘的容量×成员磁盘个数

因此，当组成 Stripe 的磁盘容量不相同时，则其中大容量磁盘大于最小磁盘容量的磁盘空间将不能用于磁盘条块，因而造成磁盘空间的浪费。

RAID 0 是一种高性能、零冗余的阵列。严格地说，RAID 0 根本不是 RAID，而是将数据块划分成条或分段存储在多个磁盘驱动器中来提高磁盘子系统的吞吐量，它未提供冗余。如果在一个 RAID 0 阵列中有一个驱动器发生故障，那么这个阵列中所有驱动器的数据将是不可访问的。RAID 0 主要用于需要尽可能高速读写数据的应用中。

RAID 0 的实现很经济，主要有下面几个原因：

- 没有保存校验信息的磁盘空间，这样就不需要购买大容量磁盘驱动器或者许多小容量的磁盘驱动器。
- RAID 0 所有的算法简单，不会增加处理器开销，不需要一个专用的处理器。
- RAID 0 对于读写长、短数据单元都具有高性能。如果应用程序需要大量的快速磁盘存储并且已经采取其他措施安全地备份了数据，则值得考虑 RAID 0。
- RAID 0 使用条纹技术保存数据。条纹技术是指数据块可以被交替地写到阵列内组成逻辑卷的不同物理驱动器中。块长和条纹宽度将影响到一个 RAID 0 阵列的性能。

2. RAID 1

RAID 1 通常又称为 Mirror。在 RAID 1 中，所有数据都进行百分之百的备份，而且备份数据和原始数据分别存储于不同的磁盘上(磁盘镜像的组成盘)。由于对存储的数据进行百分之百的备份，在所有的 RAID 级别中，RAID 1 提供最高的数据安全性保障。当 RAID 1 的一个磁盘或磁盘上的数据发生损坏时，可利用另外一个盘上的备份数据来恢复损坏的数据。

同样，由于数据的百分之百备份，RAID 1 的磁盘利用率只有 50%(有效数据)。

RAID 1 的容量=(容量最小的成员磁盘的容量×磁盘个数)/2

因此，当组成磁盘镜像的硬盘容量不相同时，大于最小磁盘容量的磁盘空间将不能用于磁盘镜像，因而造成磁盘空间的浪费。

如果不想丢失某些信息，应该做什么呢？明显的答案是制作一份备份。RAID 1 使用这种方式工作。对于每件事情，RAID 1 将制作两个完整的备份到镜像或者一对磁盘驱动器中。这种百分之百的冗余意味着如果在一个 RAID 1 阵列中损失了一个驱动器，还有另外一个驱动器包含失效驱动器内容的一个准确副本。RAID 1 提供了最高的冗余级别，但磁盘驱动器的费用也是最高的。

3. RAID 2

RAID 2 是按位分配数据到多个驱动器。RAID 2 使用多个专用的磁盘保存奇偶校验信息，因此，需要一个磁盘驱动器比较多的阵列。例如，有 4 个数据驱动器的一个 RAID 2 阵列需要有 3 个专用的校验驱动器。RAID 2 在任何一种使用检验的 RAID 方案中具有最高的冗余。

按位存储的 RAID 2 意味着对每一个磁盘的访问是并行的。RAID 2 适用于诸如图像处理之类的应用，这些程序要传输大量连续的数据。

对于随机访问的应用程序，RAID 2 不是一个好的选择，因为这些程序需要频繁读写小数据块。需要拆分，然后重新装配数据处理的大量开销，使得 RAID 2 比其他 RAID 级更慢，数量较多的专用校验驱动器也使得 RAID 2 比较昂贵。几乎所有的 PC LAN 环境中都有大量的随机磁盘访问，因此，RAID 2 在 PC LAN 中没有地位。然而，对于有特殊用途的数字式视频服务器来说，RAID 2 具有一些特殊的优点。

4. RAID 3

RAID 3 通常是按字节将数据划分条纹分配在许多驱动器上，虽然也可以按位划分。但 RAID 3 在阵列中是专用一个驱动器保存奇偶校验信息。

与 RAID 2 一样，RAID 3 也是为顺序磁盘访问，如图像和数字式视频存储的应用程序而优化的。对于随机访问的环境如 PC LAN，RAID 3 是不适宜的。在一个 RAID 3 阵列中的任何一个驱动器发生故障将不会引起数据丢失。因为数据能够从其余的驱动器中重建。有时，基于 PC 的 RAID 控制器也提供选择 RAID 3，但这很少使用。

RAID 3 可以看作是 RAID 0 的一个扩展，在 RAID 3 阵列中，对小数据块划分条纹分配到多个物理驱动器，第 2 个块被写到第 2 个物理驱动器，第 3 个块被写到第 3 个物理驱动器，然而第 4 个块没有写到第 4 个物理驱动器，而是被写到第 1 个物理驱动器重新开始循环。

第 4 个物理驱动器不直接用来保存用户的数据，而是用来保存被写到前 3 个驱动器的数据的奇偶校验的计算结果。这种小块条纹技术为大量数据提供了很好的性能，这是因为 3 个数据驱动器均使用并行方式操作。第 4 个即校验驱动器提供的冗余技术将保证任何一个驱动器不会引起阵列丢失数据。

5. RAID 4

RAID 4 除按扇区而不是按字节对数据划分条纹外，其余特性与 RAID 3 相似。对于小数据量的随机读操作，RAID 4 比 RAID 3 提供了更好的性能。RAID 3 的小数据块意味着每次读操作需要阵列中的每一个磁盘参与。因此，RAID 3 阵列中的磁盘按同步(或者称为耦合)的方式工作。RAID 4 较大的数据块表明只需访问一个磁盘驱动器即可以完成小数据量的随机读操作，而不需访问所有的数据驱动器。因此 RAID 4 驱动器为非同步或者非耦合的。

与 RAID 3 一样，RAID 4 有一个专用的校验磁盘驱动器，每一次写操作时必须访问这个校验磁盘驱动器。RAID 4 包含 RAID 3 所有的不足，而对于大的读处理却没有 RAID 3 的优点。唯一对 RAID 4 有意义的环境是几乎百分之百的磁盘操作都是小数据量随机读的情况。由于这个条件在现实的服务器环境中并不存在，因此在用户的 PC LAN 中不应考虑使用 RAID 4。

6. RAID 5

RAID 5 是把数据和相对应的奇偶校验信息存储到各个磁盘上，并且奇偶校验信息和相对应的数据分别存储在不同的磁盘上。

RAID 5 不对存储的数据进行备份，而是利用奇偶校验提供数据安全保障。

当 RAID 5 的一个磁盘数据发生损坏后，利用剩下的数据和相应的奇偶校验信息，可以恢复被损坏的数据。

RAID 5 具有和 RAID 0 相近似的数据读取速度。写入数据的速度比对单个磁盘进行写入操作稍慢。

RAID 5 的存储量计算公式是：

RAID 5 容量=组成 RAID 5 的最小磁盘的容量×(磁盘个数－1)

因此，当组成 RAID 5 的硬盘容量不相同时，大于最小磁盘容量的磁盘部分将不被使用，因而造成磁盘空间的浪费。

RAID 5 在 PC LAN 环境中是最常用的 RAID 级。RAID 5 将用户数据和校验数据划分条纹存放到阵列的所有驱动器中，占用相当于一个驱动器的容量保存校验信息。

在 RAID 5 中，所有驱动器的容量必须相同，最好同一品牌、同一型号，并且有一个驱动器不能被操作系统使用。例如，在一个 RAID 5 阵列中有 3 个 1GB 驱动器，其中相当于一个驱动器用于校验信息，剩下的 2GB 可被操作系统使用。如果增加第 4 个 1GB 驱动器到阵列，相当于一个驱动器仍用于校验，剩下的 3GB 可被操作系统使用。

RAID 5 是按频繁地读写小数据块而优化的。对于几乎所有的 PC LAN 环境，RAID 5 都是最好的 RAID 级，它尤其适合于数据库服务器。

RAID 2～4 的不足是专门使用一个物理磁盘驱动器保存校验信息。由于读操作不需要访问这个校验驱动器，因此读性能没有被降低。然而，每次写阵列时必须访问这个校验驱动器，这样，RAID 2～4 不允许并行写。由于 RAID 5 将校验数据划分条纹分配到阵列的所有驱动器中，因此，RAID 5 允许并行读和写。

7. RAID 6

RAID 6 现在至少用在 3 个不同方面。某些厂商只是在 RAID 5 阵列中增加冗余电源，可能还增加一个热备用磁盘，便将这种配置称为 RAID 6。其他一些厂商附加一个磁盘到阵列中来提高冗余度，以允许这个阵列中的两个磁盘同时失效而又不引起数据丢失。还有些厂商修改 RAID 5 的条纹处理方法，将结果称为 RAID 6。

任何这些修改均可能改善其功能。然而，当看到 RAID 6 这个词时，就必须仔细地询问销售商，让其解释 RAID 6 的准确含义。

8. RAID 7

RAID 7 是 Storage Computer Corporation 的专利。从发表的文档看，RAID 7 在结构上与 RAID 4 十分相似。RAID 7 使用了高速缓存，并使用专门的微处理器驱动的控制器，运行一个内嵌的实时操作系统，称为 SOS。Storage Computer 使用双快速 SCSI-2 多通道适配器配备其阵列，允许一个阵列同时连接到多个主机，包括大型计算机、小型机和 PC LAN 服务器。

9. 堆叠式 RAID

所有 RAID 的一个特征是主机操作系统将阵列看成是一个逻辑驱动器。这意味着可以堆叠阵列，即主机使用一种 RAID 级控制一组阵列，由不同或相同的 RAID 级替换各个磁盘驱动器。使用堆叠式阵列可以获得一种以上 RAID 级的优势，而抵消了每种 RAID 级的不足。实际上，堆叠技术使主机看到是 RAID 的高性能部分，而隐藏了提供数据冗余的低性能 RAID 部分。

常见的堆叠式 RAID 是 RAID 0/1，在作为专用产品销售时也称为 RAID 10，这种方法综合了 RAID 0 的条纹技术和 RAID 1 的冗余镜像性能。RAID 0/1 只是用 RAID 1 阵列取代 RAID 0 阵列使用的每一个磁盘驱动器。主计算机所看到的阵列是一个简单的 RAID 0，因此性能达到 RAID 0 的水平。RAID 0 阵列的每一个驱动器实际上是一个 RAID 1 镜像组。因此数据安全可期望达到与镜像组相同的水平。常见的堆叠式 RAID 还有其他方式：RAID50、RAID 53、RAID50 和 RAID60 等。

10. RAID 级别间的相互关系

RAID 0～5 级的描述、速度与容错性能如表 10-4 所示。

表 10-4　RAID0～5 级的描述、速度与容错性能

RAID 级 别	描　　述	速　　度	容 错 性 能
RAID 0	硬盘分段	硬盘并行输入/输出	无
RAID 1	硬盘镜像	没有提高	有(允许单个硬盘错)
RAID 2	硬盘分段加汉明码纠错	没有提高	有(允许单个硬盘错)
RAID 3	硬盘分段加专用奇偶校验盘	硬盘并行输入/输出	有(允许单个硬盘错)
RAID 4	硬盘分段加专用奇偶校验盘需异步硬盘	硬盘并行输入/输出	有(允许单个硬盘错)
RAID 5	硬盘分段加奇偶校验分布在各硬盘	硬盘并行输入/输出 比 RAID 0 稍慢	有(允许单个硬盘错)

下面从实现费用来比较每一个 RAID 级。

RAID 0 条纹技术提供高性能，但是它们完全缺乏冗余，并存在数据丢失的风险，这使得对于几乎所有环境而言，选择纯粹的 RAID 0 是不现实的，尽管它在产生大量过渡性临时文件的应用中有意义。由于 RAID 0 为许多标准的 SCSI 主适配器所支持，并且不需要额外的磁盘驱动器，所以 RAID 0 很便宜。

RAID 1 镜像技术提供的百分之百冗余，保证了数据安全，同时也提供了比较好的性能。所以许多小的 LAN 经常选择 RAID 1。在合理成本下，RAID 1 提供了适当的性能和高级别的安全。由于 RAID 1 被大多数标准的主适配器支持并且需要复制每一个数据驱动器，因此在小的阵列中它是便宜的，而在大的阵列中则非常昂贵。

RAID 3 的按字节划分条纹和专门的奇偶校验驱动器可提供良好的数据安全和在大量顺序读方面的高性能，但是它在随机读写方面的性能不佳，使得大多数 LAN 不予选用。图像应用的增长使得 RAID 3 又多少出现生机，因为 RAID 3 非常适合这类应用。如果用户要做图像处理，可以考虑在保存图像的逻辑卷中使用 RAID 3。

实现 RAID 3 的费用适中。虽然它只需要附加一个磁盘驱动器保存校验信息，但标准的磁盘适配器或软件方法通常都不支持 RAID 3。因此，RAID 3 需要一个特殊的中等价格的主适配器。

RAID 5 的扇区加条纹技术和分布存放校验信息提供良好的数据安全，在小的随机读和大的顺序读方面性能良好，写性能适当。RAID 5 对于小型和中型 LAN 的磁盘访问方式最适合。RAID 5 价格很便宜，这是因为它只需要一个附加磁盘驱动器并可用软件方式实现。各种 RAID 5 的硬件方式也可以使用，它比用软件方式能够提供更好的性能，但价格比较高，如果用户的服务器只有一个阵列，则 RAID 5 将是最好的选择。

10.5.4　IDE RAID 简介

RAID 技术问世时是基于 SCSI 接口的，主要面向高端应用。普通 PC 用户和低端商业应用面对 SCSI RAID 的高昂价格只能望而却步。因此，虽然 RAID 技术问世已经很长时间，但普通的计算机用户对 RAID 知之甚少，也无缘拥有 RAID。幸运的是，IDE RAID 技术的出现使得 PC 用户和低端商业应用轻松拥有 RAID 成为可能。

IDE 是一种 PC 计算机普遍采用的硬盘接口。由于近几年 PC 计算机市场的巨大发展，在市场的促进下，IDE 硬盘的性能得到很大提高，同时成本却大幅下降。现在基于 IDE 接口的存储设备在提供优秀性能的同时，成本要远远低于 SCSI 接口设备。表 10-5 所示是市场上 RAID 相关存储设备的对比。

表 10-5　RAID 相关存储设备的对比

存储设备	IDE(UDMA/ATA)	SCSI	Fibre Channel
数据传输速率/(MB/s)	Up to 100	Up to 160	Up to 100
硬盘转速/rpm	7 200	7 200	10 000
每个数据通道可接硬盘个数	2	15	126

注：此表格信息仅代表调查厂商提供的信息。

由于 IDE 接口设备的良好性能和低成本，相应地，IDE RAID 解决方案就具有 SCSI RAID 无法比拟的高性价比。

10.6　数据备份和数据存储常见故障诊断与排除

10.6.1　数据备份故障诊断与排除

故障现象 1：一个正在执行的事务发生中断，没能够完全执行并提交

可能的原因：

(1) 事务由于某些内部条件没能满足而无法继续正常执行。

判断方法和解决方案：

内部条件包括非法输入、数据溢出、超出资源限制等。用户在修改相关错误之后，重新执行该事务。

(2) 事务由于系统处于不正常状态而无法继续正常执行。

判断方法和解决方案：

系统不正常状态可能是由死锁、处理事务的后台进程出现异常、网络中断等原因造成的。修改相关错误之后，系统恢复事务，重新执行该事务。

(3) 由于操作失误、数据不正确等原因，用户提前中止了事务的执行。

判断方法和解决方案：

用户修正相关操作错误之后，重新执行该事务。

故障现象 2：系统组件发生故障

可能的原因：

(1) 操作系统出现异常。

判断方法和解决方案：

操作系统出现异常，但磁盘等外部存储设备的数据库并未遭到破坏，操作员修改操作系统相关错误之后，重新执行该事务。

(2) 数据库系统出现异常。

判断方法和解决方案：

如果是不正确的数据，若发现及时，则可使用后向恢复，但必须谨慎，以确保后续的所有错误都已逆转。

如果只有几个错误发生，则可以通过人为干预来引入一系列补偿事务，以便纠正错误。

如果是数据库丢失，使用数据库的镜像拷贝时恢复；如果没有镜像拷贝，则要求数据库的备份拷贝。

(3) 机房断电或人为关机。

判断方法和解决方案：

如果是掉电，重新启动系统，执行数据库恢复。

如果是操作员错误，操作员修改相关的操作错误之后，重新执行该事务。

故障现象 3：磁盘故障

可能的原因：

(1) 磁盘损坏。

(2) 磁盘控制器损坏。

(3) 人为地删除或者破坏了磁盘上的数据文件或者设备。

磁盘故障破坏了物理数据库，影响到正在存取数据的所有事务。这种故障发生的概率最小，但是危害最大。

解决方案：

使用数据库的镜像拷贝时恢复，如果没有镜像拷贝，则要求数据库的备份拷贝。

10.6.2　数据恢复常见故障诊断与排除

故障现象 1：恢复数据时，出现“数据库正在使用，所以无法获得对数据库的独占访问权”

可能的原因：

在数据恢复时，有其他用户正在使用数据库。

解决方案：

通常在数据恢复操作时，不允许其他用户连接数据库。

故障现象 2：尚未备份日志尾部问题

可能的原因：

恢复的数据库在备份后又产生了新的日志，所以要按照默认设置的备份选项，系统将提示备份日志尾部以免造成事务中断。

解决方案：

数据备份要按照系统，正确完整地备份数据。

故障现象 3：备份集不吻合，所以无法完成恢复

可能的原因：

在恢复数据时，提示“备份集不吻合，所以无法完成恢复”。

原因可能是：形成的备份集不是当前数据库产生的备份集。

解决方案：

恢复数据时要清楚哪些备份集是哪个数据库产生的，应有一个备忘录。

10.6.3　RAID 磁盘阵列故障诊断与排除

故障现象 1：硬盘有异常声响，噪音较大

可能的原因：

(1) 硬盘外观检查。

- 硬盘电路板上的元器件是否有变形、变色，及断裂缺损等现象；
- 硬盘电源插座上的接针是否有虚焊或脱焊现象；
- 加电后，硬盘自检时指示灯是否不亮或常亮；工作时指示灯是否能正常闪亮；
- 加电后，要倾听硬盘驱动器的运转声音是否正常，不应有异常的声响及过大的噪音。

(2) 检查硬盘连接。

- 硬盘上的 ID 跳线是否正确，它应与连接在线缆上的位置匹配；
- 连接硬盘的数据线是否接错或接反；
- 硬盘连接线是否有破损或硬折痕，可通过更换连接线检查；
- 硬盘连接线类型是否与硬盘的技术规格要求相符；
- 硬盘电源是否已正确连接，不应有过松或插不到位的现象。

(3) 硬盘的供电检查

供电电压是否在允许范围内，波动范围是否在允许的范围内等。

故障现象 2：BIOS 中不能正确地识别硬盘、硬盘指示灯常亮或不亮、硬盘干扰其他驱动器的工作等

可能的原因：

(1) 硬盘能否被系统正确识别，识别到的硬盘参数是否正确；BIOS 中对 IDE 通道的传输模式设置是否正确(最好设为“自动”)。

(2) 显示的硬盘容量是否与实际相符，格式化容量是否与实际相符(注意，一般标称容量是按 1000MB 为单位标注的，而 BIOS 中及格式化后的容量是按 1024MB 为单位显示的，二者之间有 3%~5%的差距。另格式化后的容量一般会小于 BIOS 中显示的容量)。硬盘的容量根据系统所提供的功能(如带有一键恢复)，应比实际容量小很多，缩小的值请参看用户手册中的相关说明。

(3) 检查当前主板的技术规格是否支持所用硬盘的技术规格，如：对于大于 1TB 硬盘的支持、对高传输速率的支持等。

故障现象 3：不能分区或格式化、硬盘容量不正确、硬盘有坏道、数据损失等

可能的原因：

(1) 检查磁盘上的分区是否正常、分区是否激活、是否格式化、系统文件是否存在或完整。

(2) 对于不能分区、格式化的硬盘，在无病毒的情况下，应更换硬盘。更换仍无效的，应检查软件、硬件的部件是否有故障。

(3) 必要时进行修复、初始化或重新安装操作系统。

故障现象 4：逻辑驱动器盘符丢失或被更改，访问硬盘时报错

可能的原因：

(1) 注意检查系统中是否存在病毒，特别是引导型病毒，可用 360 杀毒软件检查。

(2) 认真检查在操作系统中有无第三方磁盘管理软件在运行；设备管理器中对 IDE 通道的设置是否恰当。

(3) 是否开启了不恰当的服务。

故障现象 5：硬盘数据的保护故障

可能的原因：

(1) 当加电后，如果硬盘声音异常、根本不工作或工作不正常，应检查电源是否有问题、数据线是否有故障、BIOS 设置是否正确等，然后再考虑硬盘本身是否有故障。

(2) 应使用相应硬盘厂商提供的硬盘检测程序检查硬盘是否有坏道或其他可能的故障。

故障现象 6：硬盘保护卡引起的故障

可能的原因：

(1) 安装硬盘保护卡，应注意将 CMOS 中的病毒警告关闭、将 CMOS 中的映射地址设为不使用(disable)、将 CMOS 中的第一启动设备为设为 LAN；光驱和硬盘应接在不同的 IDE 数据线上。

(2) 装有硬盘保护卡的机器，开机出现红屏现象，应使用专用的工具程序解决。

(3) 对于在某个引导盘下，看不到某些数据盘的情况，要检查这些数据盘是否为该引导盘专属的数据盘；分区类型是否为引导盘的操作系统所识别。

(4) 若硬盘保护卡不起保护功能，要检查用户是否关闭了硬盘保护功能。要启用硬盘保护功能，可在进入系统前按 F4 键来启用，如果不行，可重新插拔一下硬盘保护卡。在 Windows 下，则应检查其驱动软件是否已安装。

(5) 当启用了硬盘保护功能后，硬盘上原来的系统不被保留，应询问用户原系统是否是用第三方软件进行的分区。目前硬盘保护卡只能保护用操作系统自带的 FDISK 进行分区的系统。

(6) 在硬盘保护模式为每次还原时，如果由于未正常关机，而出现多次提示进行磁盘扫描，应在管理员模式下，在 Msdos.sys 文件中加入 autoscan=0 的项。

(7) 对于在使用者模式下，出现乱码的现象，需在管理员模式下运行升级盘中的 SETUP.EXE。

故障现象 7：RAID 卡有问题

RAID 卡有问题表现为：RAID 信息经常丢失，硬盘经常掉线，不能做 REBUILD，开机自检时检测不到硬盘或时间长；有时候启动速度非常慢；在系统启动时有这样一个错误提示：设备 /devices/scsi/port0 在传输等待的时间内没有响应。

判断方法和解决方案：

更换 RAID 卡。

故障现象 8：磁盘阵列本身的问题

可能的原因：

- 磁盘阵列掉线。
- 做 REBUILD 时，出现错误提示，无法继续进行。

解决方案：

对在线的磁盘阵列进行校验，修复磁盘阵列扇区的坏道，重做 REBUILD，进行硬盘清理或碎片整理。

对于 Windows 系统来说，可以利用“系统工具”进行硬盘清理或碎片整理。硬盘清理如图 10-4 所示。

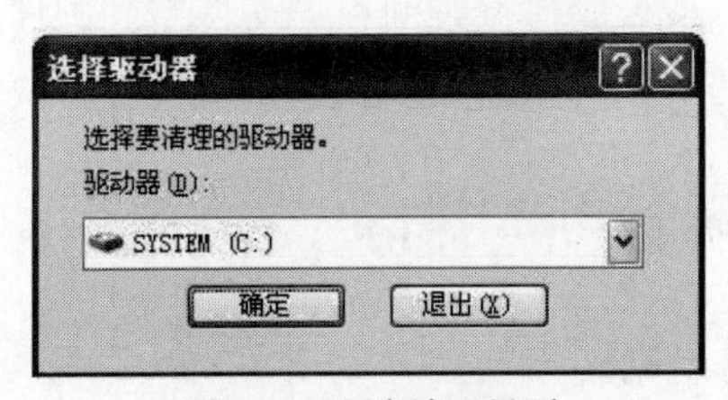

图 10-4　硬盘清理界面

碎片整理如图 10-5 所示。单击“碎片整理”按钮即可。

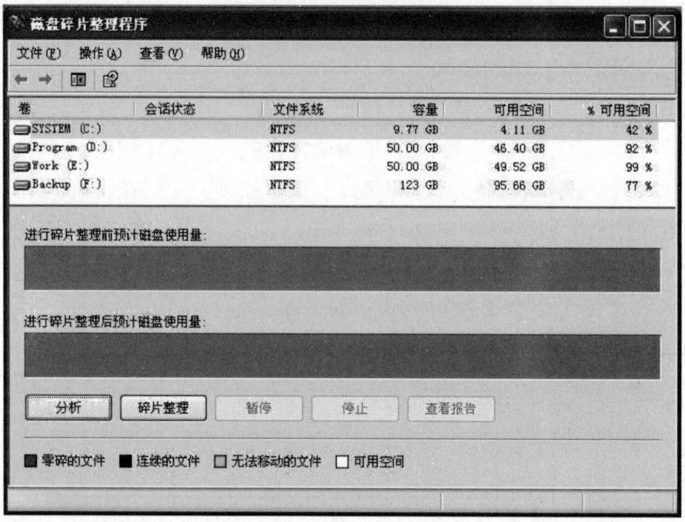

图 10-5　碎片整理界面

故障现象 9：无法引导系统

在启动计算机后，看不到 Windows 启动画面，而是出现了“Non-System disk or disk error”(非系统盘或磁盘出错)、“Error Loading Operating System”(装入操作系统错误)或“No ROM Basic，System Halted”(不能进入 ROM Basic，系统停止响应)等提示信息。在比较严重的情况下，则不会出现任何信息，这是常见的硬盘故障——无法引导系统。

可能的原因：

(1) 硬盘的数据线或电源线问题。

判断方法和解决方案：

当出现在 BIOS 中看不到硬盘，或者硬盘型号出现乱码的现象时，首先确认数据线有没有问题，仔细检查数据线与硬盘接口、主板 IDE 接口的接触情况，查看主板 IDE 接口和硬盘数据接口是否出现了断针、歪针等情况。如果问题确实是因数据线及电源连接造成，一般更换数据线并排除接触不良的问题后，在 BIOS 中就能看到硬盘，此时硬盘也就可以引导了。

(2) 硬盘本身问题。

判断方法和解决方案：

当通过更换数据线、排除接触不良仍然无法引导系统，则检查是否是硬盘本身出了故障，如果硬盘出现故障，建议返回给生产厂商进行维修。

(3) 软故障导致硬盘无法引导。

判断方法和解决方案：

硬盘中没有安装操作系统，或者操作系统的引导文件遭到破坏，根目录下的文件被删除或被移动到其他地方，导致系统无法引导。重新安装操作系统即能解决问题。

10.6.4　磁带驱动器故障诊断与排除

故障现象 1：无法识别磁带驱动器

可能的原因：

可能是 SCSI 总线的问题。

判断方法和解决方案：

验证电缆已正确连接到磁带驱动器的 SCSI 总线，且 SCSI 总线被正确终止。

故障现象 2：写入磁带错误

可能的原因：

可能是 SCSI 总线或磁带有问题。

判断方法和解决方案：

当重复使用磁带时，一定要先清除其中的内容，并格式化磁带。

故障现象 3：驱动器错误

可能的原因：

通常是由不兼容的硬件、过时的磁带设备或控制器上的固件引起的。

判断方法和解决方案：

请咨询供应商以确保硬件包含在硬件兼容列表中，然后与制造商联系，以查看是否有可用的固件更新。

故障现象 4：在驱动器中的磁带翻译错误

可能的原因：

固件或不正确的 SCSI 终结情况，可能导致此错误。

判断方法和解决方案：

验证正确，终止 SCSI 总线。进行更新的固件修订，请与制造商联系，更换新的磁带设备。

故障现象 5：关闭轮询驱动器和轮询驱动程序失败

可能的原因：

这是不正确地设置 SCSI ID 号、有缺陷的终止或电缆问题导致的 SCSI 总线问题。

判断方法和解决方案：

有关诊断 SCSI 总线的问题，请查阅 SCSI 疑难解答。

故障现象 6：无法加载从磁带目录

可能的原因：

可能 SCSI 控制器的驱动程序有问题。

判断方法和解决方案：

需要替换一个受支持的模型的控制器，或者更新驱动程序。

故障现象 7：未知的固件错误

可能的原因：

磁带设备具有不兼容的固件。

判断方法和解决方案：

请与制造商联系，以获取最新版本的磁带设备固件。

故障现象 8：已检测到磁带驱动器，但驱动程序加载时出现故障，或出现错误 0020：找不到指定的设备

可能的原因：

使用 Windows 备份的磁带设备未正确配置。

判断方法和解决方案：

请参阅磁带设备手册或与制造商联系以获得正确的设置。

故障现象 9：磁带设备上更改物理块大小请求报告错误，及磁带设备上阅读该磁带的请求报告错误

可能的原因：

SCSI 控制器不能正确支持磁带设备。

判断方法和解决方案：

需要更新某个固件，请与制造商联系。

10.6.5 服务器存储故障诊断与排除

故障现象 1：存储无法识别主机 WWPN

处理步骤：登录交换机查看端口连接状态(brocade：switchshow)。

根据端口连接状态，诊断 HBA 卡是否无法注册到交换机(switchshow 查询到交换机无法识别主机 WWPN)，请通过以下方法排查故障。

(1) 确认硬件是否在位：排查 HBA 卡、对应的 PCIE 总线的 CPU 是否在位。

① 确认 HBA 卡与交换板槽位对应关系(仅适用于华为 E9000 和 E6000 服务器)。

② 检查 HBA 到交换机 FC 链路(仅适用于 E9000：HBA 卡工作模式是否匹配)，主要查看光模块光功率、光纤。

③ 确认是否安装华为兼容性配套发布 LPFC 驱动和 Firmware(E9000 服务器对驱动和 Firmware 有配套要求)。

④ 对于多交换机连接的场景，检查交换机连接的模式(AG、TR)等是否正确。

⑤ 收集操作系统的 Message 日志，查找 LPFC 驱动打印信息。

⑥ 收集交换机日志。

(2) 根据端口连接状态，HBA卡已经注册到交换机但存储无法识别主机WWPN(switchshow 查询到交换机已经识别主机 WWPN)，通过以下方法排查故障。

① 检查存储是否注册到交换机：排查交换机到存储的 FC 链路(光模块、光纤)。

② 检查 HBA 与存储端口是否在同一个 zone。

③ 对于同厂家多交换机级联场景，检查 zone 的配置是否一致。

④ 收集 OS 的 Message 日志，查找 lpfc 驱动打印信息。

⑤ 收集交换机日志。

故障现象 2：存储已经识别 HBA 卡 WWPN 但无法映射 LUN

处理步骤：

(1) 确认是否安装华为兼容性配套发布的 LPFC 驱动和 firmware(E9000 服务器对驱动和 Firmware 有要求)。

(2) 检查操作系统的 Message 日志，查找 LPFC 驱动打印信息。

(3) 检查交换机日志。

(4) 如果以上步骤均无问题，说明 FC 的协议已经正常交互，主机侧是正常的，问题聚焦在存储侧或者 OS SCSI 应用层，请联系存储厂家分析或 OS 厂家分析。

故障现象 3：存储 LUN 多路径链路部分丢失

处理步骤：

(1) 确认是否安装华为兼容性配套发布 LPFC 驱动和 Firmware(E9000 服务器对驱动和 Firmware 有要求)。

(2) 排查 HBA 到存储的 FC 链路误码。

(3) 检查 OS 的 Message 日志，查找 LPFC 驱动打印信息和多路径驱动信息。

(4) 检查交换机日志。

(5) 联系 OS 多路径驱动厂家或存储厂家分析。

故障现象 4：LUN 读写性能慢

处理步骤：

(1) 确认是否安装华为兼容性配套发布 LPFC 驱动和 Firmware(E9000 服务器对驱动和 Firmware 有要求)。

(2) 排查 HBA 到存储的 FC 链路误码。

(3) 分析主机的 iostat 输出，检查 IO 时延和 IO 并发数。

(4) 检查 OS 的 Message 日志，查找 LPFC 驱动打印信息，检查 HBA 卡驱动 IO 队列深度配置。

(5) 从 HBA 到存储控制器前端的硬盘性能测试是否正常(100GB 大文件读写和 100MB 小文件读写)。

(6) 联系存储分析工程师。

故障现象 5：HBA 卡均断链

处理步骤：确认当前多路径情况。

(1) 若存在链路冗余，则复位与故障 HBA 卡连接的交换机端口，然后执行(2)。如果链路不存在冗余，执行(3)。

(2) 复位后，查看与故障 HBA 卡连接的交换机端口是否恢复。

- 是，检查问题是否解决。
- 否，将所有业务进行迁移后，将服务器安全下电，拔插计算节点，尝试上电服务器进行恢复，如果故障仍然存在，则申请 HBA 卡备件进行更换。

(3) 建议先迁移业务，然后收集交换模块日志、操作系统日志、LLD 组网信息和各设备时间差后联系技术支持工程师。

故障现象 6：存储业务受影响但 HBA 无断链

处理步骤：将所有业务进行迁移后，将服务器安全下电，拔插计算节点，尝试上电服务器进行恢复，查看故障是否解决。

- 是，无需任何操作。
- 否，建议联系存储厂家进行快速恢复处理。

建议先迁移业务，然后收集交换模块日志、操作系统日志、LLD 组网信息和各设备时间差后联系技术支持工程师。

故障现象 7：存储 LUN 性能问题

处理步骤：在 FC 交换模块上检查 FC 链路误码情况。如果存在误码，执行 porter show 命令，根据端口对应关系确认问题点：

如果是交换模块与交换机之间的链路问题，若现场有光纤和光模块备件，则更换链路两侧的光纤和光模块，否则，插拔光纤和光模块。

如果是 HBA 卡和交换模块之间的链路问题，请进行交叉验证，将计算节点换至另一正常槽位，确认是 HBA 卡问题还是交换模块问题或背板问题。根据实际情况更换故障模块。

清除历史误码计算，观察 10 分钟查看误码情况并验证性能，同时联系存储厂家进行快速恢复处理。

习题

1. 简述故障管理的一般步骤。
2. 描述服务器的病毒防护步骤。
3. 描述数据备份策略。
4. 存储技术有哪两大技术？
5. 描述 SAN 的特点。
6. 描述 SAN 的主要优点。
7. 描述 SAN 存在的问题。
8. 描述 NAS 的特点。
9. 数据存储技术有哪些？
10. 简述网络存储技术。
11. 简述磁盘阵列存储技术。
12. 简述磁带存储技术。
13. 简述目前数据存储技术的研究热点。
14. 简述 SAN 的端口特点。
15. 简述光纤通道交换机 FC-SAN。
16. 简述 IP-SAN 光纤通道交换机。
17. RAID 存储数据有哪些级别？
18. 简述数据备份常见的故障。
19. 简述数据恢复常见的故障。
20. 简述 RAID 磁盘阵列的故障。
21. 简述磁带驱动器常见的故障。
22. 简述服务器存储常见的故障。

第 11 章

无线网络故障诊断与排除

本章重点介绍以下内容：

- 无线网络概述。
- 无线网络中的安全缺陷。
- 无线网络的故障诊断与排除方法。
- 室外型无线网桥故障现象和解决方法。
- 无线交换机故障诊断与排除方法。
- 无线路由器故障诊断与排除方法。
- 无线网卡故障诊断与排除方法。

11.1 无线网络概述

在计算机网络工程中，不仅要做有线网络而且还要做无线，无线网络发展的势头越来越大。本章将讨论无线网络的基础和无线网络故障诊断与排除。

11.1.1 无线网络的概念

近年来，由于无线通信技术的发展，出现了移动上网、无线 Internet。尤其是千兆无线局域网络的推出，使无线网络出现了新的生机。

无线网络采用与有线网络同样的工作方法，它们按 PC、服务器、工作站、网络操作系统、无线适配器和访问点通过电缆连接建立网络。

无线局域网络是指以无线信道作传输媒介的计算机局域网(Wireless Local Area Network，WLAN)。

计算机无线联网方式是有线联网方式的一种补充，它是在有线网的基础上发展起来的，使网上的计算机具有可移动性，能快速、方便地解决以有线方式不易实现的网络信道的连通问题。

无线联网要解决两个主要问题：

- 通信信道的实现与性能。
- 提供像有线网络系统那样的网络服务功能。

对于第一点的基本要求是：工作稳定、数据传输率高(大于 1Mbps)、抗干扰、误码率低、频道利用率高、具有保密性和收发的单一性、可以进行有效的数据提取。

对于第二点的基本要求是：现有的网络系统应能在其中运行，即要兼容有线网络的软件，使用户能透明地操作而无须考虑网络环境。

11.1.2 无线网络通信传输媒介

目前，计算机无线通信传输手段有两种：

- 无线电波，即短波或超短波、微波。
- 光波，即激光、红外线。

短波、超短波类似电台或电视台广播，采用调幅、调频或调相的载波，通信距离可达数十千米。这种通信方式早已用于计算机通信，但其速率慢、保密性差、没有通信的单一性、易受其他电台或电气设备的干扰，导致可靠性差。另外，频道、频度都要专门申请，因此一般不用作无线联网。

微波：以微波收、发机作为计算机网络的通信信道。因为微波的频率很高，所以能够实现数据的高速率传输，受气候条件影响很小。

微波的频率范围为 300MHz～300GHz。微波波段又可分为分米波、厘米波、毫米波，还有用字母命名更细分微波各波段的。微波波段划分如表 11-1 所示。

表 11-1 微波波段划分

波　段	频率/GHz	波　段	频率/GHz
UHF	0.12～1.12	X	8.2～12.4
L	1.12～1.7	KU	12.4～18.5
LS	1.7～2.6	K	18.5～26.5
S	2.6～3.95	KA	26.5～40
C	3.95～5.58	U	40～60
XC	5.58～8.20	E	60～90

微波的波长很短，它具有如下特性：

- 直线传播。
- 频谱宽，携带信息容量大。
- 微波元器件受尺寸大小的影响。
- 微波受金属物体屏蔽，能穿越非金属物体，但耗损大。
- 可穿透大气层，向外空传播。

11.1.3 无线网络目前发展状况

无线网络以前可分为无线网络和无线通信网络。随着技术的发展和应用的需求，未来无线网络和无线通信网络的界限变得很小，趋向于混为一体。

1. 无线网络

无线网络是采用无线通信技术实现的网络。无线网络既包括允许用户建立远距离无线连接的全球语音和数据网络，也包括为近距离无线连接进行优化的红外线技术及射频技术，与有线网络的用途十分类似，最大的不同在于传输媒介的不同，利用无线电技术取代网线，可以和有线网络互为备份。

主流应用的无线网络分为通过公众移动通信网实现的无线网络和无线局域网(WiFi)两种方式。

(1) 无线局域网采用的拓扑结构

根据不同的无线网络应用环境，无线局域网采用的拓扑结构主要有网桥连接型、访问节点连接型、HUB 接入型和无中心型四种。

① 网桥连接型

该结构主要用于无线或有线局域网之间的互联。当两个局域网无法实现有线连接或使用有线连接存在困难时，可使用网桥连接型实现点对点的连接。在这种结构中局域网之间的通信是通过各自的无线网桥来实现的，无线网桥起到了网络路由选择和协议转换的作用。

② 访问节点连接型

这种结构采用移动蜂窝通信网接入方式，各移动站点间的通信是先通过就近的无线接收站(访问节点：AP)将信息接收下来，然后将收到的信息通过有线网传入到"移动交换中心"，再由移动交换中心传送到所有无线接收站上。这时在网络覆盖范围内的任何地方都可以接收到该信号，并可实现漫游通信。

③ HUB 接入型

在有线局域网中利用 HUB 可组建星型网络结构。同样也可利用无线 AP 组建星型结构的无线局域网，其工作方式和有线星型结构很相似。但在无线局域网中一般要求无线 AP 应具有简单的网内交换功能。

④ 无中心型结构

该结构的工作原理类似于有线对等网的工作方式。它要求网中任意两个站点间均能直接进行信息交换。每个站点既是工作站，也是服务器。

(2) 无线网络的分类

无线网络按照区域可以分为：无线个人网、无线局域网、无线区域网、无线城域网和无线广域网。

① 无线个人网

无线个人网(WPAN)是在小范围内相互连接数个装置所形成的无线网络，通常是个人可及的范围内。例如蓝牙连接耳机及膝上电脑，ZigBee 也提供了无线个人网的应用平台。

② 无线局域网

无线局域网指的是采用无线传输媒介的计算机网络，结合了最新的计算机网络技术和无线通信技术。首先，无线局域网是有线局域网的延伸。使用无线技术来发送和接收数据，减少了用户的连线需求。

③ 无线区域网

无线区域网(Wireless Regional Area Network，简称 WRAN)基于认知无线电技术，IEEE802.22 定义了适用于 WRAN 系统的空中接口。WRAN 系统工作在 47MHz～910MHz 高频段/超高频段的电视频带内，由于已经有用户(如电视用户)占用了这个频段，因此 802.22 设备必须要探测出使用相同频率的系统以避免干扰。

④ 无线城域网

无线城域网是连接数个无线局域网的无线网络形式。

⑤ 无线广域网

WWAN(Wireless Wide Area Network)是采用无线网络把物理距离非常分散的城域网连接起来的通信方式。

WWAN 连接地理范围较大，常常是一个国家或是一个洲。其目的是为了让分布较远的各城域网联，它的结构分为末端系统(两端的用户集合)和通信系统(中间链路)两部分。

2. 无线通信网络

无线通信网络随着蜂窝电信技术的发展，目前已发展到第五代。

(1) 第一代：1G

1986 年，第一套移动通信系统在美国芝加哥诞生，1G 只能应用在一般语音传输上，且语音品质低、信号不稳定、涵盖范围也不够全面。手机信号是模拟的，使用的手机俗称“大哥大”。尽管其具有时代的革命性，但所提供的频谱效率和安全性非常低。

(2) 第二代：2G

2G 是全球移动通信系统(Global System for Mobile Communication)。它基于数字技术，提供更好的频谱效率、安全性和新功能，如文本消息和低数据速率通信。同时从这一代开始手机也可以上网了。

2G 是由 3GPP 开发的开放标准。

- TDMA：时分多址(Time Division Multiple Access)，是把时间分割成周期性的帧(Frame)，每一个帧再分割成若干个时隙向基站发送信号，在满足定时和同步的条件下，基站可以分别在各时隙中接收到各移动终端的信号而不串扰。同时，基站发向多个移动终端的信号都按顺序安排在预定的时隙中传输，各移动终端只要在指定的时隙内接收，就能在合路的信号中把发给它的信号区分并接收下来。
- CDMA：码分多址(Code Division Multiple Access)，是在数字技术的分支——扩频通信技术上发展起来的一种崭新而成熟的无线通信技术。CDMA 技术的原理是基于扩频技术，即将需传送的具有一定信号带宽信息的数据，用一个带宽远大于信号带宽的高速伪随机码进行调制，使原数据信号的带宽被扩展，再经载波调制发送出去。接收端使用完全相同的伪随机码，与接收的带宽信号作相关处理，把宽带信号换成原信息数据的窄带信号(即解扩)，以实现信息通信。

(3) 第三代：3G

该技术的目的是提供高速数据传输，可以提供高达 14 Mbps 甚至更高的数据传输速率。随着人们对移动网络的需求不断加大，第 3 代移动通信网络必须在新的频谱上制定出新的标准，享用更高的数据传输速率。

3G 的几个主流标准制式分别是 WCDMA、CDMA2000、TD-SCDMA、WiMAX。

WCDMA 是第三代移动通信系统的技术基础。CDMA 系统以其频率规划简单、系统容量大、频率复用系数高、抗多径能力强、通信质量好、软容量、软切换等特点显示出巨大的发展潜力。

世界上主流的 3G 规格为 WCDMA、CDMA2000 系列和中国移动主推的 TD-SCDMA。

(4) 第四代：4G

4G 是指第四代无线蜂窝电话通信协议，是集 3G 与 WLAN 于一体并能够传输高质量视频图像且图像传输质量与高清晰度电视不相上下的技术产品。4G 是一种基于全 IP 的技术，能够提供高达 1 Gbps 的数据传输速率。

4G 的主要网络制式：

- LTE：LTE 是基于 OFDMA 技术、由 3GPP 组织制定的全球通用标准，包括 TDD(时分双工)和 FDD(频分双工)两种模式，二者相似度达 90%，差异较小。
- TD-LTE：TDD 版本的 LTE 技术，分时长期演进(Time Division Long Term Evolution)，由 3GPP 组织涵盖的全球各大企业及运营商共同制定。
- FDD-LTE：FDD 版本的 LTE 技术。由于无线技术的差异、使用频段的不同以及各个厂家的利益等因素，FDD-LTE 的标准化与产业发展都领先于 TD-LTE，成为当前世界上采用的国家及地区最多、终端种类最丰富的一种 4G 标准。

(5) 第五代：5G

5G 即第五代移动通信技术，是最新一代蜂窝移动通信技术，是 4G 之后的延伸。其性能目标是高数据传输速率、减少延迟、节省能源、降低成本、提高系统容量和大规模设备连接；其主要优势在于数据传输速率远高于以前的蜂窝网络，最高可达 10 Gbps，比 4G 快 100 倍。国际电联将 5G 应用场景划分为移动互联网和物联网两大类。

国际电联将 5G 网络服务分为三类：增强型移动宽带(eMBB)(手机)、超可靠的低延迟通信(URLLC)(包括工业应用和自动驾驶)和大规模机器类型通信(MMTC)(传感器)。

5G 具有低时延、高可靠、低功耗的特点。5G 已经不再是一个单一的无线接入技术，而是多种新型无线接入技术和现有无线接入技术集成后的解决方案总称，是车联网、物联网带来的庞大终端接入、数据流量需求，以及种类繁多的应用。它推动了医疗个性化发展；推动了物联网产业发展；推动了智能家居商用；推动了车联网产业和自动驾驶发展；推动了移动互联网相关领域应用；推动了智能手机应用；推动了可穿戴设备应用，将进一步改变我们的生活。

5G 的无线技术有大规模天线阵列、超密集网络技术、新型多址技术、新型多载波技术、频谱共享技术。

11.1.4　无线网络的互联设备

1. 无线网卡(Client Adapter)

无线网卡的硬件组成包括 RF(射频)、IF(接口)、SS(信号处理)和 NIC(网络接口卡)等几部分，如图 11-1 所示。

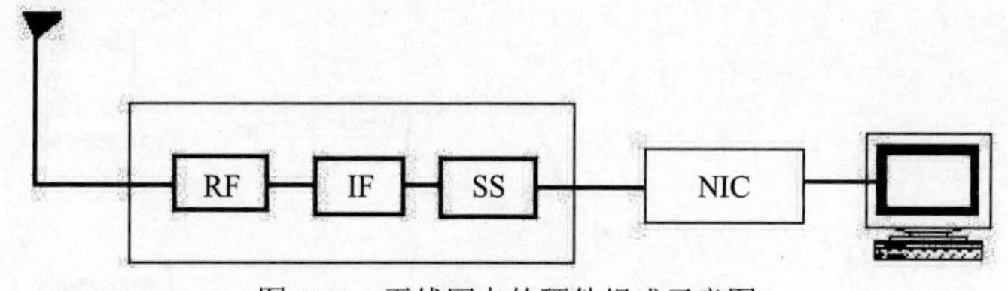

图 11-1　无线网卡的硬件组成示意图

2. 以太网桥接器(Ethernet Bridge)

用以连接无 PCI 槽，无 USB 口但具有以太网接口的设备。

3. 无线局域网接入点(Access Point)

- 网桥(Bridge)
- 点对点的桥接(Point-to-Point)
- 点对多点的桥接(Point-to-Multipoint)

- 无线客户端桥接器(AP Client)
- 无线中继器(Wireless Repeater)

4. 无线路由器(Wireless Router)

无线路由器可用于完成计算机网络互联和不同协议的转换、网络地址的过滤。

无线路由器由工业级微机、无线网卡、有线网卡及相应软件构成，视需要可有许多种变型的配置。它可以有多个有线接口和多个无线接口，用于进行网间(有线或无线)的路由选择与桥接，借助于技术把地理上分离的多种有线或无线网相连。

5. 无线交换机

无线交换机是把无线网络的流量集中起来，在布线间内与有线以太网交换机相连接，通过无线交换机整合无线网络的安全、管理和连接等各种功能，与无线交换机连接的是哑接入点。哑接入点与无线工作站或用户相连，哑接入点的成本仅有普通接入点 AP 的一半价位。

使用无线交换机和哑接入点的结构如图 11-2 所示。

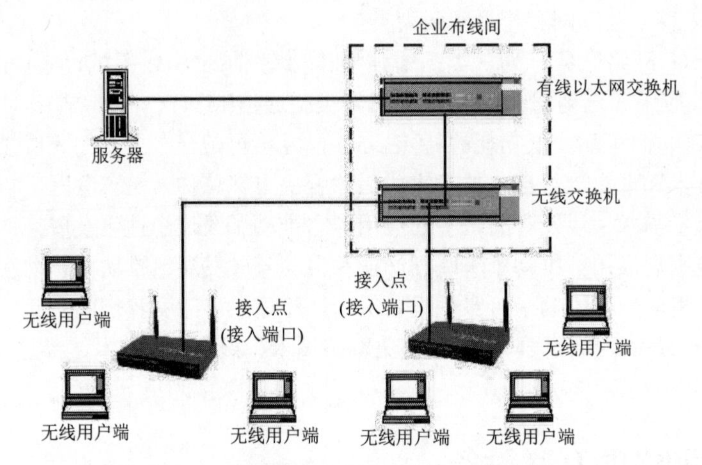

图 11-2　使用无线交换机和哑接入点的结构

6. 网关

网关应用的场合如图 11-3 所示。

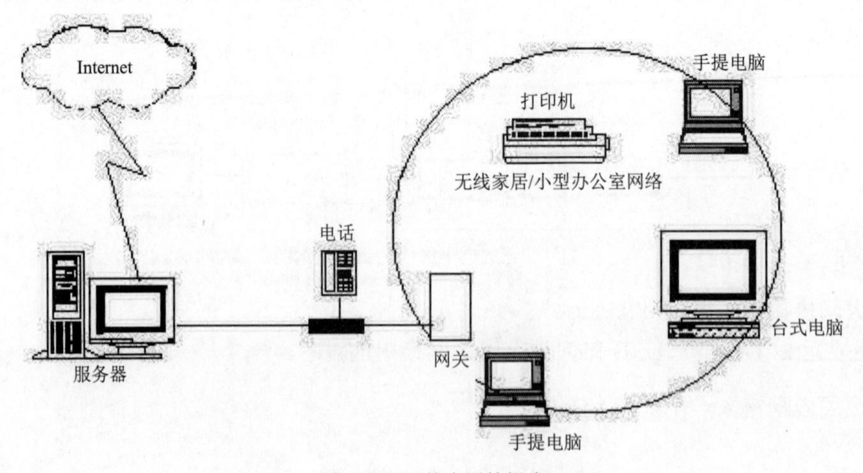

图 11-3　网关应用的场合

7. 无线 E1/T1 调制解调器

无线 E1/T1 调制解调器是一种全双工的无线调制解调器，为 E1/T1 和其他同步数据应用提供了解决方案。它支持 DTE 速率从 64Kbps 到 2 048Kbps，射频数据速率可达 3Mbps。

8. 无线集线器(Hub)

当很多用户需要在他们工作的一个区域内做灵活的移动，而仍然需要随时访问他们的网络设备时，可以用无线集线器来完成这个连接。

11.1.5　无线网络的标准

无线网络的标准主要有 IEEE 802.11、IEEE 802.15、IEEE 802.16 和 IEEE 802.20 系列标准和 5G 标准。

1. IEEE 802 无线网络标准

IEEE 802 无线网络标准分 IEEE 802.11、IEEE 802.15、IEEE 802.16 和 IEEE 802.20 系列标准。IEEE 802.11 系列研究的是无线局域网；IEEE 802.15 系列研究的是无线个人区域网；IEEE 802.16 系列研究的是宽带无线接入(无线城域网)；IEEE 802.20 系列标准研究的是移动宽带无线接入广域网。

IEEE 802.11、IEEE 802.15、IEEE 802.16 和 IEEE 802.20 系列标准在全球范围内已经成为无线网络的主流标准。

802.11 系列规范主要从 WLAN 的物理层(PHY)和媒体访问控制层(MAC)两个层面制定系列规范，物理层标准规定了无线传输信号等基础规范，如 802.11e、802.11f 和 802.11i。历经十几年的发展，802.11 已经从最初的 802.11、802.11a、802.11b 发展到了目前的 802.11z 等 31 种标准。

2. 5G 标准

5G 标准分 R14 标准、R15 标准和 R16 标准。

R14 标准主要开展 5G 系统框架和关键技术研究；R15标准满足部分场景的 5G 需求，开启商用进程；R16 标准则会完成全部标准化工作。

2018 年 6 月 13 日，3GPP 在美国圣地亚哥召开的第 80 次 TSGRAN 会议上，正式发布了 5G NR 标准 SA(Standalone，独立组网)方案，标志着首个面向商用的 5G 标准出炉。

R15 是 5G 第一版商用标准，包括非独立组网(NSA)和独立组网(SA)两种标准，非独立组网标准已于 2017 年 12 月完成。

非独立组网只是独立组网方案的过渡。非独立组网方案有利于保护运营商目前的投资，以现有的 4G 接入网以及核心网覆盖作为锚点，新增 5G 无线组网接入标准，这样做没有独立信令面，主要是为了提升特定区域带宽。独立组网才是真正的 5G 网络，能实现 5G 的全部特性。

R15 是 5G 第一版成型的商业化标准，与后续推进的 R16 标准也有一定协同性，R15 支持 5G 三大场景中的增强型移动宽带(eMBB)和超可靠低时延(URLLC)两大场景，mMTC(海量机器类通信)场景标准如何定义还有待后续研究。

5G 的核心技术包括基于 OFDM 优化的波形和多址接入、可扩展的 OFDM 间隔参数配置、超密集异构网络、网络切片、边缘计算和 SDN/NFV(软件定义网络和网络虚拟化)等，意在实现高速度、泛在网、低功耗、低时延、万物互联等特性。

5G 对带宽、时延、切片、同步等需求对承载网提出了新的要求，4G 承载网需要向 5G 承载网发展演进，业界也提出了 OTN、SPN、IP RAN 等不同的技术方案，根据网络现状和未来 5G 业务的发展趋势自主选择。

车联网、移动医疗、工业互联网等以往存在于概念或者只是初步智能化的场景应用，有 5G 作为支撑才能发挥出最大的潜力。

11.2 无线网络中的安全缺陷

无线网络的节点是一些有着相似的传输功率和计算能力的移动主机。网络内的移动主机之间的通信直接通过无线连接，网络的移动主机之间的通信通过多次跳转的路由来实现，在无线与固定线路的连接能力不足或无法实现的环境中发挥着重要的作用，它的应用涉及国家安全、救援服务和军事通信。无线连接易受攻击，在不友好的环境中漫游时缺乏相应的保护；再者，网络拓扑结构和网络成员会不断发生变化，对于数据的安全传输，非授权访问和拒绝服务(DOS)有着很大影响。

无线网络中的安全缺陷主要有：数据传输的安全缺陷、身份认证 WEP 的安全缺陷、“服务集标识符” SSID 的安全缺陷及数据加密 DES 的安全缺陷等。

11.3 无线网络故障诊断与排除方法

在无线上网的过程中，我们常常会遇到各种各样的网络故障，这些网络故障严重影响了正常的上网效率。当一个无线网络发生问题时，应该首先从 17 个关键问题入手进行排错。

故障现象 1：混合无线网络经常掉线

使用 Linksys WPC54G 网卡和 Linksys WRT54G AP 构建无线局域网，它们使用的都是 IEEE 802.11g 协议，网络中还存在少数 802.11b 网卡。当使用 WRT54G 网卡进行 54Mbps 连接时经常掉线。从理论上说，IEEE802.11g 协议是向下兼容 802.11b 协议的，使用这两种协议的设备可以同时连接至使用 IEEE 802.11g 协议的 AP。但是，从实际经验来看，只要网络中存在使用 IEEE802.11b 协议的网卡，那么整个网络的连接速率就会降至 11Mbps(IEEE 802.11b 协议的传输速率)。

故障处理：在混用使用 IEEE 802.11b 和 IEEE 802.11g 协议的无线设备时，一定要把无线 AP 设置成混合(MIXED)模式，使用这种模式，就可以同时兼容 IEEE 802.11b 和 802.11g 两种模式。

故障现象 2：连接线路只发不收

故障处理：排查连接线路，只发不收是无线网络单向通信的问题。解决只发不收故障，要确定无法连接网络的原因，首先需要检测网络环境中的电脑是否能正常连接无线接入点。

(1) 打开 IE 浏览器，并在地址栏中输入路由器默认使用的 IP 地址，利用 ping 命令查看它的连接性。

(2) 如果无线接入点响应了这个 ping 命令，那么证明有线网络中的电脑可以正常连接到无线接入点。

(3) 如果无线接入点没有响应，有可能是电脑与无线接入点间的无线连接出现了问题，或者是无线接入点本身出现了故障。

(4) 如果目标地址无法被 ping 通，那说明路由器内部的部分参数可能没有设置正确，必须对路由器内部的配置参数进行逐一检查。

(5) 在确认路由器内部配置参数都正确的前提下，重点检查本地工作站的 DNS 参数以及网关参数设置是否正确。

(6) 在确认路由器内部配置参数正确后，进入到路由器后台管理界面，检查 NAT 方面的参数设置选项，并检查该选项配置是否正确，重点要检查其中的 NAT 地址转换表中是否有内部网络地址的转译条目，如果没有，那么无线网络连接只发不收故障多半是由于 NAT 配置不当引起的，这时我们只要将内部网络地址的转译条目正确添加到 NAT 地址转换表中就可以了。

故障现象 3：间歇断网故障

在本地局域网通过无线路由器接入到 Internet 网络的情形下，局域网中的工作站出现一会儿能正常上网、一会儿又不能正常上网。

故障处理：排查连接方式，解决间歇断网故障的问题。

(1) 首先检查工作站与无线路由器之间的上网参数一定要正确。

(2) 在上网参数正确的基础上，应重点检查无线路由器的连接方式是否设置得当。

(3) 是否是无线路由器设备使用“按需连接，在有访问数据时自动进行连接”这种连接方式(就是每隔一定的时间无线路由器设备会自动检测此时是否有线路空载，成功连接后该设备线路中没有数据交互动作，是空载，它将会把处于连通状态的无线连接线路自动断开)。为此，把连接方式设置为“自动连接，在开机和断线后进行自动连接”。

(4) 本地无线局域网中是否存在网络病毒攻击，一旦受到病毒攻击，也有可能出现间歇断网故障。

故障现象 4：无线客户端接收不到信号

构建无线局域网之后，发现客户端接收不到无线 AP 的信号。导致出现该故障的原因可能有以下几个：

(1) 无线网卡距离无线 AP 或者无线路由器的距离太远，超过了无线网络的覆盖范围，在无线信号到达无线网卡时已经非常微弱了，使得无线客户端无法进行正常连接。

(2) 无线 AP 或者无线路由器未加电或者没有正常工作，导致无线客户端根本无法进行连接。

(3) 当无线客户端距离无线 AP 较远时，我们经常使用定向天线技术来增强无线信号的传播，如果定向天线的角度存在问题，也会导致无线客户端无法正常连接。

(4) 如果无线客户端没有正确设置网络 IP 地址，就无法与无线 AP 进行通信。

(5) 出于安全考虑，无线 AP 或者无线路由器会过滤一些 MAC 地址，如果网卡的 MAC 地址被过滤掉了，也无法进行正常的网络连接。

故障处理：可以采用以下方法进行解决。

(1) 在无线客户端安装天线以增强接收能力。如果有很多客户端都无法连接到无线 AP，则在无线 AP 处安装全向天线以增强发送能力。

(2) 通过查看 LED 指示灯来检查无线 AP 或者无线路由器是否正常工作，并使用笔记本电脑进行近距离测试。

(3) 若无线客户端使用了天线，则试着调整一下天线的方向，使其面向无线 AP 或者无线路由器的方向。

(4) 为无线客户端设置正确的 IP 地址。

(5) 查看无线 AP 或者无线路由器的安全设置，将无线客户端的 MAC 地址设置为可信任的 MAC 地址。

故障现象 5：网络访问速度缓慢

在无线访问操作时，发现访问速度非常缓慢。

故障处理：排查连接位置，解决上网速度缓慢的问题。应该进行两方面的排查：

- 确认当前访问的 Web 服务器是否正处于繁忙工作状态，访问的 Web 服务器正处于繁忙工作状态的话，应尽量避开上网高峰期。
- 是否是无线传输信号比较微弱引起的。

故障现象 6：无线连接不能上网和通信

无线网卡、无线 AP 或路由器显示正常，但不能上网和通信。

故障处理：

- 确认无线 AP 或路由器是否用了加密方式，如果是加密方式，要确保无线网卡的加密方式与无线 AP 或路由器的加密方式相同。
- 确认无线网卡的 IP 是否与无线 AP 或路由器的 IP 在同一子网内。
- 检查所有的与上网相关的设备是否都加电了。
- 检查连线是否正确。
- 检查无线路由器的“状态”显示是否正常。
- 检查浏览器的属性设置是否正确。
- 检查外网是否是通的，可以直接将广域网线连接电脑试试能否上网，若不能请联系宽带服务商。

故障现象 7：无线客户端能够正常接收信号但无法接入无线网络

无线客户端显示有无线信号，但无法接入无线网络。导致该故障的原因可能有：

(1) 无线 AP 或者无线路由器的 IP 地址已经分配完毕。当无线客户端设置成自动获取 IP 地址时，就会因没有可用的 IP 地址而无法接入无线网络。

(2) 无线网卡没有设置正确的 IP 地址。当用户采用手工设置 IP 地址时，如果所设置的 IP 地址和无线 AP 的 IP 地址不在同一个网段内，也将无法接入无线网络。

故障处理：

(1) 增加无线 AP 或者无线路由器的地址范围。

(2) 为无线网卡设置正确的 IP 地址，确保其和无线 AP 的 IP 地址在同一网段内。

故障现象 8：无线信号经常中断

故障处理：

(1) 查看无线网卡、无线路由器是否在同一个房间使用，如果中间隔了类似于墙体的障碍物，建议让无线网卡和路由器在近距离无障碍物的情况下使用，确定是否是障碍物造成信号衰减引起的不稳定。

(2) 如果周围有其他无线设备，或者是微波炉、无线电话，由于不同无线设备若采用相同或相近的信道，会对各自信号产生影响，这时可以尝试更改信道以排除这种干扰(有的无线路由器可设置为信道自动选择)。

(3) 检查无线网络是否做了加密，建议将加密方式设置成 WEP。(在首页中，选择“无线网络”→“安全方式”，选择 WEP)。

(4) 以上操作如果都不能解决，可以对设备进行复位或者是升级。

故障现象 9：无线网络不能打开网页

常见原因：

(1) 感染病毒。

这种情况往往表现在打开 IE 时，在 IE 界面的左下框里提示：正在打开网页，但没响应。在任务管理器中查看进程(把鼠标指针放在任务栏上，单击右键，选择“任务管理器”→“进程”)，检查 CPU 的占用率，如果是 100%，说明感染了病毒。

故障处理：将杀毒软件升级到最新版本，杀毒。

(2) 设置了代理服务器。

有些用户在浏览器中设置了代理服务器，而代理服务器一般不是很稳定，有时候会出现不能使用的情况。

故障处理：如果是这样设置的，把代理取消就可以了。

(3) 域名解析错误。

域名解析错误也是无法打开网页的常见原因之一。这时可从网络运营商那里获知正确的 DNS 服务器地址，在网络的 TCP/IP 属性里面自行设置。

(4) 路由器设置问题。

可正常连接无线路由器，但连接好后无法正常上网。

出现这种现象，是无线路由器的 DHCP 出了问题，无法正常分配 IP 地址。系统默认分配的 IP 地址和无线路由器不是一个 IP 段，所以无法正常上网。

解决方法很简单，首先重启一下无线路由器，看看 DHCP 功能能否恢复。如果这样不行，或者生产商不允许，还可以手动设置 IP 地址，看看其他路由器的 IP 地址段是什么，然后填写一个没有重复的 IP 地址即可。

故障现象 10：无法登录无线路由器的 Web 配置界面

常见原因：

(1) 更换了 ADSL Modem。新的 ADSL Modem 具有路由功能，而且 IP 地址设置成了 192.168.1.1，这一地址与很多无线路由器的默认 IP 地址相同，这样连入的无线设备就会出现环路故障，自然无法登录无线路由的 Web 配置界面。

(2) 浏览器设置了代理功能。

(3) 电脑中有多块网卡造成的。

(4) 网卡损坏。

故障处理：

(1) 断开无线路由和 ADSL Modem 的连接，然后重启无线路由器，重新设置 IP 地址，避免与 ADSL Modem 的冲突。

(2) 打开浏览器，选择工具栏中的 Internet 选项，打开连接选项卡右下方的局域网设置，把代理服务器功能禁用。

(3) 禁用不使用的网卡，只保留当前正在连接的网卡。

(4) 检查网卡是否损坏。

故障现象 11：无线网络内部能够正常通信，但是无法与无线路由器相连的以太网进行通信

常见原因：

(1) 局域网(LAN)端口连接故障。

(2) IP 地址设置有误。

故障处理：

(1) 通过查看LAN指示灯来检查LAN端口与以太网连接是否正确。应当使用交叉线连接LAN端口和以太网集线器。

(2) 查看无线网络和以太网是否在同一 IP 地址段，只有同一 IP 地址段内的主机才能进行通信。

故障现象 12：网速特别慢，但无线路由的指示灯却闪得飞快

常见原因：忘记开启无线加密，网络被盗用或被别人蹭网了。由于未给无线网络加密，又没有隐藏 SSID，周边的“邻居”可以轻松连入无线网络。“蹭网”的人多了，自然网速就慢了，而指示灯却是越闪越快。

故障处理：阻止“蹭网”的方法是网络 MAC 地址绑定。MAC(Media Access Control)是介质访问控制地址的英文缩写，MAC 地址是厂商在生产网络设备时赋予每一台设备唯一的地址。通过 MAC 地址的唯一性，在无线路由里输入允许访问网络的 MAC 地址，其他的网络设备自然就无法连接了。

故障现象 13：Windows 系统的无线网络连接受限

故障处理：

(1) 首先确认以下事项。

- 网络是否欠费。
- 无线路由器线路连接是否良好。
- 无线网络配置(设置方式)是否正确。

如果是欠费原因，充费即可。如果是路由器的问题，按路由器故障诊断方法排除故障。如果是无线网络配置(设置方式)不正确，则设置正确的无线网络配置方式。

(2) 检查网络服务状态。

按 Win 键+R，输入“services.msc”启动服务管理窗口。确认 DNSClient、DHCP Client 以及 IP Helper 等网络服务状态(默认为开启)，然后重新启动计算机。

(3) 检查 IP 地址和 DNS 服务器地址。

① 右击任务栏右侧无线网络图标，选择“打开网络和共享中心”。

② 在网络和共享中心窗口，单击查看活动网络状态下右侧的“连接”。

③ 在 WLAN 状态窗口中，选择“属性”，如图 11-4 所示。

④ 在“连接”选项中双击“IPv4”。

⑤ 确认需要的 IP 地址和 DNS 服务器地址输入是否正确，更改完成后单击“确定”退出(默认为自动获取)。对于绑定了 IP 地址和 DNS 服务器地址的无线网络，要输入指定的 IP 地址和 DNS 服务器地址。

故障现象 14：Windows 中连接无线网络的设置方式的问题

故障处理：

Windows 中连接无线网络的设置方式有两种。

(1) 第一种连接无线网络的设置方式：手动连接。

① 确保电脑有无线网卡，且无线网卡的驱动安装正确并处于开启状态。

② 无线路由器或者无线网络环境正常。

③ 在桌面上找到网络图标，右击选择“属性”；如图 11-5 所示。

图 11-4　WLAN 状态窗口

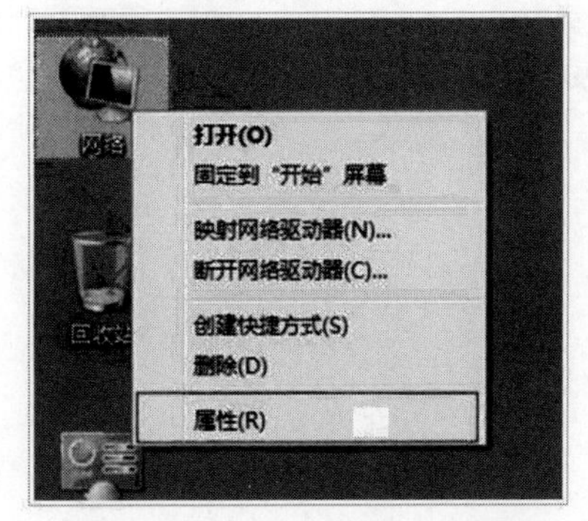

图 11-5　选择“属性”命令

④ 在“属性”对话框中的“网络和共享中心”中选择“设置新的连接或网络”，如图 11-6 所示。

⑤ 在“设置连接或网络”对话框中选择“手动连接到无线网络”，然后单击“下一步”。如果没有此选项，请检查无线网卡是否被禁用，如图 11-7 所示。

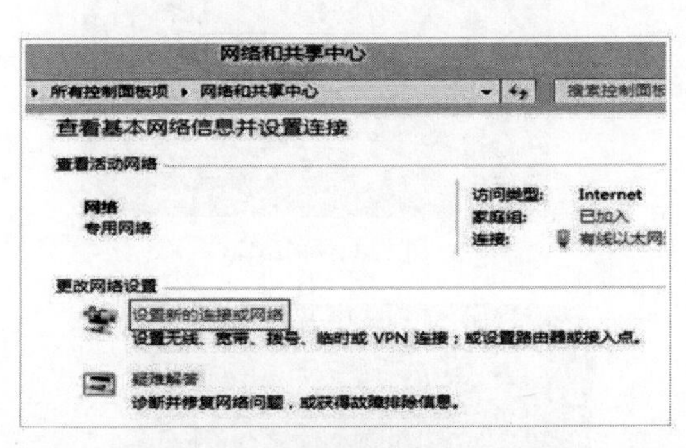

图 11-6　“网络和共享中心”对话框

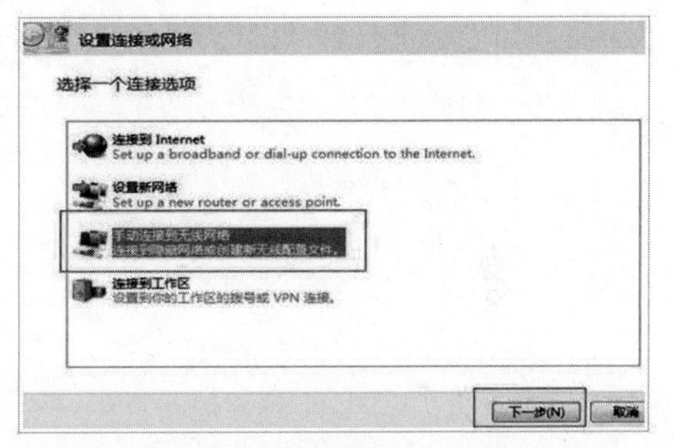

图 11-7　设置连接或网络对话框

⑥ 在“手动连接到无线网络”对话框中填入“网络名”(填写无线网络的 SSID)，根据实际无线网络的加密方式选择正确的“安全类型”。“自动启动此连接”按照实际需求选择是否勾选。对于隐藏 SSID 的网络环境，需要勾选“即使网络未进行广播也连接”。填写完成后单击“下一步”，如图 11-8 所示。

注意：

除了“无身份验证(开放式)”，选择其他的“安全类型”都会自动勾选上“自动启动此连接”，如图 11-9 所示。

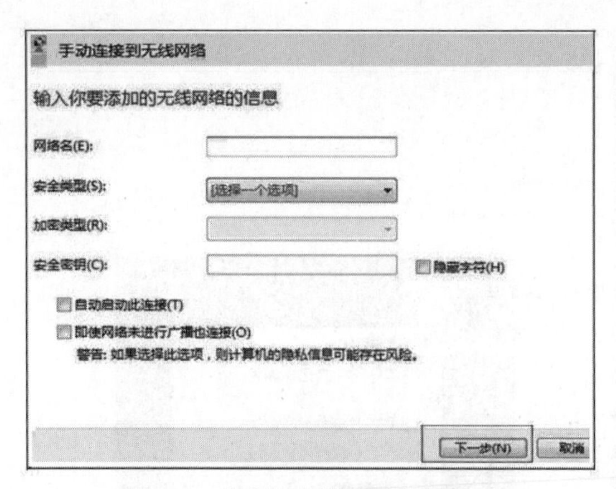

图 11-8　手动连接到无线网络窗口

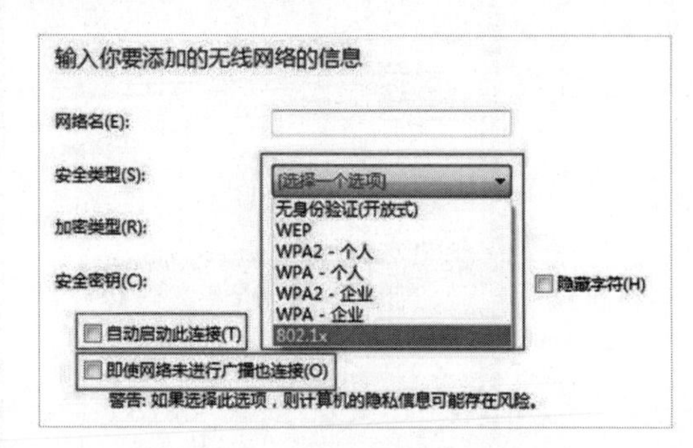

图 11-9　安全类型窗口

⑦ 单击“设置连接或网络”进行查看，如图 11-10 所示。

(2) 第二种连接无线网络的设置方式：单击网络连接图标。

① 单击右下角网络连接图标。

② 此时屏幕右侧会列出当前搜索到的网络连接。选择要连接的网络，如图 11-11 所示。

③ 选择“连接”，如图 11-12 所示。

④ 输入密码后单击“下一步”，如图 11-13 所示。

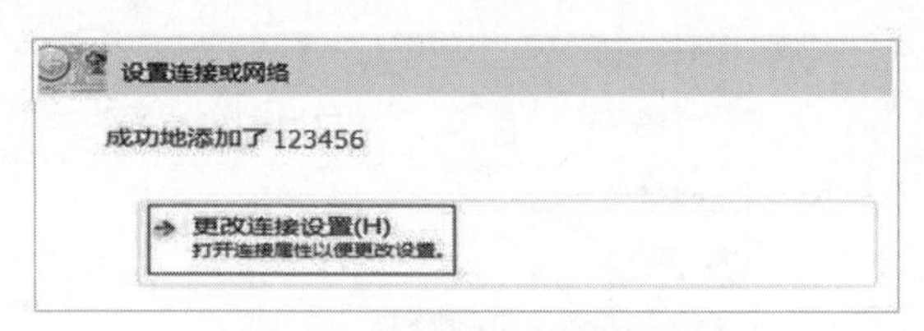

图 11-10 设置连接或网络窗口

图 11-11　网络窗口

图 11-12 “连接” 窗口

图 11-13　输入密码窗口

⑤ 根据实际的网络情况选择网络环境，如图 11-14 所示。

⑥ 连接成功，如图 11-15 所示。

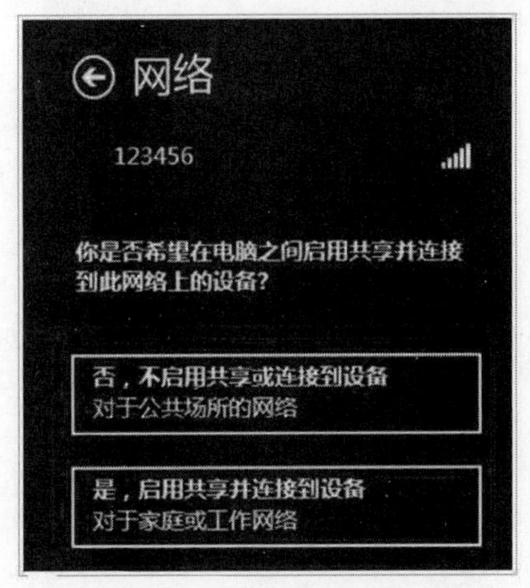

图 11-14　选择网络环境窗口

图 11-15　连接成功窗口

注意：

此种方式无法设置密码安全类型和加密类型。如果路由器中有特殊的加密方式，需要使用方案一中的方式进行设置。

11.4　室外型无线网桥故障现象和解决方法

故障现象 1：无线网桥工作不稳定

故障原因：

(1) 无线网桥 MAC 地址列表的频繁更新造成设备工作不稳定。

(2) 局域网内的计算机设备的 MAC 地址表的广播出现了下述情况：

- 如果计算机设备的 MAC 不在无线网桥 MAC 列表中，网桥增加包含 MAC、传入端口和到达时间的记录。
- 如果已包含，则更新到达时间。
- 如果 MAC 地址列表已满，网桥就会删除到达时间最早的 MAC 记录，然后增加新的 MAC 记录。
- 由于局域网上计算机的数量远超网桥 MAC 地址空间的容量，几乎每个广播都会导致 MAC 地址列表的一条记录被删除，然后添加一条新记录。

因此网络上大量广播导致 MAC 地址列表频繁更新，删除到达时间最早的 MAC，引发了网桥工作不稳定的故障。

解决方法：

- 把无线网桥连接到路由交换机上，组成一个独立的子网，通过路由来阻断局域网 1 内部的广播到达局域网 2。
- 阻断局域网 1 的广播进入局域网 2 的结构如图 11-16 所示。

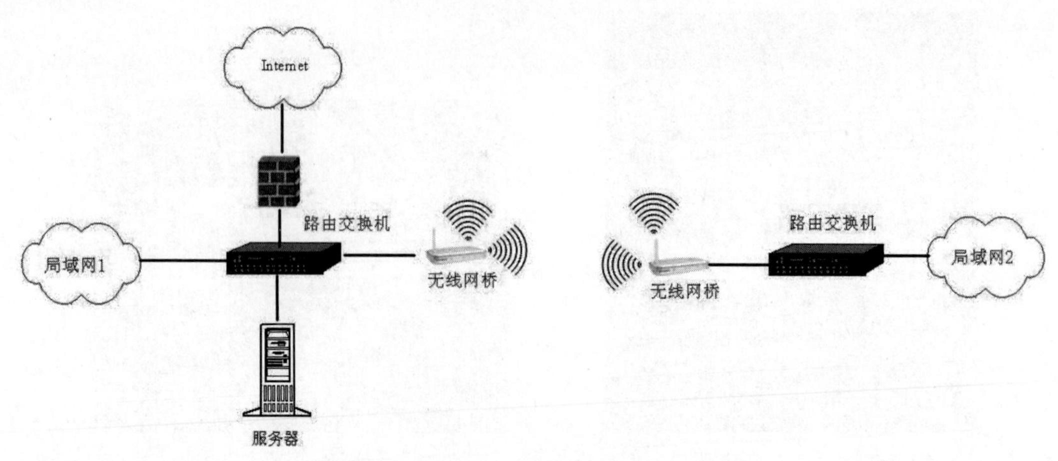

图 11-16 阻断局域网 1 内部的广播进入局域网 2

故障现象 2：网络环路

全向天线的网桥，用户设置为一点对多点，用户点构成了一个网络环路，出现严重的数据包碰撞，因此网络不通。

解决方法：

中继点为一点对多点，用户为点对点。用户按点对点(Point to Point)模式，分别指向中继点；中继点为一点对多点模式，分别指向用户。

故障现象 3：自然环境造成的无线网桥故障

在室外的电子产品会经常出现故障问题，因为外界自然条件本身就会对硬件有一些破坏，如尘土、潮湿等环境问题。

解决方法：

只能更换新的无线网桥。

故障现象 4：无线网桥不工作

无线网桥不工作可能是由以下原因引起的：

- 安装不当；
- 配置差错(例如，产品是 11Mbps 却被设置成 108Mbps)；
- 端口未被激活；
- 连接失效(电缆松动，连接器松动，模块未插紧)。

如果不是上述原因，那么就是产品本身的质量问题。

故障现象 5：无线网桥信号指示灯不亮

无线网桥信号指示灯不亮可能是由以下原因引起的：

- 支路信号消失；
- 支路没有使用；
- 支路接口接反；
- 支路松动；
- 支路损坏。

故障排除：

- 检查接口的输入方向；

- 检查接口的连接，包括电缆；
- 如属设备问题，应联系供应商维修或更换。

故障现象 6：吞吐量不足的问题

网桥的吞吐量是以每秒转发的数据帧数来衡量的。当吞吐量有问题时，测试网桥的实际吞吐量，根据实测的结果，选择线路的速率。

故障现象 7：数据帧丢失

除了由于吞吐量不够而造成数据包丢失外，处于正常工作状态的网桥也会丢失无效的数据包和超时的数据包，因此要求选择的网桥缓存数据包的时间不能过短。

故障现象 8：网桥能够传输数据，但有丢包现象

此现象表明线路有误码或 LAN 口网线做法不规范。

故障排除：

首先用误码仪测试线路看是否存在误码，若存在误码，则检查以太网线做法是否规范，正确的做法应是 1、2 脚用同一对双绞线，3、6 脚用同一对双绞线。

故障现象 9：网桥 LINK 指示灯不亮

此现象表明以太网接口不通。

- 以太网接口没有使用；
- 以太网接口松动；
- 检查以太网连接；
- 更换设备。

故障现象 10：所有指示灯显示正常，但数据 ping 不通

所有指示灯显示正常，表明当前设备的物理连接正常，只有线路和网络存在问题。

故障排除：

首先用误码仪测试线路，确定传输通道是否存在问题。其次是检查所 ping 的两台 PC 的网络环境是否相同。

故障现象 11：信号弱，不稳定，经常连接不上网络

故障可能的原因和排除：

- 网卡上的天线没有拉出来。排除办法：完全拉出天线。
- 所在位置信号不稳定。排除办法：换个地方试试，客户端主界面上会提示网络信号强度。
- 客户端软件版本比较老。排除办法：升级客户端软件到最新版本。
- 无线上网卡硬件问题。排除办法：更换上网卡试试。

故障现象 12：无线 AP 安装好后发现网络连接不正常

故障排除：

(1) 测试信号强度。

如果能够从有线客户端 Ping 通接入点，但是从无线客户端却不行，接入点可能有问题。

利用无线AP 程序提供的测量信号强度的功能检查一下信号强度，如太弱则可能该无线 AP 出现了质量问题。

如果是信号状态差造成的(信号状态可以用 Windows 的“无线网络连接”或“无线接入点”的附带软件进行检测)。使用 Windows 时，只要单击任务栏中的网络连接图标，就会显示出连接状态的窗口。如果显示有 4 根或 5 根绿线说明信号强度还可以，如果只有 1 根或 2 根，就可断定信号状态不好，可调整 AP 和无线网卡的摆放位置及天线角度，以达到最佳信号强度。

(2) 尝试改变信道。

如果发现无线 AP 信号微弱，却没有做任何物理上的改动，可尝试改变接入点和一个无线用户的信道或尝试添加外置天线等方法，看看是否能增强信号。可能有无线电话、微波炉等也运行在 2.4GHz 频率上干扰了无线网络。

(3) 检查 SSID 配置。

在加入其他无线网络时一定不要忘记更改 SSID 配置，如果 SSID 配置不正确，就不能够 Ping 通接入点，也就不能连通网络。

(4) 检查 WEP 密钥。

很多无线网络配置问题都和 WEP 协议有关，解决 WEP 问题需要特别仔细。此外，要 WEP 起作用，接入点和客户端的配置都要正确。有些客户端的配置看起来毫无问题，但就是不能使用 WEP 和接入点进行通信，在这样的情况下，可重启接入点，恢复默认值，然后重新进行 WEP 配置，WEP 就可以使用了。

(5) 用鼠标右键单击任务栏中的无线网络图标。

用鼠标右键单击任务栏中的无线网络图标，在下一级菜单上选择“查看可用的无线网络”命令，将会看到无线网络连接对话窗口。该对话窗口显示现在的信道上没有连接上的无线网络的 SSID。如果无线网络的名字出现在这个列表里，说明没有连接到网络上。如果连接是好的，那配置就可能存在问题。此外，需要正确输入 WEP 密码(如果有的话)，否则也不能连接到此无线网络。

11.5　无线交换机故障诊断与排除方法

无线交换机故障一般可以分为硬件故障和软件故障两大类。类似于有线交换机的故障。

故障现象 1：无线 RF 信号故障

无线网络的信号不同于有线网络的信号，无线网络的信号会随 AP 和客户端位置的变化和环境变化而受到影响。因为连接 AP 的客户端是移动的，所以须合理地部署 AP。处于偏僻、死角位置的 RF 信号弱，无线交换机就接收不到 RF 信号。

故障现象 2：无线交换机级联不对，造成无线交换机工作状态不正常

即插即用的无线交换机级联端口位置级联不对，造成无线交换机工作状态不正常。

无线交换机的其他故障诊断与排除方法类似于有线交换机的故障诊断与排除方法。请参见本书第 3 章的内容。

11.6　无线路由器故障诊断与排除方法

故障现象：无线路由器死机

无线路由器死机解决办法：

- 查看放置的环境是否通风，如果散热不及时，会引起死机的情况。

- 查看是否感染 ARP 病毒。
- 在 192.168.0.1 的配置界面中，选择“进阶设定”→“高级网络设置”，激活“忽略来自 WAN PING 回复”。
- 复位，重新设置路由器。

无线路由器的其他故障诊断与排除方法类似于有线路由器的故障诊断与排除方法。请参见本书第 4 章的内容。

11.7　无线网卡故障诊断与排除方法

故障现象：无法连接无线网络

(1) 老式无线网卡不支持最新的 WPA 和 WPA2 加密协议。

为了保证无线网络的安全，无线网络须设置加密协议。内置的老式无线网卡支持 IEEE 802.11b 标准和 WEP 加密协议，但不支持现在主流(最新)的 WPA 和 WPA2 加密协议。

无线网卡必须支持相关的无线协议(IEEE 802.11a/b/g/n)标准。解决方法很简单：进入无线路由器的 Web 配置界面，将网络模式设置为 11b/g/n 混合模式，这样无论使用哪种标准的无线网卡，都可以轻松连入无线网络。

(2) 操作系统版本太低无法连接。

现在操作系统版本已经进入 Windows 7/8/10/11，但很多用户还在使用 Windows 2000/XP 等操作系统。使用 Windows 2000/XP 等操作系统不会对无线网卡造成影响，但在实际应用连接中选择了 802.11n 无线网卡，采用 WPA 或 WPA2 加密方式的无线网络无法连接，问题就出在操作系统版本上，应升级操作系统版本或打补丁。

(3) 忘记了无线开关快捷键的存在。

很多笔记本设计了快捷键(一般为 Fn+F5)，只有按下快捷键后才能启动无线网卡。但由于用户不习惯使用快捷键，或是忘记了快捷键的存在，从而导致无线网络无法连接。

用户要记住快捷键，并在每次使用无线网络前打开无线网络开关；或进入笔记本电脑的 CMOS，选择 Advanced→Default Wireless Device，将无线网卡设置为默认开启。

无线网卡的其他故障诊断与排除方法类似于有线网卡的故障诊断与排除方法。请参见本书第 3 章的内容。

习题

1. 简述无线联网要解决的两个主要问题。
2. 简述无线通信传输手段。
3. 简述微波波段划分。
4. 简述微波的特性。
5. 简述无线网络目前发展状况。
6. 简述无线网络按照区域的分类。
7. 简述无线网络的主要标准。
8. 简述无线上网故障排错的关键问题。

9. 简述室外型无线网桥故障现象。
10. 简述无线交换机故障现象。
11. 简述无线路由器故障现象。
12. 简述无线网卡故障现象。

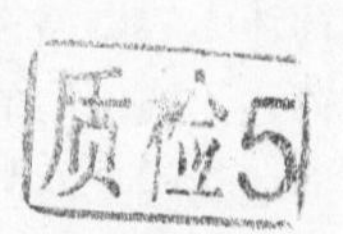